新世纪工程管理类系列规划教材

工程招投标与合同管理

主　编　冯　宁
副主编　矫立超
参　编　曹　薇　陈花军　张　超
　　　　　赵秋红　张　晶
主　审　闫　瑾

机械工业出版社

本书根据建设工程管理的工程实践情况，以培养学生的工程招标投标与合同管理的实际操作能力为目标，从对建筑市场的介绍入手，结合大量真实案例来组织教材内容，包括建筑市场、建设工程招标投标概述、建设工程招标、建设工程投标、国际工程招标与投标、建设工程其他招标投标、建设工程合同、建设工程施工合同管理、建设工程施工索赔。本书在叙述理论知识的基础上，通过案例解析、阅读材料等环节，使内容具有更强的实用性和可读性，让读者更容易掌握相关的知识与技能。

本书可作为高等院校工程管理、工程造价、土木工程等专业的本科教材，也可作为从事建设工程招标投标与合同管理人员的参考用书。

图书在版编目(CIP)数据

工程招投标与合同管理/冯宁主编．—北京：机械工业出版社，2014.10
新世纪工程管理类系列规划教材
ISBN 978-7-111-48071-6

Ⅰ.①工… Ⅱ.①冯… Ⅲ.①建筑工程—招标—高等学校—教材②建筑工程—投标—高等学校—教材③建筑工程—经济合同—管理—高等学校—教材
Ⅳ.①TU723

中国版本图书馆CIP数据核字(2014)第222583号

机械工业出版社（北京市百万庄大街22号　邮政编码100037）
策划编辑：冷　彬　责任编辑：冷　彬　林　静　常爱艳
版式设计：霍永明　责任校对：张　力
封面设计：张　静　责任印制：李　洋
北京瑞德印刷有限公司印刷（三河市胜利装订厂装订）
2014年11月第1版第1次印刷
184mm×260mm ·18.25印张 ·446千字
标准书号：ISBN 978-7-111-48071-6
定价：37.00元

凡购本书，如有缺页、倒页、脱页，由本社发行部调换

电话服务	网络服务
社服务中心：(010) 88361066	教材网：http://www.cmpedu.com
销售一部：(010) 68326294	机工官网：http://www.cmpbook.com
销售二部：(010) 88379649	机工官博：http://weibo.com/cmp1952
读者购书热线：(010) 88379203	**封面无防伪标均为盗版**

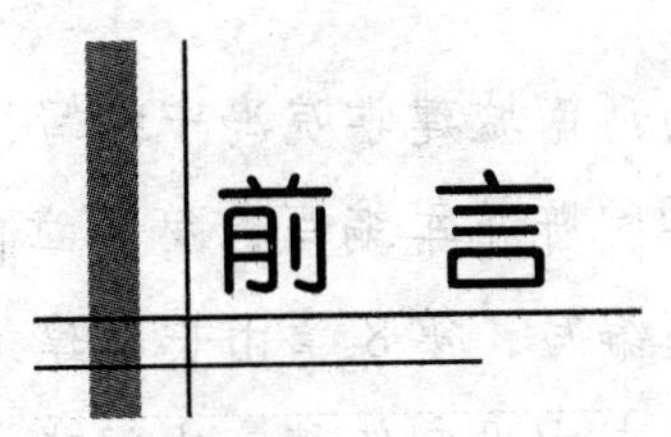

前言

“工程招投标与合同管理”是高等院校工程管理专业重要的应用型专业技术课程，具有较强的政策性和操作性，工程招标投标与合同管理工作也是工程项目管理中的一个重要环节。工程招标投标是一种国际惯例，是商品经济高度发展的产物，是应用技术、经济的方法和市场经济的竞争机制的作用，为工程项目的设计、施工、材料设备采购等提供一种择优成交的方式。

从2000年《中华人民共和国招标投标法》、1999版的《建设工程施工合同（示范文本）》（GF—1999—0201）到2012年的《中华人民共和国招标投标法实施条例》、2013版《建设工程施工合同（示范文本）》（GF—2013—0201）、2013版《建设工程工程量清单计价规范》（GB 50500—2013）等，与建筑行业相关的法律、法规发生了一系列的变化。为了适应我国建筑行业发展的新形势，培养学生系统地掌握招标投标与合同管理的基本理论和方法，使学生具备在工程建设实践中依法进行招标、投标、签订合同、审查合同和正确履行合同的基本能力，编者深入学习，仔细研究，通过梳理、归纳新的法律、法规知识，结合基本理论编写了这本书。

本书共分9章，系统地介绍了建筑市场、建设工程招标投标概述、建设工程招标、建设工程投标、国际工程招标与投标、建设工程其他招标投标、建设工程合同、建设工程施工合同管理、建设工程施工索赔等工程招标投标与合同管理的理论、方法与实例。

本书的内容结构清晰，系统性较强，知识体系完整，对国内及国际的工程招标投标以及相关的合同管理进行了详细的论述，注重招标投标与合同管理的应用操作，在各个章节中通过大量案例的介绍强化理论知识学习，增强了本书的实用性和可读性，每章结尾都提供与该章知识紧密相连的阅读材料，拓展学生的视野，激发学生的学习兴趣。本书的主要编者均在高校主讲过多年的“工

程招投标与合同管理”课程，本书作为编者多年教学经验的总结，提出了一些独到的理论与见解。

本书的第1、5、6章由河南城建学院冯宁编写，第2章由太原理工大学曹薇编写，第3章由河南城建学院陈花军编写，第4章由河南城建学院矫立超编写，第7章由河南城建学院张超编写，第8章由长春建筑学院赵秋红编写，第9章由太原理工大学张晶编写，全书由冯宁统稿，由闫瑾主审。

本书在编写中参考了大量相关著作的有关内容，编者从中受到了很多的启发，在此对这些文献的作者们表示衷心的感谢。由于编者水平有限，书中疏漏和不足之处在所难免，恳请同行专家、学者和读者批评指正。

编　者

目录

第1章 建筑市场

1.1 建筑市场概述

1.1.1 建筑市场的概念

“市场”原意是指“商品交换的场所”。工程建设领域的市场被称为建筑市场，是进行建筑商品和相关要素交换的市场。

建筑市场有狭义和广义之分，狭义的建筑市场一般指有形建筑市场，它是以工程承发包交易活动为主要内容，建筑产品需求者与供给（生产）者进行买卖活动、发生买卖关系的场合，有固定的交易场所（公共资源交易中心），例如建设工程施工承发包市场、装饰工程分包市场、基础工程分包市场。广义的建筑市场是指承载与建筑业生产经营活动相关的一切交易活动的总称。广义市场包括有形市场和无形市场，除了建筑产品供需双方进行订货交易的建筑产品市场（即狭义的建筑市场）以外，还有与建筑生产密切相关的勘察设计市场、建筑生产资料市场、劳务市场、技术市场、资金市场以及咨询服务市场等，如图1-1所示。构成建筑市场的诸多市场之间紧密依存、相互制约。

广义的建筑市场
- 狭义的建筑市场——建筑产品市场
- 勘察设计市场
- 生产资料市场
- 劳务市场
- 技术市场
- 资金市场
- 咨询服务市场

图1-1 广义的建筑市场

由于建筑产品具有生产周期长、价值量大等特点，生产过程中不同阶段对承包单位的能力和特点要求不同，这就决定了建筑市场交易贯穿于建筑产品生产的整个过程。从工程建设的咨询、设计、施工任务的发包，到工程竣工、保修期结束，发包方和承包方、分包方进行的各种交易以及相关的商品混凝土供应、配件生产供应、建筑机械租赁等活动都是在建筑市场中进行的。这种生产活动和交易活动交织在一起的特点，使得建筑市场在许多方面不同于其他产品市场。

我国的建筑市场已形成了以发包方、承包方和中介咨询服务方组成的市场主体；以建筑产品和建筑生产过程为对象组成的市场客体；以招标投标为主要交易形式的市场竞争机制；以资质管理为主要内容的市场监督管理体系。建筑市场由于引入了竞争机制，促进了资源优化配置，提高了建筑生产效率，推动了建筑企业的管理和工程质量的进步，因此建筑市场在

我国市场经济体系中已成为一个重要的生产消费市场。美国《工程新闻纪录》（ENR，Engineering News-Record）评出的全球最大250家（2012年及以前年度，ENR发布的全球最大承包商、最大国际承包商的排名仅限于前225强，2013年扩大至250强）工程承包商中，中国建筑企业数量逐年上升，在国际工程承包市场上整体竞争实力逐年增强。

1.1.2 我国建筑市场的建立与发展

改革开放以前，工程建设任务由行政管理部门分配，建筑产品价格由国家规定，无所谓建筑市场。改革开放以后，随着我国社会主义市场经济的建立、发展与完善，建筑市场也经历着一个从培育、建立到逐渐完善的发展过程。

1992年，随着邓小平同志发表了著名的南方谈话，城市经济体制改革步入第二阶段。党的十四大明确提出了把建立社会主义市场经济体制作为经济体制改革的目标。从这一年起，建筑市场进入了一个新的发展时期，建立市场经济新体制，在建筑业不断市场化的进程中，建设管理的法制建设获得了非常迅速的进展。建设部出台了一系列的规章和规范性文件，各省市人大、政府也加强了地方的立法，通过法规和规章，将建设活动纳入了建筑市场管理的范畴，明确了建筑市场的管理机构、职责、管理内容和管理范围，在我国初步形成了用法律法规的强制力和约束力来管理建筑市场的局面。

改革开放以来是我国国民经济增速较快的时期，同时也是国家基本建设投资规模加大、建设市场充满生机和活力的时期。在这一时期，建筑业顺应整个国民经济及社会发展的态势，一方面保持了产业的继续增长，规模达到历史新高，另一方面积极进行着产业、市场和企业发展战略的调整。建筑市场规范化管理工作取得了突破性进展，政府主管部门近年来特别注重建筑市场的治理和规范工作，建筑法规体系逐步完善，建筑市场秩序日益规范。在政府主管部门的强有力推动下，我国以《中华人民共和国建筑法》《中华人民共和国招标投标法》和《中华人民共和国合同法》为母法，以《建设工程质量管理条例》《建设工程安全生产管理条例》等配套法规，以《建筑业企业资质管理规定》《建设工程勘察设计资质管理规定》等配套部门规章为子法的建筑法规体系基本形成。同时又出台了《外商投资建筑业企业管理规定》《外商投资建设工程设计企业管理规定》，弥补了建筑市场准入法规体系中对于外国企业的市场准入问题法律规定空白的状况，建筑市场对外开放的框架体系基本建立。同时，加大了对建筑市场违法违规行为的惩治力度。

今后，我国国民经济仍将保持持续稳定增长，工程建设和建筑业需求旺盛，建筑产品成为城乡居民消费主流产品、城市化快速推进，城乡基础设施建设需求巨大，我国建筑业仍然具有广阔的市场空间。所以一定要针对国内建筑市场存在的问题，加大改革力度，积极完善建筑市场监管，规范建筑市场秩序，进一步促进中国建筑业的发展，以保证中国建筑业在激烈的国际市场竞争中立于不败之地。

1.1.3 建筑市场的主体和客体

建筑市场的形成是市场经济的产物。因此建筑市场是工程建设生产和交易关系的总和。参与建筑生产交易过程的各方（如工程建设发包方、承包方和中介服务机构等）即构成建筑市场的主体。作为不同阶段的生产成果和交易内容的各种形态的建筑产品（建筑物、构筑物）、工程设施与设备、构配件，无形的建筑产品（咨询、监理等智力型服务）以及各种图纸和报告等非物化的劳动，则构成建筑市场的客体。

1. 建筑市场的主体

市场主体即建筑市场的“人”，是在市场中从事交换活动的当事人，包括法人、组织和自然人。建筑工程市场的主体是业主（建设单位或发包人）、承包商和咨询服务机构。

（1）业主。业主是指既有某项工程建设需求，又具有该项工程建设相应的建设资金和各种准建手续，在建筑市场中发包工程建设的勘察、设计、施工任务，并最终得到建筑产品的政府部门、企事业单位或个人。即业主是提供资金购买一定的建筑产品或服务的行为主体。在我国，一般称为建设单位或甲方，在国际工程中称为业主。

在我国，业主也称之为建设单位，只有在发包工程或组织工程建设时才成为市场主体，故又称为发包人或招标人。因此，业主方作为市场主体具有不确定性。我国的工程项目大多数是政府投资建设的，业主大多属于政府部门。为了规范业主行为，建立了投资责任约束机制，即项目法人责任制，又称业主责任制，由项目业主对项目建设全过程负责。

业主对建设项目的可行性研究与决策、资金筹集与管理、招标与合同管理、建设实施直至生产经营、归还贷款及债券本息等全面负责。业主既是工程项目的所有者，又是决策者，在工程项目的前期工作阶段，确定工程的规模和建设内容；在招标投标阶段，择优选定中标的承包商。在我国，建设单位除了要具备相应的资金外，还应该具备建设地点的土地使用权，并办理各种准建手续。

国内的项目业主的产生，主要有以下方式：

1）业主即原企业或单位。企事业单位或其他具备法人资格的机关团体投资的新建、扩建、改建工程，则该企业或单位即为项目业主。建设单位一般对工程建设有较大的自主权。

2）业主是联合投资董事会。由不同投资方参股或共同投资的项目，共同投资方组成董事会或工程管理委员会。

3）业主是各类开发公司。开发商自行融资兴建的工程项目，或者由投资方委托开发商建造的工程，开发商是建设单位。

4）投资方组建工程管理公司，由工程管理公司具体负责工程建造。建设单位是该工程管理公司。

5）其他情况。

以上所述的建设单位一般是指建筑业外的买方，近几年我国建筑业内买方也有所发展，如工程承包商可以委托造价咨询机构提供造价咨询服务，工程总承包商可以将基础工程或者装饰工程等专业工程向分包商发包，可以将劳务向有劳务分包资质的劳务分包商发包。近几年，建筑市场运行模式更加多种多样，如CM模式、交钥匙方式、BOT方式等都由工程总承包方采取了向外发包的运营方式。

（2）承包商。承包商是指拥有一定数量的建筑装备、流动资金、工程技术经济管理人员及一定数量的工人，取得建设行业相应资质证书和营业执照的，能够按照业主的要求提供不同形态的建筑产品，并最终得到相应工程价款的一方，包括工程承包商、勘察、设计、咨询等单位和分包队伍。这类市场主体在建筑市场上承揽施工、设计等业务，共同建造符合买方要求的建筑产品，从而获得利润回报。按生产的主要形式分为勘察设计单位、建筑安装企业、机械设备供应或租赁单位、混凝土预制构件和非标准件制作等生产厂家、建材供应商以

及专门提供建筑劳务的企业等。按照它们提供的主要建筑产品，可分为不同的专业公司，如水电、铁路、公路、冶金、市政工程等专业公司。按照它们的承包方式不同分为施工总承包企业、专业承包企业、劳务分包企业。在我国工程建设中承包商又称为乙方。

承包商从事建设生产，一般须具备三个方面的条件：

1）拥有符合国家规定的注册资本。

2）拥有与其资质等级相适应且具有注册执业资格的专业技术和管理人员。

3）有从事相应建筑活动所应有的技术装备。

此外，还有法律、行政法规规定的其他条件。

经资格审查合格，取得资质证书和营业执照的承包商，方许可在批准的范围内承包工程。

承包商需要通过市场竞争取得项目，需要依靠自身的实力去赢得市场，承包商的实力主要包括四个方面：

技术方面的实力：有精通本行业的项目经理、工程师、经济师、合同管理等专业人员队伍；有工程设计、施工专业技术装备，能解决各类工程施工中的技术难题；有承揽不同类型项目施工的经验。

经济方面的实力：具有相当的周转资金用于工程准备，有一定的融资和垫付资金的能力；具有相当的固定资产和为完成项目需购入大型设备所需的资金；具有支付各种担保和保险的能力，能承担相应的风险。另外，承担国际工程尚需具备筹集外汇的能力。

管理方面的能力：建筑承包市场属于买方市场，承包商为打开局面，往往需要低利润报价取得项目。而且必须采用先进的施工方法提高工作效率和技术水平，在成本控制上下工夫，向管理要效益，因此必须具备一批优秀的项目经理和管理专家。

信誉方面的实力：承包商一定要有良好的信誉，信誉将直接影响企业的生存与发展。要建立良好的信誉，就必须遵守相应的法律法规，能认真履约，保证工程质量、安全、工期。另外，承担国外工程应能按国际惯例办事。

（3）咨询服务机构。咨询服务机构是指具有相应的专业服务能力，具有一定注册资金，有一定数量的工程技术、经济管理人员，取得建设咨询证书和营业执照，在建筑市场中受承包方、发包方或政府管理部门的委托，对工程建设进行估算测量、咨询代理、建设监理等智能服务并获取相应费用的企业。在建筑市场的运行过程中，咨询服务机构作为政府、市场、企业之间联系的纽带，具有政府行政管理不可替代的作用。而发达的建筑市场中介服务机构既是市场体系成熟的标志，又是市场经济发达的表现。咨询单位还因其独特的职业特点和在项目实施中所处的地位要承担来自于业主、承包商、自身职业责任等的风险。

按服务机构的工作内容和作用来分，可分为以下五种类型：

1）为协调和约束市场主体行为的自律性机构，如建筑业协会、建设监理协会、造价管理协会等。

2）为保证市场公平竞争的公证机构，如会计师事务所、审计师事务所、律师事务所、保险公司、资产和资信评估机构、公证机构等。

3）为促进市场发育，降低交易成本和提高效益服务的各种咨询、代理机构，如工程咨询公司、招标代理公司、监理公司、信息服务机构等。

4）为监督市场活动、维护市场正常秩序的检查认证机构，如质量体系认证机构，计量、检验、检测机构，鉴定机构等。

5）为保证社会公平，建立公正的市场竞争秩序的公益机构，如以社会福利为目的的基金会、行业劳保统筹等管理机构。

案例1.1 谁是违法建设的主体

某日，某市城管综合执法支队直属一大队日常巡查某风景区时，发现景区特别保护范围内的市某管理局旧仓库内，一幢简易旧仓库被悄悄拆除，而一幢建筑面积为98.94m^2的混合结构建筑物拔地而起，工程已完成砌砖墙（2.8m高），正安装1层顶部模板。初步了解：此建筑物由林某负责的施工队承建，由林某自行设计施工，拟建1层，拟作其施工队办公用房；林某负责的施工队挂靠于某建筑公司，是某管理局长期聘用进行工程建设的施工队。

执法的大队按规范执法程序的要求对该建筑物进行立案调查，及时发出了询问调查通知书，要求施工单位先停工，待调查取证后，才确定能否继续施工。经过询问调查和进一步取证，确认该建筑物为违法建设，遂对违法建设主体发出了责令限期改正通知书，要求其在规定的期限内将违法建设自行拆除，否则依法强制拆除。不久此违法建设在规定的期限内被当事人自行拆除。

【问题】

此案中的违法建设主体是谁？有几种可能，可能是林某，可能是某建筑公司，可能是某管理局，可能是前三者中的任意二者，还可能是林某、某建筑公司和某管理局三者共同。该如何认定违法建设的主体呢？

【解析】

谁投资、谁建设，谁就是违法建设的主体，这是认定违法建设主体的一条基本原则。

能否把某建筑公司作为此违法建设的主体？要将某建筑公司作为此违法建设的主体必须是某建筑公司对此建筑物投资建设，或者是林某投资建设，林某及其施工队是某建筑公司的下属单位。建筑中挂靠是什么？所谓的挂靠就是单位和个人用其他建筑施工企业的名义承揽工程。《中华人民共和国建筑法》第二十六条二款规定："禁止建筑施工企业以任何形式允许其他单位或者个人使用本企业的资质证书、营业执照，以本企业的名义承揽工程。"《建设工程质量管理条例》（国务院令第279号）第二十五条二款规定："禁止施工单位允许其他单位或者个人以本单位的名义承揽工程。"这些都是对建筑挂靠非法性的明确界定。因此，仅仅是挂靠关系是不能将被挂靠者认定为违法建设主体的。在此案中，执法队员调查证实，某建筑公司对此建筑物没有投资，林某与某建筑公司之间是所谓挂靠关系，某建筑公司为林某提供了资质和营业执照复印件。因此，不能将某建筑公司作为此违法建设的主体。

能否把某管理局作为此违法建设的主体？要把某管理局作为此违法建设的主体必须是某管理局对此建筑物投资建设，或者林某负责的施工队是某管理局的下属单位，此建筑物由某管理局批准，林某投资建设。在此案的调查过程中，林某反映此建筑物经某管理局领导口头同意，但口说无凭。执法队员主动与某管理局联系，并进行了深入细致的

调查了解，制作询问（调查）笔录，证实某管理局只是长期聘用林某负责的施工队进行工程建设，而未同意该建筑物的建设，也未投入资金。因此，不能把某管理局作为此违法建设的主体。

能否把某建筑公司、某管理局、林某三者同时作为此违法建设的主体？把某建筑公司、某管理局、林某三者同时作为此违法建设的主体必须是在三者彼此无关系的情况下，对此建筑物均有资金投入，或者是某建筑公司与某管理局共同出资由林某施工建设，林某负责的施工队为任何一方的下属单位。此案进一步调查取证的情况是某建筑公司和某管理局均未投资，某管理局和林某负责的施工队是聘用关系，林某负责的施工队与某建筑公司是非法挂靠关系，某管理局未批准此建筑物的建设。因此，也不能把某建筑公司、某管理局、林某三者同时作为此违法建设的主体。

此案中到底谁是违法建设的主体呢？经过深入细致的调查取证，其结果是林某全额投资、施工建设，因此林某就是违法建设的主体。

（资料来源：杨张露. 案例分析——谁是违法建设的主体. http://zfj.lishui.gov.cn/yjtt/gafx/t20090703_567822.htm，有修改）

2. 建筑市场的客体

建筑市场的客体是指一定量的可供交换的商品和服务，它包括有形的建筑产品和无形的各种服务，以及各种商品化的资源要素，如资金、技术、信息和劳动力等。客体凝聚着承包方和服务机构的劳动，业主则以投入资金方式，取得它的使用价值。在不同的生产交易阶段，建筑产品表现为不同的形态。根据不同的生产交易阶段把建筑产品分为以下几种形态：

1）规划、设计阶段，产品分为可行性研究报告、勘察报告、施工图设计文件等形式。

2）招标、投标阶段，产品包括资格预审报告、招标书、投标书以及合同文件等形式。

3）施工阶段，产品包括各类建筑物、构筑物以及劳动力、建材、机械设备、预制构件、技术、资金、信息等。

建筑市场各方主体以客体为对象，以承包合同的方式来明确各方的责任、权利和义务，并以合同为纽带，把一系列的专业分包商、设备供应商、银行、运输商以及咨询、保险公司等联系在一起，形成经济协作关系。

1.1.4 建筑市场体系及运行机制

建筑市场体系是指建筑市场结构和政府对建筑市场宏观调控的有机结合体，包括由发包方、承包方和为工程建设服务的中介服务方组成的市场主体；不同形式的建筑产品组成的市场客体；保证市场秩序、保护主体合法权益的市场机制和市场交易规则。

建筑市场交易规则是市场主体在市场交易中需要遵循的行为准则，包括市场交易主体规则、市场交易产品规则、市场交易方式和行为规则。建筑市场机制是保护市场主体按市场规则从事建筑业务活动的各种机制和措施，主要包括供求机制、价格机制、激励机制和竞争机制。

全面市场体系的发育与完善，是市场化进程的标志。市场体系是实现资源优化配置，发挥供求、价格、竞争机制调节作用的前提条件，是建筑市场有效运行的重要基础。建筑市场围绕着市场主体的各种交易活动展开运行，市场机制能否顺利发挥作用，取决于是否存在一个完善的市场体系。

政府对市场的宏观调控体现在建立完善的市场规则（包括法律、法规、规范、标准和制度等）、监督和调控等方面。建筑市场主体与主体之间、主体与客体之间的关系，通过市场规则来明确和制约。

1. 建筑市场的交易规则

在建筑市场内，不同的市场主体的根本利益有较大的差异，即使是处于同一市场主体地位的不同企业（比如不同的承包商）或个人（比如执业工程师）也会有不同的交易行为。因此，要保证市场有序、健康地发展，必须有明确的运行规则来规范建筑市场各主体方的行为。建筑市场规则主要包括以下几个方面：

（1）市场交易主体规则。建设项目承包商及中介组织必须具有法人资格或个人执业资格，必须遵守市场准入条件。项目业主要具有法人或自然人条件，对公共建设项目要形成项目法人。主体规则也规范各市场主体在资质和从业范围方面的条件，如项目类别和资质等级。

（2）市场交易产品规则。对进入市场交易的建筑产品要界定范围，明确哪些可以和需要进入市场，哪些不可以进入市场。同时要对进入交易市场的建筑产品的质量、数量、安全等方面进行规范，不允许不安全、质量低劣的产品进入市场。建筑产品的特殊性决定了其产品规则的交验标准要由政府制定并颁布实施。

（3）市场交易方式和行为规则。建筑市场的交易方式主要有邀请招标、公开招标、协议合同等形式。为了保证建筑市场交易活动的公平和公正，需要制定相应的规则，如招标投标规则、合同内容规则等。这些规则规范了市场主体的交易行为，为公平公正竞争提供了保障。市场交易方式和行为规则是建筑市场规则的一个重要组成部分。

我国的建筑市场体系在逐步健全，市场秩序在逐步好转，但是，也应该看到，同发达国家相比，我国的建筑市场还较为落后，只有积极借鉴国外的先进经验，逐步与国际市场接轨，才能取得更快的发展。我国应进一步丰富建筑市场主体，充分发挥和挖掘其潜力，进一步改进和完善政府的监管职能，对目前实施的一些建筑市场监管制度，应按照建立全国统一、开放、竞争、有序的建筑市场体系的目标，进行调整、修改、补充、完善。可以通过市场竞争解决的问题却还在沿用行政手段管理的制度，该弱化的要弱化，该废止的要坚决予以废止。有形建筑市场应为企业提供快捷的信息和周到的服务；进一步健全建设领域法规制度，使各项法规制度既能起到规范建筑市场秩序、制约各方主体行为的效果，也能发挥保障建筑市场公平竞争、促进建筑市场健康发展的作用。

2. 建筑市场运行机制

建筑市场机制是保护建筑市场主体按市场交易规则从事各种交易活动的一系列市场运行机制，以维护市场的正常运行和发展。

建筑市场的运行机制应建立在统一、开放、竞争、有序的原则基础之上。统一是指建筑市场机制的运行要建立在统一的建筑法规、条例、标准、规范的平台之上；开放是指建筑市场中的买方和卖方可不受国家、地区、部门、行业的限制，进行建筑产品的生产和交换；竞争是指建筑生产的各个委托环节均要引进竞争机制，如招标投标、设计方案竞赛等竞争方式；竞争有利于促进建筑产品的生产效率，但必须通过法规及有效的监督管理机制引导建筑

市场有序化、规范化。

建筑市场运行机制包括价格机制、竞争机制、供求机制、激励机制，它们各有不同的作用范围和内容，彼此制约、相互影响，从而推动建筑市场的正常运行。

1.1.5 建筑市场的资质管理

建筑活动的专业性及技术性都很强，而且建设工程投资大、周期长，一旦发生问题将给社会和人民的生命财产安全造成极大损失。因此，为保证建设工程的质量和安全，对从事建设活动的单位必须实行从业资格管理，即资质管理制度。

建筑市场的资质管理包括两类：一类是对法人从业资质的管理，另一类是对自然人从业资格的管理。

1. 法人从业资格管理

在建筑市场中，围绕工程建设活动的主体，对从事建筑活动的施工企业、勘察单位、设计单位和工程咨询机构（包括工程监理单位）实行资质管理。

(1) 建筑施工企业资质管理。建筑施工企业是指从事土木工程、建筑工程、线路管道及设备安装工程、装修工程等的新建、扩建、改建活动的企业。建筑业企业应按照其拥有的注册资本、专业技术人员、技术装备和已完的建筑工程业绩等条件申请资质，经审查合格，取得建筑企业资质证书后，方可在资质许可范围内从事建筑施工活动。

建筑业企业资质分为施工总承包、专业承包和劳务分包三个序列。施工总承包企业又按工程性质分为房屋、公路、铁路、港口、水利、电力、矿山、冶金、化工石油、市政公用、通信、机电等12个类别；获得施工总承包资质的企业，可以对工程实行施工总承包或者对主体工程实行施工承包。承担施工总承包的企业可以对所承接的工程全部自行施工，也可以将非主体工程或者劳务作业分包给具有相应专业承包资质或者劳务分包资质的其他建筑业企业。专业承包企业又根据工程性质和技术特点划分为60个类别；获得专业承包资质的企业，可以承接施工总承包企业分包的专业工程或者建设单位按照规定发包的专业工程。专业承包企业可以对所承接的工程全部自行施工，也可以将劳务作业分包给具有相应劳务分包资质的劳务分包企业。劳务分包企业按技术特点划分为13个类别。获得劳务分包资质的企业，可以承接施工总承包企业或者专业承包企业分包的劳务作业。

工程施工总承包企业资质等级分为特、一、二、三级；施工专业承包企业资质等级分为一、二、三级；劳务分包企业资质等级分为一、二级或不分级。这三类企业的资质等级标准，由住房和城乡建设部统一组织制定和发布。工程施工总承包企业和施工专业承包企业的资质实行分级审批。特级和一级资质由住房和城乡建设部审批；二级以下资质由企业注册所在地省、自治区、直辖市人民政府建设主管部门审批。劳务分包企业资质由企业所在地省、自治区、直辖市人民政府建设主管部门审批。经审查合格的企业，由资质管理部门颁发相应等级的建筑业企业（施工企业）资质证书。建筑业企业资质证书由国务院建设行政主管部门统一印制，分为正本（1本）和副本（若干本），正本和副本具有同等法律效力，任何单位和个人不得涂改、伪造、出借、转让资质证书，复印的资质证书无效。

我国建筑业企业承包工程范围见表1-1。

表1-1　我国建筑业企业承包工程范围

企业类别	等级	承包工程范围
施工总承包企业（12类）	特级	①取得施工总承包特级资质的企业可承担本类别各等级工程施工总承包、设计及开展工程总承包和项目管理业务；②取得房屋建筑、公路、铁路、市政公用、港口与航道、水利水电等专业中任意1项施工总承包特级资质和其中2项施工总承包一级资质，即可承接上述各专业工程的施工总承包、工程总承包和项目管理业务，及开展相应设计主导专业人员齐备的施工图设计业务；③取得房屋建筑、矿山、冶炼、石油化工、电力等专业中任意1项施工总承包特级资质和其中2项施工总承包一级资质，即可承接上述各专业工程的施工总承包、工程总承包和项目管理业务，及开展相应设计主导专业人员齐备的施工图设计业务；④特级资质的企业，限承担施工单项合同额3000万元以上的房屋建筑工程
	一级	（以房屋建筑工程为例）可承担单项建安合同额不超过企业注册资本金5倍的下列房屋建筑工程的施工：①40层及以下、各类跨度的房屋建筑工程；②高度240m及以下的构筑物；③建筑面积20万m^2及以下的住宅小区或建筑群体
	二级	（以房屋建筑工程为例）可承担单项建安合同额不超过企业注册资本金5倍的下列房屋建筑工程的施工：①28层及以下、单跨跨度36m以下的房屋建筑工程；②高度120m及以下的构筑物；③建筑面积12万m^2及以下的住宅小区或建筑群体
	三级	（以房屋建筑工程为例）可承担单项建安合同额不超过企业注册资本金5倍的下列房屋建筑工程的施工：①14层及以下、单跨跨度24m以下的房屋建筑工程；②高度70m及以下的构筑物；③建筑面积6万m^2及以下的住宅小区或建筑群体
专业承包企业（60类）	一级	（以土石方工程为例）可承担各类土石方工程的施工
	二级	（以土石方工程为例）可承担单项合同额不超过企业注册资本金5倍且60万m^3及以下的土石方工程的施工
	三级	（以土石方工程为例）可承担单项合同额不超过企业注册资本金5倍且15万m^3及以下的土石方工程的施工
劳务分包企业（13类）	一级	（以木工作业为例）可承担各类工程的木工作业分包业务，但单项合同额不超过企业注册资本金的5倍
	二级	（以木工作业为例）可承担各类工程的木工作业分包业务，但单项合同额不超过企业注册资本金的5倍

案例1.2　建筑企业挂靠的法律责任及后果

2002年初，某集团的下属建筑工程公司与王某签订了一份企业挂靠协议。协议约定：某集团的下属建筑工程公司同意王某挂靠并以建筑工程公司的名义对外经营，挂靠期为2002年1月至2007年12月；在挂靠期间，王某应向建筑工程公司上交挂靠费每年4万元，如不能按照协议规定的时间上交挂靠费，建筑工程公司有权解除合同。

王某挂靠建筑工程公司后，利用建筑工程公司的资质证书、营业执照等对外承揽了多项建筑工程。但王某仅向建筑工程公司上交挂靠费5千元，其余挂靠费未交纳。2004年12月建筑工程公司多次要求王某给付拖欠两年的挂靠费7.5万元，王某均以各种理由推脱，故2005年1月建筑工程公司将王某诉至法院。

法院判决：一审法院经审理认为：某集团的下属建筑工程公司与王某签订的挂靠协议，违反了《中华人民共和国建筑法》关于建筑施工企业不得出借资质证书或允许他人以本企业的名义承揽工程的有关规定。因此，合同内容违法，属无效合同。某集团的下

属建筑工程公司要求王某给付拖欠的挂靠费，于法无据，不予支持，已上交的5千元承包费，应予追缴。据此，法院判决：一、某集团的下属建筑工程公司与王某签订的挂靠协议无效；二、驳回某集团的下属建筑工程公司要求王某给付拖欠的挂靠费7.5万元的诉讼请求；三、已上交的5千元承包费应依法予以追缴。

（资料来源：http://bbs.jianshe99.com/forum-19-22/topic-483485.html，有修改）

（2）建设工程勘察、设计企业资质管理。从事建设工程勘察、工程设计活动的企业，应当按照其拥有的注册资本、专业技术人员、技术装备和勘察、设计业绩等条件申请资质，经审查合格，取得建设工程勘察、工程设计资质证书后，方可在资质许可的范围内从事建设工程勘察、工程设计活动。国务院建设行政主管部门及各地建设行政主管部门负责工程勘察、设计企业资质的审批、晋升和处罚。我国建设工程勘察、设计资质分为工程勘察资质和工程设计资质。

工程勘察资质分为工程勘察综合资质、工程勘察专业资质、工程勘察劳务资质。工程勘察综合资质只设甲级；工程勘察专业资质设甲级、乙级，根据工程性质和技术特点，部分专业可以设丙级；工程勘察劳务资质不分等级。取得工程勘察综合资质的企业，可以承接各专业（海洋工程勘察除外）、各等级工程勘察业务；取得工程勘察专业资质的企业，可以承接相应等级相应专业的工程勘察业务；取得工程勘察劳务资质的企业，可以承接岩土工程治理、工程钻探、凿井等工程勘察劳务业务。

工程设计资质分为工程设计综合资质、工程设计行业资质、工程设计专业资质和工程设计专项资质。工程设计综合资质只设甲级；工程设计行业资质、工程设计专业资质、工程设计专项资质设甲级、乙级。根据工程性质和技术特点，个别行业、专业、专项资质可以设丙级，建筑工程专业资质可以设丁级。取得工程设计综合资质的企业，可以承接各行业、各等级的建设工程设计业务；取得工程设计行业资质的企业，可以承接相应行业相应等级的工程设计业务及本行业范围内同级别的相应专业、专项（设计施工一体化资质除外）工程设计业务；取得工程设计专业资质的企业，可以承接本专业相应等级的专业工程设计业务及同级别的相应专项工程设计业务（设计施工一体化资质除外）；取得工程设计专项资质的企业，可以承接本专项相应等级的专项工程设计业务。

我国勘察、设计企业的业务范围参见表1-2。

表1-2 我国勘察、设计企业的业务范围

企业类别	资质分类	等级	承担业务范围
勘察企业	综合资质	甲级	承担工程勘察业务范围和地区不受限制
	专业资质（分专业设立）	甲级	承担本专业工程勘察业务范围和地区不受限制
		乙级	可承担本专业工程勘察中、小型工程项目，承担工程勘察业务的地区不受限制
		丙级	可承担本专业工程勘察小型工程项目，承担工程勘察业务限定在省、自治区、直辖市所辖行政区范围内
	劳务资质	不分级	承担岩石工程治理、工程钻探、凿井等工程勘察劳务工作，承担工程勘察劳务工作的地区不受限制

（续）

企业类别	资质分类	等级	承担业务范围
设计企业	综合资质	不分级	承担工程设计业务范围和地区不受限制
	行业资质（分行业设立）	甲级	承担相应行业建设项目的工程设计范围和地区不受限制
		乙级	承担相应行业的中、小型建设项目的工程设计任务，地区不受限制
		丙级	承担相应行业的小型建设项目的工程设计任务，地区限定在省、自治区、直辖市所辖行政区范围内
	专业资质（分专业设立）	甲级	承担本专业建设工程项目主体工程及其配套工程的设计业务，其规模不受限制
		乙级	承担本专业中、小型建设工程项目的主体工程及其配套工程的设计业务
		丙级	承担本专业小型建设项目的设计业务
		丁级	仅限建筑工程设计，包括在相应标准以下的一般公共建筑工程、一般住宅工程、厂房和仓库、构筑物等
	专项资质（分专业设立）	甲级	承担大、中、小型专项工程设计的项目，地区不受限制
		乙级	承担中、小型专项工程设计的项目，地区不受限制

（3）工程咨询单位资质管理。我国对工程咨询单位实行资质管理。目前，已有明确资质等级评定条件的有工程监理、招标代理、工程造价等咨询机构。

1）工程监理企业。从事建设工程监理活动的企业，应当按照《工程监理企业资质管理规定》取得工程监理企业资质，并在工程监理企业资质证书（以下简称资质证书）许可的范围内从事工程监理活动。工程监理企业资质分为综合资质、专业资质和事务所资质。其中，专业资质按照工程性质和技术特点划分为14个工程类别。综合资质、事务所资质不分级别。专业资质分为甲级、乙级；其中，房屋建筑、水利水电、公路和市政公用专业资质可设立丙级。综合资质可以承担所有专业工程类别建设工程项目的工程监理业务。专业甲级资质可承担相应专业工程类别建设工程项目的工程监理业务；专业乙级资质可承担相应专业工程类别二级以下（含二级）建设工程项目的工程监理业务；专业丙级资质可承担相应专业工程类别三级建设工程项目的工程监理业务。事务所资质可承担三级建设工程项目的工程监理业务，但是，国家规定必须实行强制监理的工程除外。工程监理企业可以开展相应类别建设工程的项目管理、技术咨询等业务。

2）工程招标代理机构。按照《工程建设项目招标代理机构资格认定办法》规定，工程招标代理机构资格分为甲级、乙级和暂定级三个等级。甲级工程招标代理机构可以承担各类工程的招标代理业务。乙级工程招标代理机构只能承担工程总投资1亿元人民币以下的工程招标代理业务。暂定级工程招标代理机构只能承担工程总投资6000万元人民币以下的工程招标代理业务。工程招标代理机构可以跨省、自治区、直辖市承担工程招标代理业务。

3）工程造价咨询机构。工程造价咨询机构资质等级划分为甲级和乙级。甲级工程造价咨询机构承担工程的范围和地区不受限制；乙级工程造价咨询机构在本省、自治区、直辖市所辖行政区域范围内承接中、小型建设项目的工程造价咨询业务。工程咨询单位的资质评定条件包括注册资金、专业技术人员和业绩三方面的内容，不同资质等级的标准均有具体规定。

2. 自然人从业资格管理

在建设工程市场中，把具有从事工程咨询资格的专业工程师称为专业人士。专业人士对他所提供的咨询活动所造成的后果负责。专业人士对民事责任的承担方式在国际上通行的做法是购买专业责任保险。在西方发达国家中，对专业人士的执业行为进行监督管理是专业人士组织的主要职能之一。一般情况下，专业工程师要成为专业人士，首先要通过专业人士组织（协会）的考试才能取得专业人士资格。专业人士组织均对专业人士的执业行为规定了严格的职业道德标准。各国管理情况多有不同，有的是由学会或协会负责授予和管理，有的是由政府负责确认和管理。

我国在建设行业建立从业资格制度的探索始于20世纪80年代末，从发达国家引入。从业资格是政府规定技术人员从事某种专业技术性工作的学识、技术和能力的起点标准。专业人士在建设工程市场管理中起着非常重要的作用，由于他们的工作水平对工程项目建设成败具有重要的影响，因此行业对专业人士的资格条件要求很高。从某种意义上说，政府对建设工程市场的管理，一方面要依靠完善的建筑法规，另一方面要依靠专业人士。目前，在我国已经确定专业人士的种类有注册建筑工程师、结构工程师、监理工程师、造价工程师、建造工程师、岩土工程师等。由全国资格考试委员会负责组织专业人士的资格考试。由建设行政主管部门负责专业人士的注册及管理，注册专业人士的资格和注册条件为：大专以上的专业学历、参加全国统一考试且成绩合格、具有相关专业的实践经验即可取得注册工程师资格。

目前我国专业人士制度尚处在起步阶段，在较短的时间内取得了一定的成绩，但也存在诸如专业体系设置的科学性、资格认证体系的完善、相关的立法问题、国际互认等问题。需要各级各地人事、建设部门及有关部门和单位紧密配合，调动各方面的积极性，形成整体合力，从实施人才强国战略，加快行业发展的角度，进一步完善建筑市场，对它的管理进一步规范化和制度化，共同推动建设行业专业人士资格制度的健康发展。

1.2 工程承发包

1.2.1 工程承发包的概念

承发包是一种商业交易行为，是指交易的一方负责为交易的另一方完成某项工作或供应一批货物，并按一定的价格取得相应报酬的一种交易行为。委托任务并负责支付报酬的一方称为发包人；接受任务并负责按时完成而取得报酬的一方称为承包人。

工程承发包是指建筑施工企业（承包商）作为承包人（称乙方），建设单位（业主）作为发包人（称甲方），由甲方把建筑工程任务委托给乙方，且双方在平等互利的基础上签订工程合同，明确各自的责任、权利和义务，以保证工程任务按期按质按量地全面完成。它是一种经营方式。

1.2.2 工程承发包的内容

工程承发包的内容非常广泛，可以对工程项目建设的全过程进行总承发包，也可以分别对工程项目的项目建议书、可行性研究、勘察设计、材料及设备采购供应、建筑安装工程施工、生产准备和竣工验收等阶段进行阶段性承发包。

1. 项目建议书

项目建议书是建设单位向国家提出的要求建设某一项目的建设文件。主要内容为项目的性质、用途、基本内容、建设规模及项目的必要性和可行性分析等。项目建议书可由建设单位自行编制，也可委托工程咨询机构代为编制。

2. 可行性研究

项目建议书经批准后，应进行项目的可行性研究。可行性研究的主要内容是对拟建项目的一些重大问题，如市场需求、资源条件、原料、燃料、动力供应条件、厂址方案、拟建规模、生产方法、设备选型、环境保护、资金筹措等，从技术和经济两方面进行详尽的调查研究、分析计算和方案比较，并对这个项目建成后可能取得的技术效果和经济效益进行预测，从而提出该项工程是否值得投资建设和怎样建设的意见，为投资决策提供可靠的依据。

为了配合建设项目的顺利实施，国家发展和改革委员会（简称发改委）规定可行性研究报告中还应有关于招标方面的内容，这些内容包括建设项目的勘察、设计、施工、监理以及重要设备、材料等采购活动的具体招标范围、拟采用的招标组织形式、拟采用的招标方式等。此阶段的任务，通常委托工程咨询机构完成。

3. 勘察设计

该阶段可通过方案竞选、招标投标等方式选定勘察设计单位。如采用招标投标的方式选定勘察设计单位，可以依据工程建设项目的不同特点，实行勘察设计一次性总体招标；也可以在保证项目完整性、连续性的前提下，按照技术要求实行分段或分项招标。

4. 材料和设备的采购供应

建设项目所需的设备和材料，涉及面广、品种多、数量大。设备和材料采购供应是工程建设过程中的重要环节。建筑材料的采购供应方式有：公开招标、询价报价、直接采购等。设备供应方式有：委托承包、设备包干、招标投标等。

5. 建筑安装工程施工

建筑安装工程施工是工程建设过程中的一个重要环节，是把设计图纸付诸实施的决定性阶段。其任务是把设计图纸变成物质产品，使预期的生产能力或使用功能得以实现。建筑安装施工内容包括施工现场的准备工作、永久性工程的建筑施工、设备安装及工业管道安装工程等。此阶段一般应采用招标投标的方式进行工程的承发包。

6. 生产职工培训

为了使新建项目建成后投入生产、交付使用，在建设期间就要准备合格的生产技术工人和配套的管理人员。因此，需要组织生产职工培训。这项工作通常由建设单位委托设备生产厂家或同类企业进行。在实行总承包的情况下，则由总承包单位负责，委托适当的专业机构、学校、工厂去完成。

7. 建设工程项目管理

建设工程项目管理是一项新兴的承包业务，它是指从事工程项目管理的企业，受工程项目业主方委托，对建设工程全过程或分阶段进行专业化管理和服务的活动。项目管理企业一般具有工程勘察、设计、施工、监理、造价咨询、招标代理等一项或多项资质。项目管理企业可以协助业主方进行项目前期策划、经济分析、专项评估与投资确定；办理土地征用、规划许可等有关手续；提出工程设计要求、组织评审工程设计方案、组织工程勘察设计招标、签订勘察设计合同并监督实施，组织设计单位进行工程设计优化、技术经济方案比选并进行

投资控制；组织工程监理、施工、设备材料采购招标；也可以协助业主方与工程项目总承包企业或施工企业及建筑材料、设备、构配件供应等企业签订合同并监督实施；协助业主方提出工程实施用款计划，进行生产试运行及工程保修期管理，组织项目后评估，进行工程竣工结算和工程决算，处理工程索赔，组织竣工验收，向业主方提供竣工档案资料等工作。工程项目业主方可以通过招标或委托等方式选择项目管理企业。

1.2.3 建设工程承发包方式

工程承发包方式，是指发包人与承包人双方之间的经济关系形式。从发包承包的范围、承包人所处的地位、合同计价方式、获得承包任务的途径等不同的角度，可以对工程承发包方式进行不同的分类。

1. 按承发包范围（内容）划分

（1）建设全过程承包。建设全过程承包也叫“统包”，或“一揽子承包”，即通常所说的“交钥匙”。采用这种承包方式，建设单位一般只要提出使用要求和竣工期限，承包单位即可对项目建议书、可行性研究、勘察设计、设备询价与选购、材料订货、工程施工、生产职工培训直至竣工投产，实行全过程、全面的总承包，并负责对各项分包任务进行综合管理、协调和监督工作。为了有利于建设和生产的衔接，必要时也可以吸收建设单位的部分力量，在承包单位的统一组织下，参加工程建设的有关工作。这种承包方式要求承发包双方密切配合；涉及决策性质的重大问题仍应由建设单位或其上级主管部门作最后的决定。这种承包方式主要适用于各种大中型建设项目。它的好处是可以积累建设经验和充分利用已有的经验，节约投资，缩短建设周期并保证建设的质量，提高经济效益。当然，也要求承包单位必须具有雄厚的技术经济实力和丰富的组织管理经验。适应这种要求，国外某些大承包商往往和勘察设计单位组成一体化的承包公司，或者更进一步扩大到若干专业承包商和器材生产供应厂商，形成横向的经济联合体。这是近几十年来建筑业一种新的发展趋势。改革开放以来，我国各部门和地方建立的建设工程总承包公司即属于这种性质的承包单位。

（2）阶段承包。阶段承包的内容是建设过程中某一阶段或某些阶段的工作，如可行性研究、勘察设计、建筑安装施工等。在施工阶段，还可依承包内容的不同，细分为三种方式：

1）包工包料，即工程施工所用的全部人工和材料由承包人负责。其优点是便于调剂余缺，合理组织供应，加快建设速度，促进施工企业加强企业管理，精打细算，厉行节约，减少损失和浪费；有利于合理使用材料，降低工程造价，减轻了建设单位的负担。

2）包工部分包料，即承包人只负责提供施工的全部人工和一部分材料，其余部分材料由发包人或总承包人负责供应。

3）包工不包料，又称包清工，实质上是劳务承包，即承包人（大多是分包人）仅提供劳务而不承担任何材料供应的义务。

（3）专项承包。专项承包的内容是某一建设阶段中的某一专门项目，由于专业性较强，多由有关的专业承包单位承包，故称专业承包。例如，可行性研究中的辅助研究项目，勘察设计阶段的工程地质勘察、供水水源勘察、基础或结构工程设计、工艺设计、供电系统、空调系统及防灾系统的设计，建设准备过程中的设备选购和生产技术人员培训，以及施工阶段的基础施工、金属结构制作和安装、通风设备和电梯安装等。

（4）“建造—经营—转让”承包。国际上通称BOT方式，即“建造—经营—转让”的英文（Build-Operate-Transfer）缩写。这是20世纪80年代新兴的一种带资承包方式。其程序一般是由某一个大承包商或开发商牵头，联合金融界组成财团，就某一工程项目向政府提出建议和申请，取得建设和经营该项目的许可。这些项目一般是大型公共工程和基础设施，如隧道、港口、高速公路、电厂等。政府若同意建议和申请，则将建设和经营该项目的特许权授予财团。财团即负责资金筹集、工程设计和施工的全部工作；竣工后，在特许期内经营该项目，通过向用户收取费用，回收投资，偿还贷款并获取利润；特许期满即将该项目无偿地移交给政府经营管理。对项目所在国来说，采取这种方式可解决政府建设资金短缺问题，且不形成债务，又可解决本地缺少建设、经营管理能力等困难；而且不用承担建设、经营中的风险。因此，在许多发展中国家得到欢迎和推广，并有向某些发达国家和地区扩展的趋势。对承包商来说，则跳出了设计、施工的小圈子，实现工程项目由前期至后期的全过程总承包，竣工后并参与经营管理，利润来源也就不限于施工阶段，而是向前后延伸到可行性研究、规划设计、器材供应及项目建成后的经营管理，从坐等招标的经营方式转向主动为政府、业主和财团提供超前服务，从而扩大了经营范围。当然，这也不免会增加风险，所以要求承包商有高超的融资能力和技术经济管理水平，包括风险防范能力。

2. 按承包人所处的地位划分

在工程承包中，一个建设项目上往往有不止一个承包单位。承包单位与建设单位之间以及不同承包单位之间的关系不同、地位不同，也就形成不同的承包方式，常见的有五种。

（1）总承包。一个建设项目建设全过程或其中某个阶段（如施工阶段）的全部工作，由一个承包单位负责组织实施。这个承包单位可以将若干专业性工作交给不同的专业承包单位去完成，并统一协调和监督它们的工作。在一般情况下，建设单位仅同这个承包单位发生直接关系，而不同各专业承包单位发生直接关系。这样的承包方式叫做总承包。承担这种任务的单位叫做总承包单位，或简称总包。我国的工程总承包公司就是总包单位的一种组织形式。

总承包主要有两种情况：一是全过程总承包；二是阶段总承包。

阶段总承包主要分为以下几个阶段：

1）勘察、设计、施工、设备采购总承包。

2）勘察、设计、施工总承包。

3）勘察、设计总承包。

4）施工总承包。

5）施工、设备采购总承包。

6）投资、设计、施工总承包，即建设项目由承包商贷款垫资，并负责规划设计、施工，建成后再转让给发包人。

7）投资、设计、施工、经营一体化总承包，通称BOT方式。

采用总承包方式时，可以根据工程具体情况，将工程总承包任务发包给有实力的具有相应资质的咨询公司、勘察设计单位、施工企业以及设计施工一体化的大建筑公司等承担。

（2）分承包。分承包简称分包，是相对于总承包而言的，是指从总承包人承包范围内分包某一分项工程，如屋面防水、室内装修等分项工程，或某种专业工程，如钢结构制作和安装、电梯安装、卫生设备安装等。分承包人不与发包人发生直接关系，而只对总承包人负

责，在现场上由总承包人统筹安排其活动。

分承包人承包的工程，不能是总承包范围内的主体结构工程或主要部分（关键性部分），主体结构工程或主要部分必须由总承包人自行完成。

分承包主要有两种情形：一是总承包合同约定的分包，总承包人可以直接选择分包人，经发包人同意后与之订立分包合同；二是总承包合同未约定的分包，须经发包人认可后总承包人方可选择分包人，与之订立分包合同。可见，分包事实上都要经过发包人同意后才能进行。

案例 1.3 建设工程承发包模式案例分析

2005 年 6 月 10 日，上海某房地产开发有限公司（以下简称“A 公司”）与浙江某建筑工程公司（以下简称为“B 公司”）签订《建设工程施工合同》，合同中约定：由 B 公司作为施工总承包单位承建由 A 公司投资开发的某宾馆工程项目，承包范围是地下二层、地上 24 层的土建、采暖、给排水等工程项目，其中，玻璃幕墙专业工程由 A 公司直接发包，工期自 2005 年 6 月 26 日至 2006 年 12 月 30 日，工程款按工程进度支付。同时约定，由 B 公司履行对玻璃幕墙专业工程项目的施工配合义务，由 A 公司按玻璃幕墙专业工程项目竣工结算价款的 3% 向 B 公司支付总包管理费。

玻璃幕墙工程由江苏某一玻璃幕墙专业施工单位（以下简称“C 公司”）施工。施工过程中，在总包工程已完工的情况下，由于 C 公司自身原因，导致玻璃幕墙工程不仅迟迟不能完工，且已完工程也存在较多的质量问题。

A 公司在多次催促 B 公司履行总包管理义务和 C 公司履行专业施工合同所约定的要求未果的情况下，以 B 公司为第一被告、C 公司为第二被告向法院提起诉讼，诉讼请求有三项：

1）请求判令第一被告与第二被告共同连带向原告承担由于工期延误所造成实际损失和预期利润。

2）请求判令第一被告与第二被告共同连带承担质量的返修义务。

3）请求判令两被告承担案件的诉讼费和财产保全费用。

【评析】

1. B 公司收取的“总包管理费”，其实质是“总包配合费”，两者是不同的概念

作为总承包单位的 B 公司愿意接受所谓的“总包管理费”主要有两个道理。其一是认为总承包人收取总包管理费实属“天经地义”；其二是在总包范围外多收取一部分工程价款“何乐而不为”。但是，就是这个看似“你情我愿”的合意，却因为“名不符实”而“祸起萧墙”。因为，B 公司收取的名曰“总包管理费”，其实质是“总包配合费”。

2. B 公司收取总包管理费实为总包配合费，不应当与 C 公司共同承担连带责任

玻璃幕墙工程不属于 B 公司的总承包范围内，是由 A 公司直接发包给 C 公司承建的，因此，对玻璃幕墙工程从法律层面而言，B 公司没有总包管理的义务，虽然 B 公司从 A 公司收取的费用名称为“总包管理费”，但其实质是总包配合费。既然是总包配合费，B 公司应只就配合义务承担相应法律责任。

3. A公司要求C公司承担宾馆延误开张的预期利润具有法律依据

《中华人民共和国合同法》第一百一十三条规定："当事人一方不履行合同义务或者履行不符合约定，给对方造成损失的，损失赔偿额应当相当于因违约所造成的损失，包括合同履行后可以获得的利益，但不得超过违反合同一方订立合同时预见到或者应当预见到的因违反合同可能造成的损失。"《中华人民共和国合同法》第一百一十九条规定："当事人一方违约后，对方应当采取适当措施防止损失的扩大；没有采取适当措施致使损失扩大的，不得就扩大的损失要求赔偿。当事人因防止损失扩大而支出的合理费用，由违约方承担。"

（资料来源：http://www.doc88.com/p-336742575383.html，有修改）

（3）独立承包。独立承包是指承包单位依靠自身的力量完成承包任务，而不实行分包的承包方式。通常仅适用于规模较小、技术要求比较简单的工程以及修缮工程。

（4）联合承包。联合承包是相对于独立承包而言的，是指发包人将一项工程任务发包给两个以上承包人，由这些承包人联合共同承包。联合承包主要适用于大型或结构复杂的工程。参加联合的各方，通常是采用成立工程项目合营公司、合资公司、联合集团等联营形式，推选承包代表人，协调承包人之间的关系，统一与发包人（建设单位）签订合同，共同对发包人承担连带责任。参加联营的各方仍都是各自独立经营的企业，只是就共同承包的工程项目必须事先达成联合协议，以明确各个联合承包人的义务和权利，包括投入的资金数额、工人和管理人员的派遣、机械设备种类、临时设施的费用分摊、利润的分享以及风险的分担等。

这种承包方式由于多家联合，资金雄厚，技术和管理上可以取长补短，发挥各自的优势，有能力承包大规模的工程任务。同时由于多家共同协作，在报价及投标策略上互相交流经验，也有助于提高竞争力，较易得标。在国际工程承包中，外国承包企业与工程所在国承包企业联合经营，也有利于对当地国情民俗、法规条例的了解和适应，便于工作的开展。

（5）平行承发包。业主将建设工程的设计、施工以及材料设备采购的任务经过分解分别发包给若干个设计单位、施工单位和材料设备供应单位，并分别与各方签订合同。各设计单位之间的关系是平行的，各施工单位之间的关系也是平行的，各材料设备供应单位之间的关系也是平行的。

案例1.4 谁来负责安装施工单位的损失

某工程下部为钢筋混凝土基础，上面安装设备。建设单位分别与土建、安装施工单位签订了基础工程施工合同、设备安装工程施工合同。两个施工单位都编制了相互协调的进度计划，并得到了批准。基础施工完毕，安装施工单位按计划将材料及设备运进现场，准备施工，经检测发现有近1/6的设备预埋螺栓偏移过大，无法安装设备，须返工处理，安装工作因基础返工而受到影响，安装施工单位提出索赔要求。

【问题】

安装施工单位的损失应由谁负责？为什么？

【分析】

安装施工单位的损失应由建设单位负责。因为双方有合同关系，建设单位未能按合

同约定提供施工条件。案例背景属于平行发包模式，平行发包的合同数量多，会带来合同管理的困难，工程协调难，投资控制难。

（资料来源：http://www.doc88.com/p-1807103139600.html，有修改）

3. 按合同类型和计价方法划分

工程项目的条件和承包内容的不同，往往要求不同类型的合同和承包价计算方法。因此，在实践中，合同类型和计价方法就成为划分承包方式的重要依据。业主与承包商所签订的合同，按计价方式不同，可分为总价合同、单价合同和其他价格形式合同三大类。

（1）总价合同。总价合同是指支付承包方的款项在合同中是一个“规定的金额”，即总价。总价合同的主要特征是：价格根据确定的由承包方实施的全部任务，按承包方在投标报价中提出的总价确定；实施的工程性质和工程量应在事先明确商定。总价合同又可分为固定总价合同和可调总价合同两种形式。

（2）单价合同。单价合同以工程量清单和单价表为计算承包价的依据。通常由建设单位委托设计单位或专业估算师（造价工程师或测量师）提出工程量清单，列出分部分项工程量，由承包商填报单价，再算出总造价。

（3）其他价格形式合同。合同当事人在合同条款中约定的其他合同价格形式。

4. 按获得承包任务的途径划分

根据承包单位获得任务的不同途径，承包方式可划分为三种。

（1）投标竞争。通过投标竞争，优胜者获得工程任务，与建设单位签订承包合同。这是国际上通行的获得承包任务的主要方式。

（2）委托承包。委托承包也称协商承包，即不需经过投标竞争，而由建设单位与承包单位协商，签订委托其承包某项工程任务的合同。

（3）获得承包任务的其他途径。《中华人民共和国招标投标法》第六十六条规定：“涉及国家安全、国家机密、抢险救灾或者属于利用扶贫资金实行以工代赈、需要使用农民工等特殊情况，不适宜进行招标的项目，按照国家规定可以不进行招标。”此外，依国际惯例，由于涉及专利权、专卖权等原因，只能从一家厂商获得供应的项目，也属于不适宜进行招标的项目。对于此类项目的实施，可以视不同情况，由政府主管部门以行政命令指派适当的单位执行承包任务；或由主管部门授权项目主办单位（业主）或听其自主，与适当的承包单位协商，将项目委托其承包。

1.3 建筑市场交易的相关法律法规

1.3.1 《中华人民共和国招标投标法》

《中华人民共和国招标投标法》（以下简称《招标投标法》）是第九届全国人民代表大会常务委员会于1999年8月30日审议通过的，2000年1月1日正式施行。

这是我国社会主义市场经济法律体系中一部非常重要的法律，是招标投标领域的基本法律。《招标投标法》共6章，68条。第一章总则，主要规定了《招标投标法》的立法宗旨、适用范围、必须招标的范围、招标投标活动应遵循的基本原则以及对招标投标活动的监督；

第二章招标，具体规定了招标人的定义，招标项目的条件，招标方式，招标代理机构的地位、成立条件和资格认定，招标公告和投标邀请书的发布，对潜在投标人的资格审查，招标文件的编制、澄清或修改等内容；第三章投标，具体规定了参加投标的基本条件和要求、投标人编制投标文件应当遵循的原则和要求、联合体投标，以及投标文件的递交、修改和撤回程序等内容；第四章开标、评标和中标，具体规定了开标、评标和中标环节的行为规则和时限要求等内容；第五章法律责任，规定了违反招标投标基本程序的行为规则和时限要求应承担的法律责任；第六章附则，规定了《招标投标法》的例外适用情形以及生效日期。

1. 立法目的

立法目的是一部法律的核心，法律各项具体规定都是围绕立法目的展开的，因此，每部法律都必须开宗明义地明确其立法目的。《招标投标法》第1条规定："为了规范招标投标活动，保护国家利益、社会公共利益和招标投标活动当事人的合法权益，提高经济效益，保证项目质量，制定本法。"立法目的包括三方面含义：

(1) 规范招标投标活动。招标投标制度不统一、程序不规范；虚假招标、钱权交易、政企不分、职责不清、地方保护等。因此，依法规范招标投标活动，维护市场竞争秩序，促进招标投标市场健康发展。

(2) 提高经济效益，保证项目质量。在充分地体现"公开、公平、公正"的市场竞争原则，通过招标采购，让众多的投标人进行公平竞争，以最低或较低的价格获得最优的货物、工程或服务，从而达到提高经济效益、提高国有资金的使用效率的目的。

(3) 保护国家利益、社会公共利益和招标投标活动当事人的合法权益。具体规定了招标投标程序，并且对违反法定程序、规避招标、串通投标、转让中标项目等各种违法行为作出了严厉的处罚规定，还规定了行政监督部门依法实施监督，允许当事人提出异议或投诉，为全方位地保障国家利益、社会公共利益和当事人的合法权益提供了重要的法律保障。

2. 适用范围

(1) 地域范围。《招标投标法》适用于中华人民共和国境内全部领域。但是，有几点需要特别注意。一是这里的"境内"是指关境，不包括中国香港、澳门、台湾。二是《招标投标法》只适用于在中国境内进行的招标投标活动，是国家机关（各级权力机关、行政机关和司法机关及其所属机构）、国有企事业单位、外商投资企业、私营企业等种类主体进行各类活动的基本法，在招标立法体系中居于最高的地位，部门性和地方性的法规、规章，不得与其相抵触。

(2) 主体范围。《招标投标法》适用于在中华人民共和国境内进行的一切招标投标活动。不仅包括本法列出必须进行招标的活动，而且包括必须招标以外的所有招标投标活动。也就是说，凡是在中国境内进行的招标投标活动，不论招标主体的性质、招标采购项目的性质如何，都要适用《招标投标法》的有关规定。具体而言，从主体上说，包括政府机构、国有事业单位、集体企业、私人企业、外商投资企业以及其他非法人组织等的招标；从项目资金来源上说，包括利用国有资金、国际组织或外国贷款政府及援助资金，企业自有资金，商业性或政策性贷款，政府机关或事业单位列入财政预算的消费性资金进行的招标；从采购对象上说，包括货物（设备、材料、产品、电力等），工程（建造、改建、拆除、修缮或翻

新以及管线敷设、装饰装修等），服务（咨询、勘察、设计、监理、维修、保险等）的招标采购，且不论采购金额或投资额的大小。也就是说，只要是在我国境内进行的招标投标活动，都必须遵循一套标准的程序，即《招标投标法》中规定的程序。但是，从本法的规定看，有许多条文是针对强制招标而言的，不适用于当事人自愿招标的情况。换言之，强制招标的程序要求比自愿招标更为严格，自愿招标的选择余地更为灵活。

（3）例外情形。《招标投标法》第六十七条规定，使用国际组织或者外国政府贷款、援助资金的项目进行招标，贷款方、资金提供方对招标投标的具体条件和程序有不同规定的，可以适用其规定，但违背中华人民共和国的社会公共利益的除外。

案例1.5 不宜肢解发包招标代理业务

某招标人投资建设一个群体工程（由数个区分不同功能的单体组成）。在项目前期，由于设备的技术规格尚未确定，专业工程的设计图纸尚不完备，招标人通过招标的方式选定某招标代理公司，由该招标代理公司先承担前期准备、勘察、设计、施工监理、施工、招标人直接发包工程的招标代理工作。设备采购和专业工程的招标工作另定。土建总承包单位开始施工后，招标人的设备采购工作具备了条件，提上议事日程。该招标人又通过招标聘请了第二家招标代理公司承担设备采购的国内外招标，包括电梯、发电机组、锅炉、变配电设备等。专业工程的设计完成后，该招标人又聘请了第三家招标代理公司承担精装修、钢结构、幕墙、景观绿化、弱电系统等专业工程的招标代理工作。

由于各家招标代理公司派出人员的服务能力不同，习惯使用的招标文件和合同条款版本不同，为沟通想法并统一认识，为完善法律文件和衔接工作界面，招标人管理团队付出了大量时间精力，其中不少是“无用功”，最终导致项目竣工延误。

（资料来源：陈贝力. 坚持基本建设程序　招标人不宜肢解发包招标代理业务. 机电信息，2008（20），有修改）

1.3.2 《中华人民共和国招标投标法实施条例》

《中华人民共和国招标投标法实施条例》（以下简称《招标投标法实施条例》）于2011年11月30日国务院第183次常务会议通过，2011年12月29日以国务院第613号令公布，2012年2月1日起施行。《招标投标法实施条例》作为《招标投标法》的配套行政法规，总结了《招标投标法》施行多年来的实践经验，在《招标投标法》现行规定的基础上，充实和完善了有关制度，增强了法律规定的可操作性。具体表现在：

一是充实和完善了招标投标配套法律制度。如招标投标信用制度、电子招标投标制度、招标从业人员职业资格制度、建立综合评标专家库制度和进入招标投标交易场所交易制度等。

二是细化和完善了招标投标法规的程序规则，增强了法律规定的可操作性。《招标投标法实施条例》具体规定了可以不招标和可以邀请招标的情形，规定了资格预审程序以及投诉处理程序，补充规定了投标保证金、投标有效期、暂估价项目招标、两阶段招标及评标等，完善了评标规则规定，明确了限制排斥潜在投标人、围标串标、虚假招标、以他人名义投标等招标投标领域突出问题的认定标准。另外，本着保障“三公”兼顾效率的原则，根据不同招标项目，优化了招标投标活动主要环节的时限，体现了根据项目资金来源的不同性质，实行差别化规定的原则。

三是加强了对招标投标全过程的监督管理。《招标投标法实施条例》明确了依法必须进行招标的工程建设项目的具体范围和规模标准的制定部门，核准招标范围、招标方式、招标组织形式等招标内容的部门，招标代理机构的管理部门，招标职业资格的认定部门，指定发布招标公告媒介的部门，编制标准文本的部门，统一评标专家专业分类标准和管理办法的制定部门。

四是强化招标人、招标代理机构、投标人、评标委员会成员、行政监督部门的工作人员、国家工作人员的法律责任。《招标投标法实施条例》有关法律责任的规定中，新设置的法律责任有19条，对上位法只有规范性要求而无法律责任规定的违法行为，以及实践中新出现的违法行为，补充规定了法律责任。

《招标投标法实施条例》共7章，85条。第一章总则，主要规定了《招标投标法实施条例》的立法目的、工程建设项目的定义、强制招标的范围、行政监督的职责分工、招标投标交易场所、鼓励电子化招标投标和禁止国家工作人员非法干预招标投标活动；第二章招标，具体规定了招标核准内容、可以不招标的项目范围、可以邀请招标的项目范围、招标代理机构资格认定、招标师职业资格、招标代理机构义务、招标公告和资格预审公告的发布、招标文件和资格预审文件编制要求、资格预审文件和招标文件的发售、招标文件和资格预审文件的澄清或者修改、对招标文件和资格预审文件的异议及其处理、资格预审和资格后审的主体和方法、投标有效期、投标保证金、标底的编制和最高限价的设定要求、总承包招标和暂估价项目招标、两阶段招标程序、终止招标的要求、禁止以不合理条件限制或者排斥潜在投标人等内容；第三章投标，具体规定了投标人与招标人以及投标人之间利益冲突的回避要求、投标保证金退还、招标人应当拒收的投标、联合体投标、投标人发生变化的处理、投标人串通投标和以他人名义投标的界定标准、招标人与投标人串通投标的界定标准以及资格预审申请人适用有关投标人的规定等内容；第四章开标、评标和中标，具体规定了开标异议的提出和处理要求、评标专家的专业分类和管理、组建综合评标专家库的主体、评标委员会成员的确定、招标人在评标环节的义务、评标委员会成员的义务、标底的使用要求、否决投标的情形、投标文件的澄清说明、中标候选人与评标报告、中标候选人公示、评标结果异议的提出和处理、中标人确定原则、中标候选人发生特定情况时的审查确认、投标保证金退还、履约保证金额度等内容；第五章投诉与处理，规定了投诉的时限和要求、三种情形下的异议是投诉的前提条件、投诉处理部门的确定原则、投诉处理的时限、应当驳回投诉的情形、投诉处理部门的权利和义务等内容；第六章法律责任，具体规定了招标投标信用制度、招标投标活动各方当事人和行政监督部门及其有关人员违反《招标投标法》和《招标投标法实施条例》规定应承担的法律责任等内容；第七章附则，规定了招标投标协会主要职能、政府采购法律法规对货物和服务政府采购招标投标特别规定的适用以及生效日期。

1.3.3 《中华人民共和国建筑法》

《中华人民共和国建筑法》（以下简称《建筑法》）经1997年11月1日第八届全国人民代表大会常务委员会第28次会议通过；根据2011年4月22日第十一届全国人大常委会第

20 次会议《关于修改〈建筑法〉的决定》修正。《建筑法》分总则、建筑许可、建筑工程发包与承包、建筑工程监理、建筑安全生产管理、建筑工程质量管理、法律责任、附则 8 章 85 条，自 1998 年 3 月 1 日起施行。

1. 施工许可制度

施工许可制度，是指由国家授权有关建设行政主管部门，在建筑施工前，依建设单位的申请，对项目工程是否符合法定开工条件进行审查，对符合条件的工程发给施工许可证，允许开工建设的制度。未办理报建登记手续的工程，不得发包，不得签订工程合同，不得开工。《建筑法》规定："建筑工程开工前，建设单位应当按照国家有关规定向工程所在地县级以上人民政府建设行政主管部门申请领取施工许可证；但是，国务院建设行政主管部门确定的限额以下的小型工程除外。"

建设单位申请领取施工许可证应具备的条件：

1）已经办理该建筑工程用地批准手续。

2）在城市规划区建筑用地，已经取得规划许可证。

3）需要拆迁的，其拆迁进度符合施工要求。

4）已经确定建筑施工企业。

5）有满足施工需要的施工图纸和技术资料。

6）有保障工程质量和安全的具体措施。

7）建设资金已经落实。

8）法律、行政法规规定的其他条件。

2. 建筑工程发包与承包

（1）工程发包制度。《建筑法》规定："建筑工程依法实行招标发包，对不适于招标发包的可以直接发包。"建筑工程实行招标发包的，发包单位应当将建筑工程发包给依法中标的承包单位。对于不适于招标发包可以直接发包的建筑工程，发包单位应当将建筑工程发包给具有相应资质条件的承包单位。政府及其所属部门不得滥用行政权力，限定发包单位将招标发包的建筑工程发包给指定的承包单位。

提倡实行总承包，建筑工程的发包单位可以将建筑工程的勘察、设计、施工、设备采购一并发包给一个工程总承包单位，也可以将建筑工程勘察、设计、施工、设备采购的一项或者多项发包给一个工程总承包单位。

禁止将建筑工程肢解发包，不得将应当由一个承包单位完成的建筑工程肢解成若干部分发包给几个承包单位。

按照合同约定，建筑材料、建筑构配件和设备由工程承包单位采购的，发包单位不得指定承包单位购入用于工程的建筑材料、建筑构配件和设备或者指定生产厂、供应商。

（2）工程承包制度。

1）工程承包单位的资质管理。承包建筑工程的单位应当持有依法取得的资质证书，并在其资质等级许可的业务范围内承揽工程。

禁止建筑施工企业超越本企业资质等级许可的业务范围或者以任何形式用其他建筑施工企业的名义承揽工程。禁止建筑施工企业以任何形式允许其他单位或者个人使用本企业的资质证书、营业执照，以本企业的名义承揽工程。

2）联合承包。大型建筑工程或者结构复杂的建筑工程，可以由两个以上的承包单位联合共同承包。共同承包的各方对承包合同的履行承担连带责任。两个以上不同资质等级的单位实行联合共同承包的，应当按照资质等级低的单位的业务许可范围承揽工程。

3）禁止建筑工程转包。禁止承包单位将其承包的全部建筑工程转包给他人，禁止承包单位将其承包的全部建筑工程肢解以后以分包的名义分别转包给他人。

4）建筑工程分包。建筑工程总承包单位可以将承包工程中的部分工程发包给具有相应资质条件的分包单位；但是，除总承包合同中约定的分包外，必须经建设单位认可。施工总承包的，建筑工程主体结构的施工必须由总承包单位自行完成。

建筑工程总承包单位按照总承包合同的约定对建设单位负责；分包单位按照分包合同的约定对总承包单位负责；总承包单位和分包单位就分包工程对建设单位承担连带责任。

禁止总承包单位将工程分包给不具备相应资质条件的单位。禁止分包单位将其承包的工程再分包。

案例1.6 肢解发包工程、开发商自尝苦果

房地产开发商甲与建设集团乙签订了《工程总承包合同》，约定由建设集团乙承包开发商甲开发的某高层住宅小区的施工工程。工程范围包括桩基、基础围护等土建工程和室内电话排管、排线等安装工程。在这一合同中，双方还约定，开发商甲可以指定分包大部分安装工程和一部分土建工程。对于不属于总包单位乙承包的范围，但需要总包方乙方进行配合的项目，乙方可以收取2%的配合费；工程工期为455天，质量必须全部达到优良，反之，开发商则按未达优良工程建筑面积每平方米10元处罚建设集团；分包单位的任何违约或疏忽，均视为总包单位的违约或疏忽。总包单位乙方如约进场施工，甲方也先后将包括塑钢门窗、铸铁栏杆、防水卷材在内的24项工程分包出去。然而在施工过程中，由于双方对合同中关于某些工程“可以指定分包”的理解发生争执，甲方拖延支付进度款，乙方也相应停止施工。数次协商未果，乙方起诉到上海市某区人民法院，要求甲方给付工程款并赔偿损失，同时要求解除工程承包合同。

【解析】

法官认定甲方行为属“肢解工程”。法庭调查发现，甲方分包出去的24项工程分别为：塑钢门窗；铸铁栏杆；防水卷材；保温工程；防火防盗门；分户门；消防室内立管；干挂大理石；伸缩缝不锈钢板；屋顶水箱；锻钢栏杆；污水处理池；底层公用部位地砖；下水道；绿化；商场大理石及楼梯踏步；扶手；喷毛；小区道路；商场地下室配电箱；配电柜安装；地下室水泵房控制柜出线安装；用户站各单元配电箱出线安装；母线槽到各楼层控制箱电线及金属软管安装；各单元住宅和灯箱安装；地下室水泵房涂锌钢管安装。

法院认为，除绿化项目外，其他项目都在或应在总承包项目中，所以甲方在没有经过总承包方同意的情况下就擅自剥离直接发包，并非真正意义上的指定分包，而是肢解发包的行为。

因此，双方在合同中约定的一部分工程可以由甲方指定分包的条款由于违反法律法规有关“建设单位不得指定分包”的规定而被法院确认无效。

法院认为，由于甲方的肢解发包行为，使得乙方在没有与其他施工单位签订任何分包合同的情况下，无任何依据约束相关单位的行为，因此，乙方仅需在自己的施工范围内承担责任，无需就开发商肢解发包的项目承担责任。

甲方败诉，除归还拖欠的工程款外，还要支付拖欠工程款利息和赔偿总包单位乙方因此造成的损失。

（资料来源：中顾法律网. 肢解发包工程、开发商自尝苦果. http://news.9ask.cn/gcjz/tuijian/201010/906427.shtml，有修改）

1.3.4 与工程招标投标活动相关的其他法律法规

1.《中华人民共和国合同法》

《中华人民共和国合同法》（以下简称《合同法》）是全国人民代表大会制定颁布的规范市场交易的基本法律，主要是调整市场活动主体之间平等的交易关系及行为，规范合同的订立、合同的效力及合同的履行、变更、解除、保全、违约责任等问题。按照《合同法》有关要约与承诺原则，招标人发布招标公告或投标邀请书属一种要约邀请，投标人的投标则是要约，招标人定标后发出中标通知书属于承诺，因此，招标人与中标人要通过签订合同实现交易，必须遵守《合同法》的基本原则及有关具体规定。

2.《中华人民共和国政府采购法》

《中华人民共和国政府采购法》（以下简称《采购法》）是全国人民代表大会常务委员会制定颁布的规范政府采购活动的一部重要法律，主要规定政府采购活动的范围和方式、政府采购当事人、政府采购程序和采购合同、对政府采购活动的质疑与投诉、监督检查和法律责任等内容。

3. 建设工程质量管理、施工许可、强制性标准等方面的规定

建设工程招标投标活动实质上是以竞争方式选择工程承揽单位，有关单位的质量责任和义务既是法定责任和义务，又是中标合同的关键内容。因此，招标投标活动需遵守工程质量管理方面的规定。《建设工程质量管理条例》具体规定了建设单位、勘察设计单位、施工单位、监理单位等各方主体的质量责任和义务，建设工程质量保修、监督管理及有关违法行为的法律责任等内容。《房屋建筑工程质量保修办法》（建设部令第80号），规定了各类房屋建筑工程质量的保修范围、保修期限和保修责任等内容。

建设工程施工招标投标活动需遵守施工许可管理方面的规定。《建筑工程施工许可管理办法》规定了建筑工程施工许可管理制度，建设单位申领施工许可证的条件、程序及有关违法行为的法律责任等内容。

按照《招标投标法》，国家对招标项目的技术、标准有规定的，招标人应当按规定在招标文件提出相应要求。因此，招标人编制招标文件时应当遵守建设工程强制性标准方面的法律规定。《实施工程建设强制性标准监督规定》（建设部令第81号），明确规定了我国境内从事新建、扩建、改建等工程建设活动，必须执行工程建设强制性标准。这些强制性标准包括直接涉及工程质量、安全、卫生及环保等方面的强制性要求。《建设工程安全生产管理条例》具体规定了建设单位、勘察设计单位、施工单位、监理单位的安全责任，监督管理以及生产安全事故的应急救援和调查处理、有关违法行为的法律责任等内容。

思考与讨论

1. 对于单价合同，下列叙述中正确的是（　　）。

A. 采用单价合同，要求工程量清单数量与实际工程数量偏差很小

B. 可调单价合同只适用于地质条件不太落实的情况

C. 单价合同的特点之一是风险由合同双方合理分担

D. 固定单价合同对发包人有利，而对承包人不利

2. 如果工程施工中有较大部分采用新技术和新工艺，当业主和承包商在这方面过去都没有经验，且在国家颁布的标准、规范、定额中又没有可作为依据的标准时，为了避免投标人盲目地提高承包价款，或由于对施工难度估计不足而导致承包亏损，应首先选用（　　）。

A. 固定总价合同　　B. 可调总价合同　　C. 单价合同　　D. 成本加酬金合同

3. 工程项目的设计深度，经常是选择合同类型的重要因素。对业主而言，在完成了施工图设计后进行招标，应该选择的合同类型首先是（　　）。

A. 总价合同　　B. 单价合同　　C. 定额基价合同　　D. 成本加酬金合同

4. 对建设单位而言，平行承发包模式的主要缺点有（　　）。

A. 协调工作量大　　B. 投资控制难度大

C. 不利于缩短工期　　D. 质量控制难度大

E. 选择承包方范围小

5. 请调查当地建筑市场的现状，了解是否存在资质挂靠及转包现象，并分析为什么《建筑法》会明确禁止这种现象。

6. 建筑市场的主体及客体有哪些？

7. 建筑市场的交易对象有哪些？

8. 我国工程承发包的方式有哪些？

阅读材料　转包与挂靠

1. 转包

我国法律规定，转包是指工程承包单位承包建设工程后，不履行合同约定的责任和义务，未获得发包方同意，以盈利为目的，将其承包的全部建设工程转给他人或者将其承包的全部建设工程肢解以及以分包的名义分别转给其他单位承包并不对所承包工程的技术、管理、质量和经济承担责任的行为。我国《建筑法》规定，禁止承包单位将其承包的全部建筑工程转包给他人，禁止承包单位将其承包的全部建筑工程肢解以后以分包的名义分别转包。

2. 挂靠

企业和个人（以下简称挂靠方）挂靠有资质的企业（以下简称被挂靠方），承接经营业务，被挂靠方提供资质、技术、管理等方面的服务，挂靠方向挂靠企业上交管理费的行为，是挂靠行为。挂靠经营行为实质是承包承租经营行为。若挂靠方以被挂靠方名义对外经营，由被挂靠方承担相关的法律责任；挂靠方的经营收支全部纳入被挂靠方的财务会计核算；挂靠方和被挂靠方的利益分配以被挂靠方的利润为依据；挂靠方与被挂靠方的结算属于内部承包经营行为。

“挂靠”，即所谓“企业挂靠经营”，就建筑业而言，是指允许一个施工企业允许他人在一定期间内使用自己企业名义对外承接工程的行为。允许他人使用自己名义的企业为被挂靠企业，相应

的使用被挂靠企业名义从事经营活动的企业或自然人为挂靠人。最高人民法院在制定《最高人民法院关于审理建设工程施工合同纠纷案件适用法律问题的解释》时并没有直接将该行为定义为"挂靠"，而是表述为"借用"，即没有资质的实际施工人借用有资质的建筑施工企业名义从事施工，"挂靠"与"借用"实际上系同一概念。

但在有些行业法律不允许挂靠行为。

比如建筑业，此类行为容易造成工程质量低劣，安全有重大隐患，造成严重亏损，如果一旦发生纠纷，被挂靠企业则成为被告，挂靠企业逍遥法外。所以在建筑行业中历来被我国的部分规章、规范性文件、法律法规所禁止。

建筑业的"挂靠"的几个特点：

其一：挂靠人没有从事建筑活动的主体资格，或者虽有从事建筑活动的资格，但不具备与建设项目的要求相适应的资质等级。例如，现实中大量存在的包工头或者掌握了一定社会关系资源的企业，他们要么完全没有施工资质，或者仅有专业分包资质或劳务分包资质，或者仅有低级别的总承包施工资质，根本无法参与只有高等级资质施工企业才能入围的工程投标。

其二：被挂靠的施工企业具有与建设项目的要求相适应的资质等级证书，但往往缺乏承揽该工程项目的能力，或者即使具备施工能力但由于大量工程招标投标的暗箱操作导致其自行投标并中标的机会几乎为零，因此施工企业需要和有实力并且有关系的挂靠人进行"合作"。

其三：被挂靠企业在投标过程中所需缴纳的投标保证金，以及中标后需要缴纳的履约保证金或银行履约保函所需资金，均由挂靠人负责筹措并以被挂靠企业名义缴纳。

其四：挂靠人需向被挂靠的施工企业交纳一定数额的"管理费"，并需承担被挂靠企业派驻施工现场的几个管理人员的工资。一旦被挂靠的施工企业与挂靠人达成所谓合作协议，则被挂靠企业以自己名义对外订立总承包施工合同以及办理有关手续，但被挂靠企业基本不对实际施工活动实施管理，或者所谓"管理"也仅仅停留在形式上，往往象征性地派几个管理人员，双方签订的合作协议一定都约定被挂靠企业不承担工程的工期、质量及安全责任，且由挂靠人自负盈亏。

建筑业"挂靠"的三大法律后果：

(1)《建筑法》已对挂靠行为作出了禁止性规定。《建筑法》明确禁止挂靠行为，该法第二十六条明确规定"禁止建筑施工企业超越本企业资质等级许可的业务范围或者以任何形式用其他建筑施工企业的名义承揽工程。禁止建筑施工企业以任何形式允许其他单位或者个人使用本企业的资质证书、营业执照，以本企业的名义承揽工程。"

(2) 挂靠人与被挂靠企业之间的"挂靠"行为的效力。各地法院在审理涉及挂靠纠纷时，对于挂靠人与被挂靠企业签订的《合作协议》《分包协议》或《内部承包协议》一般都认定为无效。《最高人民法院关于审理建设工程施工合同纠纷案件适用法律问题的解释》第四条也明确规定"承包人非法转包、违法分包建设工程或者没有资质的实际施工人借用有资质的建筑施工企业名义与他人签订建设工程施工合同的行为无效。人民法院可以根据民法通则第一百三十四条规定，收缴当事人已经取得的非法所得。"

(3) 关于被挂靠企业与业主方签订的总承包施工合同效力问题。关于被挂靠企业与业主方签订的施工合同效力，法学界主流观点均认同司法解释的意见，该解释第一条明确规定"建设工程施工合同具有下列情形之一的，应当根据合同法第五十二条第（五）项的规定，认定无效……（二）没有资质的实际施工人借用有资质的建筑施工企业名义的"。因此，只要是确有证据证明没有资质的实际施工人借用有资质的建筑施工企业名义与业主方签订总承包施工合同，则该施工合同将被认定为无效。

（资料来源：http：//www.baike.com/wiki/挂靠，有修改）

2

第2章 建设工程招标投标概述

2.1 建设工程招标投标的概念与特点

2.1.1 建设工程招标投标的概念

招标与投标是一种商品交易行为，是交易过程的两个方面，招标是招标人（建设单位、业主）在招标投标过程中的行为。投标则是投标人（承包商、监理单位、供货商）在招标投标过程中的行为，最终的行为结果是签订标的物的承包合同，产生招标人与投标人的被承包与承包关系。招标投标是委托任务的过程，承包是委托任务的实施过程，人们经常将招标投标植入合同实施过程称为招标承包。

建设工程招标是指招标人（或发包人）将拟建工程对外发布信息，吸引有承包能力的单位参与竞争，按照法定程序优选承包单位的法律活动。其实质是招标人通过招标竞争机制，从众多投标人中择优选定一家承包单位作为建设工程承建者的一种建筑商品的交易方式。

建设工程投标是指投标人（或承包人）根据所掌握的信息，按照招标人的要求，参与投标竞争，以获得建设工程承包权的法律活动。其实质是参与建设工程市场的行为，是众多投标人综合实力的较量，投标人通过竞争取得工程承包权。

建设工程招标投标，是在市场经济条件下，国内、外的建设工程承包市场上为买卖特殊商品而进行的由一系列特定环节组成的特殊交易活动。所谓“特殊商品”是指建设工程项目，包括建设工程技术咨询服务和实施。“特殊交易活动”的特殊性表现在两个方面。其一，该交易是远期交易，即非即期交易，是在合同签订后一定的时间才能完成；其二，该活动必须经过一系列特定环节和特定的时间过程才能完成，特定环节是招标、投标、开标、评标、决标、授标、中标、签约和履约。

在招标投标过程中，除“招标”“投标”的概念外，“开标”“评标”和“中标”也是较为重要的概念。

开标是指招标人在规定的地点和时间，在有投标人出席的情况下，当众拆开标书，宣布投标人的名称、投标价格和投标价格的有效修改等主要内容的过程。

评标是指招标人按照招标文件的要求，由招标小组或专门的评标委员会，对各投标人所报的投标资料进行全面审查，择优选定中标人的过程。评标是一项比较复杂的工作，要求有

生产、质量、检验、供应、财务、计划等各方面的专业人员能参加，对投标人的投标方案从质量、价格、工期等方面进行综合分析和评比。

中标是指招标人以中标通知书的形式，正式通知投标人已被择优录取。这对投标人来说，就是中了标。对招标人来说，就是接受了投标人的标。经过评标择优选中的投标人称为中标人，在国际工程招标投标中，称之为成功的投标人。

此外，招标人实施招标，对招标人的招标资质（招标资格）需满足以下条件：

1）招标人是法人或依法成立的其他组织。

2）有与招标工程相适应的经济、技术、管理人员。

3）有组织编制招标文件的能力。

4）有审查投标单位资质的能力。

5）有组织开标、评标、定标的能力。

不具备上述第2~5项条件的，须委托具有相应资质的咨询、监理等单位代理招标。上述5项中，1）、2）项是对招标资格的规定，后3项则是对招标人能力的要求。

2.1.2 建设工程招标应具备的条件

1. 建设工程招标应具备的基本条件

根据《招标投标法》第九条规定，建设工程招标应具备以下条件：

1）项目概算已经批准，招标范围内所需资金已经落实。

2）建设项目已正式列入国家、部门或地方的年度固定资产投资计划。

3）已经依法取得建设用地的使用权。

4）招标所需的设计图纸和技术资料已经编制完成，并经过审批。

5）建设资金、主要建筑材料和设备的来源已经落实。

6）已经向招标投标管理机构办理报建登记。

7）其他条件。

2. 建设工程施工招标应具备的条件

《招标投标法》所规定的条件是建设工程招标应具备的基本条件，对于建设项目不同阶段的招标，又有其更为具体的条件，如工程施工招标。《工程建设项目施工招标投标办法》第八条指出，依法必须招标的工程建设项目，应当具备下列条件才能进行施工招标。

1）招标人已经依法成立。

2）初步设计及概算应当履行审批手续的，已经批准。

3）招标范围、招标方式和招标组织形式等应当履行核准手续的，已经核准。

4）有相应的资金或资金来源已经落实。

5）有招标所需的设计图纸及技术资料。

上述规定的主要目的在于促使建设单位严格按基本建设程序办事，防止“三边”工程的现象发生，并确保招标工作的顺利进行。

3. 可不进行工程招标的工程建设项目

1）涉及国家安全、国家秘密或者抢险救灾而不适宜招标的。

2）属于利用扶贫资金实行以工代赈需要使用民工的。

3）建筑技术采用特定的专利或者专有技术的。

4）建筑企业自建自用工程，且该建筑企业资质等级符合工程要求的。

5）在建工程追加的附属小型工程或者主体加层工程，原中标人仍具备承包能力的。

6）法律、行政法规规定的其他情形。

2.1.3　建设工程招标投标的特点

建设工程招标投标的目的是在工程建设中引入竞争机制，择优选定勘察、设计、设备安装、施工、装饰装修、材料设备供应、监理和工程总承包单位，以保证缩短工期、提高工程质量和节约建设资金。

但由于各类建设工程招标投标的内容不尽相同，因而它们有不同的招标投标意图和侧重点，在具体操作上也有细微的差别，呈现出不同的特点。

1．工程勘察、设计阶段招标投标的特点

（1）工程勘察阶段招标投标的特点。

1）有批准的项目建议书或者可行性研究报告，规划部门同意的用地范围许可文件和要求的地形图。

2）采用公开招标或邀请招标方式。

3）申请办理招标登记，招标人自己组织招标或委托招标代理机构代理招标，编制招标文件，对投标单位进行资格审查，发放招标文件，组织勘察现场和进行答疑，投标人编制和递交投标书，开标、评标、定标、发出中标通知书，签订勘察合同。

4）在评标、定标上，着重考察勘察方案的优劣，同时也考察勘察进度的快慢，勘察收费的依据与取费的合理性、正确性，以及勘察资历和社会信誉等因素。

（2）工程设计阶段招标投标的特点。

1）在招标的条件、程序、方式上与勘察招标相同。

2）在招标的范围和形式上，主要实行设计方案招标，可以是一次性总招标，也可以分单项、分专业招标。

3）在评标、定标上，强调把设计方案的优劣作为择优、确定中标的主要依据，同时也考虑设计经济效益的好坏、设计进度的快慢、设计费用报价的高低以及设计资历和社会信誉等因素。

4）中标人应承担初步设计和施工图设计，经招标人同意也可以向其他具有相应资格的设计单位进行一次性委托分包。

2．施工招标投标的特点

建设工程施工是指把设计图纸变成预期的建筑产品的活动。由于建筑产品具有体积庞大、复杂多样、整体难分、不易移动等特点，施工招标投标是目前我国建设工程招标投标中开展得比较早、比较多、比较好的一类，其程序和相关制度具有代表性、典型性，甚至可以说，建设工程其他类型的招标投标制度，都是承袭施工招标投标制度而来的。具体表现在以下几个方面：

1）在招标条件上，比较强调建设资金的充分到位。

2）在招标方式上，强调公开招标、邀请招标，议标方式受到严格限制甚至被禁止。

3）在投标、评标和定标中，要综合考虑价格、工期、技术、质量、安全、信誉等因素，价格因素所占分量比较突出，可以说是关键一环，常常起决定性作用。

3. 工程建设监理招标投标的特点

工程建设监理是指具有相应资质的监理单位和监理工程师，受建设单位或个人的委托，独立对工程建设过程进行组织、协调、监督、控制和服务的专业化活动。

1）在性质上属工程咨询招标投标的范畴。

2）在招标的范围上，可以包括工程建设过程中的全部工作，如项目建设前期的可行性研究、项目评估等，项目实施阶段的勘查、设计、施工等。

3）招标的范围，也可以只包括工程建设过程中的部分工作，通常主要是施工监理工作。

4）在评标、定标上，综合考虑监理规划（或监理大纲）、人员素质、监理业绩、监理取费、检测手段等因素，但其中最主要的考虑因素是人员素质。

4. 材料设备采购招标投标的特点

建设工程材料设备是指用于建设工程的各种建筑材料和设备，其采购招标投标特点如下：

1）在招标形式上，一般应优先考虑国内招标。

2）在招标范围上，一般为大宗的而不是零星的建设工程材料设备采购，如锅炉、电梯、空调等的采购。

3）在招标内容上，可以就整个工程建设项目所需的全部材料设备进行总招标，也可以就单项工程所需材料设备进行分项招标或者就单件（台）材料设备进行招标，还可以进行从项目的设计，材料设备生产、制造、供应和安装调试，到试用投产的工程技术材料设备的成套招标。

4）在招标中，一般要求做标底，标底在评标、定标中具有重要意义。

5）允许具有相应资质的投标人就部分或全部招标内容进行投标，也可以联合投标，但应在投标文件中明确一个总牵头单位承担全部责任。

5. 工程总承包招标投标的特点

（1）工程总承包招标投标的分类。工程总承包，简单地讲，是指对工程全过程的承包。按其具体范围，可以分为三种情况：一是对工程建设项目从可行性研究、勘察、设计、材料设备采购、施工、安装直到竣工验收、交付使用、质量保修等全过程实行总承包，由一个承包商对建设单位或个人负总责，建设单位或个人一般只负责提供项目投资、使用要求及竣工、交付使用期限。这也就是所谓交钥匙工程。二是对工程建设项目实施阶段从勘察、设计、材料设备采购、施工、安装直到竣工验收、交付使用等的全过程实行一次性总承包。三是对整个工程建设项目的某一阶段（如施工）或某几个阶段（如设计、施工、材料设备采购等）实行一次性总承包。

（2）工程总承包招标投标的主要特点。

1）是一种带有综合性的全过程的一次性招标投标。

2）投标人在中标后应当自行完成中标工程的主要部分（如主体结构等），对中标工程范围内的其他部分，经发包方同意，有权作为招标人组织分包招标投标或依法委托具有相应资质的招标代理机构组织分包招标投标，并与中标的分包招标人签订工程分包合同。

3）分承包招标投标的运作一般按照有关总承包招标投标的规定执行。

综上比较，不同性质的工程招标条件可有所侧重，表2-1可供参考。

表 2-1　工程招标条件

招标类型	招标条件中宜侧重的事项
勘察、设计招标	（1）设计任务书或可行性研究报告等已批准 （2）已取得可靠的设计资料
施工招标	（1）建设工程已列入年度投资计划 （2）建设资金已按规定存入银行 （3）施工前期工作已基本完成 （4）有正式设计院设计的施工图纸和设计文件
建设监理招标	（1）设计任务书或初步设计已经批准 （2）建设项目的主要技术工艺要求已经确定
材料设备采购招标	（1）建设项目已列入年度投资计划 （2）建设资金已按规定存入银行 （3）已有批准的初步设计或施工图设计所附的设备清单
工程总承包招标	（1）设计任务书已批准 （2）建设资金和场地已落实

2.2　建设工程招标投标的意义、原则及发展历程

2.2.1　建设工程招标投标的意义

实际上，招标投标制最显著的特征是将竞争机制引入了交易过程。与采用供求双方“一对一”直接交易方式的非竞争性的交易方式相比，具有明显的优越性，主要表现在以下几个方面：

1）招标人通过对各投标竞争者的报价和其他条件进行综合比较，从中选择报价低、技术力量强、质量保障体系可靠、具有良好信誉的承包商、供应商或监理单位、设计单位作为中标者，与其签订承包合同、采购咨询合同，有利于节省和合理使用资金，保证招标项目的质量。

2）招标投标活动要求依照法定程序公开进行，有利于遏制承包活动中行贿受贿等腐败和不正当竞争行为。

3）有利于创造公平竞争的市场环境，促进企业间公平竞争。采用招标投标制，对于供应商、承包商来说，只能通过在价格、质量、售后服务等方面展开竞争，以尽可能充分满足招标人的要求，取得商业机会，体现了在商机面前人人平等的原则。

当然，招标方式与直接采购方式相比，也有程序复杂、费时较多、费用较高等缺点，因此，有些发包标的物价值较低或采购时间紧迫的交易行为，可不采用招标投标方式。

2.2.2　建设工程招标投标应遵循的原则

1. 合法原则

合法原则是指建设工程招标投标主体的一切活动，必须符合法律、法规、规章和有关政策的规定，包括以下几个方面：

1）主体资格要合法。招标人必须具备一定的条件才能自行组织招标，否则只能委托具有相应资格的招标代理机构组织招标；招标人必须具有与其投标的工程相适应的资格等级，

并经招标人资格审查，报建设工程招标投标管理机构进行资格复查。

2）活动依据要合法。招标投标活动应按照相关的法律、法规、规章和政策性文件开展。

3）活动程序要合法。建设工程招标投标活动的程序，必须严格按照有关法规规定的要求进行。当事人不能随意增加或减少招标投标过程中某些法定步骤或环节，更不能颠倒次序、超过时限、任意变通。

4）对招标投标活动的管理和监督要合法。建设工程招标投标管理机构必须依法监管、依法办事，不能越权干预招（投）标人的正常行为或对招（投）标人的行为进行包办代替，也不能懈怠职责、玩忽职守。

2. 公开、公平、公正和诚实信用原则

（1）公开原则。公开原则是指建设工程招标投标活动应具有较高的透明度，包括以下几个方面：

1）建设工程招标投标的信息公开。通过建立和完善建设工程项目报建登记制度，及时向社会发布建设工程招标投标信息，让有资格的投标者都能享有同等的信息。

2）建设工程招标投标的条件公开。什么情况下可以组织招标，什么机构有资格组织招标，什么样的单位有资格参加投标等，必须向社会公开，便于社会监督。

3）建设工程招标投标的程序公开。在建设工程招标投标的全过程中，招标单位的主要招标活动程序、主要投标活动程序和招标投标管理机构的主要监管程序，必须公开。

4）建设工程招标投标的结果公开。哪些单位参加了投标，最后哪个单位中标，应当予以公开。

（2）公平原则。公平原则是指所有投标人在建设工程招标投标活动中，享有均等的机会，具有同等的权利，履行相应的义务，任何一方都不应受歧视。

（3）公正原则。公正原则是指在建设工程招标投标活动中，按照同一标准实事求是地对待所有的投标人，不偏袒任何一方。

（4）诚实信用原则。诚实信用原则是指在建设工程招标投标活动中，招（投）标人应当以诚相待，讲求信义，实事求是，做到言行一致，遵守诺言，履行成约，不得见利忘义，投机取巧，弄虚作假，隐瞒欺诈，损害国家、集体和其他人的合法权益。诚实信用原则是市场经济的基本前提，是建设工程招标投标活动中的重要道德规范。

3. 强制与自愿相结合原则

所谓强制与自愿相结合原则，是指法律强制规定范围内的项目必须采取招标方式进行采购，而强制招标（指法律规定某些类型的采购项目，凡是达到一定数额的，必须通过招标进行，否则采购单位要承担法律责任）范围以外的项目采取何种采购方式（招标或非招标）、何种招标方式（公开招标或邀请招标）都由当事人依法自愿决定。这是我国《招标投标法》的核心内容之一，也是最能体现立法目的的原则之一。

强制招标范围以外的项目可以不采用招标方式采购。这是因为在有些情况下，招标方式并不是最有效的采购方式，而其他采购方式或许更加适宜。我国《政府采购法》在确定招标作为政府采购的主要采购方式的同时，还规定了竞争性谈判、单一来源和询价等采购方式。《招标投标法》第六十六条规定："涉及国家安全、国家秘密、抢险救灾或者属于利用扶贫资金实行以工代赈、需要使用农民工等特殊情况，不适宜进行招标的项目，按照国家有关规定可以不进行招标。"

4. 开放性原则

《招标投标法》第六条规定："依法必须进行招标的项目，其招标投标活动不受地区或者部门的限制。任何单位和个人不得违法限制或者排斥本地区、本系统以外的法人或者其他组织参加招标，不得以任何方式非法干涉招标投标活动。"

这条规定实质是指：招标投标活动不得进行部门或地方保护，不受非法干涉。即所谓的开放性原则。从我国近些年的招标情况看，限制或者排斥本地区、本系统以外的法人或者其他组织参加投标现象比较普遍，也比较严重。除此之外，有些单位或个人还以其他方式非法干涉招标投标活动。例如，向项目业主或招标委员会打招呼，或者暗示推荐本地承包者；为使自己下属单位能承包工程，采取一对一定向议标方式；在资格审查上网开一面，暗中保护本地企业；人为地将标段划分得很小，使外地大型企业无法竞标；随意改变中标结果或指定中标单位，让不够资格的企业中标；招标后又重新画出标段指定分包给本地和本系统企业；强制招标单位委托代理或为招标单位指定代理机构；虽不限制外地或外系统内的企业参加投标，但强制其与本地企业组成联合体投标，或在评标时给予本地企业以相当幅度的优惠，以使其中标等。这种部门垄断、地方保护、画地为牢、近亲繁殖、非法干涉造成的后果相当严重，成为一些重大恶性工程质量事故的灾难性根源。

5. 行政监督原则

《招标投标法》第七条第一款规定："招标投标活动及其当事人应当接受依法实施的监督。"第二款规定："有关行政监督部门依法对招标投标活动实施监督，依法查处招标投标活动中的违法行为。"

由于《招标投标法》规定的强制招标制度，主要针对关系社会公共利益、公众安全的基础设施和公用事业项目，利用国有资金或国际组织、外国政府贷款及援助资金进行的项目等。由于这些项目关系国计民生，政府必须对其进行必要的监控，招标投标活动便是其中重要的一个环节。同时，强制招标制度的建立，使当事人在招标与不招标之间没有自治的权利，也就是说，赋予当事人一项强制性的义务，必须主动、自觉接受监督。

2.2.3 我国建设工程招标投标制度发展历程

招标投标制是随着商品经济的发展而产生的。由于商品生产的逐步发展，社会分工逐渐扩大，使得商业与生产出现了分离。同时，银行业也逐渐发展起来，市场上出现了现货交易和期货交易两种交易方式。现货交易是在买卖双方通过讨价还价，达成契约，进行银货收受的行为，通过交割后，交易即结束。期货交易则指交易成立时，双方约定一定时期实行交割的一种买卖，这种方式适用于大宗商品、外汇、证券等交易。期货交易方式的出现，客观上要求交易成立之前的洽谈具有广泛性，交易成立后的契约具有约束性，这就促使了招标投标制的产生。

招标投标制在建筑业历史悠久，在国际市场上已实行了200多年，在发达国家和大多数发展中国家被广泛采用。英国政府于1830年就明令实行招标投标制，这种承包制传入我国是在20世纪初叶。我国建设工程招标投标制度经历了试行——推广——发展三个过程，1980年根据国务院文件精神，我国的吉林省和深圳特区率先试行招标投标，收效良好。1982年9月利用世界银行贷款开始进行鲁布革水电站引水工程国际公开招标投标（见本章

章后“阅读材料”)，一些国外承包商开始通过投标进入我国的建筑市场，参加投标的有8家大公司，经过公平竞争，日本大成公司以低标价（8460万元人民币）、施工方案合理以及确保工期等优势一举夺标。这个报价仅相当于标底的57%。在订立合同后，大成公司雇佣中国劳务，创造了国际一流水平的隧道掘进速度，工程质量高，并提前100多天竣工，该工程对我国实施工程项目招标投标制起到了奠基石的作用。1983年6月，城乡建设环境保护部颁发了《建筑安装工程招标投标试行办法》，它是我国第一个关于工程招标投标的部门规章，对推动全国范围内实行此项工作起到了重要作用。1984年9月国务院制定颁布了《关于改革建筑业和基本建设管理体制若干问题的暂行规定》，规定了招标投标的原则办法，提出了工程项目实行招标投标。同年11月国家计委和城乡建设环境保护部联合制定了《建设工程招标投标暂行规定》。1987年7月建设部和国家计委等5个单位发布《关于批准第一批推广鲁布革工程管理经验试点企业有关问题的通知》，大力推广鲁布革工程经验，大力推行工程项目的招标投标制。1991年9月建设部提出了《关于加强分类指导、专题突破、分步实施、全面深化施工管理体制综合改革试点工作的指导意见》，将试点工作转变为全行业的综合改革，全面推开招标投标制。1999年8月30日通过了《招标投标法》，并于2000年1月1日起实行。2012年开始实施《招标投标法实施条例》。一系列的法律、法规标志着我国建设工程招标投标步入了法制化轨道，极大地推动了建设工程招标投标制度的发展。

2.3 建设工程招标投标的分类及招标范围

按不同分类标准，建设工程招标投标有不同分类方式。

2.3.1 按标的内容和招标范围划分

按标的内容和招标范围划分的建设工程招标类型见图2-1。

2.3.2 按招标方式的划分

目前，国内外市场上使用的建设工程招标方式有很多，主要有以下几种。

1. 按竞争程度划分

招标投标的基本方式决定着招标投标的竞争程度，也是防止不正当交易的重要手段。总体来看，在我国，招标的基本方式有公开招标和邀请招标两种。

(1) 公开招标。公开招标又叫做竞争性招标，是指由招标人在报刊、电子网络或其他媒体上刊登招标公告吸引众多潜在投标人参加投标竞争，招标人从中择优选择中标人的招标方式。

这种招标方式的优点是：业主可以在较广的范围内选择承包单位，投标竞争激烈，择优率更高，有利于业主将工程项目的建设任务交予可靠的承包商实施，并获得有竞争性的商业报价，同时也可以在较大程度上避免招标活动中的贿标行为，因此，国际上政府采购通常采用这种方式。

但其缺点是：准备招标、对投标申请单位进行资格预审和评标的工作量大，招标时间长、费用高。同时，参加竞争的投标者越多，每个参加者中标的机会越小，风险越大，损失

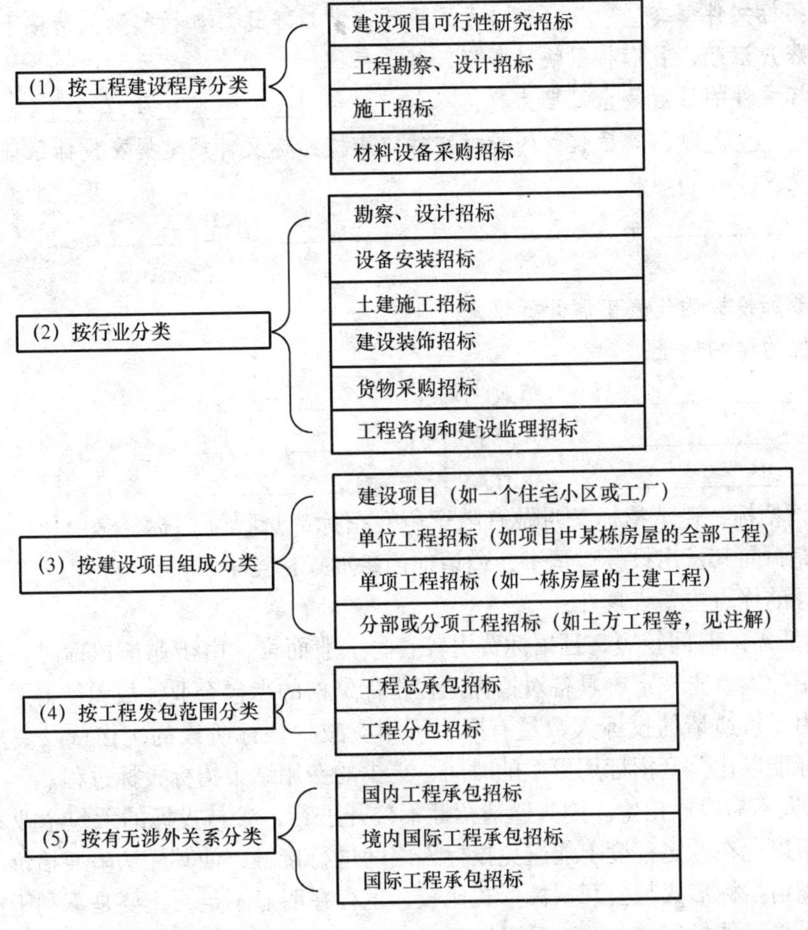

图2-1　建设工程招标分类

注意，我国一般不允许分部或分项工程招标，但允许特殊专业工程招标。

的费用越多，而这种费用的损失必然反映在标价上，最终会由招标人承担。此外，公开招标存在完全以书面材料决定中标人的缺陷，有时书面材料并不能完全反映出投标人真实的水平和情况。因此，这种方式在一些国家较少被采用。

招标公告格式如下：

招标公告

日期：__________

贷款/信贷编号：__________

招标编号：__________

中华人民共和国已从世界银行获得一笔以多种货币计算的__________美元的贷款/信贷，用于支付__________项目的费用，并计划将一部分贷款/信贷的资金支付这次招标后所签订的合同。所有符合《中华人民共和国国内竞争性招标采购指南》规定的投标人均可参加投标。

__________（招标单位）兹邀请合格投标人为提供__________参加投标。招标文件从__________年__________月__________日起每天上午八点到十一点在下述地址公

开出售。本招标文件每套________元人民币，售后不退。如欲邮购，请按下述开户银行地址和银行账户汇款，我们将以快件邮寄，邮费每套________元。

接收投标文件的最后截止日期为________年________月________日北京时间上午________时，其后收到的投标文件或未按招标文件规定提交投标保证金的投标文件，恕不接受。

兹定于________年________月________日在________（地点）公开开标。

届时请参加投标的代表出席开标仪式。

招标单位的详细地址：________

电传：________　　邮政编码：________

电话：________　　开户银行：________

传真：________　　银行账号：________

（2）邀请招标。邀请招标又叫做有限竞争性招标或选择性招标，是由招标人选择一定数目的承包商，向其发出投标邀请书，邀请他们参加投标竞争。

邀请招标的优点主要表现在：

1）招标所需的时间较短，且招标费用较省。一般而言，由于邀请招标时，被邀请的投标人都是经招标人事先选定，具备对招标工程投标资格的承包企业，故无须再进行投标人资格预审。又由于被邀请的投标人数量有限，可相应减少评标阶段的工作量及费用开支，因此，邀请招标能以比公开招标用更短的时间、更少的费用结束招标投标过程。

2）投标人不易串通抬价。因为邀请招标不公开进行，参与投标的承包企业不清楚其他被邀请人，所以，在一定程度上能避免投标人之间进行接触，使其无法串通抬价。

然而，邀请招标形式与公开招标形式比较，也存在明显不足，主要是不利于招标人获得最优报价，取得最佳投资效益。这是由于邀请招标时，由业主选择投标人，业主很难对市场上所有承包商的情况了如指掌，不可避免地存在一定局限性，常会漏掉一些在技术上、报价上都更具竞争力的承包企业；加上邀请招标的投标人数量既定，竞争有限，可供业主比较、选择的范围相对狭小，也就不易使业主获得最合理的报价。

注意，①凡招标人采用邀请招标方式的，应当向三个以上具备承担招标项目能力、资信良好的法人或其他组织发出投标邀请书；②凡按照规定应该招标的工程不进行招标，应该公开招标的工程不公开招标的，招标单位所确定的承包单位一律无效。

建筑工程投标邀请书格式如下：

投标邀请书

（邀请施工单位名称）：

1. ________（建设单位名称）的________工程，建设地点在________，结构类型为________，建设规模为________。招标申请已得到招标管理机构批准，现通过邀请招标选定承包单位。

2. 工程质量要求达到国家施工验收规范（优良、合格）标准。计划开工日期为________年________月________日，竣工日期为________年________月________日，工期________天（日历日）。

3. ________受建设单位的委托作为招标单位，现邀请合格的投标单位，进行密封投标，通过评审择优选出中标单位，来完成本合同工程的施工、竣工和保修。

4. 投标单位的施工资质等级必须是＿＿＿＿＿＿＿级以上的施工企业，施工单位如愿意参加投标，可携带营业执照、施工资质等级证书向招标单位领取招标文件。同时交纳押金＿＿＿＿元。

5. 该工程的发包方式为（包工包料或包工不包料），招标范围为＿＿＿＿＿＿＿。

6. 招标工作安排：

（1）勘察现场时间：　　　　　　　联系人：

（2）投标预备会时间：　　　　　　地点：

（3）投标截止日期：

（4）开标日期：

招标单位：（盖章）　　　　　　　　法定代表人：（签字、盖章）

地址：　　　　邮政编码：　　　　联系人：　　　　电话：

日期：＿＿＿＿年＿＿＿＿月＿＿＿＿日

（3）公开招标与邀请招标的区别。

1）招标信息的发布方式不同。公开招标是利用招标公告发布招标信息，而邀请招标是采用向三家以上具备实施能力的投标人发出投标邀请书，请他们参与投标竞争。

2）对投标人的资格审查时间不同。进行公开招标时，由于投标响应者较多，为了保证投标人具备相应的实施能力，以及缩短评标时间，突出投标的竞争性，通常设置资格预审程序。而邀请招标由于竞争范围较小，且招标人对邀请对象的能力有所了解，不需要再进行资格预审，但评标阶段还要对各投标人资格和能力进行审查和比较，通常称为资格后审。

3）适用条件。公开招标方式广泛适用。在公开招标估计响应者少，达不到预期目的的情况下，可以采用邀请招标方式委托建设任务。

（4）议标。尽管《招标投标法》只确认了公开招标和邀请招标两种招标方式，除此之外，目前世界各国和有关国际组织的有关招标法律、法规仍存在议标的方式。所谓“议标”，亦称非竞争性招标。这种招标方式的做法是业主邀请一家自已认为理想的承包者直接进行协商谈判，通常不进行资格预审，不需要开标。其特点是公开招标，但不公开“开标”。严格说来，这并不是一种招标方式，而是一种合同谈判。但是谈判的双方仍受到市场价格和国际惯例的制约。对于一些小型项目来说，采用议标方式目标明确、省时省力；对于服务招标而言，由于服务价格难以公开确定，服务质量也需要通过谈判解决，采用议标方式也不失为一种恰当的采购方式。但采用议标方式时，容易发生幕后交易。为了规范建筑市场的行为，议标方式仅适用于不宜公开招标或邀请招标的特殊工程或特殊条件下的工作内容，而且必须报请建设行政主管部门批准后才能采用。业主邀请议标的单位一般不应少于两家，只有在限定条件下才能只与一家议标单位签订合同。

议标常用于总价较低、工期较紧、专业性较强或由于保密不宜招标的项目。有时也用于专业设计、监理、咨询或专用设备的安装和维修等项目。通常适用的情况包括以下几种：

1）军事工程或保密工程。

2）专业性强，需要专门技术、经验或特殊施工设备的工程，以及涉及使用专利技术的工程，此时只能选择少数几家符合要求的承包商。

3）与已发包工程有联系的新增工程（承包商的劳动力、机械设备都在施工现场，既可

以减少前期开工费用和缩短准备时间，又便于现场的协调管理工作）。

4）性质特殊、内容复杂，发包时工程量或若干技术细节尚难确定的紧急工程或灾后修复工程。

5）工程实施阶段采用新技术或新工艺，承包商从设计阶段就已经参与开发工作，实施阶段还需要其继续合作的工程。

2. 按招标阶段划分

按招标阶段划分招标方式，见表2-2。

表2-2 按招标阶段划分招标方式

名　称	含　义	优　点
一阶段招标（又称为施工图阶段招标法）	指在完成了项目的施工图设计、施工文件并计算出了工程量之后进行的招标	有利于招标人获得合理报价；有利于缩短从成立交易到完成交易的时间过程
两阶段招标（又称为设计方案阶段招标法）	在项目方案设计阶段，就对若干家工程承包企业邀请招标，从中择优选定几家工程承包人，待完成施工图设计、工程量计算等之后，再与选定的承包人进行谈判招标，双方协商确定工程价款，签订工程承包合同	不用进行大规模的公开招标，有利于节省招标费用；设计与招标同时进行，有利于充分利用时间，缩短项目从设计到竣工的时间过程，使业主能尽早发挥投资经济效益
工程经理分阶段管理	由工程业主、业主委托的工程经理、建筑师三方共同进行工程项目的规划、设计、招标、施工	能有效缩短工程项目从设计到竣工时间，使业主尽早获得投资经济效益；有利于招标人获得合理报价；扩大了业主对工程合同的控制权

按招标阶段划分的内涵在于招标是按照一个阶段进行还是分为两个阶段进行。两阶段招标一般要求投标人先投技术标，技术标合格者，再投商务标。两阶段招标一般适用于技术复杂且要求较高的建设项目。在两阶段招标中，到第二阶段投标人投送了商务标后，投标才具有法律约束力。

在一般情况下，项目整体进行招标。对于大型的项目，整体招标符合条件的大型企业较少，采用整体招标将会降低标价的竞争性，因此，将项目划分成若干个标段进行招标。标段的划分不能太小，太小的标段对实力雄厚的潜在投标人没有吸引力。建设工程项目的施工招标，一般可以将一个项目分解为单位工程及特殊专业工程分别招标，但不允许将单位工程肢解为分部、分项工程进行招标。

同时，在划分标段时主要考虑以下因素：

1）招标项目的专业性要求。相同、相近的项目可作为整体招标，否则采取分别招标，如建设工程项目中的土建和设备安装应当分别招标。

2）招标项目的管理要求。项目各部分彼此联系性小，可以分别招标。反之，各部分互相影响可将项目整体发包。

3）对工程投资的影响。标段划分与工程投资项目影响。这种影响由多种因素造成。从资金占用角度考虑，作为一个整体招标，承包商资金占用额度大，反之亦然。从管理费的角度考虑，分段招标的管理费一般比整体直接发包的管理费高。

4）工程各项工作时间和空间的衔接。避免产生平面或者立面交接工作责任的不清。如果建设项目的各项工作的衔接、交叉和配合少，责任清楚，则可考虑分别发包。

总之，标段划分应根据工程特点和招标人的管理能力确定，对场地集中、工程量不大、技术不复杂的工程宜实行一次招标，反之可考虑分段招标。

2.3.3　建设工程招标的范围

《招标投标法》第三条规定了招标投标的范围："在中华人民共和国境内进行下列工程建设项目包括项目的勘察、设计、施工、监理以及与工程建设有关的重要设备、材料等的采购，必须进行招标：

1）大型基础设施、公用事业等关系社会公共利益、公众安全的项目；

2）全部或者部分使用国有资金投资或者国家融资的项目；

3）使用国际组织或者外国政府贷款、援助资金的项目。"

原国家发展计划委员会据此颁布了《工程建设项目招标范围和规模标准规定》，确定了必须进行招标的工程建设项目的具体范围和规模标准，见表2-3。

表2-3　工程建设项目招标范围和规模标准

招标范围	规模标准
关系社会公共利益、公众安全的基础设施项目的范围	(1) 煤炭、石油、天然气、电力、新能源等能源项目 (2) 铁路、公路、管道、水运、航空以及其他交通运输业等交通运输项目 (3) 邮政、电信枢纽、通信、信息网络等邮电通信项目 (4) 防洪、灌溉、排涝、引（供）水、滩涂治理、水土保持、水利枢纽等水利项目 (5) 道路、桥梁、地铁和轻轨交通、污水排放及处理、垃圾处理、地下管道、公共停车场等城市设施项目 (6) 生态环境保护项目 (7) 其他基础设施项目
关系社会公共利益、公众安全的公用事业项目的范围	(1) 供水、供电、供气、供热等市政工程项目 (2) 科技、教育、文化等项目 (3) 体育、旅游等项目 (4) 卫生、社会福利等项目 (5) 商品住宅，包括经济适用住房 (6) 其他公用事业项目
使用国有资金投资项目的范围	(1) 使用各级财政预算资金的项目 (2) 使用纳入财政管理的各种政府性专项建设基金的项目 (3) 使用国有企业事业单位自有资金，并且国有资产投资者实际拥有控制权的项目
国家融资项目的范围	(1) 使用国家发行债券所筹资金的项目 (2) 使用国家对外借款或者担保所筹资金的项目 (3) 使用国家政策性贷款的项目 (4) 国家授权投资主体融资的项目 (5) 国家特许的融资项目
使用国际组织或者外国政府资金的项目的范围	(1) 使用世界银行、亚洲开发银行等国际组织贷款资金的项目 (2) 使用外国政府及其机构贷款资金的项目 (3) 使用国际组织或者外国政府援助资金的项目

上述规定范围内的各类工程建设项目，包括项目的勘察、设计、施工、监理以及与工程建设有关的重要设备、材料等的采购，达到下列标准之一的，必须进行招标：

1）施工单项合同估算价在200万元人民币以上的。

2）重要设备、材料等货物的采购，单项合同估算价在100万元人民币以上的。

3）勘察、设计、监理等服务的采购，单项合同估算价在50万元人民币以上的。

4）单项合同估算价低于第1）2）3）项规定的标准，但项目总投资额在3000万元人民币以上的。

依法必须进行招标的项目，全部使用国有资金投资或者国有资金投资占控股或者主导地位的，应当公开招标。省、自治区、直辖市人民政府根据实际情况，可以规定本地区必须进行招标的具体范围和规模标准，但不得缩小《工程建设项目招标范围和规模标准规定》确定的必须进行招标的范围。《招标投标法》第四条规定：“任何单位和个人不得将依法必须进行招标的项目化整为零或者以其他任何方式规避招标。”

此外，从以上规定可以看出，我国对特定项目实行强制招标制度。《招标投标法》中规定的强制招标范围，主要着眼于“工程建设项目”，而且是工程建设项目全过程的招标。从各国的情况看，由于政府及公共部门的资金主要来源于税收，因此，这些国家在政府采购领域、公共投资领域普遍推行招标投标制，要求政府投资项目、私人投资的基础设施项目必须实行竞争性招标，否则得不到财政资金的支持或审批部门的批准。世界银行、亚洲开发银行等国际金融组织的贷款资金，主要依靠在国际资本市场上筹措和各发达成员捐款。因此，凡是使用其贷款资金进行的项目都必须招标，以保证资金的有效使用和项目的公开进行，这也是国际组织对成员提出的一项基本要求，是受款方的一项法定义务。我国是以公有制为基础的社会主义国家，建设资金主要来源于国有资金，必须发挥最佳经济效益。通过立法，把使用国有资金进行的建设项目纳入强制招标的范围，是切实保护国有资产的法制保证。

2.3.4 建设工程招标投标程序

虽然招标投标的内容各有差异，但通常的招标投标程序都是类似的，一般经过三个阶段：

1）招标准备阶段，从办理招标申请开始到发出招标广告或邀请招标函为止的时间段。

2）招标阶段，即投标人的投标阶段，从发布招标广告之日起到投标截止之日时间段。

3）决标成交阶段，从开标之日起到与中标人签订承包合同为止的时间段。

以施工招标为例，各阶段业主和监理方以及承包商的工作内容见表2-4。

表2-4 招标投标各阶段业主、监理方以及承包商的工作内容

阶段	主要工作步骤	各方完成的主要工作	
		业主/监理方	承包方
招标准备	申请批准招标	向建设主管部门的招标管理机构提出招标申请	准备招标资料、项目资料、企业内部资料等；研究投标法规
	组建招标机构		
	选择招标方式	（1）决定分标数量和合同类型 （2）确定招标方式	组成招标小组
	准备招标文件	（1）招标公告 （2）资格预审文件及申请表 （3）招标文件	
	编制招标控制价或标底	（1）编制招标控制价或标底 （2）报主管部门审批	

（续）

阶段	主要工作步骤	各方完成的主要工作	
		业主/监理方	承包方
招标	邀请承包商参加资格预审	（1）刊登资格预审公告 （2）编制资格预审文件 （3）发出资格预审文件	索购资格预审文件；填报和申请资格预审；回函收到通知
	资格预审	（1）分析资格预审材料 （2）提出合格投标商多名 （3）邀请合格投标商参加投标	回函收到邀请
	发招标文件	发招标文件	购买招标文件；编标
	投标者考察现场	（1）安排现场踏勘日期 （2）现场介绍	参加现场踏勘；询价，准备投标书
	对招标文件澄清和补遗	向投标者颁发招标补遗	回函收到澄清和补遗
	投标者提问	（1）接受提问，准备答复 （2）答复（信件方式或会谈方式）	提出问题：参加标前会议；回函收到答复
	投标书的提交和接收	（1）接收投标书，记下日期和时间 （2）退还过期投标书 （3）保护有效投标书安全至开标	递交投标文件（包括投标保函）；回函收到过期投标书
决标成交	开标	开标	参加开标会议
	评标	（1）初评标 （2）评投标书 （3）要求投标商提交澄清资料 （4）召开澄清会议 （5）编写评标报告 （6）作出授标决定	提交澄清资料；参加澄清会议
	授标	（1）发出中标通知 （2）要求中标商提交履约保函 （3）进行合同谈判 （4）准备合同文件 （5）签订合同 （6）通知未中标者，并退回投标保函 （7）发布开工令	回函收到通知；提交履约保函；参加合同谈判；签订合同 未中标者收到通知及回函；中标者签约

1. 发布招标公告的渠道

凡属于公开招标项目，均应发布招标公告。在公开招标中，招标公告是发布招标信息的唯一合法渠道，是公开招标最显著的特征之一。发布招标公告是招标实施过程的开始。其主要目的是发布招标信息，使那些感兴趣的承包者知悉，前来购买招标文件，编制投标文件并参加投标。

在通常情况下，一项招标往往需要同时通过几种渠道发布招标公告，使投标具有广泛性。在我国，依法必须进行招标项目的招标公告，应当通过国家指定的报刊、信息网络或者其他媒介发布。国家指定《中国日报》《中国经济导报》《中国建设报》和中国采购与招标网（http：//www. chinabidding. com. cn）为发布依法必须招标项目招标公告的媒介。根据

《招标公告发布暂行办法》规定，指定媒介发布依法必须招标项目的招标公告，不收费（国际招标公告除外）。招标人或其委托的招标代理机构应至少在一家指定媒介发布招标公告，指定媒介在发布招标公告的同时，应将招标公告如实抄送指定网络。世界银行要求，贷款项目中凡以国际竞争性方式采购的货物和工程，借款人必须准备并向世界银行提交一份总采购公告，世界银行收到采购公告后免费为借款人在联合国出版的《发展商业报》上安排刊登；同时要求借款人及时在报纸上刊登具体合同的招标公告。具体合同广告鼓励在联合国的《发展商业报》上刊登，但至少应刊登在借款人国内广泛发行的一种报纸上。

另外，促进参与竞争的一个重要因素是给承包者充分的时间来编写他们的投标文件。招标人在发出招标公告时，应给潜在的投标人预留较充分的投标准备时间。投标人从申请投标——得到招标文件——准备投标——递交投标文件，所需时间长短因具体采购项目而定。对一般性货物采购所需时间较短，对一些价值高、技术复杂的货物采购所需时间较长，对工程采购则所需时间更长。我国《招标投标法》规定，招标人应当确定投标人编制投标文件所需要的合理时间。但是，依法必须进行招标的项目，自招标文件开始发出之日起至投标人提交投标文件截止之日止，最短不得少于 20 日。按照国际惯例，从招标公告发布之日算起，应让投标人至少有 45 天（通常有 60 ~ 90 天），在特殊情况下有 180 天时间，来准备投标和递交投标文件。

2. 投标资格预审

资格审查是招标投标程序中的一个重要步骤，特别是大型的或复杂的招标采购项目，资格审查更是必不可少的。例如，我国水利工程建设项目和公路工程建设项目的招标，均实行资格审查制度。

招标人对采购项目实行招标的根本目的在于选择一个合适的投标人，这个投标人能根据招标人的要求，在期限内按照招标文件所规定的条款和条件，供应所需采购的货物或建成拟建的工程或提供所需的服务。如果招标人将合同授予一个在技术、财务以及经验等方面都显然没有能力的投标人，那么，即使该投标人的投标报价最低，也是不合适的，甚至可能给招标人带来损失。因此，业主在与承包者进行合作之前，往往要对其进行资信调查，包括信誉、技术水平、经验和财务状况以及人员、设备的配备等情况进行调查、了解。

资格审查有资格预审和资格后审两种方式。资格预审是在招标前对潜在投标人进行的资格审查；资格后审是在投标后（一般是在开标后）对投标人进行的资格审查。资格审查的主要目的是确定投标人是否有能力承担并完成该项目。在这两种方法中，以采用资格预审方法较多。在通常情况下，公开招标采用资格预审，只有资格预审合格的单位才准许参加投标；不采用资格预审的公开招标应进行资格后审。资格预审是对所有投标人的一次“粗筛”，实际上也是投标人的第一轮竞争。

目前，一项工程项目招标往往会有几十个投标人申请投标，招标人通常采用资格预审的方法淘汰资信和能力较差的投标人，以使最终参与的投标人数量控制在一个合理的范围内。例如，英国政府对投标单位的数量作了如下限制：50000 英镑以下的工程，投标单位限额五个；50000 ~ 250000 英镑的工程，投标单位限额六个；250000 英镑以上的工程，投标单位限额八个。我国建设部《房屋建筑和市政基础设施工程施工招标投标管理办法》规定：在资格预审合格的投标申请人过多时，可以由招标人从中选择不少于七家资格预审合格的投标申请人。

3. 开标

我国《招标投标法》规定，开标应当在招标文件确定的提交投标文件截止时间的同一时间公开进行，并邀请所有投标人参加，开标地点应当为招标文件中确定的地点。这就是说，提交投标文件截止之时（如某年某月某日几时几分），即是开标之时（也是某年某月某日几时几分）。这样做主要是为了防止投标截止时间之后与开标之前仍有一段时间间隔。如有间隔，也许会给不端行为造成可乘之机（如在指定开标时间之前泄露投标文件中的内容），即使承包者等到开标之前最后一刻才提交投标文件，也同样存在这种风险。

如遇有特殊情况，如购买招标文件的单位数目太少，招标人可以推迟开标，但须事先（在招标文件要求提交投标文件截止时间至少十五日前）书面通知各投标人。

开标由招标人主持。在招标人委托招标代理机构代理招标时，开标也可由该代理机构主持。主持人按照规定的程序负责开标的全过程，可以邀请上级主管部门和有关单位及监督部门或公证机关派员参加。

开标人员至少由主持人、监标人、开标人、唱标人、记录人组成，上述人员对开标负责。

2.3.5 招标投标活动中的主要参与者

招标投标活动中的主要参与者包括招标人、投标人、招标代理机构和政府监督部门。招标投标活动的每一个阶段，一般既要涉及招标人和投标人，也需要监督管理部门的参与。具体介绍在下面章节会一一叙述，此处省略。

2.4 建设工程招标代理机构

2.4.1 建设工程招标代理机构概念

招标代理机构是依法设立，接受被代理人的委托，从事招标代理业务并提供相关服务的社会中介组织。建设工程招标代理的被代理人是指工程项目的所有者或经营者，代理机构则是法律定义的一种代理人。招标代理机构受招标人委托，代为办理有关招标事宜，如编制招标方案、招标文件及工程标底，组织评标，协调合同的签订等。招标代理机构在招标人委托的范围内办理招标事宜，并遵守法律关于招标人的规定。

我国是从20世纪80年代初开始进行招标投标活动的，最初主要是利用世界银行贷款进行的项目招标。由于一些项目单位对招标投标知之甚少，缺乏专门人才和技能，于是一批专门从事招标业务的机构产生了。1984年成立的中国技术进出口总公司国际金融组织和外国政府贷款项目招标公司（后改为中技国际招标公司）是我国第一家招标代理机构。目前全国共有专门从事招标代理业务的机构数百家。这些招标代理机构拥有专门的人才和丰富的经验，在招标投标活动中发挥了积极的作用。

代理成为一种独立的法律制度，是商品经济发展的结果。代理是指代理人以被代理人的名义，在其授权范围内向第三人作出意思表示，所产生的权利和义务直接由被代理人享有和承担的法律行为。代理行为具有以下特征：

1）代理人以自己的技能为被代理人的利益独立进行意思表示。换句话说，代理人的使

用是代他人实施法律行为，如订立合同、履行债务、请求损害赔偿等。

2）代理人必须以被代理人的名义实施法律行为，即所谓的“直接代理”。

3）代理行为的法律效果直接归属于被代理人。

从产生代理权的不同根据划分，《中华人民共和国民法通则》规定了三类代理：基于被代理人的委托授权发生的委托代理，基于法律的直接规定而发生的法定代理，基于法院或有关机关的指定行为发生的指定代理。委托代理作为一种最常见、最广泛适用的代理形式，受托人与委托人签订委托合同，代理人必须在委托的权限范围（代理权限范围）内实施代理行为，只有在此范围内进行的民事活动，才能被视为被代理人的行为，被代理人对代理行为的法律后果方承担民事责任。从法律意义上说，招标代理属于委托代理的一种，应遵守法律的有关规定。

《招标投标法》第十二条第一款规定：“招标人有权自行选择招标代理机构，委托其办理招标事宜。”当招标单位缺乏与招标工程相适应的经济、技术、管理人员，没有编制招标文件和组织评标的能力时，依照我国《招标投标法》的规定，应认真挑选、慎重委托具有相应资质的中介服务机构代理招标。

《工程建设项目招标代理机构资格认定办法》规定，招标代理机构必须是法人或依法成立的独立核算的经济组织，并且应当具备下列条件才可申报成立：

1）有从事招标代理业务的营业场所和相应资金。

2）有能够编制招标文件和组织评标的相应专业力量。

3）有可以作为评标委员会成员人选的技术、经济等方面的专家库。

4）有健全的组织机构和内部管理的规章制度。

2.4.2 建设工程招标代理机构的法律行为

招标代理在法律上属于委托代理，招标代理机构的行为必须在代理委托的授权范围内开展，超出委托授权范围的代理行为属无权代理。建设工程招标代理行为的法律效果归属于被代理人，被代理人对超出授权范围的代理行为有拒绝权和追索权。

2.4.3 建设工程招标代理机构的权利

1. 依照规定收取招标代理费

招标代理作为一项经营活动，招标代理机构是通过与招标人订立委托合同取得授权的，委托合同中应当明确代理费的数额和支付办法。可以说这是招标代理机构最主要的一项权利。

2. 有权要求招标人对代理工作提供协助

虽然招标代理机构为招标人进行招标工作，但毕竟不等同于招标人，在很多情况下仍需要招标人的配合代理工作才能开展。招标人应当提供与工程招标代理有关的文件、资料，对代理工作提供必要的协助，并对提供文件、资料的真实性、合法性负责。

3. 对潜在投标人进行资格审查

招标代理机构可以根据招标项目本身的要求，在招标公告或者投标邀请书中，要求潜在投标人提供有关的证明文件和业绩情况，并对潜在投标人进行资格审查。国家对投标人的资格条件有规定的，应依照其规定。

另外，招标代理机构不应同时接受同一招标工程的招标代理和投标咨询业务，招标代理机构与被代理工程的投标人不得有隶属关系或者其他利害关系。

2.4.4　建设工程招标代理机构的义务

1）遵守我国法律、法规、规章和现行方针、政策的义务。

2）拟订招标方案，编制和出售招标文件、资格预审文件；审查投标人资格；组织投标人踏勘现场；组织开标、评标，协助招标人定标；草拟合同。

3）接受招标投标管理机构的监督管理和招标行业协会的指导。

4）招标人委托的其他事项。

2.4.5　建设工程招标代理机构的资质划分与业务范围

建设工程招标代理机构资质分为甲级、乙级和暂定级三等。

甲级工程招标代理机构由国务院建设主管部门认定，可以承担各类工程的招标代理业务。

乙级工程招标代理机构由工商注册所在地的省、自治区、直辖市人民政府建设主管部门认定，只能承担工程总投资1亿元人民币以下的工程招标代理业务。

暂定级工程招标代理机构亦由工商注册所在地的省、自治区、直辖市人民政府建设主管部门认定，只能承担工程总投资6000万元人民币以下的工程招标代理业务。

所有级别的工程招标代理机构可以跨省、自治区、直辖市承担工程招标代理业务，任何单位和个人不得限制或者排斥工程招标代理机构依法开展工程招标代理业务。

2.4.6　建设工程招标代理机构资质及申报条件

建设工程招标代理机构资质及申报条件见表2-5。

表2-5　建设工程招标代理机构资质及申报条件

申报级别 申报条件	暂定级	乙级	甲级
基本条件	满足	满足	满足
基本资质		取得暂定级工程代表资格满1年	取得乙级工程代表资格满3年
业绩要求		近3年内累计工程招标代理中标金额在8亿元人民币以上	近3年累计工程招标代理中标金额在16亿元人民币以上
职员	具有中级以上职称的工程招标代理机构专职人员不少于12人，其中具有工程建设类注册执业资格人员不少于6人(其中注册造价师不少于3人)，从事工程招标代理业务3年以上的人员不少于6人	具有中级以上职称的工程招标代理机构专职人员不少于12人，其中具有工程建设类注册执业资格人员不少于6人（其中注册造价师不少于3人），从事工程招标代理业务3年以上的人员不少于6人	具有中级以上职称的工程招标代理机构专职人员不少于20人，其中具有工程建设类注册执业资格人员不少于10人（其中注册造价师不少于5人），从事工程招标代理业务3年以上的人员不少于10人

（续）

申报级别 申报条件	暂定级	乙级	甲级
负责人	技术经济负责人为本机构专职人员，具有8年以上从事工程管理的经历，具有高级技术经济师职称和工程建设类注册执业资格	技术经济负责人为本机构专职人员，具有8年以上从事工程管理的经历，具有高级技术经济师职称和工程建设类注册执业资格	技术经济负责人为本机构专职人员，具有10年以上从事工程管理的经历，具有高级技术经济师职称和工程建设类注册执业资格
注册资本	注册资本金不少于100万元	注册资本金不少于100万元	注册资本金不少于200万元

2.4.7 建设工程招标代理机构编制招标文件应注意的问题

1. 合理确定拟选择招标代理单位的资质等级

我国有关文件规定：从事工程招标代理业务的机构，应当依法取得国务院建设主管部门或省、自治区、直辖市人民政府建设主管部门认定的工程招标代理机构资格，并在其资格许可范围内从事相应的工程招标代理业务。

招标人在招标文件中应在满足法律、法规规定的条件下根据建设工程的规模、复杂程度和预计支出的成本等合理确定拟选择招标代理单位的资质等级。

2. 合理选择合同文本，拟定合同主要条款

2005年，建设部和国家工商行政管理总局联合制定了《建设工程招标代理合同（示范文本）》（GF—2005—0215）并沿用至今。该合同示范文本由协议书、通用条款和专用条款组成，实际工作中应尽量选用该示范文本，并根据工程项目特点和招标投标市场的实际情况合理拟定专用条款。

3. 合理设置评标、定标方法

招标代理单位的评选一般宜采用基于质量和费用的方法（或称综合评价法），主要从招标代理机构业绩、招标代理报酬报价、招标代理实施方案以及招标代理企业信誉、信用等方面进行评价。

1）招标代理机构业绩。可用招标代理机构代理招标项目中标金额累计，特别是与本项目同类的项目中标金额累计，对招标代理机构代理项目的个数进行评价。

2）招标代理报酬报价。招标代理报酬，是指招标代理机构接受招标人委托，从事编制招标文件（包括编制资格预审文件和标底），审查投标人资格，组织投标人踏勘现场并答疑，组织开标、评标、定标，以及提供招标前期咨询、协调合同的签订等业务所收取的费用。为规范招标代理服务收费行为，维护招标人、投标人和招标代理机构的合法权益，促进招标代理行业的健康发展，国家发改委制定了《招标代理服务收费管理暂行办法》（计价格[2002] 1980号），为招标代理服务费的计取提供了依据。该《办法》第九条规定：“招标代理服务收费采用差额定率累进计费方式。收费标准按本办法附件规定执行，上下浮动不超过20%，具体收费额由招标代理机构和招标委托人在规定的收费标准和浮动幅度内协商确定。”由此可知，对代理报酬报价的评价并不是越低越好，而应是在此文件规定的范围内指

定一个合理的评价标准。

3）招标代理实施方案。一般主要从招标代理组织机构设置、投入人力物力、招标时间计划安排的合理性、控制质量的措施等进行评价。

4）招标代理企业信誉、信用。一般用项目业主对其已从事招标代理工作、各类管理部门或行业协会公布的信用记录进行评价。

2.4.8 建设工程招标代理机构编制投标文件应注意的问题

1. 明确业主对招标代理机构的授权范围

《招标投标法》第十三条规定："招标代理机构是依法设立、从事招标代理业务并提供相关服务的社会中介组织。"第十五条规定："招标代理机构应当在招标人委托的范围内办理招标事宜，并遵守本法关于招标人的规定。"因此，招标代理机构在编制投标文件前应首先明确本次招标中业主方拟委托授权的范围，才能根据具体工作内容及可能承担的风险责任大小合理拟订工程设计、施工、货物等招标实施方案，进行招标代理服务成本测算。

2. 合理拟定招标代理方案

招标代理方案应根据工程项目的特点和需要，在遵守相关法律、法规的条件下实事求是地详细编制。其内容一般包括：招标工作的组织；招标工作的人员安排；招标工作的进度计划；招标工作阶段性会议、向招标人阶段性汇报以及里程碑事件时间、地点的安排；招标工作的风险管理等。

2.4.9 当前建设工程招标代理机构存在的问题分析及对策探讨

1）招标代理行为不规范。有的招标代理机构过分迎合业主意愿，如暗中为业主规避招标、肢解发包工程等违法、违规行为出谋划策。还有的招标代理机构无原则地迁就业主的不正当要求。招标代理机构收费普遍较低。按照国家规定，招标代理收费可以在国家标准上下浮动20%，但调查统计显示，实收费用平均为国家收费标准的60%左右，甚至个别企业为承揽该项目中的其他项目管理业务，以"零收费"方式抢占招标代理市场。部分招标代理机构存在乱收费现象。除国家规定的招标代理费外，还出现了对投标人收取的名目繁多的其他收费，如投标报名费、资格预审费等其他收费，少则几百，多则上千元，加重了投标单位的经济负担。

2）部分招标代理机构从业人员综合素质和业务能力有待进一步提高。目前招标代理从业人员水平参差不齐，部分人员没有经过培训和学习，不具备从事工程招标代理工作的综合素质。

3）部分企业存在超资质范围承接代理业务和挂靠现象。目前市场上部分代理机构存在超资质证书范围从事代理活动的现象，有的乙级和暂定级资质代理机构超越法规规定的范围承接任务，有的出借、出卖、转让资格证书、图章或允许他人以挂靠方式承揽业务，放松管理，扰乱市场，这种现象在驻外省市设立的分支机构中较为突出。

2.5 建设工程招标投标案例

案例 2.1 招标过程中有关招标投标的规定

某房地产公司用自有资金开发一商品房项目，工程概算5500万元，开发商委托某工程招标代理机构组织招标投标事宜，于3月15日向三个具备总承包能力且资信良好的建筑企业A、B、C发出了招标邀请书，三家公司均接受邀请。

由于三家建筑企业均为知名企业，故招标代理公司未进行单独资格审查，仅通知在开标时，投标人应当提交相关资质、业绩证明等相关资审资料。招标代理公司分别于3月18日、19日、20日组织了三家企业进行了现场踏勘，并在踏勘后发售了招标文件，文件中写明了投标截止时间为4月12日上午9点，开标地点为某建设工程交易中心会议室，文件中还写明了评标的标准和评标专家的名单。

3月30日，招标代理公司组织了三家建筑企业召开投标预备会，就项目概况和现场情况进行了较详细的介绍，并对图纸进行了交底。最后，针对各投标人提出的书面和口头询问，以会议记录的形式对三家企业进行了分别的书面答疑。

B、C两家建筑企业在4月12日前均递交了投标文件，A于4月12日早上8：30向招标代理公司递交了投标文件。开标会议9点如期进行，到场的有开发公司负责人、当地招标办工作人员、当地建设行政主管部门的负责人、公证处人员、招标代理公司负责人和工作人员，A、B、C三家企业均到场。开标会议由建设行政主管部门负责人主持，在招标代理机构负责人检查了投标文件的密封情况后，对三份投标文件开封，宣读，当场唱标。由公证处人员出席，整个开标过程没有记录，由公证处出具相关公证证明。

评标专家进行了详细的评审，由于招标人的授权，评标专家委员会直接确定得到了最高分的B为中标人。招标代理公司于4月16日向B公司发出了中标通知书，同时通知了未中标的A、C。开发公司在与B签订合同过程中，要求B以其投标报价的95%为合同价款，在遭到B拒绝后，开发公司与C进行协商，按B的投标价的95%与C签订了合同。

【问题】

(1) 本例涉及的项目是否可以不采取招标形式而直接发包？为什么？

(2) 招标代理机构的资质等级如何划分？

(3) 该商品房项目招标投标过程中哪些地方不符合《招标投标法》的有关规定？逐一列出并说明原因。

(4) 中标通知书对谁具有法律效力？开发公司未与B签订合同，B为此遭受的损失是否由开发公司和C共同承担？

【答案要点】

(1) 本例中商品房项目属于关系社会公共利益、公众安全的公用事业项目，属于必须招标的范围，概算5500万元，达到了必须招标的标准，所以应当招标，不能直接发包。

（2）招标代理机构的资格分甲级、乙级和暂定级。

（3）涉及不符合的地方有：

1）分别组织A、B、C三家企业进行现场踏勘。招标人应当组织投标人踏勘现场，不得单独或分别组织任何一方进行现场踏勘，有违公平原则。

2）在现场踏勘后发售招标文件。应先发售招标文件，让投标人熟悉招标文件内容的前提下，带着问题去踏勘现场。

3）招标文件中写明了评标专家的名单。在评标结果公布前，评标专家的名单必须保密。

4）开标会议由建设行政主管部门的负责人主持。开标会议应由招标人主持或由招标代理机构主持。

5）招标代理机构负责人检查了投标文件的密封情况。在开标前，应由投标人或投标人推荐的代表或公证人员检查投标文件的密封情况。

6）整个开标过程没有记录。所有有效的投标文件均应当从宣读，开标过程应记录，并存档备案。

7）开发公司按B报价的95%与C签订合同。招标人和中标人在中标通知书发出之日起，30日内按照招标文件和中标人的投标文件订立书面合同，招标人和中标人不得再行订立背离合同实质性内容的其他协议。

（4）中标通知书对招标人和中标人都有约束，招标人和中标人在中标通知书发出之日起，30日内按照招标文件和中标人的投标文件订立书面合同，招标人无正当理由不与中标人签订合同，给中标人造成损失的，招标人应当予以赔偿。

（资料来源：http://wenku. baidu. com/link？url = Eop6tCaxUAZmSi7HdiQBQ-s-B34LZ-GUSOKQDaFhbwDgB4d1iaubWHPYoIckXxPP7IMKAclPWrZytb2MorRmlqIQBVHreffP9l1G3n1nsH5i，有修改）

案例2.2　招标应具备的条件

某部队拟在某地建设一雷达生产厂，经国家有关部门批准后，开始对该项目筹集资金和施工图设计，该项目资金由自筹资金和银行贷款两部分组成，自筹资金已全部落实，银行贷款预计在2004年7月30到位，2004年3月8日设计单位完成了初步设计图，12日进入施工图设计阶段，预计5月8日完成施工图设计。该部队考虑到该项目要在年底竣工，遂决定于3月19日进行施工招标。施工招标采用邀请招标方式，并于3月20日向其合作过的施工单位中选择了两家发出了投标邀请书。

【问题】

（1）建设工程施工招标的必备条件有哪些？

（2）该项目在上述条件下是否可以进行工程施工招标？为什么？

（3）在何种情况下，经批准可以采取邀请招标方式进行招标？

（4）招标人在招标过程中的不妥之处有哪些？并说明理由。

【答案要点】

(1) 施工招标必备条件:

1) 招标人已经依法成立。

2) 初步设计及概算应当履行审批手续的，已经批准。

3) 招标范围、招标方式和招标组织形式等应当履行核准手续的，已经核准。

4) 有相应的资金或资金来源已经落实。

5) 有招标所需的施工图及技术资料。

(2) 该项目在上述条件下不可以进行工程施工招标。因为该项目还不具备施工招标的施工图。

(3) 有下列情形之一的，经批准可以进行邀请招标:

1) 项目技术复杂或有特殊要求，只有少量几家潜在投标人可供选择的。

2) 受自然地域环境限制的。

3) 涉及国家安全、国家秘密或者抢险救灾，适宜招标但不宜公开招标的。

4) 拟公开招标的费用与项目的价值相比，不值得的。

5) 法律、法规规定不宜公开招标的。

(4) 不妥之处:

1) 招标人于2004年3月19日进行施工招标。

理由: 该项目建设资金没有全部落实，不具备施工招标所需的设计图纸。

2) 招标人向两家施工单位发出了投标邀请书。

理由:《招标投标法》规定，进行邀请招标时，必须向不少于三家的投标人发出投标邀请书。

(资料来源: http://www.doc88.com/p-7836806140429.html，有修改)

案例2.3 招标组织程序及时间计划不严谨

某依法必须招标的工程建设项目位于北方某个城市，采用公开招标方式组织其中4台6t蒸汽锅炉的采购。招标人对招标过程时间计划如下:

(1) 2008年8月9日(周六)~2008年8月14日发售招标文件。

(2) 2008年8月16日上午9:00组织投标预备会议。

(3) 2008年8月16日下午4:00为投标人要求澄清招标文件的截止时间。

(4) 2008年8月17日上午9:00组织现场考察。

(5) 2008年8月20日发出招标文件的澄清与修改，修改了几个关键技术参数。

(6) 2008年8月29日下午4:00为投标人递交投标保证金截止时间。

(7) 2008年8月30日上午9:00投标截止。

(8) 2008年8月30日上午9:00~11:00，招标人与行政监管机构审查投标人的营业执照、生产许可证、合同业绩等原件。

(9) 2008年8月30日上午11:00，开标。

(10) 2008年8月30日下午1:30~2008年8月31日下午5:30，评标委员会评标。

（11）2008年9月1日~2008年9月3日，评标结果公示。

（12）2008年9月4日定标、发出中标通知书。

（13）2008年9月5日~2008年9月6日，签订供货合同。

【问题】

（1）逐一指出上述时间安排、程序中的不妥之处，说明理由。

（2）如果该批蒸汽锅炉需要一个半月交货，其安装与系统调试需要两个月时间，招标人与中标人在2008年9月6日签订锅炉供货合同是否可以保证2008年11月15日按期供暖？如需要保证2008年11月15日按期供暖，该批锅炉采供最迟应在什么时间开始？

【答案要点】

（1）招标人组织本次招标的时间计划存在以下不妥之处：

1）招标文件的发售时间不满足《工程建设项目货物招标投标办法》（国家发改委等7部委第27号令）不少于五个工作日的规定，因为2008年8月9日、10日为星期六、星期日，为法定休息日。

2）2008年8月16日上午9：00组织投标预备会议不妥。投标预备会议的目的是澄清潜在投标人在投标过程中对招标文件及相关条件的疑问，应安排在投标人要求澄清招标文件的截止时间和现场考察时间之后，以便于统一对投标人在现场考察和招标文件提出的问题进行澄清。

3）2008年8月20日发出招标文件的澄清与修改，2008年8月30日上午10：00投标截止不妥，因为不满足《招标投标法》至少在招标文件要求提交投标文件的截止时间至少十五日前发出的规定。如果必须在2008年8月20日发出招标文件的澄清与修改，招标人应相应顺延投标截止时间，即延长到2008年9月4日，以满足法律对招标文件澄清与修改发出时间的规定。

4）要求2008年8月29日下午4：00前递交投标保证金不妥。投标保证金是投标文件的一部分，除现金外，还包括转账支票、投标保函等形式。投标截止时间前，投标人均可与投标文件一起递交。

5）2008年8月30日上午9：00投标截止，2008年8月30日上午11：00组织开标不妥。《招标投标法》第三十四条规定，开标时间为投标截止时间的同一时间。

6）2008年8月30日上午9：00~11：00，招标人与监管机构审查投标人的营业执照、生产许可证、合同业绩等原件的做法不妥。依据《招标投标法》，此时应组织开标。同时查对有关证明证件原件的目的是为了评审投标文件，法律将这一事项的权利赋予了评标委员会，不是招标人与监管机构。

（2）招标人与中标人在2008年9月6日签订锅炉供货合同不能保证2008年冬天供暖。依据锅炉供货及安装时间，这4台锅炉最快也只能在2009年1月中旬具备供暖条件，而北方城市每年十一月十五日进入冬季供暖期，所以招标人安排的计划不能满足2008年供暖需求。如果必须满足2008年冬季供暖，则应将招标启动时间提前至少两个月时间，即在2008年5月底或6月初开始采购。

（资料来源：http://www.jianshe99.com/new/201302/ly20130201155724550117 42.shtml，有修改）

思考与讨论

1. 简述建设工程招标投标活动应遵循的原则。
2. 简述公开招标与邀请招标的区别。
3. 简述建设单位招标应具备的条件。

阅读材料 鲁布革水电站

本文通过对鲁布革水电站引水工程招标投标过程的简单介绍，以期让读者了解我国建设工程招标标投标的发展历史，对建设工程招标投标的特点、建设工程招标投标的基本原则、建设工程招标投标的意义、招标投标常识性知识等相关内容进行学习。

鲁布革水电站装机容量60万kW·h，位于云贵交界的黄泥河上。1981年6月经国家批准，列为重点建设工程。1982年7月，国家决定将鲁布革水电站的引水工程作为水利电力部第一个对外开放、利用世界银行贷款的工程，并按世界银行规定，实行中华人民共和国成立以来第一次国际公开（竞争性）招标。该工程由一条长8.8km、内径8m的引水隧洞和调压井等组成。招标范围包括其引水隧洞、调压井和通往电站的压力钢管等。

鲁布革水电站引水工程招标程序及合同履行情况见表2-6，各投标人的评标折算报价情况见表2-7。

表2-6 招标程序及合同履行情况

时间	工作内容	说 明
1982年9月	刊登招标通告及编制招标文件	
1982年9月~12月	第一阶段资格预审	从13个国家32家公司中选定20家合格公司，包括我国3家公司
1983年2月~7月	第二阶段资格预审	与世界银行磋商第一阶段预审结果，中外公司为组成联合投标公司进行谈判
1983年6月15日	发售招标文件（标书）	15家外商及3家国内公司购买了标书，8家投了标
1983年11月8日	开标	8家公司投标，其中1家中标
1983年11月~1984年4月	评标	确定大成、前田和英波吉洛公司3家评标对象，最后确定日本大成公司中标，与之签订合同，合同价为8463万元，比标底12958万元低43%，合同工期1597天
1984年11月	引水工程正式开工	
1988年8月13日	正式竣工	工程师签署了工程竣工移交证书，工程初步结算价9100万元，仅为标底的60.85%，比合同价增加了7.53%，实际工期1475天，比合同工期提前122天

表 2-7　各投标人评标折算报价情况

公司	折算报价/万元	公司	折算报价/万元
日本大成公司	8460	中国闽昆与挪威 FHS	12210
日本前田公司	8800	南斯拉夫能源公司	13220
英波吉洛公司（意美联合）	9280	法国 SBTP 联合公司	17940
中国贵华与霍尔兹曼（德意志联邦共和国）联合公司	12000	德意志联邦共和国某公司	废标

其具体招标工作分为两个步骤进行：

第一步初评：对 8 家公司标书的完整性进行检查，并对标价进行核定排队。初步结果，认为前 3 家厂商标价无误，标书符合要求，确定作为下一步评审的对象。

第二步终评：终评目的是从大成、前田和英波吉洛 3 家公司中确定一家中标公司。为了进一步弄清情况，招标单位分别与 3 家公司举行了标书澄清会谈。在澄清会谈期间（国际工程招标投标在业主与中标候选人签订合同前可以通过“澄清会谈”，使中标候选人就投标文件中的内容进行必要澄清和说明），各家公司都认为自己有中标的可能，因此，竞争很激烈。在工期不变、标价不变、实质性响应招标文件不变的前提下，3 家都按照业主的意愿修改了施工方案和施工现场布置；其中，最重要的是大成和前田两家公司都取消了在首部布置的施工支洞从而改善了首部枢纽工程的施工条件。此外，各公司都主动提出了对业主有利的附加条件。例如，前田公司提出完工后，可将价值 2000 万元（人民币）新的施工设备无偿赠予我方；英波吉洛公司提出，可给鲁布革工程 2500 万美元的软贷款（国际上利率在 3 厘以下的低息贷款）。大成公司为了保住优势，也提出以 41 台新设备替换原来标书中所提供的施工设备，完工后也都赠予我方，还提出免费为我方培训技术人员、钢管制作由我方分包等优惠条件。这是继投标之后，在 3 家公司之间进行的第二次竞争。在此期间，业主自始至终掌握着主动权。

通过对有关问题的分析澄清，经研究后招标单位认为英波吉洛公司标价在 3 家公司中最高，比大成公司高出 620 万元，所提供的附加贷款条件不符合招标要求，已失去竞争优势，先予以淘汰。对日本大成和前田两家公司比较后，经反复研究，为了尽快完成招标，以便于现场施工的正常进行，最后选定日本大成公司为中标单位。

1984 年 6 月 16 日定标后，经世界银行确认（因其为世界银行贷款项目），我方即向大成公司发出授标信；1984 年 7 月 14 日正式签订承包合同（包括技术合同、劳务合同、施工设备赠予合同），7 月 31 日向大成公司发出开工命令；11 月 24 日在电站现场举行开工典礼，破土动工。大成公司采用总承包制，管理及技术人员仅 30 人左右，由国内企业分包劳务，采用科学的项目管理方法，比预期工期提前 122 天竣工，工程质量综合评价为优良。最终工程初步结算为 9100 万元，仅为标底的 60.85%。“鲁布革工程”受到我国政府的重视，号召建筑施工企业进行学习。

鲁布革水电站引水工程进行国际招标和实行国际合同管理，在当时具有很大的超前性。鲁布革工程管理局作为既是“代理业主”又是“监理工程师”机构设置，按合同进行项目管理的实践，使人耳目一新，所以，当时到鲁布革水电站引水工程考察被称为“不出国的出国考察”。这是在 20 世纪 80 年代初我国计划经济体制还没有根本改变，建筑市场还没形成，外部条件尚未充分具备的情况下进行的。而且只是在水电站引水工程进行国际招标，首部大坝枢纽和地下厂房以及机电安装仍由水电十四局负责施工，因此形成了一个工程两种管理体制并存的状况。这正好给了人们一个充分比较、研究、分析两种管理体制差异的极好机会。鲁布革水电站引水工程的国际招

标实践和一个工程两种体制的鲜明对比，在中国工程界引起了强烈反响。到鲁布革水电站引水工程参观考察的人几乎遍及全国各省市，鲁布革水电站引水工程激发了人们对基本建设体制改革的强烈愿望。

分析与讨论：就鲁布革工程背景资料分析鲁布革水电站引水工程的管理经验及日本大成公司中标的原因。

（资料来源：刘晓勤．建设工程招标与合同管理．同济大学出版社，2009，有修改）

3

第 3 章 建设工程招标

3.1 建设工程施工公开招标的程序及内容

建设工程施工招标程序是指在工程施工招标活动中，按照一定的时间、空间顺序运作的次序、步骤、方式。建筑工程施工招标是一个整体活动，涉及发标方（业主）和投标方（承包商）两个方面。

招标主要是从发标方的角度来揭示其工作内容，但同时需注意到与投标活动的关联性，不能将两者割裂开。按照招标人和投标人参与程序，将建设工程施工招标过程划分成招标准备阶段、招标投标阶段和决标成交阶段。

招标程序是指招标活动的内容的逻辑关系，不同的招标方式具有不同的活动内容。由于公开招标是程序最为完整、规范、典型的招标方式，因此，掌握公开招标的程序，对于承揽工程任务，签订相关合同具有重要意义。根据《招标投标法实施条例》的规定，建设工程施工公开招标的程序如图 3-1 所示。

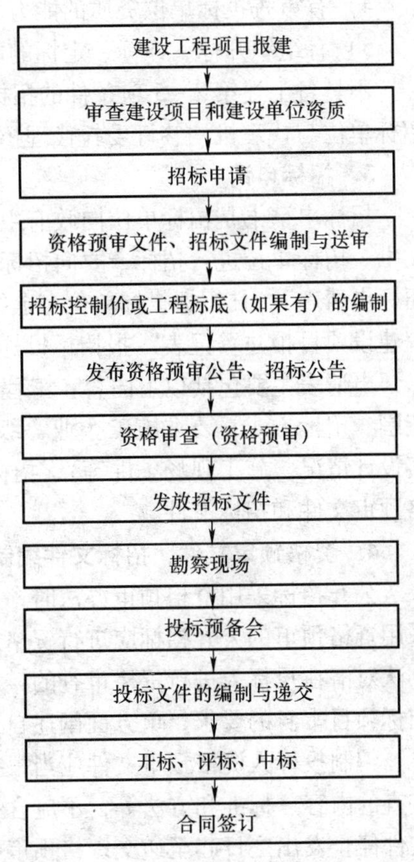

图 3-1　建设工程施工公开招标的程序

1. 建设工程项目报建

建设工程项目报建是建设工程招标（投标）的重要条件之一，它是指工程项目建设单位或个人，在工程项目确立后的一定期限内向建设行政主管部门或者其授权机构申报工程项目，办理项目登记手续。凡未报建的工程建设项目，不得办理招标（投标）手续和发放施工许可证，施工单位不得承接该项目的施工任务。

1）报建范围：各类房屋建设、土木工程、设备安装、管道线路敷设、装饰装修等新建、扩建、改建、迁建、恢复建设的基本建设及技改等项目。属于依法必须招标范围的工程项目都必须报建。

2）报建内容：工程名称、建设地点、建设内

容、投资规模、资金来源、当年投资额、工程规模、结构类型、发包方式、计划开工竣工日期、工程筹建情况等。

3）办理工程报建时应交验的文件资料：立项批准文件或年度投资计划、固定资产投资许可证、建设工程规划许可证、资金证明等。

2. 审查建设项目和建设单位资质

按照国家有关规定，建设项目必须具备以下条件，方可进行工程施工招标：

1）概算已经批准。

2）建设项目已正式列入国家、部门或地方的年度固定资产投资计划。

3）建设用地的征用工作已经完成。

4）有能够满足施工需要的施工图及技术资料。

5）建设资金和主要建筑材料、设备的来源已经落实。

6）已经建设项目所在地规划部门批准，施工现场的“三通一平”已经完成或一并列入施工招标范围。

施工招标单位自行招标应具备的基本条件：

1）是法人，或依法成立的其他组织。

2）有与招标工程相适应的经济、技术、管理人员。

3）有组织编制招标文件的能力。

4）有审查投标单位资质的能力。

5）有组织开标、评标、定标的能力。

不具备上述第2~5项条件的招标单位，须委托具有相应资质的招标代理机构代理招标，招标单位与代理机构签订委托代理招标的协议，并报招标投标管理机构备案。

3. 招标申请

招标申请书是招标单位向政府主管机关提交的要求开始组织招标、办理招标事宜的一种文书。招标单位进行招标，要向招标投标管理机构申报招标申请书，填写“建设工程施工招标申请表”，凡招标投标单位有上级主管部门的，需经该主管部门批准同意后，连同“工程建设项目报建登记表”报招标投标管理机构审批。

申请表主要包括以下内容：工程名称、建设地点、招标工程建设规模、结构类型、招标范围、招标方式、要求施工企业等级、施工前期准备工作情况（土地征用、拆迁情况、勘察设计情况、施工现场条件等）、招标机构组织情况等。招标申请书批准后，就可以编制资格预审文件和招标文件。

4. 资格预审文件、招标文件编制与送审

公开招标采用资格预审办法时，只有资格预审合格的建筑施工企业才可以参加投标；不采用资格预审的公开招标应进行资格后审，即在开标后进行资格审查。招标人采用资格预审办法对潜在投标人进行资格审查的，应当编制资格预审文件，资格预审文件是招标单位根据招标项目本身的要求，单方面阐述自己对资格审查的条件和具体要求的书面表达形式。

编制投标人资格预审文件应当根据招标项目的具体特点和实际需要编制，具体包括资格审查的内容、标准和方法等，不应含有倾向、限制或者排斥潜在投标人的内容。自资格预审文件停止发出之日起至递交资格预审申请文件截止之日止，不得少于五个工作日。

招标文件是招标单位根据招标项目的特点和需要，单方面阐述招标条件和具体要求的意思表示，是招标人确定、修改和解释有关招标事项的书面表达形式。招标文件是招标活动中最重要的文件之一。

招标人应当按照资格预审公告、招标公告或者投标邀请书规定的时间、地点发售资格预审文件或者招标文件。资格预审文件或者招标文件的发售期不得少于五日。编制依法必须进行招标的项目的资格预审文件和招标文件，应当使用国务院发展改革部门会同有关行政监督部门制定的标准文本。资格预审文件和招标文件须报招标投标管理机构审查，审查同意后可刊登资格预审公告、招标公告。

5. 招标控制价或工程标底（如果有）的编制

标底是指由招标单位自行编制或委托具有编制标底资格和能力的代理机构代理编制，并按规定经审定的招标工程的预期价格。其主要反映招标单位对工程质量、工期、造价等的预期控制要求。招标单位可以自行决定是否编制标底。一个招标项目只能有一个标底，标底必须保密。

在现行体制下的建设工程招标投标中要弱化标底的作用，《建设工程工程量清单计价规范》（GB 50500—2008）确定了招标控制价的新概念，并在《建设工程工程量清单计价规范》（GB 50500—2013）进行了修订。招标控制价，在实际工作中也称拦标价、预算控制价、最高报价值、最高限价等，是指招标人根据国家或省级、行业建设主管部门颁发的有关计价依据（如计价定额）和办法，按设计施工图计算的，对招标工程限定的最高工程造价。招标人设有最高投标限价的，应当在招标文件中明确最高投标限价或者最高投标限价的计算方法。招标人不得规定最低投标限价。

6. 发布资格预审公告、招标公告

公开招标可通过报刊、广播、电视或互联网发布“资格预审公告”或“招标公告”。依法必须进行招标的项目的资格预审公告和招标公告，应当在国务院发展改革部门依法指定的报刊、信息网络或者其他媒介发布。在不同媒介发布的同一招标项目的资格预审公告或者招标公告的内容应当一致。指定媒介发布依法必须进行招标的项目的境内资格预审公告、招标公告，不得收取费用。

建设工程项目施工招标公告或者投标邀请书应当至少载明：①招标人的名称和地址；②招标项目的内容、规模、资金来源；③招标项目的实施地点和工期；④获取招标文件或者资格预审文件的地点和时间；⑤对招标文件或者资格预审文件收取的费用；⑥对招标人资质等级的要求。

7. 资格审查

《招标投标法》规定，招标人可以根据招标项目本身的要求，在招标公告或者投标邀请书中，要求潜在的投标人提供有关资质证明文件和业绩情况，并对潜在投标人进行资格审查，国家对投标人的资格条件有规定的，依照其规定。招标人不得以不合理的条件限制或者排斥潜在投标人，不得对潜在投标人实行歧视待遇。

资格审查可分为资格预审和资格后审。资格预审是在投标前对潜在投标人进行的审查；资格后审是在开标后对投标人进行的资格审查。进行资格预审的，一般不再进行资格后审，但招标文件另有规定的除外。资格审查时，招标人不得改变载明的资格条件或者以没有载明的资格条件对潜在投标人或者投标人限制。

采取资格预审的，第一，通过对申请单位填报的资格预审文件和资料进行评比和分析，

确定出合格申请单位的短名单，将短名单报招标管理机构审查核准。依法必须进行招标的项目提交资格预审申请文件的时间，自资格预审文件停止发售之日起不得少于五日。对资格预审文件的解答、澄清和修改，应当在递交资格预审申请文件截止时间三日前以书面形式通知所有获取资格预审文件的申请人，并构成资格预审文件的组成部分。第二，待招标投标管理机构核准同意后，招标单位向所有合格的申请单位发出资格预审合格通知书。申请单位在收到资格预审合格通知书后，应以书面形式予以确认，在规定的时间领取招标文件、设计施工图及有关技术资料，并在投标截止日期前递交有效的投标文件。资格预审结束后，招标人应当及时向资格预审申请人发出资格预审结果通知书。未通过资格预审的申请人不具有投标资格。通过资格预审的申请人少于三个的，应当重新招标。

采取资格后审的，招标人应当在招标文件中载明对投标人资格要求的条件、标准和方法，经资格后审不合格的投标人的投标应作废标处理。

8. 发放招标文件

招标单位将招标文件、设计施工图和有关技术资料发放给通过资格预审获得投标资格的投标单位。不进行资格预审的，发放给愿意参加投标的单位。投标单位收到上述文件资料后，应认真核对，核对无误后应以书面形式予以确认。

招标人应当按照资格预审公告、招标公告或者投标邀请书规定的时间、地点发售资格预审文件或者招标文件。资格预审文件或者招标文件的发售期不得少于五日。招标人发售资格预审文件、招标文件收取的费用应当限于补偿印刷、邮寄的成本支出，不得以盈利为目的。

9. 勘察现场

招标文件发放后，招标单位要在招标文件规定的时间内，组织投标单位踏勘现场。招标人不得组织单个或者部分潜在投标人踏勘项目现场。勘察现场的目的在于了解工程场地和周围环境情况，以获取投标单位认为必要的信息。为便于投标单位提出问题并得到解答，勘察现场一般安排在投标预备会之前进行。投标单位在勘察现场中如有疑问或不清楚的问题，应在投标预备会前以书面形式向招标单位提出，但应给招标单位留有解答时间。

踏勘现场主要应了解以下内容：

1）施工现场是否达到招标文件规定的条件。

2）施工现场的地理位置、地形和地貌。

3）施工现场的地质、土质、地下水位、水文等情况。

4）施工现场气候条件，如气温、湿度、风力、年雨雪量等。

5）现场环境，如交通、饮水、污水排放、生活用电、通信等。

6）工程所在施工现场的位置与布置。

7）临时用地、临时设施搭建等。

10. 投标预备会

投标预备会也称答疑会、标前会议，是指招标单位为澄清或解答招标文件或现场踏勘中的问题，以便投标单位更好地编制投标文件而组织召开的会议。目的在于澄清招标文件中的疑问，解答投标单位对招标文件和勘察现场中所提出的疑问。

投标预备会在招标管理机构监督下，由招标单位组织并主持召开，参加会议的人员包括招标单位、投标单位、代理机构、招标文件的编制人员、招标投标管理机构的管理人员等。所有参加投标预备会的投标单位应签到登记，以证明出席投标预备会。在预备会上对招标文件和现场情况作介绍或解释，并解答投标单位提出的疑问，包括书面提出的和口头提出的询问。在投标预备会上还应对施工图进行交底和解释。

投标预备会结束后，由招标单位整理会议记录和解答内容，报招标投标管理机构核准同意后，尽快以书面形式将问题及解答同时发送到所有获得招标文件的投标单位。为了使投标单位在编写投标文件时充分考虑招标单位对招标文件的修改或补充内容，以及投标预备会会议记录内容，澄清或者修改的内容可能影响投标文件编制的，招标人应当在投标截止时间至少十五日前，以书面形式通知所有获取招标文件的潜在投标人；不足十五日的，招标人应当顺延提交投标文件的截止时间。

11．投标文件的编制与递交

招标人应当确定投标人编制投标文件所需要的合理时间，但依法必须进行招标的项目，自招标文件开始发出之日起至投标人提交投标文件截止之日止，最短不得少于二十日。

依照《招标投标法》规定，投标人应当在招标文件要求提交投标文件的截止时间前，将投标文件送达投标地点。招标人收到投标文件后，应当签收保存，不得开启。投标人少于三个的，不得开标，招标人应当依法重新招标。在招标文件要求提交投标文件的截止时间后送达的投标文件，招标人应当拒收。投标人在招标文件要求提交投标文件的截止时间前，可以补充、修改或者撤回已提交的投标文件，并书面通知招标人。补充、修改的内容为投标文件的组成部分。在投标截止时间前，招标单位在接收投标文件中应注意核对投标文件是否按招标文件的规定进行密封和标记。在开标前，应妥善保管好投标文件、修改和撤回通知等投标资料。

12．开标

开标有如下的规定：①开标应当在招标文件确定的提交投标文件截止时间的同一时间公开进行，开标地点应当为招标文件中预先确定的地点；②开标由招标人主持，邀请所有投标人参加；③开标时，由投标单位或者其推选的代表检查投标文件的密封情况，也可由招标单位委托的公证机构检查并公证；经确认无误后，由工作人员当众拆封，宣读投标人名称、投标价格和其他主要内容。在招标文件要求提交投标文件的截止时间之前收到的所有投标文件，开标时都应当当众予以拆封、宣读。开标过程应当记录，并存档备查。

13．评标

开标会结束后，招标单位要组织评标。评标必须在招投标管理机构的监督下，由招标单位依法组建的评标组织进行，组建评标组织是评标前的一项重要工作。《招标投标法》规定，评标由招标人依法组建的评标委员会负责，依法必须进行招标的项目，其评标委员会由招标人的代表和有关技术、经济等方面的专家组成，成员人数为五人以上单数，其中技术、经济等方面的专家不得少于成员总数的2/3。

招标人应当向评标委员会提供评标所必需的信息，但不得明示或者暗示其倾向或者排斥特定投标人。招标人应当根据项目规模和技术复杂程度等因素合理确定评标时间。超过1/3的评标委员会成员认为评标时间不够的，招标人应当适当延长。评标过程中，评标委员会成员有回避事由、擅离职守或者因健康等原因不能继续评标的，应当及时更换。被更换的评标委员会成员作出的评审结论无效，由更换后的评标委员会成员重新进行评审。

评标委员会应当按照招标文件确定的评标标准和方法，对投标文件进行评审和比较，设有标底的，应当参考标底。评标完成后，评标委员会应当向招标人提交书面评标报告和中标

候选人名单。中标候选人应当不超过三个，并标明排序。评标报告应当由评标委员会全体成员签字。对评标结果有不同意见的评标委员会成员应当以书面形式说明其不同意见和理由，评标报告应当注明该不同意见。评标委员会成员拒绝在评标报告上签字又不书面说明其不同意见和理由的，视为同意评标结果。

依法必须进行招标的项目，招标人应当自收到评标报告之日起三日内公示中标候选人，公示期不得少于三日。投标人或者其他利害关系人对依法必须进行招标的项目的评标结果有异议的，应当在中标候选人公示期间提出。招标人根据评标委员会提出的书面评标报告和推荐的中标候选人确定中标人，也可以授权评标委员会直接确定中标人。

14. 中标

经过评标后，就可确定出中标单位。我国《招标投标法》规定，中标单位的投标应当符合下列条件之一：①能够最大限度地满足招标文件中规定的各项综合评价标准；②能够满足招标文件的实质性要求，并且经评审的投标价格最低，但是投标价格低于成本的除外。

评标委员会经评审，认为所有投标都不符合招标文件要求的，可以否决所有投标。依法须进行招标的项目的所有投标被否决的，招标单位应当重新招标。

中标人确定后，招标人应当向中标人发出中标通知书，并同时将中标结果通知所有未中标的投标人。中标通知书对招标人和中标人具有法律效力。中标通知书发出后，招标人改变中标结果的，或者中标人放弃中标项目的，应当依法承担法律责任。依法必须进行招标的项目，招标人应当自确定中标人之日起十五天内，向有关行政监督部门提交招标投标情况的书面报告。

15. 合同签订

招标人和中标人应当自中标通知书发出之日起三十天内，按照招标文件和中标人的投标文件订立书面合同。招标人和中标人不得再行订立背离合同实质性内容的其他协议。招标文件要求中标人提交履约保证金的，中标人应当提交。合同订立后，应将合同副本分送有关部门备案。

3.2 建设工程资格预审文件的编制

根据《招标投标法》规定，招标人可以根据招标项目本身的要求，在招标公告或招标邀请书中，要求潜在投标人提供有关资质证明文件和业绩情况，并对潜在投标人进行资格预审。国家对投标人的资格条件有规定的，依照其规定进行资格预审。业主或招标单位结合工程的实际特点，在没有必要进行资格预审的情况下，经招标主管部门批准后也可进行资格后审，申请人提供的资格预审或资格后审材料基本一致。

3.2.1 资格预审的目的

通过资格预审要达到以下目的：

1）了解投标者的财务能力、技术状况及类似工程的施工经验。

2）选择在财务、技术、施工经验等方面优秀的投标者参加投标。

3）淘汰不合格的投标者。

4）缩短评标阶段的工作时间，减少评审费用。

5）为不合格的投标者节约购买招标文件、现场考察及投标等费用。

3.2.2 资格预审文件的组成内容

根据《标准施工招标资格预审文件》和行业标准施工招标文件（如住房和城乡建设部于2010年6月发布的《房屋建筑和市政工程标准施工招标资格预审文件》）的内容规定，资格预审文件包括“资格预审公告”“资格预审申请人须知”“资格审查办法”“资格预审申请文件格式”及“项目建设概况”五部分组成。对于需要进行资格预审的招标项目可发布“资格预审公告”以代替“招标公告”。

3.2.3 资格预审公告的编制

招标人按照《中华人民共和国标准施工招标资格预审文件》（2007年版推荐格式）中规定的“资格预审公告”格式发布资格预审公告后，将实际发布的资格预审公告编入出售的资格预审文件中，作为资格预审邀请。资格预审公告应同时注明发布所在的所有媒介名称。

资格预审公告的作用：一是发布某项目将要招标；二是发布资格预审具体细节信息。

资格预审公告（邀请书）要说明以下主要内容：招标人的名称和地址；招标项目的内容、规模、资金来源；招标项目的实施地点和工期；获取招标文件或者资格预审文件的地点和时间；对招标文件或者资格预审文件收取的费用；对申请人的资质等级的要求。

可参照《中华人民共和国标准施工招标资格预审文件》（2007年版推荐格式）编制。

3.2.4 资格预审申请人须知

资格预审申请人须知包括资格预审申请人须知前附表和资格预审申请人须知正文部分。

1. 资格预审申请人须知前附表

资格预审申请人须知前附表的编写内容及要求如下：

1）招标人及招标代理机构的名称、地址、联系人与电话，便于申请人联系。

2）工程建设项目基本情况，包括项目名称、建设地点、资金来源、出资比例、资金落实情况、招标范围、标段划分、计划工期、质量要求，使申请人了解项目基本概况。

3）申请人资格条件：告知投标申请人必须具备的工程施工资质、近年类似业绩、资金财务状况、拟投入人员、设备及技术力量等资格能力要素条件和近年发生诉讼、仲裁等履约信誉情况以及是否接受联合体投标等要求。

4）时间安排：明确申请人提出澄清资格预审文件要求的截止时间，招标人澄清、修改审申请截止时间，使投标申请人知悉资格预审活动的时间安排。

5）申请文件的编写要求：明确申请文件的签字或盖章要求、申请文件的装订及文件份数，使投标申请人知悉资格预审申请文件的编写格式。

6）申请文件的递交规定：明确申请文件的密封和标记要求、申请文件递交的截止时间及地点、是否退还，以使投标人能够正确递交申请文件。

7）简要写明资格审查采用的方法、资格预审结果的通知时间及确认时间。

2. 资格预审申请人须知正文部分

（1）总则。分别列出工程建设项目或其各合同的资金来源和落实情况、工程概述、招

标范围、计划工期和质量要求，明确对申请人的资格要求，包括：申请人应具备的承担本标段施工的资质条件、能力和信誉；接受联合体申请资格预审的，申请人应符合和遵守的规定，明确申请文件编写所用的语言，以及参加资格预审过程的费用承担者。

（2）资格预审申请文件。其包括资格预审申请文件的组成、对资格预审申请文件的澄清及修改的规定。

1）资格预审申请文件的澄清。明确申请人提出澄清的时间、澄清问题的表达形式，招标人的回复时间和方式，以及申请人对收到答复的确认时间及方式。申请人可以向招标人提出澄清要求，但澄清必须在资格预审文件规定的时间以前，以书面形式发送给招标人，招标人认真研究收到的所有澄清问题后，应在规定时间前以书面澄清的形式发送给所有购买了资格预审文件的潜在投标人，申请人在收到澄清文件后，在规定时间内以书面形式向招标人确认已经收到。

2）资格预审申请文件的修改。明确招标人对资格预审申请文件进行修改、通知的方式及时间，以及申请人确认的方式及时间。招标人可以对资格预审申请文件中存在的问题、疏漏进行修改，但必须在资格预审申请文件规定的时间前，以书面形式通知申请人，如果在规定时间后修改资格预审申请文件的，招标人应相应顺延申请截止时间，使申请人有足够的时间编制申请文件，申请人应在收到修改文件后进行确认。

（3）资格预审申请文件的编制。资格预审申请文件的内容包括：资格预审申请函；法定代表人身份证明或附有法定代表人身份证明的授权委托书；联合体协议书；申请人基本情况表；近年财务状况表；近年完成的类似项目情况表；正在施工和新承接的项目情况表；近年发生的诉讼及仲裁情况以及申请人须知前附表规定的其他材料。申请人须知前附表规定不接受联合体资格预审申请的或申请人没有组成联合体的，资格预审申请文件不包括联合体协议书。

招标人应明确资格预审申请文件组成内容、编写和格式、装订及签字要求。

（4）资格预审申请文件的递交。招标人一般在这部分明确资格预审申请文件应按统一的规定和要求进行密封和标记，并在规定的时间和地点递交。对于没有在规定时间、地点递交的申请文件，一律拒绝接收。资格预审申请文件有正本与副本，应分开包装，加贴封条，并在封套的封口处加盖申请人单位章。在资格预审申请文件的封套上应清楚地标记“正本”或“副本”字样。未按要求密封和加写标记的资格预审申请文件，招标人不予受理。

（5）资格预审申请文件的审查。资格预审申请文件由招标人依法组建的审查委员会按照资格预审文件规定的审查办法进行审查。招标人、审查委员会成员，以及与审查活动有关的其他工作人员应对资格预审申请文件的审查、比较进行保密，不得在资格预审结果公布前透露资格预审结果，不得向他人透露可能影响公平竞争的有关情况等。

（6）通知和确认。明确审查结果的通知时间及方式，以及合格申请人的回复方式及时间。

（7）纪律与监督。对资格预审期间的纪律、保密、投诉以及对违纪的处置方式规定。

3.2.5 资格审查办法

资格审查办法包括资格审查办法前附表和资格审查办法正文部分。

《中华人民共和国标准施工招标资格预审文件》（2007 年版推荐格式）分别规定合格制和

有限数量制两种资格审查方法，供招标人根据招标项目具体特点和实际需要选择使用。如无特殊情况，鼓励招标人采用合格制。资格审查办法前附表应按试行规定要求列明全部审查因素和审查标准，并在前附表及正文中标明申请人不满足其要求即不能通过资格预审的全部条款。

1．选择资格审查办法

资格预审的合格制与有限数量制两种办法，适用于不同的条件：

1）合格制：在一般情况下，应当采用合格制，凡符合资格预审文件规定资格条件标准的投标申请人，即取得相应投标资格。合格制中，满足条件的投标申请人均获得投标资格。通过资格预审申请人的数量不足三个的，招标人重新组织资格预审或不再组织资格预审而直接招标。其优点是：投标竞争性强，有利于获得更多、更好的投标人和投标方案；对满足资格条件的所有投标申请人公平、公正。其缺点是：投标人可能较多，从而加大投标和评标工作量，浪费社会资源。

2）有限数量制：当潜在投标人过多时，可采用有限数量制。招标人在资格预审文件中既要规定投标资格条件、标准和评审方法，又应明确通过资格预审的投标申请人数量。采用有限数量制一般有利于降低招标投标活动的社会综合成本，但在一定程度上可能限制了潜在投标人的范围。

2．审查标准

审查标准包括初步审查和详细审查的标准，采用有限数量制时的评分标准。

3．审查程序

审查程序包括资格预审申请文件的初步审查、详细审查、申请文件的澄清以及有限数量制的评分等内容和规则。

4．审查结果

资格审查委员会完成审查，确定通过资格预审的申请人名单，向招标人提交书面审查报告。通过详细审查申请人的数量不足三个的，招标人重新组织资格预审或不再组织资格预审而直接招标。

3.2.6　资格预审申请文件格式

为了让资格预审申请者按统一的格式递交申请文件，在资格预审文件中按通过资格预审的条件编制成统一的表格，让申请者填报，以便进行评审。《标准施工招标资格预审文件》（2007年版推荐格式）中主要对资格预审申请函、法定代表人身份证明、授权委托书、联合体协议书、申请人基本情况表、近年财务状况表、近年完成的类似项目情况表、正在施工的和新承接的项目情况表、近年发生的诉讼及仲裁情况、其他材料等主要文件格式作了统一的规定。

3.3　建设工程施工招标文件的编制

3.3.1　概述

1．建设工程施工招标文件的概念

建设工程施工招标文件是指招标人通过适当的途径发出施工任务发包的信息，吸引施工

承包商投标竞争，从中选出技术能力强、管理水平高、信誉可靠且报价合理的承建商，并以签订合同的方式约束双方在施工过程中的经济活动。从合同订立过程来分析，建设工程施工招标文件在性质上属于一种要约邀请，其目的在于引起投标人的注意，希望投标人能按照招标人的要求向招标人发出要约。

2. 建设工程施工招标文件的组成

为了解决各行业招标文件编制依据不同、规则不统一的问题，国家编制了《中华人民共和国标准施工招标资格预审文件》和《中华人民共和国标准施工招标文件》（以下简称《标准文件》），并于2007年11月1日发布，自2008年5月起施行，招标人应根据《标准文件》和行业标准施工招标文件（如住房和城乡建设部于2010年6月发布并施行的《中华人民共和国房屋建筑和市政工程标准施工招标文件》），按照公开、公平、公正和诚实信用原则编写施工招标文件。

标准施工招标文件的组成：招标公告（或投标邀请书）；投标人须知；评标办法；合同条款及格式；招标工程量清单；图纸；技术标准和要求；投标文件格式；投标人须知前附表规定的其他材料。

此外，根据招标文件的规定，对招标文件所作的澄清、修改，也应视为招标文件的组成部分。

3. 建设工程施工招标文件的编制原则

招标文件的编制必须做到系统、完整、准确、明了，即提出的要求明确，使投标人一目了然。编制招标文件原则如下：

1）遵守国家的法律和法规，符合有关贷款组织的合法要求。保证招标文件的合法性，是编制招标文件必须遵循的一个根本原则。

2）公正、合理地处理业主与承包商的关系，保护双方的利益，如果在招标文件中不恰当地将业主风险转移给承包商一方，承包商势必要加大风险费用，提高投标报价，最终还是令业主一方增加支出。

3）正确、详尽地反映工程项目的客观、真实情况。招标文件必须真实可靠，诚实信用，不能欺骗或误导投标单位。

4）内容要具体明确，完整统一。招标文件涉及的内容很多，编写形式要规范，不能杂乱无章，各部分规定和要求必须一致。

4. 建设工程施工招标文件编制前的准备工作

（1）制定招标工作计划。制定一个完整、严密、合理的招标工作计划，有利于招标工作有条不紊地顺利进行，也便于检查，中间环节出现问题能及时发现，尽快修正，保证总计划的完成。

编制招标工作计划既要和设计阶段计划、建设资金计划、征地拆迁计划、工期计划等相呼应，又要考虑合理的招标阶段时间间隔，并要结合工程规模和范围，做不同的安排。在编制时应考虑到：一方面，招标工作的时间不能太长，如果时间太长，不但可能影响建设计划的完成，而且还会造成人、财、物的浪费。另一方面，招标工作时间也不能安排得过紧。如果时间太短，不仅会影响招标工作的质量，而且使投标单位没有足够的时间编制标书，对招标单位和投标单位都不利。

（2）工程招标方式的选择。业主依据自身的管理能力，设计的进展情况，建设项目本身的特点，外部环境条件等因素，经过充分考虑比较后，首先决定施工阶段的标段数量和合同类型，然后再确定招标方式。

（3）合同数量的确定 。合同数量是指建设项目施工阶段的全部工作内容分几次招标，每次招标时又分几个合同包发包。业主在确定合同数量时主要应考虑工程特点、施工现场条件、对工程造价的影响、注意发挥承包人的特长、合同之间的衔接等因素影响。

业主在分标或分包时，应在综合考虑这些影响因素的基础上，拟定几个方案进行比较，然后再确定合同数量。

（4）合同类型的选择。施工承包合同的形式主要有固定总价合同、固定单价合同、可调价格合同及成本加酬金的合同形式。业主应综合考虑项目的复杂程度、项目的设计深度、施工技术的先进程度、施工工期的紧迫程度等因素来确定合同类型。对一个建设项目而言，究竟采用何种合同形式不是固定不变的，在一个项目中各个不同的工程部分或不同阶段，可以采用不同形式的合同。

3.3.2 招标公告及投标邀请书的编制

依法应当公开招标的工程，必须在主管部门指定的媒介上发布招标公告。招标公告的发布应当充分公开，任何单位和个人不得非法限制招标公告的发布地点和发布范围。在两个以上媒介发布的同一招标项目的招标公告，其内容应当相同。

招标公告应当载明招标人的名称和地址，工程项目的性质、数量、实施地点和时间，投标截止日期以及获取招标文件的办法等事项。招标人或其委托的招标代理机构应当保证招标广告的真实、准确和完整。拟发布的招标公告文本应当由招标人或其委托的招标代理机构的主要负责人签名并加盖公章。招标人或其委托的招标代理机构发布招标公告，应当向指定的媒体提供营业执照（或法人证书）、项目批准文件的复印件等证明文件。

《招标投标法》规定：招标人采用邀请招标方式的，应由招标人或其委托的招标代理机构向三个以上具备承担招标项目的能力、资信良好的特定的法人或者其他组织发出投标邀请书。投标邀请书应当载明招标人的名称和地址，招标项目的性质、数量、实施地点和时间以及获取招标文件的办法等事项。

3.3.3 资格预审文件的编制

资格预审文件包括“资格预审公告（邀请书）”“资格预审申请人须知”“资格审查办法”“资格预审申请文件格式”“项目建设概况”五部分内容。业主或招标单位结合工程的实际特点，在没有必要进行资格预审的情况下，经招标主管部门批准后也可进行资格后审。申请人提供的资格预审或资格后审材料基本一致。具体编制要求见本章3.2节内容。

3.3.4 投标人须知的编制

投标人须知包括投标人须知前附表及投标人须知正文部分，投标人须知正文部分主要包括：总则；项目概况、资金来源及落实情况、招标范围；招标文件的组成及澄清；投标文件的内容及编制要求；投标文件的递交；开标；评标；合同的授予。

投标人须知前附表主要内容见表3-1。

表 3-1　投标人须知前附表

条款号	条 款 名 称	编 列 内 容
1.1.2	招标人	名称： 地址： 联系人： 电话：
1.1.3	招标代理机构	名称： 地址： 联系人： 电话：
1.1.4	项目名称	
1.1.5	建设地点	
1.2.1	资金来源	
1.2.2	出资比例	
1.2.3	资金落实情况	
1.3.1	招标范围	
1.3.2	计划工期	计划工期：______日历天 计划开工日期：______年______月______日 计划竣工日期：______年______月______日
1.3.3	质量要求	
1.4.1	投标人资质条件、能力和信誉	资质条件： 财务要求： 业绩要求： 信誉要求： 项目经理（建造师，下同）资格： 其他要求：
1.4.2	是否接受联合体投标	□不接受 □接受，应满足下列要求： 联合体资质按照联合体协议约定的分工认定
1.9.1	踏勘现场	□不组织 □组织，踏勘时间： 踏勘集中地点：
1.10.1	投标预备会	□不召开 □召开，召开时间： 召开地点：
1.10.2	投标人提出问题的截止时间	
1.10.3	招标人书面澄清的时间	
1.11	分包	□不允许 □允许，分包内容要求： 分包金额要求： 接受分包的第三人资质要求：
1.12	偏离	□不允许 □允许，可偏离的项目和范围见 "技术标准和要求"： 允许偏离最高项数： 偏差调整方法：

（续）

条款号	条款名称	编列内容
2.1	构成招标文件的其他材料	
2.2.1	投标人要求澄清招标文件的截止时间	
2.2.2	投标截止时间	____年____月____日____时____分
2.2.3	投标人确认收到招标文件澄清的时间	
2.3.2	投标人确认收到招标文件修改的时间	
3.1.1	构成投标文件的其他材料	
3.3.1	投标有效期	
3.4.1	投标保证金	投标保证金的形式： 投标保证金的金额：
3.5.2	近年财务状况的年份要求	______年，指______年____月____日起至______年____月____日止
3.5.3	近年完成的类似项目的年份要求	______年，指______年____月____日起至______年____月____日止
3.5.5	近年发生的诉讼及仲裁情况的年份要求	______年，指______年____月____日起至______年____月____日止
3.6	是否允许递交备选投标方案	□不允许 □允许
3.7.3	签字或盖章要求	
3.7.4	投标文件副本份数	________份
3.7.5	装订要求	
4.1.2	封套上写明	招标人的地址： 招标人名称： ______（项目名称）______标段投标文件 在______年____月____日____时____分前不得开启
4.2.2	递交投标文件地点	
4.2.3	是否退还投标文件	□否 □是，退还安排：
5.1	开标时间和地点	开标时间（同投标截止时间）： 开标地点：
5.2	开标程序	(4) 密封情况检查： (5) 开标顺序：
6.1.1	评标委员会的组建	评标委员会构成：______人，其中招标人代表______人，专家______人； 评标专家确定方式：
7.1	是否授权评标委员会确定中标人	□是 □否，推荐的中标候选人数：
7.3.1	履约担保	履约担保的形式： 履约担保的金额：
10	需要补充的其他内容	
…	…	

3.3.5 评标办法的编制

《标准文件》规定了两种评标办法，即经评审的最低投标价法和综合评估法。主要内容包括评标方法、评审标准（初步评审标准，包括形式评审标准、资格评审标准、响应性评审标准、施工组织设计和项目管理机构评审标准；详细评审标准）、评标程序。编制见本章3.4节内容。

3.3.6 合同条款及格式

合同条件是招标文件的重要组成部分，又称合同条款。目前国际上，由于承包双方的需要，一些国家根据多年积累的经验，已编写了许多合同条件模式，在这些合同条件中有许多通用条件几乎已经标准化、国际化，无论在何处施工，都能适应承发包双方的需要。

1. 合同条款的内容

国际上通用的工程合同条款一般分为两大部分，即“通用条款”和“专用条款”。前者不分具体工程项目，不论项目所在国别均可使用，具有国际普遍适应性；后者则是针对某一特定工程项目合同的有关具体规定。

专用条款是针对通用条款而言的，它和通用条款一起共同形成合同条款整体。专用条款的作用体现在：

1）将通用条款加以具体化。

2）对通用条款进行某些修改和补充。

3）对通用条款的删除。

合同专用条款的编写应注意几点：

1）专用条款与通用条款相对应。对通用条款的具体化、修改、补充和删除均应明确地与通用条款一一对应，专用条款的代号应尽量与通用条款代号一致，便于对应阅读和理解。

2）根据需要对通用条款细化。通用条款不明确和不具体的条款，应在专用条款中具体化，以减少施工时双方因对合同条款的理解不同而产生分歧。

3）专用条款应充分反映业主对项目的建设要求和施工管理要求，如对质量的特殊要求、对计量与支付的要求、对工期的要求等。

4）所用语言应精练、准确、严密。

5）承包合同是一个体系，由多个分部组成，当各分部之间出现相互矛盾的情况时，除专用条款另有约定外，组成合同文件的优先解释顺序为：①合同协议书及附件；②中标通知书；③投标函及其附录；④合同专用条款及其附件；⑤合同通用条款；⑥技术标准和要求；⑦图纸；⑧已标价工程量清单；⑨其他合同文件。

2. 合同文件的格式

（1）合同协议书的格式。

合同协议书

__________（发包人名称，以下简称“发包人”）为实施__________________（项目名称），已接受__________（承包人名称，以下简称“承包人”）对该项目__________标段施工的投标。发包人和承包人共同达成如下协议。

1. 本协议书与下列文件一起构成合同文件：

(1) 中标通知书。
(2) 投标函及投标函附录。
(3) 专用合同条款。
(4) 通用合同条款。
(5) 技术标准和要求。
(6) 图纸。
(7) 已标价工程量清单。
(8) 其他合同文件。

2. 上述文件互相补充解释，如有不明确或不一致之处，以合同约定次序在先者为准。

3. 签约合同价：人民币（大写）________元（¥________）。

4. 承包人项目经理：________________。

5. 工程质量符合________标准。

6. 承包人承诺按合同约定承担工程的实施、完成及缺陷修复。

7. 发包人承诺按合同约定的条件、时间和方式向承包人支付合同价款。

8. 承包人应按照监理人指示开工，工期为______日历天。

9. 本协议书一式______份，合同双方各执一份。

10. 合同未尽事宜，双方另行签订补充协议。补充协议是合同的组成部分。

发包人：________________（盖单位章）　　承包人：________________（盖单位章）

法定代表人或　　　　　　　　　　　　　　法定代表人或

其委托代理人：__________（签字）　　　　其委托代理人：__________（签字）

______年____月____日　　　　　　　　　　______年____月____日

(2) 履约担保的格式。

履约担保

____________________（发包人名称）：

鉴于________________（发包人名称，以下简称“发包人”）接受__________（承包人名称）（以下称“承包人”）于______年____月____日参加__________（项目名称）__________标段施工的投标。我方愿意无条件地、不可撤销地就承包人履行与你方订立的合同，向你方提供担保。

1. 担保金额人民币（大写）________________元（¥__________）。

2. 担保有效期自发包人与承包人签订的合同生效之日起至发包人签发工程接收证书之日止。

3. 在本担保有效期内，因承包人违反合同约定的义务给你方造成经济损失时，我方在收到你方以书面形式提出的在担保金额内的赔偿要求后，在7天内无条件支付。

4. 发包人和承包人按《通用合同条款》第15条变更合同时，我方承担本担保规定的义务不变。

担 保 人：________________________（盖单位章）

法定代表人或其委托代理人：__________（签字）

地　　址：________________________________

邮政编码：________________________________

电　　话：____________________

传　　真：____________________

__________年______月______日

（3）预付款担保的格式。

预付款担保

______________（发包人名称）：

根据________（承包人名称）（以下称“承包人”）与____________（发包人名称）（以下简称“发包人”）于______年____月____日签订的__________（项目名称）__________标段施工承包合同，承包人按约定的金额向发包人提交一份预付款担保，即有权得到发包人支付相等金额的预付款。我方愿意就你方提供给承包人的预付款提供担保。

1. 担保金额人民币（大写）____________元（¥________）。

2. 担保有效期自预付款支付给承包人起生效，至发包人签发的进度付款证书说明已完全扣清止。

3. 在本保函有效期内，因承包人违反合同约定的义务而要求收回预付款时，我方在收到你方的书面通知后，在7天内无条件支付。但本保函的担保金额，在任何时候不应超过预付款金额减去发包人按合同约定在向承包人签发的进度付款证书中扣除的金额。

4. 发包人和承包人按《通用合同条款》第15条变更合同时，我方承担本保函规定的义务不变。

担 保 人：________________（盖单位章）

法定代表人或其委托代理人：________（签字）

地　　址：____________________

邮政编码：____________________

电　　话：____________________

传　　真：____________________

__________年______月______日

3.3.7　招标工程量清单的编制

1. 概述

招标工程量清单是拟建工程的分部分项工程项目、措施项目、其他项目、规费项目和税金项目名称及相应数量的明细清单，是采用工程量清单方式招标中招标文件的组成部分。招标工程量清单应以单位（项）工程为单位编制，由招标人按照《建设工程工程量清单计价规范》（GB 50500—2013）与相关工程的国家计量规范中规定的项目编码、项目名称、项目特征、计量单位和工程量计算规则进行编制。招标工程量清单应由具有编制能力的招标人或受其委托、具有相应资质的工程造价咨询人编制，其准确性和完整性应由招标人负责。招标工程量清单是工程量清单计价的基础，应作为编制招标控制价、投标报价、计算或调整工程量、索赔等的依据之一。

2. 编制依据

1）《建设工程工程量清单计价规范》（GB 50500—2013）和相关工程的国家计量规范。

2）国家或省级、行业建设主管部门颁发的计价定额和办法。

3）建设工程设计文件及相关资料。

4）与建设工程有关的标准、规范、技术资料。

5）拟定的招标文件。

6）施工现场情况、地勘水文资料、工程特点及常规施工方案。

7）其他相关资料。

3. 主要内容

根据《建设工程工程量清单计价规范》（GB 50500—2013）（以下简称2013《清单计价规范》）的规定，招标工程量清单由分部分项工程项目清单、措施项目清单、其他项目清单、规费项目清单、税金项目清单组成。

（1）分部分项工程项目清单。分部分项工程项目清单必须载明项目编码、项目名称、项目特征、计量单位和工程量。分部分项工程量清单为不可调整的闭口清单，投标人对招标文件提供的分部分项工程量清单必须逐一报价，对所列内容不允许作任何更改变动。投标人如果认为清单内容有不妥或遗漏，只能通过质疑的方式由清单编制人作统一的修改更正，并将修正后的清单发往所有投标人。

（2）措施项目清单。2013《清单计价规范》规定措施项目清单必须根据相关工程现行国家计量规范的规定编制，为可调整的清单，投标人对招标文件中所列项目，可根据企业自身特点作适当的变更增减。投标人要对拟建工程可能发生的措施项目和措施费用作通盘考虑，清单计价一经报出，即被认为是包括了所有应该发生的措施项目的全部费用。如果报出的清单中没有列项，且施工中又必须发生的项目，业主有权认为，其报价已经综合在分部分项工程量清单的综合单价中。将来措施项目发生时投标人不得以任何借口提出索赔与调整。

（3）其他项目清单。其他项目清单是招标人在工程量清单中暂定并包括在合同价款中的一项清单，用于施工合同签订时尚未确定或者不可预见的所需材料、设备、服务的采购，施工中可能发生的工程变更、合同约定调整因素出现时的工程价款调整以及发生的索赔、现场签证确认等的费用。其他项目清单主要包括暂定金额、暂估价（包括材料暂估单价、工程设备暂估单价、专业工程暂估价）、计日工、总承包服务费。其他项目清单的费用待工程完工后依实决定，但有关费用的说明是决算时的计价依据。

（4）规费项目清单。规费项目清单是根据工程所在地的有关规定及国家有关规定编制的，主要包括工程排污费、社会保险费（包括养老保险费、失业保险费、医疗保险费、工伤保险费、生育保险费）、住房公积金。出现清单计价规范中没有列的项目，应根据省级政府或省级有关部门的规定列项。

（5）税金项目清单。税金项目清单应包括营业税、城市维护建设税、教育费附加、地方教育费附加等，出现清单计价规范中没有列的项目，应根据税务部门的规定列项。

3.3.8　工程建设标准的编制

工程建设标准即技术规范，是工程投标和工程施工承包的重要技术经济文件。它详细具体地说明了承包人履行合同时的质量要求、验收标准、材料的品级和规格，为满足质量要求应遵守的施工技术规范，以及计量与支付的规定等。规范、图纸和工程量表三者都是投标人在投标时必不可少的资料，根据这些材料，投标人才能拟订施工方案、施工工序、施工工艺等施工规划的内容，并据此进行工程估价和确定投标价。

由于不同性质的工程其技术特点和质量要求及标准等均不相同，所以技术规范应根据不同的工程性质及特点来选用。技术规范中施工技术的内容以通用技术为基础，并适当简化，因为施工技术是多种多样的，招标中不应排斥承包人通过采用先进的施工技术抓住降低投标报价的机会。承包人完全可以在施工中“采用自己所掌握的先进施工技术”。

3.3.9 投标文件格式

投标文件的格式要求是招标文件组成部分，投标人应按招标人提供的投标格式编制投标书，否则被视为不响应招标文件的实质性要求，为废标。通常招标人会针对以下内容提出相应的格式要求：

1）投标函及投标函附录。

2）法定代表人身份证明。

3）授权委托书。

4）联合体协议书。

5）投标保证金。

6）已标价工程量清单。

7）施工组织设计。

8）项目管理机构。

9）拟分包项目情况表。

10）资格审查资料。

11）其他材料。

1. 投标函及投标函附录的格式要求

投标函及投标函附录是投标文件的重要组成部分，是招标人对投标人关于投标事宜的技术及格式要求，根据中华人民共和国《房屋建筑与市政工程标准施工招标文件》（2010 年版）的规定，投标函及投标函附录的格式如下：

投 标 函

致：________________（招标人名称）

在考察现场并充分研究____________（项目名称）________标段（以下简称“本工程”）施工招标文件的全部内容后，我方兹以：

人民币（大写）：________________元

RMB ¥：__________________元

的投标价格和按合同约定有权得到的其他金额，并严格按照合同约定，施工、竣工和交付本工程并维修其中的任何缺陷。

在我方的上述投标报价中，包括：

安全文明施工费 RMB ¥：_______________元

暂列金额（不包括计日工部分）RMB ¥：______________元

专业工程暂估价 RMB ¥：________________元

如果我方中标，我方保证在_____年____月____日或按照合同约定的开工日期开始本工程的施工，_____天（日历日）内竣工，并确保工程质量达到_____标准。我方同意本投标函在招标文件规定的提交投标文件截止时间后，在招标文件规定的投标有效期期满前对我方具有约束力，且随时准备接受你方发出的中标通知书。

随本投标函递交的投标函附录是本投标函的组成部分，对我方构成约束力。

随同本投标函递交投标保证金一份，金额为人民币（大写）：＿＿＿＿＿＿元（¥：＿＿＿＿元）。

在签署协议书之前，你方的中标通知书连同本投标函，包括投标函附录，对双方具有约束力。

投标人（盖章）：

法人代表或委托代理人（签字或盖章）：

日期：＿＿＿＿年＿＿＿月＿＿＿日

备注：采用综合评估法评标，且采用分项报价方法对投标报价进行评分的，应当在投标函中增加分项报价的填报。

投标函附录

投标函附录

工程名称：＿＿＿＿＿＿（项目名称）＿＿＿＿标段

序号	条款内容	合同条款号	约定内容	备注
1	项目经理	1.1.2.4	姓名：＿＿＿＿	
2	工期	1.1.4.3	＿＿＿＿日历天	
3	缺陷责任期	1.1.4.5		
4	承包人履约担保金额	4.2		
5	分包	4.3.4	见分包项目情况表	
6	逾期竣工违约金	11.5	＿＿＿＿元/天	
7	逾期竣工违约金最高限额	11.5	＿＿＿＿	
8	质量标准	13.1		
9	价格调整的差额计算	16.1.1	见价格指数权重表	
10	预付款额度	17.2.1		
11	预付款保函金额	17.2.2		
12	质量保证金扣留百分比	17.4.1		
13	质量保证金额度	17.4.1		
…	…			

备注：投标人在响应招标文件中规定的实质性要求和条件的基础上，可做出其他有利于招标人的承诺。此类承诺可在本表中予以补充填写。

投标人（盖章）：

法人代表或委托代理人（签字或盖章）：

日期：＿＿＿＿年＿＿＿月＿＿＿日

2. 投标保证金的格式

《标准文件》中的投标保证金格式如下：

投标保证金

＿＿＿＿＿＿＿＿（招标人名称）：　＿＿＿＿＿＿保函编号：＿＿＿＿＿＿

鉴于＿＿＿＿＿＿（投标人名称）（以下称“投标人”）于＿＿＿＿年＿＿＿月＿＿＿日参

加（项目名称）＿＿＿＿＿＿标段施工的投标，＿＿＿＿＿＿（担保人名称，以下简称“我方”）无条件地、不可撤销地保证：投标人在规定的投标文件有效期内撤销或修改其投标文件的，或者投标人在收到中标通知书后无正当理由拒签合同或拒交规定履约担保的，我方承担保证责任。收到你方书面通知后，在7日内无条件向你方支付人民币（大写）＿＿＿＿＿＿元。

本保函在投标有效期内保持有效。要求我方承担保证责任的通知应在投标有效期内送达我方。

担保人名称：＿＿＿＿＿＿＿＿＿＿（盖单位章）
法定代表人或其委托代理人：＿＿＿＿＿＿（签字）
地　　址：＿＿＿＿＿＿＿＿＿＿＿＿＿＿
邮政编码：＿＿＿＿＿＿＿＿＿＿＿＿＿＿
电　　话：＿＿＿＿＿＿＿＿＿＿＿＿＿＿
传　　真：＿＿＿＿＿＿＿＿＿＿＿＿＿＿
＿＿＿＿＿年＿＿＿＿＿月＿＿＿＿＿日

3. 施工组织设计的编写要求

投标人编制施工组织设计的要求：应采用文字并结合图表形式说明施工方法、拟投入本标段的主要施工设备情况、拟配备本标段的试验和检测仪器设备情况、劳动力计划等；结合工程特点提出切实可行的工程质量、安全生产、文明施工、工程进度、技术组织措施，同时应对关键工序、复杂环节重点提出相应技术措施，如冬雨季施工技术、减少噪声、降低环境污染、地下管线及其他地上地下设施的保护加固措施等。

3.4 建设工程招标评标定标办法的编制

评标定标办法是建设工程招标文件的核心，在建设工程招标文件中，应对工程评标、定标的办法作出明确的规定。在评标定标过程中一般应确定的内容：

1）组建评标定标组织。

2）确定评标定标活动的原则和程序。

3）制定评标定标的具体办法等。

3.4.1 建设工程招标评标定标组织及要求

1. 评标委员会组建

建设工程招标评标定标工作由依法组建的评标委员会在招标投标管理机构和公证机构监督下进行。《招标投标法》规定，评标委员会由招标人负责组建，负责评标活动，并向招标人推荐中标候选人或者根据招标人的授权直接确定中标人。

依法必须进行招标的项目，其评标委员会由招标人或其委托的招标代理机构熟悉相关业务的代表，以及有关技术、经济等方面的专家组成，人数为五人以上单数，其中技术、经济等方面的专家不得少于成员总数的2/3，专家成员应当从评标专家库内相关专业的专家名单中以随机抽取的方式确定。

评标专家应具备以下条件：

1）从事相关专业领域工作满8年并具有高级职称或同等专业水平。

2）熟悉有关招标投标的法律法规。

3）能够认真、公正、诚实、廉洁地履行职责。

为保证评标的公平性和公正性，评标委员会成员有下列情形之一的，应当回避：

1）招标人或投标人的主要负责人的近亲属。

2）项目主管部门或者行政监督部门的人员。

3）与投标人有经济利益关系，可能影响对投标公正评审的。

4）曾因在招标、评标以及其他与招标投标有关活动中从事违法行为而受过行政处罚或刑事处罚的。

评标过程中，评标委员会成员有回避事由、擅离职守或者因健康等原因不能继续评标的，应当及时更换。被更换的评标委员会成员作出的评审结论无效，由更换后的评标委员会成员重新进行评审。

2. 评标过程的要求

评标委员会成员名单一般应于开标前确定，评标委员会成员名单在中标结果确定前应当保密。任何单位和个人不得以明示、暗示等任何方式指定或者变相指定参加评标委员会的专家成员，技术复杂、专业性强或者国家有特殊要求的特殊招标项目，可以由招标人直接确定。评标委员会设负责人的，负责人在评标委员会成员推荐产生，但大多是由评标委员会中招标人的代表担任。评标委员会成员应当按照招标文件规定的评标标准和方法，客观、公正地对投标文件提出评审意见。招标文件没有规定的评标标准和方法不得作为评标的依据。

评标的过程要保密。评标委员会成员不得私下接触投标人，不得透露评审、比较标书的情况，不得透露推荐中标候选人的情况以及其他与评标有关的情况，不得收受投标人给予的财物或者其他好处，不得向招标人征询确定中标人的意向，不得接受任何单位或者个人明示或者暗示提出的倾向或者排斥特定投标人的要求，不得有其他不客观、不公正履行职务的行为。

3. 资格后审

根据招标公告或投标邀请书的要求采取资格后审的，在评标前对投标人进行资格审查，审查其是否有能力和条件有效地履行合同义务。如投标人未达到招标文件规定的能力和条件，其投标将被拒绝，不进行评审。

4. 投标文件的澄清

投标文件中有含义不明确的内容、明显文字或者计算错误，评标委员会认为需要投标人作出必要澄清、说明的，应当书面通知该投标人。投标人应采用书面形式进行澄清或说明，但不得超出投标文件的范围或改变投标文件的实质性内容。评标委员会不得暗示或者诱导投标人作出澄清、说明，不得接受投标人主动提出的澄清、说明。

5. 投标文件的初步评审

初步评审，是指从所有的投标书中筛选出符合最低要求标准的合格投标书，以减少详细评审的工作量，保证评审工作的顺利进行。初步评审重点在投标书的符合性审查，主要是审查投标书是否实质上响应了招标文件的要求。审查内容包括投标文件的签署情况、投标文件的完整性、与招标文件有无显著的差异和保留、投标资格是否符合要求（适用于采取资格

后审招标的评标）。如果投标文件实质上不响应招标文件的要求，将作无效标处理，不允许投标人通过修改或撤销其不符合要求的差异或保留，使之成为实质性响应招标文件的投标书。

评标委员会应审查每一份投标书，找出投标书与招标文件的偏差。当投标文件有下列情形之一的，由评标委员会初审后按照废标处理：

1）无单位盖章且无法定代表人或法定代表人授权的代理人签字或盖章的。

2）未按规定的格式填写，内容不全或关键字迹模糊、无法辨认的。

3）递交两份或多份内容不同的投标文件，或在一份投标文件中对同一招标项目报有两个或多个报价，且未声明哪一个有效，按招标文件规定提交备选投标方案的除外。

4）投标人名称或组织结构与资格预审时不一致的。

5）未按招标文件要求提交投标保证金的。

6）联合体投标未附联合体各方共同投标协议的。

当投标文件实质上响应了招标文件的要求，但在个别地方存在漏项或提供了不完整的技术信息和数据，补正这些遗漏或者不完整不会对其他投标人产生不公平的结果，这种偏差属于细微偏差，不影响投标文件的有效性。例如，计算或表达上的错误。评标委员会将对确定为实质上影响招标文件要求的投标文件进行校核，看其是否有计算或表达上的错误，修正错误的原则：①如果数字表示的金额和文字表示的金额不一致时，应以文字表示的金额为准；②当单价与数量的乘积与合价不一致时，以单价为准，除非评标委员会认为单价有明显的小数点错误，此时应以标出的合价为准，并修改单价；③标书的副本与正本不一致的，以正本为准；④按上述修正错误的原则及方法调整或修正投标文件的投标报价，一般由评标委员会负责，但改正后一定要由投标人的法人代表或其授权人签字确认，投标人同意后，调整后的投标报价对投标人起约束作用。如果投标人不接受修正后的报价，则其投标将被拒绝并且其投标担保也将被没收，并不影响评标工作。

评标委员会可以书面方式要求投标人对投标文件中含义不明确、对同类问题表述不一致或者有明显文字和计算错误的内容作必要的澄清、说明或者补正。澄清、说明或者补充应以书面方式进行，且不得超出投标文件的范围或者改变投标文件的实质性内容。评标委员会不得向投标人提出带有暗示或诱导性的问题，或向其明确投标文件中的遗漏和错误。

6. 投标文件的详细评审

详细评审的对象是初步评审合格的投标文件，评审内容主要是技术标评审和商务标评审。

详细评审的主要评标方法有：

1）综合评估法。综合评估法即最大限度地满足招标文件中规定的各项综合评价标准，将报价、施工组织设计、质量保证、工期保证、业绩与信誉等赋予不同的权重，用打分或折算货币的方法，评出中标人。

2）经评审的最低投标价法。经评审的最低投标价法即满足招标文件的实质性要求，选择经评审的最低投标价格（投标价格低于成本的除外）的投标人为中标人。

3）其他方法。评标委员会经评审，认为所有投标都不符合招标文件要求的，可以否决所有的投标。所有的投标被否决后，招标人应当依法重新招标。

3.4.2 建设工程招标文件中评标定标办法的编制

1. 建设工程评标定标办法的编制原则

招标人在拟订建设工程项目的评标文件时必须遵循相关的法规及国际惯例，本着公平公正的基本原则，力求按照内容全面、条件合理、标准明确、文字规范、内容统一等基本要求做好评标文件的拟订工作。

（1）内容全面。首先必须注意文件内容的系统和完整，应当根据国际惯例和现行的政策规定，对工程项目招标投标工作中需涉及的所有问题都予以细致、周密的规定，最大限度地为投标人提供编制该项工程投标报价所需的全部资料和要求。

（2）条件合理。条件合理主要是指评标文件中的评审条件应当具有合理性，符合国际惯例，有利于比较公正地维护各方的经济利益。

（3）标准明确。标准明确是要求招标人在编制评标文件时，对下列事项或问题的标准必须予以明确规定：

1）投标人应具备的资格标准（资格后审）。

2）工程量及工程造价的计算标准。

3）工程的主要材料、设备的技术规格和质量要求及工程施工技术的质量标准、工程验收标准。

4）投标文件文本应包括的内容、资料及其具体格式，报送投标文件的时间、份数等有关标准。

5）投标保证金、履约保证金等有关费用标准。

6）合同签订及履行过程中承发包双方有关奖惩标准。

7）有关优惠标准。

总之，对于影响工程承发包双方经济利益的根本性问题，招标人在有关标准规定的描述上应清晰明确，不能模棱两可，以便投标人一目了然，据以提出合理的投标报价。

（4）文字规范。简练编制建设工程评标文件对文字方面的要求很高，一定要注意字斟句酌、言简意赅、文字准确而不含糊，并且高度简练。这样才可以最大限度地减少工程招标投标全部工作中承发包双方的矛盾、争议、纠纷，保障合同文件顺利地付诸实施。

（5）内容统一。评标文件所包括的众多内容应力求统一，尽量减少和避免相互矛盾，评标文件的矛盾会为承包人创造索赔的机会。

2. 评标定标办法的编制方法

《标准文件》第三章“评标办法”分别规定经评审的最低投标价法和综合评估法两种评标方法，供招标人根据招标项目具体特点和实际需要选择使用。招标人使用综合评估法的，各评审因素的评审标准、分值和权重等由招标人自主确定。国务院有关部门对各评审因素的评审标准、分值和权重等有规定的，服从其规定。评标办法前附表应按要求列明全部评审因素和评审标准，并在前附表及正文标明投标人不满足其要求即导致废标的全部条款。

目前，建设工程招标文件中评标定标的主要条款可概括为三个方面：商务标评审办法、技术标评审办法、综合业绩及企业信誉评审办法。

（1）商务标评审办法。商务标评审办法主要包括：对投标总报价、工程量清单项目费、措施项目费与施工方案相结合，主要材料价格、综合单价的合理性及经济性给以量化分值，

此外，对于计算错误、重大偏差也给出量化打分的标准。

（2）技术标评审办法。技术标评审办法的编制中，主要是对施工组织设计的内容给出合理的评分标准。对于施工组织设计的评审主要针对以下几个方面进行评审：

1）全面性。施工组织设计应具有以下几个方面的内容：①施工方法、采用的施工设备、劳动力计划安排；②确保工程质量、工期、安全和文明施工的措施；③施工总进度计划；④施工平面布置；⑤采用经专家鉴定的新技术、新工艺；⑥施工管理和专业技术人员配备。

2）可行性。可行性要求主要包括：各项主要内容的措施、计划，流水段的划分，流水的步距、节拍，各项交叉作业等是否切合实际、合理可行。

3）针对性。针对性要求主要包括：优良工程的质量保证体系是否健全有效，创优的硬性措施是否切实可行；工程的赶工措施和施工方法是否有效；闹市区工程的安全、文明施工和防止扰民的措施是否可靠。

（3）综合业绩及企业信誉评审办法。综合业绩及企业信誉评审办法的编制主要是对企业质量认证体系、项目经理业绩及荣誉、近三年是否实施过类似工程、企业的资信能力等给予量化打分的标准。

3.4.3 建设工程评标定标办法的审定

评标定标办法细则由招标单位编制，报经招标投标管理机构核准。未经核准的评标定标办法细则无效。

3.5 建设工程施工招标文件示例

本节以某厂房工程的施工招标文件为实例，详细介绍有关建设工程施工招标投标的相关内容。

示例 **某厂房工程的施工招标文件**

该厂房工程招标单位为××市××铝合金制品有限责任公司，该工程招标文件由九部分组成，即：

第一部分　投标人须知

第二部分　评标办法

第三部分　通用合同条款

第四部分　专用合同条款

第五部分　招标工程量清单

第六部分　图纸

第七部分　技术标准和要求

第八部分　投标文件格式

第九部分　相关资料

以上几部分的主要内容如下。

第一部分　投标人须知

前附表（公开招标）

序　号	条 款 号	内 容 规 定
1	1	工程综合说明： 工程名称：××市××铝合金制品有限责任公司厂房 设计单位：××设计院 建设地点：××综合工业区××路 建设面积：8040m² 承包方式：包工包料 质量标准：优良 招标范围：土建、水暖、电气、内装修 计划开工日期：2013年3月30日 计划竣工日期：2013年7月20日
2	1	合同名称：××市××铝合金制品有限责任公司厂房
3	2	资金来源：外商投资
4	11	发标会时间：2013年2月5日9时 地点：××区管委会7楼会议室702（××路36号）
5	12.1	投标文件份数：正本一份、副本两份
6	13.4	投标截止时间：2013年2月20日9时 投标文件递交至：××区管委会三楼会议室 地址：××区××路36号
7	17	开标日期：2013年2月20日9时30分 地点：××区××路36号
8	21	评标办法：本工程采取工程量清单计价招标，按60分制评分法，由评标委员会综合评定，择优选出中标单位
9	10	投标有效期：截止日期后第30天
10	9.1	投标保函：2万元

I. 总则

1. 工程概况。

××市××铝合金制品有限责任公司厂房，是由××市××铝合金制品有限责任公司投资兴建的生产厂房，该厂房位于××区××综合工业区××路。主厂房5390m^2，轻钢结构，附属实验楼2650m^2，框架结构，总建筑面积8040m^2。

2. 资金来源。

本工程资金为外商投资。

3. 投标费用。

投标单位需交500元，作为购买招标文件的一切费用，无论中标与否，不予退还。投标单位应承担其投标文件编制与递交所涉及的一切费用，无论中标与否，均由投标单位自负。

Ⅱ. 招标文件

4. 招标文件的组成。

投标单位应认真审阅招标文件中的所有的投标须知、合同条款、协议条款、合同格式、技术规范、工程报价填报说明，如果投标单位编制的投标文件实质上不响应招标文

件，将被招标单位拒绝。

5. 招标文件的解释。

投标单位在收到招标文件后，若有问题需要澄清，应于收到招标文件后两天内，以书面形式向招标单位提出，招标单位将以书面形式予以解答，答复将送给所有获得招标文件的单位。

6. 招标文件的修改。

6.1 在截止日前，招标单位可以补充通知的方式修改招标文件。

6.2 补充通知以书面方式作为招标文件的组成部分，对投标单位起到约束作用。

Ⅲ. 投标报价说明

7. 投标报价。

7.1 本次招标采取工程量清单计价，包括：土建、水暖、电气、装饰等工程项目。

7.1.1 工程量清单计价依照《建设工程工程量清单计价规范》（GB 50500—2013）中有关规定。

7.1.2 本次投标报价暂不考虑材差因素。

7.2 工程款支付。

7.2.1 付款方式：按月完成实物工作量，经建设单位和监理单位认定后拨付。

7.2.2 施工过程中发包方按工程施工进度支付工程进度款，承包方必须将“工程进度表”“工程付款申请书”及下一步的“工作计划书”送监理和发包人（甲方）代表确认并达到质量标准后，签署意见后进行支付。

Ⅳ. 投标文件的编制

8. 投标过程中的往来通知、函件及文件均使用中文。

9. 投标文件的组成。

9.1 投标单位的投标文件包括下列内容：

（1）投标书。

（2）法定代表人资格证明书。

（3）授权委托书。

（4）1999 年以来，施工企业业绩及获奖情况表，项目经理业绩和获奖情况表。

（5）施工组织设计。

（6）工程量清单计价表。

（7）投标保函。

9.2 投标单位应使用招标文件提供的格式，表格可以按同样的格式扩展。

10. 投标有效期。

在原定投标的期限之前，如出现特殊情况，经开发区招标投标管理机构核准，招标单位可以书面形式向投标单位提出延长投标有效期的要求，投标单位以书面形式答复，也可以拒绝这种要求，在延长期内本须知第 11 条的规定仍然适用。

11. 发标会。

投标单位代表按规定时间出席发标会（见前附表）。

12. 投标文件的份数与签署。

12.1 投标单位按本须知第 9 条的规定编制一份投标文件“正本”和两份投标文件

"副本"，"正本"与"副本"不一致之处，以正本为准。

12.2"正本"与"副本"均应使用不能擦去的墨水打印或书写，由投标单位法人代表亲自签署并加盖有单位公章和法定代表人印鉴。

12.3 全套投标文件应无涂改和行间插字。

Ⅴ. 投标文件的递交、修改和撤回要求

13. 投标文件的递交要求。

13.1 投标单位应将投标文件"正本"和"副本"分别密封在内层包封，再密封在外层包封中，并在内标封上注明"投标文件正本"或"投标文件副本"。

13.2 内层和外层包封都应标明招标单位名称和地址、工程名称。投标单位必须在封口处加盖招标单位公章及法人代表或委托人名章。

13.3 迟到的投标书，招标单位在规定的投标截止以后收到的任何投标书，将被拒收并原封退给投标单位。

13.4 投标文件递交至前附表第 6 项的所述单位和地址。

14. 投标单位可以按本须知第 15 条规定对投标文件修改。

15. 投标文件的修改和撤回的规定。

投标单位可以在递交投标文件以后，在规定的投标截止日期之前，以书面形式向招标单位递交修改或撤回其投标文件的通知，在投标截止时间后，不能更改投标文件。

Ⅵ. 投标文件无效的条件

16. 投标文件有下列情况之一者将被视为废标：

（1）投标文件未按照招标文件要求予以密封的。

（2）投标文件中的投标函未加盖投标人的企业法定代表人印章的，或者企业法定代表人委托代理人没有合法、有效委托书（原件）及委托代理人印章的。

（3）未按格式填写，内容不全或字迹模糊或辨认不清的。

（4）逾期送达的。

（5）未按时参加开标会议的。

Ⅶ. 开标及评标

17. 在有投标单位法定代表人或授权代表在场的情况下，招标单位将于"投标人须知"前附表所规定的日期、时间和地点打开标书，包括根据第 14 条所做的修改书，参加开标的投标单位代表应签到证明其出席。

18. 评标内容的保密。

在投标文件的审查、澄清、评价和比较及授予合同的过程中，投标单位对招标单位和评标委员会或评标小组成员施加影响的任何行动，都将导致取消其投标资格。

19. 投标文件的澄清。

为了有助于投标文件的审查、评价和比较，评标机构可以个别地要求投标单位澄清其投标文件。有关澄清的要求与答复，应以书面形式进行，但不允许更改投标报价或投标的实质内容。

20. 投标文件的符合性鉴定。

20.1 在详细评标之前，评标机构将首先审定每份投标文件是否在实质上响应了招标文件的要求。

20.2 就本条款而言，实质上响应要求的投标文件，应该与招标文件的所有规定要求、条件、条款和规范相符。

20.3 如果投标文件实质上不响应招标文件要求，招标单位将予以拒绝。

21. 中标通知书。

21.1 中标通知书对招标人和中标人具有法律效力，中标通知书发出后，招标人改变中标结果的或中标人放弃中标的，依法承担法律责任。

21.2 招标人和中标人应自中标通知书发出之日起30天内，按照招标文件和中标人的投标文件订立书面合同。

22. 合同协议书的签署。

中标单位按中标通知书规定的日期、时间和地点，由法定代表人或授权代表前往与建设单位代表进行签订合同。

第二部分 评标办法

（具体内容略）

第三部分 通用合同条款

前 言

本工程的合同通用条款是采用《建设工程施工合同（示范文本）》中的合同通用条款。

（具体内容略）

第四部分 专用合同条款

1. “三通一平”（水、电、通信、现场平整）由发包人解决。

2. 承包人在组织施工中必须遵照国家有关的施工验收规范和质量检验标准及设计要求组织施工。

3. 为完成工程建设任务，承包人在组织施工中，做好施工现场，地上设施、地下管线的保护工作，做到文明施工、安全生产、工完场清，服从发包人的指挥协调。

4. 材料供应：承包人包工包料，但必须经监理公司认可后方可进场，进场材料必须符合设计要求（品种、规格、质量等），凡应附有合格证的材料，在进场时必须验证，如无证明的，必须经试验合格后方可使用。

5. 在施工中由于承包人本身原因造成停工、返工、材料的倒运，机械二次进场损失，由承包人负责。

6. 工程质量要求及规定：本工程施工单位必须按照施工图施工，严格执行国家有关规范的规定，本工程质量按照基建工程的总体要求必须达到优良工程。并在施工组织设计中详述保证施工质量及质量检测方法。

7. 本工程承包范围中分项工程不经发包方及监理方同意，不得擅自转包、分包，一经发现，立即取消承包单位的承包资格，并由中标单位承担由此引起的一切经济损失。

8. 中标单位应严格按已确定的施工技术方案组织实施，并接受发包方委托的监理单位对施工过程阶段全过程的监理。

9. 承发包双方严格执行隐蔽工程验收制度，凡隐蔽工程均应由承包人书面通知监理工程师和发包人代表，共同进行验收确定合格后，方可办理验收手续。

10. 根据工程需要，承包人提供非夜间施工使用的照明、围栏等，如承包人未履行上述义务造成工程、财产和人员伤害，由承包人承担责任及所发生的费用。

11. 对已竣工工程，在尚未交付发包人之前，承包人负责已完工程成品保护工作，保护期间发生损失，承包人自费予以修复。

12. 为确保该工程按期、按量顺利完成，发挥建设资金的使用，发包人拨付给承包人的工程款，承包人必须将其投入到本工程中，承包人若将其挪用，发包人将工程造价的5%作为违约金予以扣除。

13. 工程竣工通过质量验收取得质量评定结果后10天内，承包人向发包人提交两份符合城建归档要求的完整竣工资料后方可进行竣工结算。

14. 竣工验收后，由承包人负责保修的项目、内容、期限执行《中华人民共和国建筑法》等有关法律、法规的规定。

15. 中标单位原则不允许分包，如确需分包的工程项目，必须报请发包人批准后方可办理，否则一经发现，发包人不予拨款及竣工验收。

16. 施工中承包人在保质量、保工期的同时，一定要保证施工安全，并承担由于自身安全措施不利所造成的事故和由此发生的费用。

17. 合同协议中未尽事宜，由承发包双方协商解决或以补充合同加以明确。

第五部分　招标工程量清单

××市铝合金制品有限责任公司厂房　工程

招标工程量清单

招 标 人：××市铝合金制品有限责任公司厂房
（单位盖章）

法定代表人
或其授权人：　×××
（签字或盖章）

编制人：　×××　　　复核人：　×××
（造价人员签字盖专用章）　（造价工程师签字盖专用章）
编制时间：20××年×月×日　　复核时间：20××年×月×日

填表须知

1. 工程量清单格式中所有要求签字、盖章的地方，必须由规定的单位和人员签字、盖章。

2. 工程量清单格式中的任何内容不得随意删除或涂改。

3. 工程量清单格式中列明的所有需要填报的单价和合价，投标人均应填报，未填报的单价和合价，视为此项费用已包含在工程量清单的其他单价和合价中。

4. 金额（价格）均应以人民币表示。

5. 投标报价必须与工程项目总价一致。

6. 投标报价文件一式三份。

总 说 明

1. 工程概况：

…

2. 工程招标范围：本次招标范围为施工图范围内的建筑工程和安装工程。

3. 编制依据：

(1) ××市铝合金制品有限责任公司厂房施工图。

(2) 依据《建设工程工程量清单计价规范》GB 50500—2013。

(3)《房屋建筑与装饰工程工程量计算规范》GB 50854—2013。

(4) 拟定的招标文件。

(5) 相关的规范、标准图集和技术资料。

4. 其他需要说明的问题

…

分部分项工程和单价措施项目清单与计价表（土建工程）

序号	项目编码	项目名称	项目特征描述	计量单位	工程量	金额/元		
						综合单价	合价	其中暂估价
			0101 土石方工程					
1	010101002001	挖沟槽土方	一、二类土，深度 2m 以内运距 10km 以内	m^3	454000			
2	010101003001	挖基础土方人工挖孔桩	二类土深度 6m 内运距 10km 以内	m^3	327000			
3	010101003002	人工挖孔桩	松石深度 6m 以内运距 10km 以内	m^3	10000			
4	010101003003	人工挖孔桩	松石深度 8m 以内运距 10km 以内	m^3	111000			
5	010101003004	人工挖孔桩	松石深度 10m 以内运距 10km 以内	m^3	30000			
6	010102002001	石沟槽	次坚石运距 10km 以内	m^3	94000			
7	010102002002	凿石沟槽	普坚石	m^3	13000			
8	010103002001	土石方回填	回填土夯填	m^3	409000			
			（其他略）					
			分部小计					
			本页小计					
			合计					

注：本表只给出“0101 土石方工程”的内容，清单以下部分因篇幅所限省略。

总价措施项目清单与计价表

序号	项目编码	项目名称	计算基础	费率(%)	金额/元	调整费率(%)	调整后金额/元	备注
		安全文明施工费						
		夜间施工增加费						
		二次搬运费						

（续）

序号	项目编码	项目名称	计算基础	费率(%)	金额/元	调整费率(%)	调整后金额/元	备注
		冬雨季施工增加费						
		已完工程及设备保护费						
合计								

其他项目清单与计价汇总表

序号	项目名称	金额/元	结算金额/元	备　注
1	暂列金额	35000		
2	暂估价	20000		
2.1	材料暂估价	—		
2.2	专业工程暂估价	20000		
3	计日工	—		
4	总承包服务费	—		
5				
合计			55000	—

注：材料（工程设备）暂估单价进入清单项目综合单价，此处不汇总。

规费、税金项目计价表

序号	项目名称	计算基础	计算基数	计算费率（%）	金额/元
1	规费	定额人工费			
1.1	社会保险费	定额人工费			
(1)	养老保险费	定额人工费			
(2)	失业保险费	定额人工费			
(3)	医疗保险费	定额人工费			
(4)	工伤保险费	定额人工费			
(5)	生育保险费	定额人工费			
1.2	住房公积金	定额人工费			
1.3	工程排污费	按工程所在地环境保护部门收取标准，按实计入			
2	税金	分部分项工程费+措施项目费+其他项目费+规费-按规定不计税的工程设备金额			
合计					

编制人（造价人员）：　　　　　　　　复核人（造价工程师）：

第六部分　图纸（略）

第七部分　技术标准和要求

（一）本工程施工技术规范和标准

（具体内容略）

（二）施工组织设计

投标单位应递交完整的施工方案或施工组织设计，说明各分部、分项工程的施工方法及各项保证措施，提交包括临时设施和施工道路的施工总布置图及其他必需的图表、文字说明等资料，施工组织设计至少应包括：各分部分项工程完整的施工方法和施工工艺；施工机械的进场计划；施工准备计划；劳动力的安排计划；施工现场平面布置图；雨季施工措施；保证安全生产、文明施工；工期的控制措施；质量、成本的控制措施；降低成本措施；减少环境污染的措施。

（三）施工进度计划

投标人单位应提交初步的施工进度表，说明按照招标文件要求进行施工的各个环节，中标的投标单位还要按合同有关条件的要求，提交详细的施工进度计划。

初步施工进度表可采用横道图（或关键线路图）表示，说明详细开工日期和各分项工程阶段的完工日期和分包合同签订的日期，施工进度计划应与施工方案或施工组织设计相适应。

第八部分　投标文件格式

投 标 文 件（封面）

____________________（项目名称）

投 标 文 件

投标人：____________________（盖单位章）

法定代表人或其委托代理人：____________（签字）

__________年______月______日

投标书格式（略）

法定代表人资格证明

投标人名称：____________________

单位性质：____________________

地址：____________________

成立时间：__________年______月______日

经营期限：____________________

姓名：__________性别：______年龄：______职务：__________

系____________________（投标人名称）的法定代表人。

特此证明。

投标人：________________（盖单位章）

__________年______月______日

授权委托书

本人__________（姓名）系__________（投标人名称）的法定代表人，现委托

________（姓名）为我方代理人。代理人根据授权，以我方名义签署、澄清、说明、补正、递交、撤回、修改________（项目名称）投标文件、签订合同和处理有关事宜，其法律后果由我方承担。

委托期限：________。

委托代理人无转委托权。

附：法定代表人身份证明

投标人：________（盖单位章）

法定代表人：________（签字）

身份证号码：________

委托代理人：________（签字）

身份证号码：________

________年____月____日

投入该项工程的主要机械设备表

主要机械名称	台　数	能　力	备　注

项目经理简历表

姓名		性别		年龄	
职务		职称		学历	
参加工作时间		从事项目经理年限			
已完工程项目情况					
建设单位	项目名称	建设规模	开、竣工日	工程质量	

现场施工的组织机构及人员配备表（略）

企业情况

企业名称		资质等级	
企业地址		电话	
资质证书编号		成立时间	
营业执照编号		联系人	
主营范围			
企业简介：			

项目经理近三年以来业绩及获奖情况表

建设单位及工程名称	建筑面积	结构	层数	开竣工日期	获奖情况

企业近三年以来业绩及获奖情况表

建设单位及工程名称	建筑面积	结构	层数	开竣工日期	获奖情况	项目经理

注：本节示例参考书目：①建设工程工程量清单计价规范 GB 50500—2013．北京：中国计划出版社，2013．②建设工程施工合同（示范文本）GF—2013—0201 使用指南．北京：中国城市出版社，2013．③刘黎虹．工程招投标与合同管理．北京：机械工业出版社，2012．④规范编制组．2013 建设工程计价计量规范辅导．北京：中国计划出版社，2013．

第九部分　相关资料（略）

思考与讨论

1. 简述建设工程招标的一般程序。
2. 简述资格预审文件的组成。
3. 简述建设工程施工招标文件的编制原则。
4. 简述建设工程施工招标文件的组成。
5. 简述建设工程施工招标文件中投标人须知包括的内容。
6. 简述资格预审审查办法的类型及其优缺点。
7. 简述招标工程量清单的编制依据及其组成。
8. 简述评标委员会组建要求。
9. 简述建设工程评标定标办法的编制原则。

阅读材料

建设工程招标控制价的编制

1. 招标控制价的编制要求

（1）国有资金投资的建设工程项目招标，招标人必须编制招标控制价。招标控制价超过批准的概算时，招标人应将其报原概算审批部门审核。招标人不得对所编制的招标控制价进行上浮或下调。

（2）招标控制价应由具有编制能力的招标人或受其委托具有相应资质的工程造价咨询人编制和复核。工程造价咨询人接受招标人委托编制招标控制价，不得再就同一工程接受投标人委托编制投标报价。

（3）招标人应在发布招标文件时公布招标控制价，同时应将招标控制价及有关资料报送工程所在地或有该工程管辖权的行业管理部门工程造价管理机构备查。

（4）综合单价中应包括招标文件中划分的应由投标人承担的风险范围及其费用。招标文件中没有明确的，如是工程造价咨询人编制，应提请招标人明确；如是招标人编制，应予明确。

（5）分部分项工程和措施项目中的单价项目，应根据拟订的招标文件和招标工程量清单项目中的特征描述及有关要求确定综合单价计算。单价项目的计价，采用的工程量应是招标工程量清单提供的工程量，招标文件提供了暂估单价的材料，按暂估的单价计入综合单价。

(6) 措施项目中的总价项目应根据拟订的招标文件和常规施工方案，按国家或省级、行业建设主管部门的规定，采用综合单价计价。

(7) 其他项目应按下列规定计价：①暂列金额应按招标工程量清单中列出的金额填写；②暂估价中的材料、工程设备单价应按招标工程量清单中列出的单价计入综合单价；③暂估价中的专业工程金额应按招标工程量清单中列出的金额填写；④计日工应按招标工程量清单中列出的项目根据工程特点和有关计价依据确定综合单价计算；⑤总承包服务费应根据招标工程量清单列出的内容和要求估算。

(8) 规费和税金必须按国家或省级、行业建设主管部门的规定计算，不得作为竞争性费用。

(9) 投标人经复核认为招标人公布的招标控制价未按照规定进行编制的，应在招标控制价公布后5天内向招标投标监督机构和工程造价管理机构投诉。投诉人不得进行虚假、恶意投诉，阻碍招标投标活动的正常进行。工程造价管理机构在接到投诉书后应在两个工作日内进行审查。工程造价管理机构应在不迟于结束审查的次日将是否受理投诉的决定书面通知投诉人、被投诉人以及负责该工程招标投标监督的招标投标管理机构。工程造价管理机构应当在受理投诉的十日内完成复查，特殊情况下可适当延长，并作出书面结论通知投诉人、被投诉人及负责该工程招标投标监督的招标投标管理机构。当招标控制价复查结论与原公布的招标控制价误差大于±3%时，应当责成招标人改正。招标人根据招标控制价复查结论需要重新公布招标控制价的，其最终公布的时间至招标文件要求提交投标文件截止时间不足十五天的，应相应延长投标文件的截止时间。

2. 招标控制价编制依据

①《建设工程工程量清单计价规范》(GB 50500—2013)；②国家或省级、行业建设主管部门颁发的计价定额和计价办法；③建设工程设计文件及相关资料；④拟订的招标文件及招标工程量清单；⑤与建设项目相关的标准、规范、技术资料；⑥施工现场情况、工程特点及常规施工方案；⑦工程造价管理机构发布的工程造价信息，没有发布时，参照市场价；⑧其他的相关资料。

3. 招标控制价的编制格式

(1) 封面的填写。封面应填写招标工程的具体名称、招标人应盖单位公章，如委托工程造价咨询人编制，还应由其加盖单位公章。

1) 招标人自行编制招标控制价封面。示例如下：

××中学教学楼 工程

招标控制价

招标人：××中学

(单位盖章)

××年×月×日

2) 招标人委托工程造价咨询人编制招标控制价封面。示例如下：

××中学教学楼 工程
招标控制价
招标人：××中学
（单位盖章）
造价咨询人：××造价咨询企业
（单位盖章）
××年×月×日

（2）扉页的填写。扉页是在封面的基础上，增加了工程造价鉴定，定义为扉页，实为签字盖章页。

招标人自行编制招标控制价时，由招标人单位注册的造价人员编制。招标人盖单位公章，法定代表人或其授权人签字或盖章。招标人委托工程造价咨询人编制招标控制价时，由工程造价咨询人单位注册的造价人员编制，工程造价咨询人盖单位资质专用章，法定代表人或其授权人签字或盖章。招标人自行编制或者招标人委托工程造价咨询人编制招标控制价，编制人是造价工程师的，由其签字盖执业专用章；编制人是造价员的，由其在“编制人”栏签字盖专用章，应由造价工程师复核，并在“复核人”栏签字盖执业专用章。

1）招标人自行编制招标控制价的扉页。

××中学教学楼 工程	
招标控制价	
招标控制价（小写）：8413949	
（大写）：捌佰肆拾壹万叁仟玖佰肆拾玖元	
招标人：××中学	
（单位盖章）	
法定代表人 或其授权人：×××	
（签字或盖章）	
编制人：×××	复核人：×××
（造价人员签字盖专用章）	（造价工程师签字盖专用章）
编制时间：××年×月×日	复核时间：××年×月×日

2）招标人委托工程造价咨询人编制招标控制价的扉页。

______××中学教学楼______工程

招标控制价

招标控制价（小写）：______8413949______

（大写）：______捌佰肆拾壹万叁仟玖佰肆拾玖元______

招标人：______××中学______　　造价咨询人：______××工程造价咨询企业______

（单位盖章）　　（单位资质专用章）

法定代表人　　法定代表人

或其授权人：______×××______　　或其授权人：______×××______

（签字或盖章）　　（签字或盖章）

编制人：______×××______　　复核人：______×××______

（造价人员签字盖专用章）　　（造价工程师签字盖专用章）

编制时间：______××年×月×日______　　复核时间：______××年×月×日______

（3）总说明的编制。总说明应按下列内容填写：

1）工程概况，包括建设规模、工程特征、计划工期、合同工期、实际工期、施工现场及变化情况、施工组织设计的特点、自然地理条件、环境保护要求等。

2）清单计价范围、编制依据，如采用的材料来源及综合单价中风险因素、风险范围等。示例如下：

总 说 明

工程名称：××中学教学楼工程　　**第1页共1页**

1. 工程概况：本工程为砖混结构，采用混凝土灌注桩，建筑层数为六层，建筑面积10949m^2，计划工期为200日历天。

2. 工程招标范围：本次招标范围为施工图范围内的建筑工程和安装工程。

3. 招标控制价编制依据：

（1）招标工程量清单。

（2）招标文件中有关计价的要求。

（3）施工图。

（4）省建设主管部门颁发的计价定额和计价办法及有关计价文件。

（5）材料价格采用工程所在地工程造价管理机构××年×月工程造价信息发布的价格信息，对于工程造价信息没有发布价格信息的材料，其价格参照市场价。单价中均已包括≤5%的价格波动风险。

4. 其他（略）。

（4）建设项目招标控制价汇总表的编制。示例见表3-2。

表 3-2　建设项目[①]招标控制价汇总表

工程名称：××中学教学楼工程　　　　第1页　共1页

序号	单项工程名称	金额/元	其中：/元		
			暂估价/元	安全文明施工费/元	规费/元
1	教学楼工程	8413949	845000	212225	241936
	合计	8413949	845000	212225	241936

注：本表适用于建设项目招标控制价或投标报价的汇总。

① 本工程仅为一栋教学楼，故单项工程即为建设项目。

(5) 单项工程招标控制价汇总表的编制。示例见表 3-3。

表 3-3　单项工程招标控制价汇总表

工程名称：××中学教学楼工程　　　　第1页　共1页

序号	单项工程名称	金额/元	其中：/元		
			暂估价	安全文明施工费	规费
1	建筑工程	7805051	800000	197294	225001
2	安装工程	608898	45000	14931	16935
	合计	8413949	845000	212225	241936

注：本表适用于单项工程招标控制价或投标报价的汇总。暂估价包括分部分项工程中的暂估价和专业工程暂估价。

(6) 单位工程招标控制价汇总表的编制。示例见表 3-4。

表 3-4　单位工程招标控制价汇总表

工程名称：××中学教学楼工程土建部分　　　　第1页　共1页

序号	汇总内容	金额/元	其中：暂估价/元
1	分部分项工程	5879856	800000
1.1	土石方工程	108431	—
1.2	桩基工程	428292	—
1.3	砌筑工程	762650	—
1.4	混凝土及钢筋混凝土工程	2496270	800000
1.5	金属结构工程	1846	—
1.6	门窗工程	411756	—
1.7	屋面及防水工程	264536	—
1.8	保温、隔热、防腐工程	138444	—
1.9	楼地面装饰工程	312306	—
1.10	墙柱面装饰与隔断、幕墙工程	452155	—
1.11	天棚工程	241228	—
1.12	油漆、涂料、裱糊工程	261942	—
2	措施项目	829480	—
2.1	其中：安全文明施工费	197294	—

（续）

序号	汇总内容	金额/元	其中:暂估价/元
3	其他项目	593260	—
3.1	其中:暂列金额	350000	—
3.2	其中:专业工程暂估价	200000	—
3.3	其中:计日工	24810	—
3.4	其中:总承包服务费	18450	—
4	规费	225001	—
5	税金	277454	—
	招标控制价合计 =1 +2 +3 +4 +5	7805051	800000

注：本表适用于单位工程招标控制价或投标报价的汇总，如无单位工程划分，单项工程也使用本表汇总。

（7）分部分项工程和单价措施项目清单与计价表的编制。该表包括“项目编码”“项目名称”“项目特征描述”“计量单位”“工程量”栏，对“综合单价”“合价”以及“其中：暂估价”，按《建设工程工程量清单计价规范》（GB 50500—2013）的规定填写。示例见表3-5。

表3-5　分部分项工程和单价措施项目清单与计价表

工程名称：××中学教学楼工程土建部分　　标段：　　第1页　共5页

序号	项目编码	项目名称	项目特征描述	计量单位	工程量	金额/元		
						综合单价	合价	其中 暂估价
			0101 土石方工程					
1	010101003001	挖沟槽土方	三类土，垫层底宽2m，挖土深度 <4m，弃土运距 <10km	m^3	1432	23.91	34239	
			（其他略）					
			分部小计				108431	
			0103 桩基工程					
2	010302003001	泥浆护壁混凝土灌注桩	桩长10m，护壁段长9m，共42根，桩直径1000mm，扩大头直径1100mm，桩混凝土为C25，护壁混凝土为C20	m	420	336.27	141233	
			（其他略）					
			分部小计				428292	
			0104 砌筑工程					
3	0104010001001	条形砖基础	M10 水泥砂浆 MU15 页岩砖 240mm ×115mm ×53mm	m^3	239	308.18	73655	
4	010401003001	实心砖墙	M7.5 混合砂浆，MU15 页岩砖 240mm ×115mm ×53mm，墙厚度240mm	m^3	2037	323.64	659255	

（续）

序号	项目编码	项目名称	项目特征描述	计量单位	工程量	金额/元		
						综合单价	合价	其中 暂估价
		（其他略）						
		分部小计					762650	
		本页小计					1299373	
		合计					1299373	

注：为计取规费等的使用，可在表中增设“其中：定额人工费。”

（8）总价措施项目清单与计价表的编制。编制招标控制价时，计费基础、费率应按省级或行业建设主管部门的规定计取。示例见表3-6。

表3-6 总价措施项目清单与计价表

工程名称：××中学教学楼工程土建部分　　标段：　　第1页　共1页

序号	项目编码	项目名称	计算基础	费率（%）	金额/元	调整费率（%）	调整后金额/元	备注
		安全文明施工费	定额人工费	25	197294			
		夜间施工增加费	定额人工费	3	25466			
		二次搬运费	定额人工费	2	16977			
		冬雨季施工增加费	定额人工费	1	8489			
		已完工程及设备保护费			8000			
		合计				256226		

编制人（造价人员）：　　复核人（造价工程师）：

注：1.“计算基础”中安全文明施工费可为“定额基价”“定额人工费”或“定额人工费+定额机械费”，其他项目可为“定额人工费”或“定额人工费+定额机械费”。

2. 按施工方案计算的措施费，若无“计算基础”和“费率”的数值，也可只填“金额”数值，但应在备注栏说明施工方案出处或计算方法。

（9）其他项目清单与计价汇总表的编制。示例见表3-7。

表3-7 其他项目清单与计价汇总表

工程名称：××中学教学楼工程土建部分　　标段：　　第1页　共1页

序号	项目名称	金额/元	结算金额/元	备注
1	暂列金额	350000		
2	暂估价	200000		
2.1	材料暂估价	—		
2.2	专业工程暂估价	200000		
3	计日工	24810		
4	总承包服务费	18450		
5				
	合计		593260	

注：材料（工程设备）暂估单价进入清单项目综合单价，此处不汇总。

暂列金额在实际中可能发生，也可能不发生。要求招标人能将暂列金额与拟用项目列出明细，制定暂列金额明细表，但如确实不能详列也可只列暂定金额总额，投标人应将上述暂列金额计入投标总价中。并且不需要在所列的暂列金额以外再考虑任何其他费用。(暂列金额明细表略)

暂估价是在招标阶段预见肯定要发生，只是因为标准不明确或者需要由专业承包人完成，暂时无法确定材料、工程设备的具体价格而采用的一种临时性计价方式

材料（工程设备）暂估单价及调整表、专业工程暂估价及结算表、计日工表、总承包服务费计价表略。

(10) 规费、税金项目计价表的编制。示例见表3-8。

表3-8　规费、税金项目计价表

工程名称：××中学教学楼工程土建部分　　　　标段：　　　　第1页　共1页

序号	项目名称	计算基础	计算基数	计算费率（%）	金额/元
1	规费	定额人工费			225001
1.1	社会保险费	定额人工费	(1)+…+(5)		191002
(1)	养老保险费	定额人工费		14	118846
(2)	失业保险费	定额人工费		2	16978
(3)	医疗保险费	定额人工费		6	50934
(4)	工伤保险费	定额人工费		0.25	2122
(5)	生育保险费	定额人工费		0.25	2122
1.2	住房公积金	定额人工费		6	33999
1.3	工程排污费	按工程所在地环境保护部门收取标准，按实计入		—	—
2	税金	分部分项工程费+措施项目费+其他项目费+规费-按规定不计税的工程设备金额		3.41	277454
合　计					502455

编制人（造价人员）：　　　　复核人（造价工程师）：

第 4 章 建设工程投标

4

4.1 建设工程投标的程序

建设工程招标投标活动中投标人最重要的活动就是建设工程投标。建设工程投标也是建筑施工企业取得施工承包合同的主要途径，从建设工程投标人的角度看，建设工程投标的一般程序，主要经历以下几个环节：

1）向招标人申报资格审查，提供有关文件资料。

2）购领招标文件和有关资料，缴纳投标保证金。

3）组织投标班子，委托投标代理人。

4）参加现场踏勘和投标预备会。

5）编制、递送投标书。

6）参加开标会议，接受评标组织就投标文件中不清楚的问题进行的询问，举行澄清会谈。

7）接受中标通知书，签订合同，提供履约担保，分送合同副本。

具体的建设工程投标工作程序如图 4-1 所示。

4.1.1 获取工程招标信息、进行投标决策

获取招标信息和投标决策是投标前期进行的主要工作。

1. 获取招标信息

目前投标人获取招标信息的渠道很多。通过大众媒体发布的招标公告获取招标信息是当前最主要的渠道，如各省市的建设工程信息网、政府采购网、招标投标监管网等国家指定的信息网络、报纸等媒介发布的招标公告。对这些信息，投标人应当仔细分析其合法性、真实性。

2. 投标决策

承包商的投标决策，是在确定其所获取的招标信息真实、可靠后，针对所获项目信息与自身实力、当前任务量等本企业情况比较后，作出是否投标的决策，就是解决投标过程中的对策问题。决策贯穿竞争的全过程，对于招标投标过程的各个主要环节，都必须及时作出正确的决策，才能取得竞争的全胜，达到中标的目的。投标决策，分为前期阶段和后期阶段，主要包括以下三个方面的内容：针对项目招标是投标还是不投标；倘若投标，是投什么性质

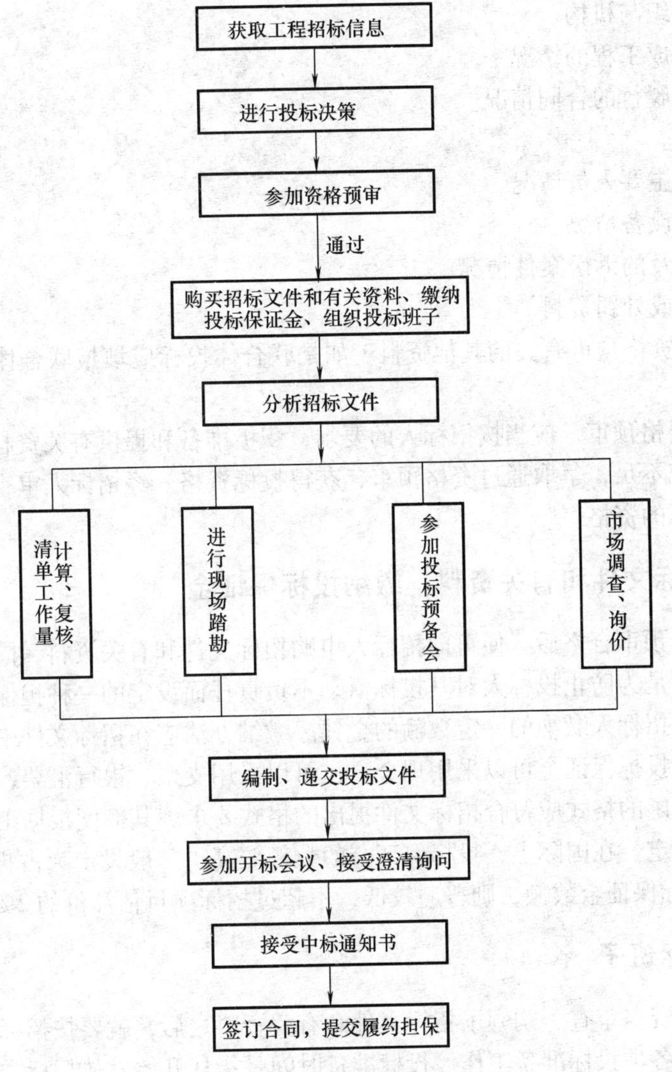

图4-1 建设工程投标工作程序

的标；投标中如何采用正确的策略和技巧，达到中标的目的。

4.1.2 参加资格预审

投标人在获悉招标公告或投标邀请后，应当按照招标公告或投标邀请书中所提出的资格审查要求，向招标人申报资格审查。资格审查包括资格预审和资格后审。资格预审是投标人投标过程中的第一关。进行资格预审的，一般不再进行资格后审，但招标文件另有规定的除外。

资格预审是指在招标过程中对潜在投标人比较多的招标项目，招标人组织审查委员会对资格预审申请人的投标资格进行预先审查，确定有资格参与投标的投标人名单。

我国建设工程招标中，在允许投标人参加投标前一般都要进行资格预审。资格预审文件应包括的主要内容有：

1）投标人组织与机构。

2）近三年完成工程的情况。

3）目前正在履行的合同情况。

4）财务状况。

5）拟投入的主要人员情况。

6）施工机械设备情况。

7）三年来涉及的诉讼案件情况。

8）各种奖励或处罚资料。

9）与本合同资格预审有关的其他资料。如是联合体投标应填报联合体每一成员的以上资料。

投标人申报资格预审，应当按招标人的要求，积极准备和提供有关资料，并做好信息跟踪工作，及时补充不足，争取通过资格预审，获得投标资格。经招标人审查合格的投标申请人具备了参加投标的资格。

4.1.3 购买招标文件和有关资料，缴纳投标保证金

投标人经资格预审合格后，便可向招标人申购招标文件和有关资料，同时要缴纳投标保证金。投标保证金是为防止投标人对其投标活动不负责任而设定的一种担保形式，是招标文件中要求投标人向招标人缴纳的一定数额的金钱。缴纳办法应在招标文件中说明，并按招标文件的要求进行，投标保证金可以采用现金，也可以采用支票、银行汇票，还可以是银行出具的保函。银行保函的格式应符合招标文件提出的格式要求。其额度根据工程投资大小由业主在招标文件中确定。在国际上，投标保证金的数额较高，一般设定为占投资总额的1%～5%。而我国的投标保证金数额，则普遍较低，不超过招标项目估算价的2%。

4.1.4 组织投标班子

投标人在通过资格审查、购领了招标文件和有关资料之后，就要按招标文件确定的投标准备时间着手开展各项投标准备工作。投标准备时间是指从开始发放招标文件之日起至投标截止时间为止的期限，它由招标人根据工程项目的具体情况确定，一般为28天之内。投标班子一般应包括下列三类人员：

1）经营管理类人员。这类人员一般是从事工程承包经营管理的行家里手，熟悉工程投标活动的筹划和安排，具有相当的决策水平。

2）专业技术类人员。这类人员是从事各类专业工程技术的人员，如建筑师、监理工程师、结构工程师、造价工程师等。

3）商务金融类人员。这类人员是从事有关金融、贸易、财税、保险、会计、采购、合同、索赔等项工作的人员。还可以委托投标代理人。

投标班子的主要职责是：

1）分析招标信息，办理、通过招标文件所要求的资格审查。

2）参加招标人组织的有关活动。

3）提供当地物资、劳动力、市场行情及商业活动经验，提供当地有关政策法规咨询服务，做好投标书的编制工作。

4）研究投标技巧，递交投标文件，争取在竞标中取胜。

5）在中标时，办理各种证件申领手续，做好有关承包工程的准备工作。

4.1.5 分析招标文件

购领到招标文件之后，投标人应认真阅读招标文件中的所有条款。注意明确招标文件中对投标报价、质量、工期等的要求以及投标过程中的各项时间安排。同时要对招标文件中的合同各项条款、无效标书的条件等重点内容进行认真分析，理解招标文件中隐含的含义。对可能发生的不清楚或者发生疑义的地方，应向招标人以书面形式提出。

4.1.6 进行现场踏勘、参加投标预备会

投标人拿到招标文件后，应进行全面细致的调查研究。若有疑问或不清楚的问题需要招标人予以澄清和解答的，应在收到招标文件后的7日内以书面形式向招标人提出。投标人在进行现场踏勘之前，应先仔细研究招标文件有关概念含义和各项要求，特别是招标文件中的工作范围、专用条款以及设计图纸和说明等，然后有针对性地拟订出踏勘提纲，确定重点和要澄清、解答的问题，做到心中有数。投标人参加现场踏勘的费用，由投标人自己承担。招标人一般在招标文件发出后，就着手考虑安排投标人进行现场踏勘等准备工作，并在现场踏勘中对投标人给予必要的协助。

投标人进行现场踏勘的内容，主要包括以下几个方面：

1）工程的范围、性质以及与其他工程之间的关系。

2）投标人参与投标的那一部分工程与其他承包商或分包商之间的关系。

3）现场地貌、地质、水文、气候、交通、电力、水源等情况，有无障碍物等。

4）进出现场的方式，现场附近有无食宿条件、料场开采条件、其他加工条件、设备维修条件等。

5）现场附近治安情况。

投标预备会又称答疑会、标前会议，一般在现场踏勘之后的1~2天内举行。答疑会的目的是解答投标人对招标文件和在现场中所提出的各种问题，并对图纸进行交底和解释。

4.1.7 计算、复核清单工程量

在现阶段我国进行施工投标时，工程量有两种情况。一种情况是招标文件编制时，招标人给出具体的工程量清单，供投标人报价使用。在此种情况下，投标人在进行投标时，应该根据施工图纸等资料对给定清单工程量进行复核，为投标人进行报价提供依据。在清单工程量复核过程中，如果发现某些工程量有遗漏或者出入较大，应当向招标人提出，要求招标人及时补充或更正。另一种情况是招标人不给出具体的工程量清单，只提供相应的施工图纸。这时投标人进行报价应当根据招标人给定的施工图纸，严格按照工程量计算规则自行计算工程量，注意计算过程中不能漏项、少算或多算。

4.1.8 市场调查、询价

投标报价是编制投标文件时一个很重要的环节。为了使所确定报价准确，投标人在进行

投标时应认真调查了解工程所在地的人工工资标准，材料价格、来源、运输方式，机械设备租赁价格等市场信息，为准确进行报价提供依据。

4.1.9 编制、递交投标文件

经过以上各项工作完成之后，投标人可以着手编制投标文件。投标人编制投标文件时，应当严格按照招标文件的格式、顺序和内容要求进行。其中施工方案部分是投标文件里极其重要的内容，投标文件编写全部完成后，应当按照招标文件所规定的时间、地点提交投标文件。

4.1.10 参加开标会议、接受澄清询问

投标人在编制、递交了投标文件后，要积极准备出席开标会议。参加开标会议对投标人来说，既是权利也是义务。按照国际惯例，投标人不参加开标会议的，视为弃权，其投标文件将不予启封，不予唱标，不允许参加评标。投标人参加开标会议，要注意其投标文件是否被正确启封、宣读，对于被错误地认定为无效的投标文件或唱标出现的错误，应当场提出异议。在评标期间，评标组织要求澄清投标文件中不清楚问题的，投标人应积极予以说明、解释、澄清。澄清一般可以采用向投标人发出书面询问，由投标人书面作出说明或澄清的方式，也可以采用召开澄清会的方式。澄清会是评标组织为有助于对投标文件的审查、评价和比较，而个别地要求投标人澄清其投标文件（包括单价分析表）而召开的会议。在澄清会上，评标组织有权对投标文件中不清楚的问题，向投标人提出询问。有关澄清的要求和答复，最后均应以书面形式进行。所说明、澄清和确认的问题，经招标人和投标人双方签字后，作为投标书的组成部分。在澄清会谈中，投标人不得更改标价、工期等实质性内容，开标后和定标前提出的任何修改声明或附加优惠条件，一律不得作为评标的依据。但评标组织按照投标须知规定，对确定为实质上响应招标文件要求的投标文件进行校核时发现的计算错误除外。

4.1.11 接受中标通知书，签订合同，提供履约担保

经评标，投标人被确定为中标人后，应接受招标人发出的中标通知书。未中标的投标人有权要求招标人退还其投标保证金。中标人收到中标通知书后，应在规定的时间和地点与招标人签订合同。在合同正式签订之前，应先将合同草案报招标投标管理机构审查。经审查后，中标人与招标人在规定的期限内签订合同。结构不太复杂的中小型工程一般应在 7 天以内，结构复杂的大型工程一般应在 14 天以内，按照约定的具体时间和地点，根据《合同法》等有关规定，依据招标文件、投标文件的要求和中标的条件签订合同。同时，按照招标文件的要求，提交履约保证金或履约保函，招标人同时退还中标人的投标保证金。中标人如拒绝在规定的时间内提交履约担保和签订合同，招标人报请招标投标管理机构批准同意后取消其中标资格，按规定不退还其投标保证金，并考虑在其余投标人中重新确定中标人，与之签订合同，或重新招标。中标人与招标人正式签订合同后，应按要求将合同副本分送有关主管部门备案。

案例4.1　工程招标投标程序

某省一级公路×路段全长224km，本工程采取公开招标的方式，共分20个标段，招标工作从1998年7月2日开始，到8月30日结束，历时60天，招标工作的具体步骤如下：

(1) 成立招标组织机构。

(2) 发布招标公告和资格预审通告。

(3) 进行资格预审。7月16日~20日出售资格预审文件，47家省内外施工企业购买了资格预审文件，其中的46家于7月22日递交了资格预审文件。经招标工作委员会审定后，45家单位通过了资格预审，每家被允许投3个以下的标段。

(4) 编制招标文件。

(5) 编制标底。

(6) 组织投标。7月28日，招标单位向上述45家单位发出资格预审合格通知书。7月30日，向各投标人发出招标文件。8月5日，召开标前会。8月8日组织投标人踏勘现场，解答投标人提出的问题。8月20日，各投标人递交投标书，每标段均有5家以上投标人参加竞标。8月21日，在公证员出席的情况下，当众开标。

(7) 组织评标。评标小组按事先确定的评标办法进行评标，对合格的投标人进行评分，推荐中标单位和后备单位，写出评标报告。8月22日，招标工作委员会听取评标小组汇报，决定了中标单位，发出中标通知书。

(8) 8月30日招标人与中标单位签订合同。

【问题】

1) 上述招标工作内容的顺序作为招标工作先后顺序是否妥当？如果不妥，请确定合理的顺序。

2) 简述编制投标文件的步骤。

【解析】

1) 不妥当。合理的顺序应该是：成立招标组织机构；编制招标文件；编制标底；发布招标公告和资格预审通告；进行资格预审；发售招标文件；组织现场踏勘；召开标前会；接收投标文件；开标；评标；确定中标单位；发出中标通知书；签订承发包合同。

2) 编制投标文件的步骤如下：①组织投标班子，确定投标文件编制的人员；②仔细阅读投标人须知、投标书附件等各个招标文件；③结合现场踏勘和投标预备会的结果，进一步分析招标文件；④校核招标文件中的工程量清单；⑤根据工程类型编制施工规划或施工组织设计；⑥根据工程价格构成计算工程预算造价确定利润方针和报价；⑦形成投标文件，进行投标担保。

（资料来源：http：//wenku. baidu. com/view/850f786527d3240c8447ef7e. html，有修改）

4.2 建设工程投标决策

4.2.1 概述

投标决策是指承包商在投标竞争中的系统工作部署及其参与投标竞争的方式和手段，企业在参加工程投标前，应根据招标工程情况和企业自身的实力，组织有关投标人员进行投标策略分析。投标决策主要包括三方面的内容：其一，针对项目招标是投标，或是不投标；其二，倘若去投标，是投什么性质的标；其三，投标中如何以长制短，以优胜劣。

投标决策的正确与否，关系到能否中标和中标后的效益问题，关系到施工企业的信誉和发展前景及职工的切身经济利益，甚至关系到国家的信誉和经济发展问题。因此，企业的决策班子必须充分认识到投标决策的重要意义，把这一工作摆在企业的重要议事日程上来着重考虑。

随着建筑市场发展的规范化，承包商通过参加工程投标取得工程项目将成为主要途径，也是市场经济条件下的必然选择。但承包商并不是每标必投，应针对实际进行投标决策。对投标商来说，经济效益是第一位的，企业的主旋律就是形成利润。但盈利有多种方式，掌握项目前期的投标策略和报价技巧就非常重要。决策前要注意分析论证，避免决策的模糊性，随意性和盲目性。

4.2.2 投标决策阶段划分

根据工作特点，投标决策可以分为两阶段进行，即投标决策的前期阶段和投标决策的后期阶段。投标决策的前期阶段，主要研究是否投标问题，必须在购买投标人资格预审资料前完成。这个阶段决策的主要依据是招标公告，以及单位对招标项目、业主情况的调研和了解的程度。

在通常情况下，下列招标项目应放弃投标：

1）本施工企业主管和兼营能力之外的项目。

2）工程规模、技术要求超过本施工企业技术等级的项目。

3）本施工企业生产任务饱满，而所投标工程的盈利水平较低或风险较大的项目。

4）本施工企业技术等级、信誉、施工水平明显不如竞争对手的项目。

如果决定投标，即进入投标决策的后期阶段，它是指从申报资格预审至投标报价（封送投标书）前完成的决策研究阶段。这个阶段主要研究倘若投标，投什么性质的标，以及在投标中采取的策略问题。按性质分，投标有风险标和保险标；按效益分，投标有盈利标和保本标。

风险标：明知工程承包难度大、风险大，且技术、设备、资金上都有未解决的问题，但由于队伍窝工，或因为工程盈利丰厚，或为了开拓新技术领域而决定参加投标，同时设法解决存在的问题，即是风险标。投标后，如问题解决得好，可取得较好的经济效益，可锻炼出一支好的施工队伍，使企业更上一层楼；解决得不好，企业的信誉就会受到损害，严重者可能导致企业亏损以至破产。因此，投风险标必须审慎从事。

保险标：对可以预见的情况从技术、设备、资金等重大问题都有了解决的对策之后再投标，即为保险标。企业经济实力较弱，经不起失误的打击，则往往投保险标。当前，我国施工企业多数都愿意投保险标，特别是在国际工程承包市场上。

保本标：当企业无后继工程，或已经出现部分窝工，必须争取中标。但招标的工程项目本企业又无优势可言，竞争对手又多，此时，一般投薄利标，甚至投保本标。

4.2.3　投标决策分析原则

一个企业的领导在经营工作中，必须要目光长远，有战略管理的思想。战略管理指的是要从企业的整体和长远利益出发，就企业的经营目标、内部条件、外部条件等方面的问题进行谋划和决策，并依据企业内部的各种资源和条件以实施这些谋划和决策的一系列动态过程。投标决策是经营策略中重要的一环，在从事由投标到承包经费的每一项活动中，都必须具有战略管理的思想。

承包商应对投标项目有所选择，特别是投标项目比较多时，投哪个标不投哪个标以及投一个什么样的标，这都关系到中标的可能性和企业的经济效益。因此，投标决策非常重要，通常由企业的主要领导担当此任。要从战略全局全面地权衡得失与利弊，作出正确的决策。进行投标决策实际上是企业的经营决策问题。因此，投标决策时，必须遵循下列原则：

（1）可行性。选择的投标对象是否可行，首先要从本企业的实际情况出发，实事求是，量力而行。以保证本企业均衡生产，连续施工为前提，防止出现“窝工”和“赶工”现象。要从企业的施工力量、机械设备、技术能力、施工经验等方面，考虑该招标项目是否比较合适，是否有一定的利润，能否保证工期和满足质量要求。其次，要考虑能否发挥本企业的特点和特长，技术优势和装备优势，要注意扬长避短，选择适合发挥自己优势的项目，发扬长处才能提高利润，创造信誉，避开自己不擅长的项目和缺乏经验的项目。最后，要根据竞争对手的技术经济情报和市场投标报价动向，分析和预测是否有夺标的把握和机会。对于毫无夺标希望的项目，就不宜参加投标，更不宜陪标，以免损害本企业的声誉，进而影响未来的中标机会。若明知竞争不过对手，则应退出竞争，减少损失。

（2）可靠性。要了解招标项目是否已经过正式批准，列入国家或地方的建设计划，资金来源是否可靠，主要材料和设备供应是否有保证，设计文件完成的阶段情况，设计深度是否满足要求等。此外，还要了解业主的资信条件及合同条款的宽严程度，有无重大风险性。应当尽早回避那些利润小而风险大的招标项目以及本企业没有条件承担的项目，否则，将造成不应有的后果，特别是国外的招标项目。

（3）盈利性。利润是承包商追求的目标之一。保证承包商的利润，既可保证国家财政收入随着经济发展而稳定增长，又可使承包商不断改善技术装备，扩大再生产；同时有利于提高企业职工的收入，改善生活福利设施，从而有助于充分调动职工的积极性和主动性。所以，确定适当的利润率是承包商经营的重要决策。在选取利润率的时候，要分析竞争形势，掌握当时当地的一般利润水平，并综合考虑本企业近期及长远目标，注意近期利润和远期利润的关系。在国内投标中，利润率的选取要根据具体情况酌情增减。对竞争很激烈的投标项目，为了夺标，采用的利润率会低于计划利润率，但在以后的施工过程中，注重企业内部革新挖潜，实际的利润不一定会低于计划利润。

（4）审慎性。参与每次投标，都要花费不少人力、物力，付出一定的代价。如能夺标，才有利润可言。特别在基建任务不足的情况下，竞争非常激烈，承包商为了生存都在拼命压价，盈利甚微。承包商要审慎选择投标对象，除非在迫不得已的情况下，决不能承揽亏本的

施工任务。

（5）灵活性。在某些特殊情况下，采用灵活的战略战术。例如，为了在某个地区打开局面，可以采用让利方针，以薄利优质取胜。报价低、干得好，赢得信誉，势必带来连锁效应。承揽了当前工程，更为今后的工程投标中标创造机会和条件。

在进行投标项目的选择时，还应考虑下列因素：本企业工人和技术人员的操作水平；本企业投入本项目所需机械设备的可能性；施工设计能力；对同类工程工艺熟悉程度和管理经验；战胜对手的可能性；中标承包后对本企业在该地区的影响；流动资金周转的可能性。

4.2.4 投标决策的影响因素分析

在建设工程投标过程中，有很多因素影响投标决策，只有认真分析各种因素，对多方面因素进行综合考虑，才能作出正确的投标决策。承包工程涉及工程所在地的地方法规、民情、气候条件、地质、技术要求等许多方面问题，这就使承包商常常处于纷繁复杂和变化多端的环境中。投标商想在投标过程中取得胜利，需要“知己知彼，百战不殆”。而工程投标的决策研究过程就是一个知己知彼的研究过程，“己”即影响投标决策的主观因素，“彼”即是影响投标决策的客观因素。

投标决策的主观因素分析：“知己分析”，即分析投标商现有的资源条件，包括企业目前的技术实力、经济实力、管理实力、社会信誉等。

（1）技术实力方面。是否具有专业技术人员和专家级组织机构、类似工程的承包经验、有一定技术实力的合作伙伴。

（2）经济实力方面。

1）有无垫付资金的实力。

2）有无支付（被占用）一定的固定资产和机具设备及其投入所需资金的能力。

3）有无一定的资金周转用来支付施工用款或筹集承包工程所需外汇的能力。

4）有无支付投标保函、履约保函、预付款保函、缺陷责任期保函等各种担保的能力。

5）有无支付关税、进口调节税、营业税、印花税、所得税、建筑税、排污税以及临时进入机械押金等各种税费和保险的能力。

6）有无承担各种风险，特别是不可抗力带来的风险的能力等。

（3）管理实力方面。这方面分析包括成本控制能力和管理水平、管理措施和健全的规章制度。

（4）社会信誉方面。这方面分析包括：遵纪守法和履约的情况，施工安全、工期和质量如何，社会形象怎样。

4.2.5 决策树分析法在投标决策中的应用

在招标投标过程中，经常会出现这样一种情况，一个企业对几个投标项目都有能力进行投标，但是没有能力同时承担几个项目的能力，只能在其中选择一个项目。那么如何在几个项目中选择最优的项目进行投标并且能够中标？通常采用决策树分析法。

决策树分析法是模拟树木生枝成长的过程，从出发点开始不断分支来表示所分析问题的各种发展可能性，并以各分枝期望利润值最大者作为选择的依据。

1. 决策树分析法的数据模型

决策树分析法可用于建立投标决策实施模型，此模型建立的假设条件为：投标目的是尽可能地扩大近期利润；最低投标报价者中标，标价提高则中标概率降低，落标则利润为零。在此前提下，估算各行动方案在不同自然状态的预期损益值E，计算公式为：

$$E=BPi$$

式中，E是预期损益值；B是估算工程造价；Pi是估算不同报价的利润比例；i是拟定的行动方案数（$i=1, 2, 3, \cdots$）。

通过逐步计算各“分枝”的预期损益值，确定出期望利润最大者，即为拟投标项目所应采用的报价策略。

2. 用决策树分析法进行决策的实施步骤

1）明确目标，确定目标是决策的前提。目标要具体、明确，要考虑全面，把整体与局部、长远与近期、实际和可能的利益结合起来。

2）拟订多个行动方案。根据确定的目标，拟订多个行动方案，这是科学决策的关键。

3）探讨并预测未来可能的自然状态。所谓自然状态是指那些实施行动方案有影响而决策者又无法控制和改变的因素所处的状况。这些因素包括的范围很广，如气候、物价、市场状况和企业的经营状况、竞争对手情况等。尽管影响决策问题的客观因素可能很多，但通常只选择对行动结果有重大影响的因素，以这个因素或这些因素的集合状态作为该决策问题的自然状态。

4）估计各自然状态出现的概率。可以采用主观概率估算或根据历史统计资料直接估计。

5）估计各个行动方案在不同自然状态下的损益值。

6）决策分析，选择出满意的行动方案。

3. 运用决策树分析法进行投标决策时的注意事项

运用决策树分析法进行投标决策的关键，是预测未来可能的自然状态（或自然状态集合）及这些自然状态（或自然状态集合）出现的概率。因此，在进行投标报价优化时应注意以下几点：

1）慎重考虑中标概率。投标报价是一种风险决策，决策依据的是期望利润值的大小。而期望利润值是由投标报价的中标概率与其可获得直接利润相乘计算出来的。所以，当期望利润为一固定值时，直接利润大则中标概率小；直接利润减少则中标概率相应就增大。当招标文件规定评标办法采用“最低价（或经评审的合理低价）中标”时，在确定中标概率和直接利润时，还应考虑企业当期的经营状况，即投标目标是保本确保中标还是想取得利润必须努力中标。综合考虑后确定满足本企业投标方针的中标概率。

2）注意把握自然状态。在具体投标时，由于地方不同，合同条件差异、市场行情波动、物价指数波动、承包商基期的经营状况和投标方针的动态、竞争对手的情况、业主和项目的情况等，影响自然状态的因素很多，实施时注意综合、分类，形成自然状态集合，再确定相应的中标概率和利润期望值。

3）注意把握工程规模、投标者数量和中标概率的关系。对工程建设规模、投标者数量与中标概率的正确把握，将有效地帮助投标决策者预见竞争形势，从而对投标机会和报价方案进行正确设定。在一般情况下，工程规模大，可望的利润丰厚，吸引的竞争者数量相对较

多，综合实力也强，在确定中标概率时就应低估中标概率；反之，则可以高估中标概率。

4）注意资料的收集和积累，形成本企业特色的招标投标数据库或模板库。众所周知，投标周期均较短，在有限的时间内要收集大量的资料、掌握足够的信息、编制技术文件、计算工程造价、设计投标方案、测算利润水平和中标概率等，时间是远远不够的。企业应注意平时资料的积累，建立自己的投标数据库，形成不同类型工程的针对自己企业特点的投标模板（不要依赖购买的软件），定期组织有关技术经济人员，分析投标备选项目、预测自然状态及这些自然状态出现的概率等，及时充实、更新模板库和数据库。只有这样，才能在短暂的投标有效期内，保证投标优化工作的准确性和可行性。

案例 4.2 合理运用决策树法，科学进行投标决策

某大型水利工程项目中的引水系统由电力部委托某技术进出口公司组织施工公开招标，确定的招标程序如下：①成立招标工作小组；②编制招标文件；③发布招标邀请书；④对报名参加投标者进行资格预审，并将审查结果通知各申请投标者；⑤向合格的投标者分发招标文件及设计图纸、技术资料等：⑥建立评标组织，制定评标定标办法；⑦召开开标会议，审查投标书；⑧组织评标，决定中标单位；⑨发出中标通知书；⑩签订承发包合同。参加投标报价的某施工企业需制定投标报价策略。既可以投高标，也可以投低标，其中标概率与效益情况见表 4-1：若未中标，需损失投标费用 5 万元。

【问题】

1. 上述招标程序有何不妥之处，请加以指正。
2. 请运用决策树分析法为上述施工企业确定投标报价策略。

表 4-1 中标概率与效益

	中标概率	效果	利润/万元	效果概率
高标	0.3	好	300	0.3
		中	100	0.6
		差	-200	0.1
低标	0.6	好	200	0.3
		中	50	0.5
		差	-300	0.2

【解析】

问题 1：

1）第 3 步“发布招标邀请书”应为“发布招标公告（通告）”，因为是公开招标方式，不是邀请招标。

2）在第 5 步与第 6 步之间应增加“组织投标单位踏勘现场，并就招标文件进行答疑”。

问题 2：运用决策树分析法进行计算，见图 4-2。

分别求出各节点的期望值：

④ 节点的期望值 = [0.3 × 300 + 0.6 × 100 + 0.1 × (−200)] 万元 = 130 万元

⑤ 节点的期望值 =［0.3×200 +0.5×50 +0.2×(−300)］万元 =25 万元

② 节点的期望值 =［130×0.3 +(−5)×0.7］万元 =35.5 万元

③ 节点的期望值 =［25×0.6 +(−5)×0.4］万元 =13 万元

从②、③节点期望值的比较来看，应采取投高标的报价策略。

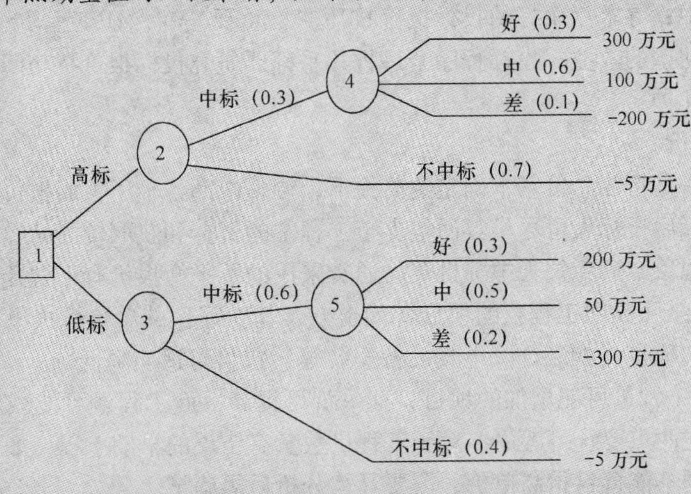

图 4-2 决策树分析法计算示例

（资料来源：http://wenku.baidu.com/link?url=yzwILOP66BIcHiE-o2l_epdbEj-s2yIoiLHRVot0u4Gi5Py6VRQWYqDcJ-q57OVBf_8_ciRJofaQNeD32fL0oII5m-MQhk5mbAWVS-qZIuje，有修改）

4.3 建设工程投标策略与技巧

4.3.1 建设工程投标策略

投标策略是指承包商在投标竞争中的系统工作部署及其参与投标竞争的方式和手段。企业在参加工程投标前，应根据招标工程情况和企业自身的实力，组织有关投标人员进行投标策略分析，其中包括企业目前经营状况和自身实力分析、对手分析和机会利益分析等。招标投标过程中，如何运用以长制短、以优制劣的策略和技巧，关系到能否中标和中标后的效益。在投标过程中，投标策略就是其指导方针。应根据不同招标工程的不同情况和竞争形势，采取不同的投标策略。投标策略非常灵活，但并非不可捉摸，从大量的投标实践中，可归纳出投标策略的三大原则：

1）知己知彼，把握情势。在具体工程投标活动中，掌握“知己知彼，百战不殆”的原则。在投标报价前要了解竞争对手的历史资料，或者知道竞争对手是谁及竞争者数目等。

2）以长胜短，以优胜劣。在知己知彼的基础上，分析本企业和竞争对手在职工队伍素质、技术水平、劳动纪律性、工作效率、施工机械、材料等方面的情况。

3）争取主动，随机应变。建筑市场竞争非常激烈，属于买方市场。承包商要对自己的实力、技术、管理、信誉等各个方面的水平作出正确的估计，估计过高或过低，都不利于市

场竞争。在竞争中，面对复杂的形势，要善于随机应变，准备多种方案和措施，掌握主动权。

4.3.2 建设工程投标技巧

在投标过程中，寻求一个好的投标报价技巧非常重要。在保证工程质量与工期条件下，为了中标并获得期望的效益，投标程序全过程几乎都要研究投标报价技巧问题。常见的投标报价技巧有以下几种：

1. 不平衡报价

不平衡报价，是指在总价基本确定的前提下，调整内部各个子项的报价，以期既不影响总报价，又在中标后投标人可尽早收回垫支于工程中的资金和获取较好的经济效益。但要注意避免畸高畸低现象，避免失去中标机会。通常采用的不平衡报价有下列几种情况：

1）对能早期结账收回工程款的项目（如土方、基础等）的单价可报以较高价，以利于资金周转；对后期项目（如装饰、电气设备安装等）单价可适当降低。

2）估计今后工程量可能增加的项目，其单价可提高，而工程量可能减少的项目，其单价可降低。但上述两点要统筹考虑。对于工程量数量有错误的早期工程，如不可能完成工程量表中的数量，则不能盲目抬高单价，需要具体分析后再确定。

3）图纸内容不明确或有错误，估计修改后工程量要增加的，其单价可提高；而工程内容不明确的，其单价可降低。

4）没有工程量只填报单价的项目（如疏浚工程中的开挖淤泥工作等），其单价宜高。这样，既不影响总的投标报价，又可多获利。

5）对于暂定项目，其实施的可能性大的项目，可定高价；估计该工程不一定实施的可定低价。

6）零星用工（计日工）一般可稍高于工程单价表中的工资单价。之所以这样做是因为零星用工不属于承包有效合同总价的范围，发生时实报实销，也可多获利。

案例 4.3　不平衡报价法的巧妙运用

某大型建设项目进行招标，标底为 8050 万元。某投标单位的投标报价为 7990 万元，为了能提早收回资金，以便投入新的项目，该投标单位采用了不平衡报价法，将基础工程和柱、墙等项目的单价提高了 15%，装饰工程的单价适当下调，做到了总报价仍然为 7990 万元，并且在评标时对调整项目单价作了有力的说明，最后中标。在施工过程中，基础工程等施工完后，回收了大量的资金投入到新项目中。

（资料来源：http：//wenku. baidu. com/view/850f786527d3240c8447ef7e. html，有修改）

这一方法是一个工程项目总报价基本确定后，通过调整内部各个项目的报价，以期既不提高总报价、不影响中标，又能在结算时得到更理想的经济效益。总的来讲，要保证两个原则：“早收钱”和“多收钱”。需要注意的是采用不平衡报价一定要建立在对工程量清单中工程量仔细核对分析的基础上，特别是对报单价的项目。单价的不平衡要注意尺度，不应该成倍或几倍地偏离正常的价格，否则业主可能会判为废标，甚至列入以后禁止投标的黑名单中，就得不偿失了。不平衡报价最终的结果应该是：报价时高低互相抵消，总价上却看不出

来；履约时所形成的数量少，完成的也就少，单价调低，损失也就降到最低；数量多，完成的也多，单价调高，承包商便能获取较大的利润。所以总体利润多、损失小，合起来还是盈利。当然，不平衡报价也有相应的风险，要看投标人的判断和决策是否正确。这就要求投标人具备相当丰富的经验，要对项目进行充分的调研、掌握丰富的资料、把握准确的信息等，这样所作出的判断和决策才是客观的、科学的，才能把风险降至最低。

即使投标人的判断和决策是正确的，招标人也可以在履行合同的时候通过一系列的手段来控制住。例如，要求在投标报价文件中增加工程量清单综合单价分析表来分析每条清单的项目的单价构成，发变更令减少施工的工程量，甚至强行地取消原有设计等，只要在招标文件中注明相关的条款或在合同中约定，投标人就很难利用不平衡报价法来获得利益。

不平衡报价法运用合理，是企业投标技巧的一种表现。关键在于把握一个合理的幅度，幅度大了，影响中标的概率，幅度小了，效果又不明显，要在不平衡中寻求幅度的平衡，这样才能够充分利用不平衡报价法的优势。

2．多方案报价法

多方案报价法是利用工程说明书或合同条款不够明确之处，以争取达到修改工程说明书和合同为目的的一种报价方法。当工程说明书或合同条款有些不够明确之处时，往往使投标人承担较大风险。为了减少风险就必须扩大工程单价。增加不可预见费用，但这样做又会因报价过高而增加被淘汰的可能性，多方案报价法就是为解决这种两难局面而出现的。

其具体做法是在标书上报两个单价。一是按原工程说明书合同条款报一个价，二是加以注解，“如工程说明书或合同条款可作某些改变时”则可降低多少的费用，使报价成为最低，以吸引业主修改说明书和合同条款。

3．增加建议方案

有时招标文件中规定，可以提一个建议方案，即可以修改原设计方案，提出投标者的方案。投标人这时应抓住机会，组织一批有经验的设计和施工工程师，对原招标文件的设计和施工方案仔细研究，提出更合理的方案以吸引业主，促成自己的方案中标。这种新的建议方案可以降低总造价或提前竣工或使工程运用更合理，但要注意的是对原招标方案一定也要报价，以供业主比较。

增加建议方案时，不要将方案写得太具体，保留方案的技术关键，防止业主将此方案交给其他承包商。同时要强调的是，建议方案一定要比较成熟，或过去有实践经验，因为投标时间不长，如果仅为中标而匆忙提出一些没有把握的方案，可能引起后患。

案例4.4　增加建议方案投标的实际运用

某承包商通过资格预审后，对招标文件进行了仔细分析，发现原设计结构方案采用框架剪力墙体系过于保守。因此，该承包商在投标文件中建议将框架剪力墙体系改为框架体系，并对这两种结构体系进行了技术经济分析和比较，证明框架体系不仅能保证工程结构的可靠性和安全性、增加使用面积、提高空间利用的灵活性，而且可降低造价约3%。

【评析】

该方法运用得当，通过对两个结构体系方案的技术经济分析和比较（两个方案均要报价，但要提出以一个为主）论证了建议方案的技术可行性和经济合理性后，对业主有很强的说服力。

（资料来源：王俊安．招标投标案例分析．中国建材工业出版社，2005，有修改）

4．突然降价法

报价是一件保密的工作，但是对手往往通过各种渠道、手段来刺探情况，因之在报价时可以采取迷惑对方的手法。即先按一般情况报价或表现出自己对该工程兴趣不大，到快投标截止时，再突然降价。如鲁布革水电站引水系统工程招标时，日本大成公司知道他的主要竞争对手是前田公司，因而在临近开标前把总报价突然降低 8.04%，取得最低标，为以后中标打下基础。

采用这种方法时，一定要在准备投标报价的过程中考虑好降价的幅度，在临近投标截止日期前，根据情报信息与分析判断，再作最后决策。

如果由于采用突然降价法而中标，因为开标只降总价，在签订合同后可采用不平衡报价的思想调整工程量表内的各项单价，以期取得更高的效益。

案例 4.5 突然降价法的巧妙运用（一）

某小区商住楼土建项目，某投标单位投递的投标书报价为 1080 万元。投递投标书的时间距投标截止日期尚有 3 天，然后经过各种渠道了解，发现该报价与竞争对手相比没有优势，于是在开标前，又递上一封折扣信，在投标书报价的基础上，工程量清单单价与总报价各下降 20%，并最终凭借价格的优势拿到了合同。

【评析】

这样的投标策略，在国际招标中经常出现，国内招标这种方法也逐渐多了起来。这种做法是完全合法的。《招标投标法》中规定："投标人在招标文件要求提交投标文件的截止日期前，可以补充、修改或撤回已提交的投标文件，并书面通知招标人。补充、修改的内容为投标文件的组成部分。"但是需要注意的是这种做法不是由于自身的原因作出的，而是根据其他投标人的投标情况而作出的，会带来恶性竞争的负面作用。而且也不能一味地不顾企业的成本，盲目为了中标而降低报价，导致合同签订后难以履行。

（资料来源：http：//wenku. baidu. com/link？url = yzwILOP66BIcHiE-o2l_epdbEjs2yIoiLH-RV-ot0u4Gi5Py6VRQWYqDcJ-q57OVBf_8_ciRJofaQNeD32fL0oII5m-MQhk5mbAWVSqZIuje，有修改）

案例 4.6 突然降价法的巧妙运用（二）

某承包商通过资格预审后，对招标文件进行了仔细分析，在投标截止日期前一天上午将投标文件报送业主。次日下午，在规定开标时间前一小时，该承包商又递交了一份补充材料，其中声明将原报价降低 1%，并说明了降价的理由。

【评析】

该承包商在投标报价中运用了突然降价法，原投标文件递交时间比投标截止时间仅提前一天多，既符合常理，又为竞争对手调整、确定最终报价留有一定时间，起到迷惑竞争对手的作用。若提前时间太多，会引起竞争对手怀疑，而在开标前一小时突然递交一份补充文件，这时竞争对手已不可能再调整报价了。

（资料来源：全国一级建造师执业资格考试用书编写委员会. 建筑工程管理与实务. 中国建筑工业出版社，有修改）

5. 先亏后盈法

有的承包商为了进入某一地区，依靠国家、某财团或自身的雄厚资本实力，而采取一种不惜代价、只求中标的低价投标方案。应用这种手法的承包商必须有较好的资信条件，并且提出的施工方案也是先进、可行的，同时要加强对公司情况的宣传，否则即使低标价，也不一定被业主选中。

案例4.7　先亏后赢　巧占市场

某承包商为打入西南建筑市场，在2000年采用“先亏后盈方案”承揽了昆明市区一小型人行天桥工程，结算价260余万元，仅盈利1000多元；但为了打入西南市场，该公司投入大量人力物力，确保施工质量优良，并得到政府表彰，随后相继承揽了总造价500多万元的桥梁工程和价值7000余万元的立交桥工程。成立了西南指挥部，成为西南建筑企业的一面旗帜。

【评析】

该承包商成功运用了“先亏后盈法”达到了打入市场、长期盈利的目的。

（资料来源：王俊安. 招标投标案例分析. 中国建材工业出版社，2005，有修改）

6. 优惠取胜法

向业主提出缩短工期、提高质量、降低支付条件，提出新技术、新设计方案，提供物资、设备、仪器（交通车辆、生活设施等），以此优惠条件吸引业主，争取中标。

7. 以人为本法

注重处理好与业主、当地政府的关系，邀请他们到本企业施工管理水平高的在建工地考察，以显示企业的实力和信誉，求得理解与支持，争取中标。

投标报价的技巧还有聘请投标代理人、寻求联合投标等。聪明的承包商在多次投标和施工中还会摸索、总结出应付各种情况的经验，并不断丰富、完善。国际上知名的工程公司都有自己的投标策略和编标技巧，属于其商业机密，一般不会见诸公开刊物。承包商只有通过自己的实践，积累总结，才能不断提高自己的编标报价水平。

案例4.8　报价技巧的综合运用

某办公楼施工招标文件的合同条款中规定：预付款数额为合同价的30%，开工后3天内支付，上部结构工程完成一半时一次性全额扣回，工程款按季度支付。

某承包商对该项目投标，经造价工程师估算，总价为9000万元，总工期为24个月，其中：基础工程估价为1200万元，工期为6个月；结构工程估价为4800万元，工期为

12个月；装饰和安装工程估价为3000万元，工期为6个月。

该承包商为了既不影响中标，又能在中标后取得较好的收益，决定采用不平衡报价法对造价工程师的原估价作适当调整。基础工程调整为1300万元，结构工程调整为5000万元，装饰和安装工程调整为2700万元。

另外，该承包商还考虑到，该工程虽然有预付款，但平时工程款按季度支付不利于资金周转，决定除按上述调整后的数额报价外，还建议业主将支付条件改为：预付款为合同价的5%，工程款按月支付，其余条款不变。

【问题】

1）该承包商所运用的不平衡报价法是否恰当？为什么？

2）除了不平衡报价法，该承包商还运用了哪一种报价技巧？运用是否得当？

【解析】

1）恰当。因为该承包商是将属于前期工程的基础工程和主体结构工程的报价调高，而将属于后期工程的装饰和安装工程的报价调低，可以在施工的早期阶段收到较多的工程款，从而可以提高承包商所得工程款的现值；而且，这三类工程单价的调整幅度均在±10%以内，属于合理范围。

2）该承包商运用的另一种投标技巧是多方案报价法，该报价技巧运用恰当，因为承包商的报价既适用于原付款条件也适用于建议的付款条件。

（资料来源：王俊安．招标投标案例分析．中国建材工业出版社，2005，有修改）

4.4 建设工程投标报价

工程报价是投标的关键性工作，也是整个投标工作的核心。它不仅是能否中标的关键，而且对中标后的盈利多少，在很大程度上起着决定性的作用。工程投标报价的编制原则有：

1）必须贯彻执行国家的有关政策和方针，符合国家的法律、法规和公共利益。

2）认真贯彻等价有偿的原则。

3）工程投标报价的编制必须建立在科学分析和合理计算的基础之上，要较准确地反映工程价格。

4.4.1 建设工程投标报价的一般规定

1）投标报价应由投标人或受其委托具有相应资质的工程造价咨询人编制。

2）投标人应根据《建设工程工程量清单计价规范》（GB 50500—2013）第6.2.1条的规定自主确定投标报价。

3）投标报价不得低于工程成本。

4）投标人必须按照招标工程量清单填报价格。项目编码、项目名称、项目特征、计量单位、工程量必须与招标工程量清单一致。

5）投标人的投标报价高于招标控制价的应予废标。

4.4.2 建设工程投标报价的构成及编制依据

1. 建设工程投标报价的构成

建设工程发承包及实施阶段的工程造价由分部分项工程费、措施项目费、其他项目费、规费和税金五部分组成。实行《建设工程工程量清单计价规范》（GB 50500—2013）之后将“采用工程量清单计价”修改为“建设工程发承包及实施阶段”。实质上，在此阶段进行计价活动，不论采用何种计价方式，建设工程造价均可划分为由分部分项工程费、措施项目费、其他项目费、规费和税金五部分组成。

1）综合单价中应包括招标文件中划分的应由投标人承担的风险范围及其费用，招标文件中没有明确的，应提请招标人明确。

2）分部分项工程和措施项目中的单价项目，应根据招标文件和招标工程量清单项目中的特征描述确定综合单价计算。

3）措施项目中的总价项目金额应根据招标文件及投标时拟订的施工组织设计或施工方案，采用工程量清单综合单价计价，自主确定。其中安全文明施工费必须按照国家或省级、行业建设主管部门的规定计算，不得作为竞争性费用。

4）其他项目应按下列规定报价：暂列金额应按招标工程量清单中列出的金额填写；材料、工程设备暂估价应按招标工程量清单中列出的单价计入综合单价；专业工程暂估价应按招标工程量清单中列出的金额填写；计日工应按招标工程量清单中列出的项目和数量，自主确定综合单价并计算计日工金额；总承包服务费应根据招标工程量清单中列出的内容和提出的要求自主确定。

5）规费和税金应按国家或省级、行业建设主管部门的规定计算，不得作为竞争性费用。

6）招标工程量清单与计价表中列明的所有需要填写单价和合价的项目，投标人均应填写且只允许有一个报价。未填写单价和合价的项目，可视为此项费用已包含在已标价工程量清单中其他项目的单价和合价之中。当竣工结算时，此项目不得重新组价予以调整。

7）投标总价应当与分部分项工程费、措施项目费、其他项目费和规费、税金的合计金额一致。

2. 建设工程投标报价的编制依据

1）《建设工程工程量清单计价规范》（GB 50500—2013）。

2）国家或省级、行业建设主管部门颁发的计价办法。

3）企业定额，国家或省级、行业建设主管部门颁发的计价定额和计价办法。

4）招标文件、招标工程量清单及其补充通知、答疑纪要。

5）建设工程设计文件及相关资料。

6）施工现场情况、工程特点及投标时拟定的施工组织设计或施工方案。

7）与建设项目相关的标准、规范等技术资料。

8）市场价格信息或工程造价管理机构发布的工程造价信息。

9）其他的相关资料。

4.4.3 影响建设工程投标报价计算的主要因素

认真计算工程价格，编制好工程报价是一项很严肃的工作。采用哪一种计算方法进行计价应视工程招标文件的要求。但不论采用哪一种方法都必须抓住编制报价的主要因素。

1. 工程量

工程量是计算报价的重要依据。多数招标单位在招标文件中均附有工程实物量。因此，必须进行全面的或者重点的复核工作，核对项目是否齐全，工程做法及用料是否与图纸相符，重点核对工程量是否正确，以求工程量数字的准确性和可靠性。在此基础上再进行套价计算。如果标书中没有给出工程量数字，在这种情况下就要组织人员进行详细的工程量计算工作，即使时间很紧迫也必须进行。

2. 单价

单价是计算标价的又一个重要依据，同时又是构成标价的第二个重要因素。单价的正确与否，直接关系到标价的高低。因此，必须十分重视工程单价的制定和套用。制定的根据有二：一是国家或地方规定的预算定额、单位估价表及设备价格等；二是人工、材料、机械使用费的市场价格。

3. 其他各类费用的计算

其他各类费用的计算是构成报价的第三个主要因素。这个因素占总报价的比重是很大的，少者占20% ~30%，多者占40% ~50%左右。因此，应重视其计算。

为了简化计算，提高工效，可以把所有的各种费用都折算成一定的系数计入到报价中去。计算出直接费用后再乘以这个系数就可以得出总报价了。

工程报价计算出来以后，可用多种方法进行复核和综合分析。然后，认真、详细地分析风险、利润、报价让步的最大限度。最后，参照各种信息资料以及预测的竞争对手情况确定实际报价。

4.4.4 建设工程投标报价的编制

建设工程投标报价编制是建设工程投标内容中的重要部分，是整个建设工程投标活动的核心环节，报价的高低直接影响着能否中标和中标后是否能够获利。

工程量清单报价，是建设工程招标投标中，招标人按照国家统一的工程量计算规则提供工程数量，由投标人依据工程量清单，根据自身的技术、财务、管理能力进行自主报价。招标人根据具体的评标细则进行选优。投标报价的编制过程应首先根据招标人提供的工程量清单，编制分部分项工程量清单计价表、措施项目清单计价表、其他项目清单计价表、规费、税金，计算完毕之后，汇总而得到单位工程投标报价汇总表，再层层汇总，分别得出单项工程投标报价汇总表和工程项目投标总价汇总表。在编制过程中，投标人应按照招标人提供的工程量清单填报价格。填写的项目编码、项目名称、项目特征、计量单位、工程量必须与招标人提供的一致。

1. 投标报价封面、扉页及汇总表的编制

（1）投标人投标总价封面、扉页。投标人投标总价封面、扉页应填写投标工程的具体名称，投标人应盖单位公章。示例如下：

××中学教学楼 工程

投标总价

投标人：××建筑公司

（单位盖章）

××年×月×日

投标总价

招 标 人：××中学

工程名称：××中学教学楼

投标总价（小写）：7972282

（大写）：柒佰玖拾柒万贰仟贰佰捌拾贰元

投标人：××建筑公司

（单位盖章）

法定代表人

或其授权人：×××

（签字或盖章）

编制人：×××

（造价人员签字盖专用章）

时　间：××年×月×日

（2）投标报价总说明。工程概况：建设规模、工程特征、计划工期、合同工期、实际工期、施工现场及变化情况、施工组织设计的特点、自然地理条件、环境保护要求等。示例如下：

投标报价总说明

工程名称：××中学教学楼工程 **第1页 共1页**

1. 工程概况：本工程为砖混结构，混凝土灌注桩基，建筑层数为六层，建筑面积10940m²，招标计划工期为200日历天，投标日期为180日历天。

2. 投标报价包括范围：为本次招标的施工图范围内的建筑工程和安装工程。

3. 投标报价编制依据：

（1）招标文件、招标工程量清单和有关报价要求，招标文件的补充通知和答疑纪要。

（2）施工图及投标施工组织设计。

（3）《建设工程工程量清单计价规范》（GB 50500—2013）以及有关的技术标准、规范和安全管理规定等。

（4）省建设主管部门颁发的计价定额和计价办法及相关计价文件。

（5）材料价格根据本公司掌握的价格情况并参照工程所在地工程造价管理机构××年×月工程造价信息发布的价格。单价中已包括招标文件要求的≤5%的价格波动风险。

4. 其他（略）。

（3）工程计价汇总表。投标报价汇总表与投标函中投标报价金额应当一致。就投标文件的各个组成部分而言，投标函是最重要的文件，其他组成部分都是投标函的支持性文件，投标函是必须经过投标人签字盖章，并且在开标会上必须当众宣读的文件。如果投标报价汇总表的投标总价与投标函填报的投标总价不一致，应当以投标函中填写的大写金额为准。实践中，对该原则一直缺少一个明确的依据，为了避免出现争议，可以在“投标人须知”中给予明确，用在招标文件中预先给予明示约定的方式来弥补法律法规依据的不足。建设项目投标报价汇总表格式件表4-2，单项工程和单位工程投标报价汇总表格式见表4-3、表4-4。

表4-2 建设项目①投标报价汇总表

工程名称：××中学教学楼工程 **第1页 共1页**

序号	单项工程名称	金额/元	其中：/元		
			暂估价	安全文明施工费	规费
1	教学楼工程	8209872	878001	235530	268358
合计		8209872	878001	235530	268358

注：本表适用于建设项目招标控制价或投标报价的汇总。

① 本工程仅为一栋教学楼，故单项工程即为建设项目。

表4-3 单位工程投标报价汇总表

工程名称：××中学教学楼工程 **第1页 共1页**

序号	单位工程名称	金额/元	其中：/元		
			暂估价	安全文明施工费	规费
1	建筑工程	7154433	800000	209650	239001

（续）

序号	单位工程名称	金额/元	其中：/元		
			暂估价	安全文明施工费	规费
2	安装工程	1055439	78001	25880	29357
	合计	8209872	878001	235530	268358

注：本表适用于单项工程招标控制价或投标报价的汇总。暂估价包括分部分项工程中的暂估价和专业工程暂估价。

表4-4　单位工程投标报价汇总表

工程名称：××中学教学楼工程土建部分　　　　**第1页　共1页**

序号	汇总内容	金额/元	其中：暂估价/元
1	分部分项工程	5802979	800000
1.1	土石方工程	99757	—
1.2	桩基工程	397283	—
1.3	砌筑工程	725456	—
1.4	混凝土及钢筋混凝土工程	2496270	—
1.5	金属结构工程	1846	—
1.6	门窗工程	411756	—
1.7	屋面及防水工程	264536	—
1.8	保温、隔热、防腐工程	138444	—
1.9	楼地面装饰工程	312306	—
1.10	墙柱面装饰与隔断、幕墙工程	452155	—
1.11	天棚工程	241228	—
1.12	油漆、涂料、裱糊工程	261942	—
2	措施项目	265966	—
2.1	其中：安全文明施工费	209650	—
3	其他项目	583600	—
3.1	其中：暂列金额	350000	—
3.2	其中：专业工程暂估价	200000	—
3.3	其中：计日工	26528	—
3.4	其中：总承包服务费	20760	—
4	规费	239001	—
5	税金	262887	—
投标总价合计=1+2+3+4+5		7154433	800000

注：本表适用于投标报价的汇总，如无单位工程划分，单项工程也使用本表汇总。

2. 分部分项工程量清单与计价表的编制

承包人投标价中的分部分项工程费应按招标文件中分部分项工程量清单项目的特征描述确定综合单价来计算。因此，确定综合单价是分部分项清单与计价表编制过程中最主要的内容。综合单价包括完成单位分部分项工程所需的人工费、材料费、机械使用费、管理费、利

润，并考虑风险费用的分摊。其中人工费、材料费、机械费是指市场价的人材机费用。管理费是指发生在企业、施工现场的各项费用。利润（含风险费）由施工单位根据工程情况和市场因素，自主确定。其计算公式为

分部分项工程综合单价 = 人工费 + 材料费 + 机械使用费 + 管理费 + 利润 + 风险

编制投标报价时，投标人对表中的“项目编码”“项目名称”“项目特征描述”“计量单位”“工程量”均不应改动。“综合单价”“合价”自主决定填写，对其中的“暂估价”栏，投标人应将招标文件中提供了暂估材料单价的暂估价计入综合单价，并应计算出暂估单价的材料在“综合单价”及其“合价”中的具体数额，因此，为更详细反映暂估价情况，也可在表中增设一栏“综合单价”其中的“暂估价”。分部分项工程和单价措施项目清单与计价表格式见表4-5。

表4-5　分部分项工程和单价措施项目清单与计价表

工程名称：××中学教学楼工程土建部分　　　　标段：　　　　第1页　共5页

序号	项目编码	项目名称	项目特征描述	计量单位	工程量	金额/元		
						综合单价	合价	其中 暂估价
		0101 土石方工程						
1	010101003001	挖沟槽土方	三类土，垫层底宽 2m，挖土深度 <4m，弃土运距 <7km	m^3	1432	21.92	31389	
		（其他略）						
		分部小计					99757	
		0103 桩基工程						
2	010302003001	泥浆护壁混凝土灌注桩	桩长 10m，护壁段长 9m，共42根，桩直径 1000mm，扩大头直径 1100mm，桩混凝土为 C25，护壁混凝土为 C20	m	420	322.06	135265	
		（其他略）						
		分部小计					397283	
		0104 砌筑工程						
3	0104010001001	条形砖基础	M10 水泥砂浆 MU15 页岩砖 240mm×115mm×53mm	m^3	239	290.46	69420	
4	010401003001	实心砖墙	M7.5 混合砂浆，MU15 页岩砖 240mm×115mm×53mm，墙厚度 240mm	m^3	2037	304.43	620124	
		（其他略）						
		分部小计					725456	
本页小计							1222496	
合计							1222496	

注：为计取规费等的使用，可在表中增设“其中：定额人工费”。

工程量清单综合单价分析表（格式见表4-5）是评标委员会评审和判别综合单价组成以及其价格完整性、合理性的主要基础，对因工程变更、工程量偏差等原因调整综合单价也是必不可少的基础价格数据来源。采用经评审的最低投标价法评标时，该分析表的重要性更加突出。编制投标报价，使用表4-6应填写使用的企业定额名称，也可填写使用的省级或行业建设主管部门发布的计价定额，如不使用，不填写。

表4-6 综合单价分析表

工程名称：××中学教学楼工程　　标段：　　第1页　共3页

<table>
<tr><td>项目编码</td><td colspan="2">010515001001</td><td>项目名称</td><td colspan="2">现浇构件钢筋</td><td colspan="2">计量单位</td><td>t</td><td colspan="2">工程量</td><td>200</td></tr>
<tr><td colspan="12">清单综合单价组成明细</td></tr>
<tr><td rowspan="2">定额编号</td><td rowspan="2">定额项目名称</td><td rowspan="2">定额单位</td><td rowspan="2">数量</td><td colspan="4">单价</td><td colspan="4">合价</td></tr>
<tr><td>人工费</td><td>材料费</td><td>机械费</td><td>管理费和利润</td><td>人工费</td><td>材料费</td><td>机械费</td><td>管理费和利润</td></tr>
<tr><td>AD0899</td><td>现浇构件钢筋制、安</td><td>t</td><td>1.07</td><td>294.75</td><td>4327.70</td><td>62.42</td><td>102.29</td><td>294.75</td><td>4327.70</td><td>62.42</td><td>102.29</td></tr>
<tr><td colspan="2">人工单价</td><td colspan="6">小计</td><td>294.75</td><td>4327.70</td><td>62.42</td><td>102.29</td></tr>
<tr><td colspan="2">80元/工日</td><td colspan="6">未计价材料费</td><td colspan="4"></td></tr>
<tr><td colspan="8">清单项目综合单价</td><td colspan="4">4787.16</td></tr>
<tr><td rowspan="7">材料费明细</td><td colspan="5">主要材料名称、规格、型号</td><td>单位</td><td>数量</td><td>单价/元</td><td>合价/元</td><td>暂估单价/元</td><td>暂估合价/元</td></tr>
<tr><td colspan="5">螺纹钢筋 Q235，Φ14</td><td>t</td><td>1.07</td><td></td><td></td><td>4000</td><td>4280</td></tr>
<tr><td colspan="5">焊条</td><td>kg</td><td>8.64</td><td>4.00</td><td>34.14</td><td></td><td></td></tr>
<tr><td colspan="5"></td><td></td><td></td><td></td><td></td><td></td><td></td></tr>
<tr><td colspan="5"></td><td></td><td></td><td></td><td></td><td></td><td></td></tr>
<tr><td colspan="6">其他材料费</td><td>—</td><td>13.14</td><td>—</td><td></td><td></td></tr>
<tr><td colspan="6">材料费小计</td><td>—</td><td>47.70</td><td>—</td><td></td><td>4280</td></tr>
</table>

注：1. 如不使用省级或行业建设主管部门发布的计价依据，可不填定额编号、名称等。

2. 招标文件提供了暂估单价的材料，按暂估的单价填入表内“暂估单价”栏及“暂估合价”栏。

3. 措施项目清单与计价表的编制

措施项目费是指为完成建设工程施工，发生于该工程施工前和施工过程中的技术、生活、安全、环境保护等方面的费用。即为除工程清单项目以外，为保证工程顺利进行，按照国家现行有关建设工程施工及验收规范、规程要求，必须配套完成的工程内容所需的费用。主要是计算各项措施项目费，措施项目费应根据招标文件中的措施项目清单及投标时拟订的施工组织设计或施工方案按不同报价方式自主报价。

措施项目费内容包括：①安全文明施工费；②夜间施工增加费，是指因夜间施工所发生的夜班补助费、夜间施工降效、夜间施工照明设备摊销及照明用电等费用；③二次搬运费，是指因施工场地条件限制而发生的材料、构配件、半成品等一次运输不能到达堆放地点，必须进行二次或多次搬运所发生的费用；④冬雨季施工增加费，是指在冬季或雨季施工需增加

的临时设施、防滑、排除雨雪，人工及施工机械效率降低等费用；⑤已完工程及设备保护费，是指竣工验收前，对已完工程及设备采取的必要保护措施所发生的费用；⑥工程定位复测费，是指工程施工过程中进行全部施工测量放线和复测工作的费用；⑦特殊地区施工增加费，是指工程在沙漠或其边缘地区、高海拔、高寒、原始森林等特殊地区施工增加的费用；⑧大型机械设备进出场及安拆费，是指机械整体或分体自停放场地运至施工现场或由一个施工地点运至另一个施工地点，所发生的机械进出场运输及转移费用及机械在施工现场进行安装、拆卸所需的人工费、材料费、机械费、试运转费和安装所需的辅助设施的费用；⑨脚手架工程费，是指施工需要的各种脚手架搭、拆、运输费用以及脚手架购置费的摊销（或租赁）费用。措施项目及其包含的内容详见各类专业工程的现行国家或行业计量规范。编制工程量清单时，表中的项目可根据工程实际情况进行增减。编制投标报价时，除“安全文明施工费”必须按规范的强制性规定，按省级或行业建设主管部门的规定计取外，其他措施项目均可根据投标施工组织设计自主报价。总价措施项目清单与计价表格式见表4-7。

表4-7 总价措施项目清单与计价表

工程名称：××中学教学楼工程土建部分　　标段：　　第1页 共1页

序号	项目编码	项目名称	计算基础	费率（%）	金额/元	调整费率（%）	调整后金额/元	备注
		安全文明施工费	定额人工费	25	209650			
		夜间施工增加费	定额人工费	3	25158			
		二次搬运费	定额人工费	2	16772			
		冬雨季施工增加费	定额人工费	1	8386			
		已完工程及设备保护费			6000			
		合计			265966			

编制人（造价人员）：　　复核人（造价工程师）：

注：1. “计算基础”中安全文明施工费可为“定额基价”“定额人工费”或“定额人工费+定额机械费”，其他项目可为“定额人工费”或“定额人工费+定额机械费”。

2. 按施工方案计算的措施费，若无“计算基础”和“费率”的数值，也可只填“金额”数值，但应在备注栏说明施工方案出处或计算方法。

4. 其他项目清单与计价表的编制

其他项目费主要包括暂列金额、暂估价、计日工、总承包服务费。暂列金额，是指建设单位在工程量清单中暂定并包括在工程合同价款中的一笔款项。用于施工合同签订时尚未确定或者不可预见的所需材料、工程设备、服务的采购，施工中可能发生的工程变更、合同约定调整因素出现时的工程价款调整以及发生的索赔、现场签证确认等的费用。计日工，是指在施工过程中，施工企业完成建设单位提出的施工图纸以外的零星项目或工作所需的费用。总承包服务费，是指总承包人为配合、协调建设单位进行的专业工程发包，对建设单位自行采购的材料、工程设备等进行保管以及施工现场管理、竣工资料汇总整理等服务所需的费用。编制招标工程量清单时，应汇总“暂列金额”和“专业工程暂估价”，以提供给投标人报价。编制投标报价时，应按招标工程量清单提供的“暂列金额”和“专业工程暂估价”填写金额，不得变动。“计日工”“总承包服务费”自主确定报价。其他措施项目清单与计价汇总表格式见表4-8。

表 4-8　其他项目清单与计价汇总表

工程名称：××中学教学楼工程土建部分　　　　第 1 页　共 1 页

序号	项目名称	金额/元	结算金额/元	备注
1	暂列金额	350000		
2	暂估价	200000		
2.1	材料暂估价	—		
2.2	专业工程暂估价	200000		
3	计日工	26528		
4	总承包服务费	20760		
5				
	合计		583600	—

注：材料（工程设备）暂估单价进入清单项目综合单价，此处不汇总。

5. 规费、税金项目清单与计价表的编制

规费是指按国家法律、法规规定，由省级政府和省级有关权力部门规定必须缴纳或计取的费用。包括：社会保险费；住房公积金；工程排污费。工程排污费，是指按规定缴纳的施工现场工程排污费。其他应列而未列入的规费，按实际发生计取。

税金是指国家税法规定的应计入建筑安装工程造价内的营业税、城市维护建设税、教育费附加以及地方教育附加。

在施工实践中，有的规费项目，如工程排污费，并非每个工程所在地都要征收，实践中可作为按实计算的费用处理。规费、税金项目计价表格式见表 4-9。

表 4-9　规费、税金项目计价表

工程名称：××中学教学楼工程土建部分　　　标段：　　　第 1 页　共 1 页

序号	项目名称	计算基础	计算基数	计算费率（%）	金额/元
1	规费	定额人工费			239001
1.1	社会保险费	定额人工费	（1）+…+（5）		188685
（1）	养老保险费	定额人工费		14	117404
（2）	失业保险费	定额人工费		2	16772
（3）	医疗保险费	定额人工费		6	50316
（4）	工伤保险费	定额人工费		0.25	2096.5
（5）	生育保险费	定额人工费		0.25	2096.5
1.2	住房公积金	定额人工费		6	50318
1.3	工程排污费	按工程所在地环境保护部门收取标准，按实计入		—	—
2	税金	分部分项工程费＋措施项目费＋其他项目费＋规费－按规定不计税的工程设备金额		3.41	262887
		合计			501888

编制人（造价人员）：　　　　　　　　复核人（造价工程师）：

6. 工程量清单计价格式的填写规定

1）工程量清单计价格式应由投标人填写。

2）封面应按规定内容填写、签字、盖章。

3）投标总价应按工程项目总价表合计金额填写。

4）工程项目总价表中单项工程名称应按单项工程费汇总表的工程名称填写，表中金额应按单项工程费汇总表的合计金额填写。

5）单项工程费汇总表中单位工程名称应按单位工程费汇总表的工程名称填写，表中金额应按单位工程费汇总表的合计金额填写。

6）单位工程费汇总表中的金额应分别按照分部分项工程量清单计价表、措施项目清单计价表和其他项目清单计价表的合计金额和按有关规定计算的规费、税金填写。

7）分部分项工程量清单计价表中的序号、项目编码、项目名称、计量单位、工程数量必须按分部分项工程量清单中的相应内容填写。

8）措施项目清单计价表中的序号、项目名称必须按措施项目清单中的相应内容填写。投标人可根据施工组织设计采取的措施增加项目。

9）其他项目清单计价表中的序号、项目名称必须按其他项目清单中的相应内容填写。招标人部分的金额必须按招标人提出的数额填写。具体明细表见《建设工程工程量清单计价规范》（GB 50500—2013）附录 G 表 G.1 ~ 表 G.6。

10）分部分项工程量清单综合单价分析表和措施项目费分析表，应由招标人根据需要提出要求后填写。

4.5 建设工程投标文件的编制和提交

建设工程投标文件是招标人判断投标人基本情况和承揽工程能力的主要依据，也是评标委员会进行评审和比较的对象。招标文件与中标单位的投标文件一起构成招标投标双方签订合同的法定依据。因此，投标人必须高度重视建设工程投标文件的编制与提交工作。

4.5.1 建设工程投标文件的组成

工程投标文件，是工程投标人单方面阐述自己响应招标文件要求，旨在向招标人提出愿意订立合同的意思表示，是投标人确定、修改和解释有关投标事项的各种书面表达形式的统称。

投标人在投标文件中必须明确向招标人表示愿以招标文件的内容订立合同的意思；必须对招标文件提出的实质性要求和条件作出响应，不得以低于成本的报价竞标；必须由有资格的投标人编制；必须按照规定的时间、地点递交给招标人。否则该投标文件将被招标人拒绝。

投标文件一般由下列内容组成：

1）投标函。

2）投标函附录。

3）投标保证金。

4）法定代表人资格证明书。

5）授权委托书。

6）具有标价的工程量清单与报价表。

7）辅助资料表。

8）资格审查表（资格预审的不采用）。

9）对招标文件中的合同协议条款内容的确认和响应。

10）施工组织设计。

11）招标文件规定提交的其他资料。

投标人必须使用招标文件提供的投标文件表格格式，但表格可以按同样格式扩展。招标文件中拟定的供投标人投标时填写的一套投标文件格式，主要有投标函及其附录、工程量清单与报价表、辅助资料表等。

4.5.2 编制建设工程投标文件的基本要求

由于建设工程投标文件编制的专业性、系统性，要求投标企业必须指定企业有经验的负责人专门领导进行，设立专业的投标管理部门。部门选聘优秀的专业技术人才，组成人员需要具有强烈的责任心，制定出相应的投标策略，充分调动全体员工的积极性确保投标工作顺利进行。投标文件编制过程中需要做好以下工作：

1. 制订投标文件的编制计划

确定招标项目后应及时购买招标文件，在编制投标文件之前，投标项目负责人应及时组织召开投标文件编制会议，决定投标文件编制标准，根据标准制订详细的编制计划。

2. 责任到人，分工明确

确定投标项目负责人责任制。项目负责人负责组织牵头，分成若干组，每一组都有人负责，相对独立，又相互合作与协调。一般分为施工组织设计组、报价组和合成组。投标工作必须分工明确，责任到人，每一部门，每一位员工都有参与投标的要求。根据编制分工，高质量、高标准地完成各自的工作，共同努力，编制出高质量的投标文件。投标工作是一项非常复杂的系统性工作，涉及的部门很多，不仅是一个独立的业务部门，还需要建筑企业各个部门的协作。必须责任到人，分工明确。并且负责人要积极理顺与各部门之间的关系，保证按期保质完成投标文件。

3. 全面理解并积极响应招标文件各项实质性要求

招标与投标实质上是一种买和卖的行为，只不过这种买与卖完全遵循着公开、公平和公正的原则，按着法律规定的程序和要求进行，这与传统的物资采购相比，无论从采购的管理思想还是采购方式都有很大的不同。对于招标方来说，采购的所有要求和条件完全体现在招标文件之中，这些要求和条件就是评标委员会衡量投标方能否中标的依据，除此之外不允许有额外的要求和条件。而对于投标方来说，必须完全按照招标文件的要求来编写投标文件，如果投标方没有按照招标文件的要求对招标文件提出的要求和条件作出响应，或者作出的响应不完全，或者对某些重要方面和关键条款没有作出响应，或者这种响应与招标文件的要求存在重大偏差，都可能导致投标方投标失败。例如，某招标文件确定投标有效期为 90 天，而有的投标企业并没有响应，在投标文件中却明确自己的投标有效期为 60 天。这样既使投标文件再出色，其他方面的承诺再好，仅此一条就在评标开始前的符合性检查中被淘汰出局了。

《中华人民共和国招标投标法》规定，“投标文件应当对招标文件提出的实质性要求和条件作出响应”。有关主管部门也对不响应实质性要求和条件的投标作为废标处理作出了若干具体规定。因此投标企业在编制投标文件时，一定先要把招标文件中提出的所有实质性要求和条件是什么弄清楚，并在投标文件中一一作出响应。这里所谓“实质性”要求和响应，是指投标文件所提供的有关资格证明文件、提交的投标保证金、技术规范、合同条款等要与招标文件要求的条款、条件和规格相符，并且没有重大偏差。因此投标人在编制投标文件前，必须把招标文件从头到尾认真、仔细地阅读，不放过任何一个细节和疑问，对重要的段落要反复研读，加深理解，并标注重点线；同时应认真审查招标项目的施工图，核对工程量清单。“投标人须知前附表”和“投标人须知”是招标人提醒投标人在投标文件中务必正确、全面回答的具体注意事项的书面说明。因此，投标人必须反复阅读和理解，直至完全明白。否则，稍有不慎或内容理解错误，都有可能导致投标失败。

4. 重视对投标文件的检查校核

投标文件在最后的阶段即在投标文件正式投递前，必须预留两到三天的时间进行认真的检查校核。检查校核应当成立专门的检校组进行，对投标文件响应招标文件的情况，投标文件编制的科学性、合理性、规范性进行最终的审校。以最大限度地防止废标，利于中标。

4.5.3 建设工程投标文件的编制步骤

投标人在领取招标文件以后，就要进行投标文件的编制工作。

编制投标文件的一般步骤是：

1）熟悉招标文件、图纸、资料，对图纸、资料有不清楚、不理解的地方，可以用书面或口头方式向招标人询问、澄清。

2）参加招标人施工现场情况介绍和答疑会。

3）调查当地材料供应和价格情况。

4）了解交通运输条件和有关事项。

5）编制施工组织设计，复查、计算图纸工程量。

6）编制或套用投标单价。

7）计算取费标准或确定采用取费标准。

8）计算投标造价。

9）核对调整投标造价。

10）确定投标报价。

编制招标文件步骤中的第一步较为关键，拿到招标文件后，投标人应及时组织有关人员认真仔细阅读招标文件，全面认真理解后，再按照以上步骤进行编制。

4.5.4 精心编制投标文件

精心编制投标文件需要由专业人员从商务文件、技术文件、价格文件等部分认真细致地制作投标书。在投标书制作过程中要针对招标书中提出的不同要求和内容，详细了解对投标人的资质、技术和商务要求，认真地研究招标文书中的内容，有针对性地提供真实、可靠的资料。尤其需要注意的是商务文件部分，因为这是保证投标人具有投标资格的有效证明，最好能编制目录，注明页码，并将商务文件编制在一起，且一定要前后呼应，列入目录的文件一定要编入。编制投标文件过程中，切不可只按照自己以往的经验和资料而没有完全采用投标文件提供资料和格式，更不能以为本企业有优势而出现失误，导致没有按招标书上的要求提供相关资料。这种情况下导致被取消中标资格是很可惜的。投标人要从总体上对报价进行把握，力求报价适中，既能达到中标的目的，还能获得最大的利益。建筑企业要根据投标对象计算出成本价，估算出其他投标人可能的报价，并以最优性价比提出自己的最合理报价，以求既达到中标的目的，又使投标人获得尽可能大的经济利益。

4.5.5　编制工程投标文件的注意事项

(1) 投标人编制投标文件时必须使用招标文件提供的投标文件表格格式，但表格可以按同样格式扩展。投标保证金、履约保证金的方式，按招标文件有关条款的规定可以选择。投标人根据招标文件的要求和条件填写投标文件的空格时，凡要求填写的空格都必须填写，不得空着不填；否则，即被视为放弃意见。实质性的项目或数字如工期、质量等级、价格等未填写的，将被作为无效或作废的投标文件处理。将投标文件按规定的日期送交招标人，等待开标、决标。

(2) 所有投标文件均由投标人的法定代表人签署、加盖印鉴，并加盖法人单位公章。

(3) 应当编制的投标文件“正本”仅一份，“副本”则按招标文件前附表所述的份数提供，同时要明确标明“投标文件正本”和“投标文件副本”字样。投标文件正本和副本如有不一致之处，以正本为准。

(4) 投标文件正本与副本均应使用不能擦去的墨水打印或书写，各种投标文件的填写都要字迹清晰、端正，补充设计图纸要整洁、美观。

(5) 投标人应将投标文件的正本和每份副本分别密封在内层包封，再密封在一个外层包封中，并在内包封上正确标明“投标文件正本”和“投标文件副本”。内层和外层包封都应写明招标人名称和地址、合同名称、工程名称、招标编号，并注明开标时间以前不得开封。在内层包封上还应写明投标人的名称与地址、邮政编码，以便投标出现逾期送达时能原封退回。如果内外层包封没有按上述规定密封并加写标志，招标人将不承担投标文件错放或提前开封的责任，由此造成的提前开封的投标文件将被拒绝，并退还给投标人。投标文件递交至招标文件前附表所述的单位和地址。

(6) 如招标文件规定投标保证金为合同总价的某百分比时，投标保函不要太早开出，以防泄漏己方报价。但有的投标商提前开出并故意加大保函金额，以麻痹竞争对手的情况也是存在的。

(7) 填报投标文件应反复校核，保证分项和汇总计算均无错误。全套投标文件均应无涂改和行间插字，除非这些删改是根据招标人的要求进行的，或者是投标人造成的必须修改的错误。修改处应由投标文件签字人签字证明并加盖印鉴。

投标人在编制投标文件时应特别注意，以免被判为无效标而前功尽弃。

4.5.6　建设工程投标文件的提交

建设工程投标文件提交前，应当了解废标的条件。根据现行法律、法规，废标条件主要有如下几种：

1）逾期送达的或者未送达指定地点的。

2）未按招标文件要求密封的。

3）无单位盖章并无法定代表人签字或盖章的。

4）未按规定格式填写，内容不全或关键字迹模糊、无法辨认的。

5）投标人递交两份或多份内容不同的投标文件，或在一份投标文件中对同一招标项目报有两个或多个报价，且未声明哪一个有效的（按招标文件规定提交备选投标方案的除外）。

6）投标人名称或组织机构与资格预审时不一致的。

7）未按招标文件要求提交投标保证金的。

8）联合体投标未附联合体各方共同投标协议的。

投标人应在招标文件规定的投标截止时间以前将投标文件提交给招标人。当招标人延长了递交投标文件的截止时间，招标人与投标人在之前规定的投标截止时间方面的权利、义务和责任，将用于延长后的投标截止时间。在投标截止时间以后送达的投标文件，招标人将拒收。

投标人可以在提交投标文件以后，在规定的投标截止时间之前，采用书面形式向招标人递交补充、修改或撤回其投标文件的通知。在投标截止时间以后，不能再更改投标文件。投标人的补充、修改或撤回通知，应严格按照招标文件中投标人须知的规定编制、密封和提交，补充、修改的内容为投标文件的组成部分。根据招标文件的规定，在投标截止时间与招标文件中规定的投标有效期终止时间之间的这段时间内，投标人不能撤回投标文件，否则其投标保证金将不予退还。

投标文件提交前的准备工作及要求主要有如下内容：参加开标的人员要积极主动完成投标文件递交前的各项工作。包括投标文件的修改，修改报价声明书金额的填写或打印，投标文件的装订及报送软盘、光盘标签的检查，投标文件的盖章、签字、包封、密封等工作。准备好递交投标文件时要携带的各种证件和资料如委托书、身份证、企业营业执照、资质证书、交易证、投标银行保函或银行汇票等。因为这些准备工作没做到位、遗忘证件或资料而造成废标是非常可惜的。在实际工作中，就有因漏在有要求由投标人本单位的注册造价工程师加盖执业专用章并签字的表格上签字而废标的情况；或由委托代理人签字的，却漏将授权委托书放入投标文件中而废标的。

案例4.9 住宅项目投标文件提交

某房地产公司计划在北京开发某住宅项目，采用公开招标的形式，有A、B、C、D、E 5家施工单位领取了招标文件。该工程招标文件规定2003年1月20日上午10：30为投标文件接收终止时间。在提交投标文件的同时，需投标单位提供投标保证金20万元。

在2003年1月20日，A、B、C、D 4家投标单位在上午10：30前将投标文件送达，E单位在上午11：00送达。各单位均按招标文件的规定提供了投标保证金。

在上午10：25时，B单位向招标人递交了一份投标价格下降5%的书面说明。

在开标过程中，招标人发现C单位的标袋密封处仅有投标单位公章，没有法定代表人印章或签字。

【问题】

(1) 这次招标哪几家投标单位投标无效，为什么？

(2) B单位向招标人递交的书面说明是否有效？

(3) 通常情况下，废标的条件有哪些？

【解析】

(1) 在此次招标投标过程中，C、E两家标书为无效标。C单位因投标书只有单位公章未有法定代表人印章或签字，不符合招标投标法的要求，为废标；E单位未能在投标截止时间前送达投标文件，按规定应作为废标处理。

(2) B单位向招标人递交的书面说明有效。根据《招标投标法》的规定，投标人在招标文件要求提交投标文件的截止时间前，可以补充、修改或者撤回已提交的投标文件，补充、修改的内容作为投标文件的组成部分。

(3) 废标的条件如下：

1) 逾期送达的或者未送达指定地点的。

2) 未按招标文件要求密封的。

3) 无单位盖章并无法定代表人签字或盖章的。

4) 未按规定格式填写，内容不全或关键字迹模糊、无法辨认的。

5) 投标人递交两份或多份内容不同的投标文件，或在一份投标文件中对同一招标项目报有两个或多个报价，且未声明哪一个有效（按招标文件规定提交备选投标方案的除外）的。

6) 投标人名称或组织机构与资格预审时不一致的。

7) 未按招标文件要求提交投标保证金的。

8) 联合体投标未附联合体各方共同投标协议的。

（资料来源：http://wenku.baidu.com/view/850f786527d3240c8447ef7e.html，有修改）

思考与讨论

1. 简述建设工程投标程序。
2. 常用的投标技巧有哪些？
3. 投标报价的内容有哪些？
4. 简述建设工程投标文件编制的基本要求。
5. 简述建设工程投标文件的编制步骤。
6. 废标的条件有哪些？

阅读材料

材料一　事先串谋　招标无效

某建设单位准备建一座图书馆，建筑面积5000m^2，预算投资400万元，建设工期为10个月。

工程采用公开招标的方式确定承包商。按照《中华人民共和国招标投标法》和《中华人民共和国建筑法》的规定，建设单位编制了招标文件，并向当地的建设行政管理部门提出了招标申请书，得到了批准。但是在招标之前，该建设单位就已经与甲施工公司进行了工程招标沟通，对投标价格、投标方案等实质性内容达成了一致的意向。

招标公告发布后，来参加投标的公司有甲、乙、丙三家。按照招标文件规定的时间、地点及投标程序，三家施工单位向建设单位投递了标书。在公开开标的过程中，甲和乙承包单位在施工技术、施工方案、施工力量及投标报价上相差不大，乙公司在总体技术和实力上较甲公司好一些。但是，定标的结果确定是甲承包公司。乙公司很不满意，但最终接受了这个竞标的结果。

20多天后，一个偶然的机会，乙承包公司接触到甲公司的一名中层管理人员，在谈到该建设单位的工程招标问题时，甲公司的这名员工透露说，在招标之前，该建设单位和甲公司已经进行了多次接触，中标条件和标底是双方议定的，参加投标的其他人都不知情。对此情节，乙公司认为该建设单位严重违反了法律的有关规定，遂向当地建设行政管理部门举报，要求建设行政管理部门依照职权宣布该招标结果无效。经建设行政管理部门审查，乙公司所陈述的事实属实，遂宣布本次招标结果无效。

甲公司认为，建设行政管理部门的行为侵犯了甲公司的合法权益，遂起诉至法院，请求法院依法判令被告承担侵权的民事责任，并确认招标结果有效。由于该建设单位违反《招标投标法》规定，招标前事先与投标人甲公司就投标价格、投标方案等实质性内容达成一致意向。对建设单位的这种违法行为，有关行政监督部门给予了警告，对单位直接负责的主管人员和其他直接责任人员依法给予了处分。同时，法院依法驳回了甲公司的起诉，维持建设行政主管部门关于本次招标结果无效的处理结果。

（资料来源：王俊安. 招标投标案例分析. 中国建材工业出版社，2005，有修改）

材料二　如何制作高质量投标文件

为了鼓励竞争、打破行政保护和部门垄断，国家实行了工程项目招标投标工作，工程择优设计、择优施工，极大地提高了基本建设工程项目的投资效益。近两年来，某公司参加了市内外50多个工程的投标。其中有26个工程中标，中标率达50%。此处浅谈如何制作优秀的标书以提高中标率。

1. 投标单位领导必须高度重视投标工作，将投标工作放在一切工作的首位

投标单位需要组建一支强有力的投标工作小组，小组成员必须具有较强的责任心和业务技术专长。首先将投标工作作进一步细化，具体可以划分为：前期信息采集工作、外围协调工作、投标报价编制工作、施工组织设计撰写工作、拟投项目机构人员组织配备工作、企业荣誉和项目经历业绩证明资料收集工作、投标文件的最终审核校对工作和参与开标人员组织工作等几项内容，业务组长应该针对小组成员的业务专长合理进行职责分工。确保投标文件的科学性和合理性。

2. 各部门紧密配合，投标小组成员高度重视，仔细分析理解投标文件的要求，做出符合招标文件要求的投标文件

各部门在接到投标任务以后，应该引起高度重视，始终做到赶早不赶晚，二十四小时不关机，保证随叫随到，严格做好保密工作。防止投标信息外漏。针对职责分工，各部门应该从以下几方面做起：

（1）前期信息收集工作：单位应该指定有关人员具体负责招标信息收集工作，其主要任务是：每天阅读报刊的招标公告，浏览招标信息网页和其他相关招标媒体公告，将符合单位资质要求的招标信息及时记录下来，报请主管领导批示，确定是否参与相关项目的投标工作。

(2) 外围协调工作：投标外围协调工作任务十分艰巨，责任重大，面对当前激烈的市场竞争机制，结合单位的实际情况，外围协训人员必须审时度势，权衡利弊，将协调工作从平常做起，从细处做起，主要做好与往来单位之间的协调沟通，树立单位良好的对外形象和构建和谐的合作诚意，根据前期信息采集人员获取的相关资料，提前与业主单位技术管理人员进行沟通，获取更有价值的工程信息，为投标工作奠定较好的人脉基础。

(3) 投标报价编制工作：投标报价编制人员在接到投标工作任务后，首先应仔细阅读招标文件中有关报价格式的要求和评标办法，然后有针对性地复核招标图纸工程量，同时抽时间对所涉及的原材料进行市场价格调查，必须保证调查数据的准确性和调查方法的科学性，根据调查的原材料价格和拦标价中规定的运距进行材料预算价格分析，将实际预算价格与拦标价预算价格进行对比，以此来校核拦标价中原材料预算价格的合理性和公道性。根据原材料价格进一步作细目单价分析，合理选用定额，将分析出来的细目单价与招标单价对比，仔细查找拦标价中预算过程是否存在漏项和缺项问题，对校核过程中发现的错误问题及时以书面形式上报招标代理中心（或招标办公室），请其在规定时间内予以答复；同时对细目工程成本费用进行分析，将成本价和下浮相应点数后的拦标价进行对比分析，总体上权衡利润大小，将准确的数据及时上报有关领导进行决策，杜绝盲目降低报价而中标后亏本无人施工的被动局面。另外，投标报价人员除掌握交通部分的报价格式外，平时应学习一些市政工程的报价格式，避免理解错误或有分歧而造成不必要的麻烦，一般最终的报价格式均以拦标价格式为准进行投报。分析出来的报价至少经过两个人进行复核，重点检查总报价下浮点数和报价表格形式正确与否和表格数量的多少。最后，当投标文件编制完毕准备复印装订前，报价编制人员应再次校核投标函的投标总价与预算资料的一致性，以此来确保投标报价的万无一失。

(4) 施工组织设计的撰写工作：负责此项工作人员必须是对口专业人员，并且有一定的施工经验，当接到投标任务后，相关人员应立即熟悉招标图纸和阅读招标文件中关于施工组织设计的规定和评分办法，并且参与工程现场查看，在查看工程中仔细记录施工前期准备和施工过程中可能出现的各种情况，回来后跟拟定采用的方案进行对比，严禁千篇一律抄袭套用类似工程的施工组织设计，因为每个项目的施工组织设计都具有唯一性，撰写人员应针对每一分项工程编制出符合该项目施工的总体施工方案，然后逐一修改和完善，使最终成形的组织设计具有较强的可操作性和合理性，能够给评委一种真实可信的印象。在工期安排上，首先应根据招标文件总工期要求，倒排分项工程节点工期，然后根据人员机械配备情况从起点至终点顺排工期，找出冲突点和节约时间点。综合考虑后最终确定合理的施工期。此过程中，尤其应注意人员设备配备情况与工期的匹配性和统一性，达到所排工期接近施工实际的同时满足招标文件要求的双重目标。施工组织编写完毕后，将其对照招标文件的评分细则进行逐一对照，查看编排顺序正确与否，防止漏项和缺项，对要求的新工艺、新方案必须有而且不能偏离工程实际，杜绝抄袭现象发生，当编制人员遇到无法解决的问题时，应及时与有施工经验的人员进行沟通，请求协助完成，齐心协力来共同做好此项工作。负责此项工作的相关人员平常一定要多学习相关施工规范和强制性标准文件，购买相关新技术、新工艺书籍进行实践学习，注意收集摘抄好的施工方案以备急用。

(5) 拟投项目相关人员配备工作：负责此项工作的相关人员必须对单位现有的项目经理、技术负责人、质检负责人、安全负责人和相关人员的资历情况作全面了解，做到心中有数，对单位荣誉和项目经理业绩资料进行汇总，保存于计算机，当接到投标任务后，仔细阅读有关组织机构人员的资格要求和评分细则，选择合适的人员担任项目经理，必须保证项目经理的业绩和个人荣誉能够加分，要求业绩和荣誉真实、可信。当发现资格预审申报的项目经理对本次投标不能加分时，可以及时向相关部门申请予以更换项目经理，避免丢失加分条件，同时注意相关人员组合的

科学性和合理性，尽量接近现实，使公司的管理逐步走向正规化。

(6) 投标文件的最终审核校对工作：当各部门完成相关资料的编写和审核汇总后，投标小组业务负责人应该参照招标文件，对投标文件进行系统的审核校对，要求负责此项工作的相关人员必须具有高度的责任心和组织协调能力，对审核过程中发现的问题，要求相关责任部门及时修改完善，从事此工作的目的在于保证各部门资料的协调统一性和完善性，尽量减少一些低级错误发生，避免本该中标的项目因一个很小的细节出现差错而满盘皆输。

3. 投标文件装封前，投标小组组长应综合考虑各种因素。逐一认真进行校核，确保标书内容完善，组织设计新颖，能够满足工期及技术要求，力争给评委一个全新的印象。

在标书复印完毕送装订之前，要有专人负责查看文件页码的连续性和纸张复印质量的好坏，仔细查看需要签字盖章的地方是否签印齐全。无论正本还是副本都要逐页进行检查校对，当标书装订准备封标时，也要有专人负责最后的检查验收。在确保投标文件齐全完整的情况下按规定格式封标和盖章。通过层层把关审核，确保编制的每一份标书均是符合招标文件要求的高质量投标文件。

综上所说，要想在僧多粥少的市场竞争环境中占有一席之地，完成上级下达的年度目标任务，大家必须通力合作，相互配合，层层把关，严格程序，掌握投标预算技巧，精通报价确定方法，不断摸索，努力提高投标中标率，在科学发展观的大环境下促进单位又好又快地发展。

（资料来源：

http://wenku.baidu.com/link?url=JC3U3DObY4-BIklwqo9-i5OxF5dlF7kaR5Istt4I53VOLsOZZG4-xQtLKgkWyvB4k0T4U7gDe52j2CR2d6YlS4AedSnTZC8otXw-5r8p725u，有修改）

第 5 章 国际工程招标与投标

5

5.1 国际工程招标投标简介

5.1.1 国际工程招标投标的概念

国际工程承包是一项综合性商务活动和技术经济交往，作为跨越国境的行为，即一项工程的筹资、咨询、设计、招标、投标、发包、缔约、工程实施、物资采购、工程监理及竣工后的运营、维修等全部或部分地在国际范围进行。这项活动通过国际间的招标、投标、议标或其他协商活动，由具有法人地位的承包商与工程业主之间，按一定的价格和其他条件签订承包合同，规定各自的权利和义务，承包商按合同规定的要求提供技术、资本、劳务、管理、设备材料等，组织项目的实施，从事其他相关的经济、技术活动。在承包商按质、按量、按期完成工程项目后，经业主验收合格，根据合同规定的价格和支付方式收取报酬的国际经济合作方式。国际工程包含国内和国外两个市场。

国际工程既包括我国公司去海外参与投资和实施的各项工程，又包括国际组织和国外的公司到中国来投资和实施的工程。

招标是以工程业主为主体进行的活动，投标则是以承包商为主体进行的活动。招标是市场经济中一种最普遍和最常见的择优竞争方式，国际工程的业主通常都通过招标方式来选择他认为最佳的承包商。

国际工程招标投标是指发包方通过国内和国际的新闻媒体发布招标信息，所有有兴趣的投标人均可参与投标竞争，通过评标比较优选确定中标人的活动。

在我国境内的工程建设项目，也有采用国际工程招标投标方式的。一种是使用我国自有资金的工程建设项目，但希望工程项目达到目前国际的先进水平，如国家大剧院的设计招标、三峡工程的施工机具招标、某些项目的永久工程设备招标等；另一种则是由于工程项目建设的资金使用国际金融组织或外国政府贷款，必须遵循贷款协议规定采用国际工程招标投标方式选择中标人的规定。

国际招标投标与国内招标投标的不同之处是，国内招标投标要按照中国《招标投标法》、《政府采购法》的规定实施招标投标；国际招标投标要遵循世贸采购条例及国际标业法则进行招标投标。

招标投标是市场经济的产物，国际上主要依靠市场经济自由竞争、优胜劣汰的规律和手

段来管理和调节。政府只进行监督和引导。政府制定官方的物价指数，供长期合同在市场物价波动时调整合同价使用。政府不审查咨询人、招标代理、监理人、承包商和供应商的资质，不发布各种资质证书。对投标人资质的审查注重其所完成的类似项目的经验，避免冒牌顶替、借资投标的情况。投标人诚信才能在市场长期立足和发展。行业协会或某些社会团体可以对投标人的投标业绩进行统计和排序，如美国工程新闻记录每年统计全球最大的承包商等，但无法律效力。

5.1.2 国际工程招标投标的特点

国际工程是在不同的法律环境、经济环境、社会环境、文化环境和技术环境下，按照国际惯例进行建设、管理和运作的，由于国内外工程管理理念的差异，对业主和承包商都有特殊的要求。国际工程招标投标作为国际经济贸易活动，是国际经济合作的一个重要组成部分。它和普通的工程招标投标活动相比，除了共性以外，还具有其独特的特点，主要体现在以下几个方面：

1. 跨国的经济活动

国际工程招标投标活动是一项跨国性的、有不止一个国家的企业参与的经济活动。国际工程的参与者不能完全按某一国的法律法规或取某一方的行政指令来管理，而应该采用国际上已形成多年的严格的合同条件和规范化的工程管理的国际惯例来进行管理。为了保证工程项目的顺利实施，参与者必须不折不扣地按合同条件履行自己的责任和义务，同时获得自己的权利。合同中的未尽事宜通常应受国际惯例的约束，使产生争端或矛盾的各方尽可能取得一致和统一。

2. 标准的规范性

国际工程招标投标合同文件中，需要详细规定材料、设备、工艺等的技术要求，通常采用国际上被广泛接受的标准、规范和规程，如 ANSI（美国国家标准协会标准）、BS（英国国家标准）等。因此，承包商如果想要进入国际工程市场，就必须熟悉国际常用的各种技术标准和规范，并使自己的施工技术和管理适应国际标准、规范和有关惯例的要求。

3. 国际政治、经济因素的风险性

国际工程项目除了一般工程中存在的自然风险以外，还可能会受到国际政治和经济形势变化的影响。承包国际工程不仅要关心工程本身的问题，而且还要关注工程所在国及其周围地区和国际大环境的变化带来的影响。在国际工程市场中，风险与利润并存，一个公司要在这个市场中竞争、生存和发展，赚取利润，就必须努力提高自身实力。

4. 参与各方关系的复杂性

国际工程招标投标活动的内容一般较为复杂，建设周期长，涉及领域广泛，实施难度大。一个工地上常常聚集了多个来自不同国家的工程公司，各自分包一项或若干项工程。总承包商往往要花很大的精力去协调彼此之间错综复杂的关系。既要同业主、监理工程师保持融洽的工作关系，又要同各分包商妥善协调，特别是与业主指定的分包商更要谨慎相处，否则，总承包商会在实施过程中得不到很好的合作，处处碰壁，导致项目难以开展。

5. 货币和支付方式的多样性

国际工程招标投标活动是一种综合性的商业交易行为，因为涉及多个国家的关系人，所以要使用多种货币。其中包括承包商要使用部分国内货币来支付其国内应缴纳的费用和总部开支；要使用工程所在国的货币支付当地费用；还要使用多种外汇用以支付材料、设备采购费用等。除了用现金和支票支付以外，国际工程还采用银行信用证、国际托收、银行汇付等不同的支付方式。由于业主支付的货币和承包商实际使用的货币不同，而且是在整个漫长的工期内，按完成的工程内容分期分批逐步支付酬金的，这就使承包商时刻处于货币汇率浮动和利率变化的复杂国际金融环境之中。

6. 竞争的激烈性

国际市场对工程的需求量具有相当大的弹性，它直接受到国民经济发展趋势、固定资产投资规模和方向的影响。经济发展稳定时，需求量会大幅度增长，而当经济不景气时，需求量又可能急剧下降。而国际工程招标投标活动是一项跨国性的经济活动，业主可以从全球的角度来挑选承包商，涉及面广，因此竞争激烈。所以对于承包商来说，只有掌握世界同类项目最先进的技术，提供物美价廉的材料设备和高素质的劳务，才能满足业主保证项目的先进性和合理性的要求。国际工程市场是从发达国家到国外去投资、咨询、承包开始的，他们拥有雄厚的资本、先进的技术与管理水平以及多年的经验，因而发展中国家要进入这个市场就要付出加倍的努力。

5.1.3 国际工程招标投标程序

各国和国际组织规定的招标投标程序不尽相同，但是主要步骤和环节一般都是大同小异。经过几十年的实践，国际上已基本形成了相对固定的招标投标程序。招标与投标是招标投标总活动中两个不可分开的侧面，将两者的程序合在一起如图5-1所示。

从图5-1可以看出，国际工程招标投标程序与国内工程招标投标程序的差别不大。但由于国际工程涉及较多的主体，其工作内容会在招标投标各个阶段有所不同。

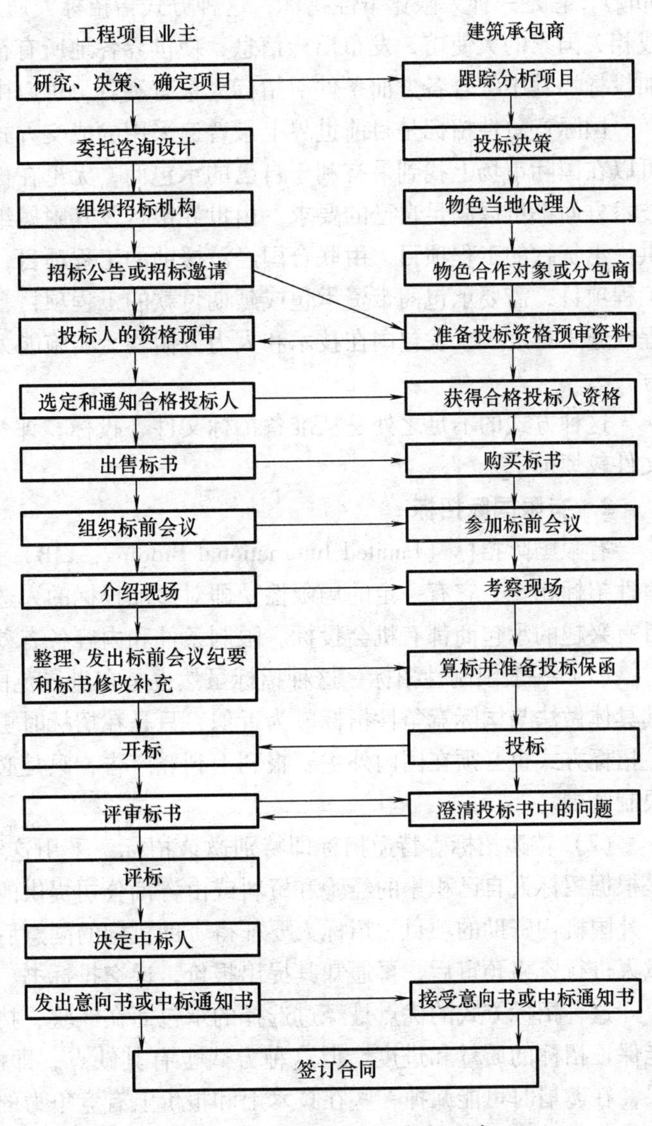

图5-1 国际工程招标投标程序

5.2 国际工程招标

5.2.1 国际工程招标方式

国际工程招标方式是国际工程的委托实施普遍采用的承发包方式，即通过招标的办法，挑选理想的施工企业。国际工程招标归纳起来有四种类型：国际竞争性招标、有限国际招标、两阶段招标、议标。

1. 国际竞争性招标

国际竞争性招标（International Competitive Bidding，ICB）亦称公开招标（Open Bidding），它是一种无限竞争性招标，这种方式指招标人通过公开的宣传媒介（报纸、杂志等）或相关国家的大使馆，发布招标信息，使世界各地所有符合要求的承包商都有均等的机会参加投标，其中综合各方面条件对招标人最有利者，可以中标。

国际竞争性招标是目前世界上最普遍采用的成交方式，实践证明，采用这种方式，业主可以在国际市场上找到最有利于自己的承包商，无论在价格和质量方面，还是在工期及施工技术方面都可以满足自己的要求。由世界银行及其附属组织国际开发协会和国际金融公司提供优惠贷款的工程项目，由联合国经济援助的工程项目，由国际财团或多家金融机构投资的工程项目，需要承包商带资承包或延期付款的工程项目，实行保护主义的国家的大型土木工程或施工难度大、发包国在技术和人力方面均无实施能力的工程项目等，主要适用这种招标方式。

这种方式的不足之处是从准备招标文件、投标、评标到授予合同均要花费很长的时间，文件较烦琐。

2. 有限国际招标

有限国际招标（Limited International Bidding，LIB）是一种有限竞争性招标，与国际竞争性招标相比，它有一定的局限性，即对参加投标的人选有一定的限制，不是任何对发包项目有兴趣的承包商都有机会投标。限制条件和内容各有差异，国际有限招标包括两种方式：

（1）一般限制性招标。这种招标虽然也是在世界范围内，但对投标人选有一定的限制，其具体做法与国际竞争性招标颇为近似，只是在招标时更强调投标人的资信。采用一般限制性招标方式也必须在国内外主要报刊上刊登广告，只是必须注明是有限招标和对投标人选的限制范围。

（2）特邀招标。特邀招标即特别邀请招标。采用这种方式，一般不公开刊登广告，而是根据招标人自己积累的经验和资料或由咨询公司提供的承包商名单，如果是世界银行或某一外国机构资助的项目，招标人要征得资助机构的同意后对某些承包商发出邀请。经过对应邀人进行资格预审后，再通知其提出报价，递交投标书。

这种招标方式的优点是经过选择的承包商在经验、技术和信誉方面都比较可靠，基本上能保证招标的质量和进度。但这种方式也有其缺点，即由于发包人所了解的承包商数目有限，在邀请时可能漏掉一些在技术上和报价上有竞争力的承包商。

有限国际招标是国际竞争性招标的一种修改方式，通常适用于以下情况：

（1）工程量不大，投标人数目有限或有其他不宜进行国际竞争性招标的正当理由，如对工程有特殊要求等。

（2）某些大而复杂且专业性很强的工程项目，如石油化工项目，可能的投标者很少，准备招标的成本很高，为了节省时间，又能节省费用，还能取得较好的报价，招标可以限制在少数几家合格企业的范围内。

（3）由于工程性质特殊，要求有专门经验的技术队伍和熟练的技工以及专用技术设备，只有少数承包商能够胜任。

（4）由于工期紧迫或保密要求等。

（5）工程规模太大，中小型公司不能胜任，只好邀请若干家大公司投标。

（6）工程项目招标通知发出后无人投标或投标商的数量不足法定人数（至少三家），招标人可再邀请少数公司投标。

3. 两阶段招标

这种招标的实质是一种无限竞争性招标和有限竞争性招标的结合，亦即国际竞争性招标和国际有限招标综合起来的招标方式。第一阶段按公开招标方式进行，经过开标、评标之后，再邀请其中报价较低的或最有资格的3~4家进行第二次报价。

两阶段招标往往适用于以下几种情况：

1）在第一阶段报价、开标、评标之后，如最后报价超过标底20%，且经过减价之后仍然不能低于标底时，则可邀请其中数家商谈，再进行第二阶段报价；如果最低标价在标底范围以内，即可进行定标。

2）招标工程的内容尚处于发展阶段，需要在第一阶段招标中博采众长，进行评价，选最新最优方案，然后在第二阶段中邀请被选中方案的投标人进行详细的报价。

3）在某些新兴的大型项目的承发包之前，招标人对此项目的建造方案尚未最后确定，这时可以在第一阶段招标中向投标人提出要求，就其最擅长的建造方式进行报价，或者按其建造方案报价。经过评价，选出其中最佳方式或方案的投标人再进行第二阶段的按具体方式或方案的详细报价。

4）一次招标不成功，没有在要求极限以下的报价，只好在现有基础上邀请若干家较低报价者再次报价。

4. 议标

议标也称谈判招标或指定招标，是招标人直接选定一个或少数几家公司谈判承包条件及标价。没有资格预审、开标等过程，通过直接谈判即可授标。无须出具投标保函，也无须在一定期限内对其报价负责。由于竞争对手少，缔约成交的可能性大。就其本意而言，议标是一种非竞争性招标，只是在下列情况下采用：某些工程项目的造价过低，不值得组织招标；由于其专业为某一家或几家垄断，或因工期紧迫不宜采用竞争性招标；招标内容是关于专业咨询、设计和指导性服务或专用设备的安装维修以及标准化，或属于政府协议工程，或属于国防需要的工程或秘密工程；项目已公开招标，但无中标者或没有理想的承包商，通过议标，另行委托承包商实施工程；业主提出合同外新增工程等。这种方式节约时间，可以较快地达成协议，开展工作，但无法获得有竞争力的报价。

每种招标方式虽然有各自的适用情况，但也并不是绝对的，在项目招标时，各国和国际组织通常允许业主自由选择招标方式，一般要求优先采用竞争性强的招标方式，以确保最佳效益。有些国家和国际组织不允许采用议标方式，如世界银行规定借款人不得采用议标

方式。

5.2.2 国际工程招标的相关内容

1. 招标公告

招标公告的目的是广泛招揽国际上有名望、信誉好且竞争力强的承包商前来投标，以加强投标的竞争性，从而使招标人有充分的挑选余地。国际工程项目采用公开招标的，招标公告的内容与国内招标公告的内容基本相同，均应在官方的报纸上或在有权威的报纸或刊物上刊登招标公告，有些招标公告还可寄送给有关国家驻工程所在国的大使馆，如世界银行贷款项目需要在《联合国开发论坛》商业版、世界银行的《国际商务机会周报》等刊物，以及世界银行的外部网站上刊登贷款项目的招标公告。如果具体采购通告需要刊登在电子门户网站，这个电子门户网站必须是国内和国际用户都能免费进入的。

世界银行、亚洲开发银行的中国贷款项目国际招标的招标公告一般刊登在《中国日报》上，他们认为国内招标的广告只刊登于省市及其以下的报刊或只在网上刊登是不能满足要求的。

2. 资格预审

资格预审，是业主在工程项目招标过程中对潜在投标人的资质进行审查，以确定该潜在投标人是否有能力承包该工程的实施任务。国际工程承包项目的资格预审，通常在投标前进行，这是目前比较流行的做法。还有一种做法就是资格后审，即在招标文件中加入资格审查的内容，投标人在报送投标书的同时报送资格审查资料，评标委员会在正式评标前先对投标人进行资格审查。对资格审查合格的投标人再进行评标，淘汰不合格的投标人，不对其进行评标。

资格预审的目的是通过投标前对潜在投标人在建设经验、技术力量和财力资源等方面进行评价与审查，以便招标工作一开始，就从潜在投标人中剔除不合格的投标人，以减少最终参加评标的投标人的数目，并使参与竞争性投标的承包商都有能力承担合同义务。具体说，资格预审有以下主要目的：

1）了解潜在投标人的财务状况、技术能力、人员状况、机械设备装备水平以及以往从事类似工程的施工经验，从而选择在财务、技术、人员、机械设备、施工经验等方面优秀的潜在投标人参加投标。

2）淘汰不合格的潜在投标人。

3）减少标书评审阶段的时间，降低评审费用。

4）为不合格而又想参与投标的潜在投标人节约购买标书文件、现场考察以及投标等费用（投标保函费）。

5）降低将合同授予不合格投标人的风险，为业主选择一个理想的承包商打下良好的基础。

6）促使各综合实力差但专项能力强的公司结成联营体投标。

资格预审的程序是：编制资格预审文件；刊登资格预审广告；出售资格预审文件；对资格预审文件的答疑；报送资格预审文件；澄清资格预审文件；评审资格预审文件；向潜在投标人通知评审结果。业主将以书面形式向所有参加资格预审者通知评审结果，在规定的日期、地点向通过资格预审的承包商出售招标文件。

作为招标机构，首先要准备资格预审文件。资格预审文件至少应包括以下内容：

1）投标申请书。主要说明承包商自愿参加该工程项目的投标，愿意遵守各项投标规定，接受对投标资格的审查，声明所有填写在资格预审表格中的情况和数字都是真实的。

2）工程项目简介。

3）投标人的限制条件。说明对参加投标的公司是否有国别和等级的限制。例如，有些工程项目由于资金来源的关系，对投标人的国别有所限制；有些工程项目不允许外国公司单独投标，必须与当地公司联合；还有些工程项目由于其性质和规模的特点，不允许当地公司独立投标，必须与有经验的外国公司合作；有些工程指定限于经注册和审定某一资质级别的公司才能参加投标。

4）资格预审表格。

5）证明资料。在资格预审中可以要求承包商提供必要的证明材料，例如，公司的注册证书或营业执照、在当地的分公司或办事机构的注册登记证书、银行出具的资金和信誉证明函件、类似工程的业主过去签发的工程验收合格证书等。

3. 国际工程招标文件的内容

招标文件既是投标人编制投标书的依据，也是业主和中标者签订承包合同的基础，因此，它是对业主和中标者双方均具有约束力的极为重要的条件。在正式招标之前，必须认真准备好招标文件。其内容和组成因承包合同的方式和内容、规模、复杂程度而有所不同。招标文件一般包括以下内容：

（1）投标邀请书。投标邀请书一般包括如下内容：①通知资格预审已合格，准予参加该工程的一个或多个招标项目的投标；②购买招标文件的地址和费用；③在投标时应当按招标文件规定的格式和金额递交投标保函；④召开标前会议的时间、地点，递交投标书的时间、地点及开标的时间和地点；⑤要求以书面形式确认收到此函，如不参加投标也应通知业主。

（2）投标人须知。投标人须知是指导投标人正确投标，并说明应填写的投标文件和开标日期。主要内容有：总则，招标文件的内容，招标文件的澄清，招标文件的修改，投标的语言，组成投标书的文件，投标和支付的货币，投标有效性，投标保证，标前会议，投标文件的格式和签署，投标截止日期，投标文件的修改，替代和撤销，开标与评标，授予合同等。

（3）招标资料表。招标资料表是招标文件的重要组成部分，它是由业主方在发售招标文件之前对应投标人须知中有关各条款进行编写的，为投标人提供具体资料、数据、要求和规定。

（4）通用合同条件。通用合同条件是为合同谈判准备的标准文件，一经当事人签署，则形成合同条款，是合同各方必须遵守的“条件”，主要论述在合同执行过程中，当事人双方的职责范围、权利和义务，以及遇到如工期、进度、质量、检验、支付、索赔、争议、仲裁等各类问题时各方应遵守的原则及采取的措施等。它是业主和承包商双方经济法律关系的基础。

（5）技术规范。技术规范也叫做技术规程。每一类工程（如房屋建筑、公路、水利、港口、铁道等）都有专门的技术要求，而每一个项目又有其特定的技术规定。规范和图纸两者均为招标文件中非常重要的组成部分，反映了招标单位对工程项目的技术要求，严格地

按规范和图纸施工与验收才能保证最终获得一项合格的工程。

(6) 投标书格式、投标书附件和投标保函。投标书格式、投标书附件和投标保函这三个文件是投标阶段的重要文件，其中的投标书附件不仅是投标人在投标时要首先认真阅读的文件，而且对整个合同实施期都有约束和指导作用，因而应该仔细研究和填写。

(7) 工程量清单。工程量清单就是对合同规定要实施的工程的全部项目和内容按工程部位、性质或工序列在一系列表内。每个表中既有工程部位和该部位需实施的各个项目，又有每个项目的工程量和计价要求，以及每个项目的报价和每个表的总计等，后两个栏目留给投标人投标时填写。

工程量清单的用途主要包括如下三方面：为投标人（承包商或分包商）报价用；在工程实施过程中，每月结算时可按照表中序号、已实施的项目、单价或价格来计算应付给承包商的款项；工程变更增加新项目时或处理索赔时，可以选用或参照工程量清单中的单价来确定新项目或索赔项目的单价和价格。

(8) 协议书、履约保证书和保函的格式。协议书的格式由业主拟定好并附在招标文件中，以便让投标人了解中标后将同业主签订什么样的合同协议。履约保函是承包商向业主提出的保证认真履行合同的一种经济担保。招标人应给出履约保证书的格式，一般在签订合同的同时填写履约保证书。

(9) 世行贷款项目提供货物、土建和服务的合格性。该部分为世行贷款项目招标采购中固定的内容，列出了被禁止为世行贷款项目提供货物、土建工程及服务的国家。同时，对联合国安理会决议禁止支付和进口的国家，世行贷款项目的任何款项也不得支付这些国家的任何个人、实体，或从这些国家进口任何货物。

(10) 图纸。图纸是招标文件和合同的重要组成部分，是投标人在拟订施工方案、确定施工方法、选用施工机械以至提出备选方案、计算投标报价时必不可少的材料。

案例5.1 某机电产品国际招标项目

1. 项目概况

某轮胎厂采购一次成型机，资金性质为企业自筹，采购概算约1000万元人民币。招标人委托具有机电产品国际招标甲级资格的A招标公司组织国际招标。招标范围为轮胎一次成型机2台/套，包括其供货、安装、调试、培训及售后服务。交货地点为某轮胎厂新建厂址工地现场；交货时间为合同签订后8个月内。

2. 招标准备

招标人此次是第一次进行国际招标采购，需要在“中国国际招标网”提交企业相关资质材料，进行采购人注册。A招标公司接受招标代理委托后，在“中国国际招标网”上及时完成了项目网上建档。

3. 招标文件

(1) A招标公司根据招标人提供的技术资料，完成招标文件的编制工作，并提供招标文件英文版。招标文件分为两册，第一册采用国家商务部提供的《机电产品采购国际竞争性招标文件》范本，主要内容包括投标人须知、合同条款、投标文件格式等；第二册由A招标公司负责编写，主要内容包括：投标邀请、投标资料表、合同条款资料表、货物需求一览表及技术规格书等。

(2) A招标公司将招标文件第二册电子版上传至“中国国际招标网”，然后从“中国国际招标网”上随机抽取三位技术专家，负责对招标文件进行评审，并填写专家审核招标文件意见表，出具评审意见。

(3) A招标公司根据技术专家的评审意见，修改招标文件，同时将招标文件修改版及修改建议上传至“中国国际招标网”。

(4) 招标文件经主管部门网上批复后，上传招标文件出售版的电子文档。

4. 评标办法

该项目评标办法采用机电产品国际招标常用的最低评标价法。评标价的量化因素包括：

(1) 交货时间偏离：调整百分比（%）每超过1周上浮0.5%。

(2) 付款计划偏离：投标人如不接受招标文件规定的付款计划，并提出将增加招标人负担的付款计划，如果招标人可以接受，则按利率10%计算提前支付所产生的利息，并将其计入其评标价中。

(3) 技术规格书中的一般技术指标，每一项未达到的，其评标价格将上浮0.5%。但若调整总金额超过5%时，将导致废标。

5. 招标公告

(1) 招标公告主要内容包括：项目概况、招标内容（含采购设备清单）、投标人资质要求、招标文件获取办法、招标文件递交时间和地点、有关联系方式等。

(2) 招标公告于2005年5月15日在“中国国际招标网”“中国采购与招标网”上同时发布。

(3) 招标文件出售时间自公告之日起至投标截止时间止，出售地点设在A招标公司。在规定的时间之内，共有5家投标人购买了招标文件。A招标公司负责将招标文件购买情况在“中国国际招标网”上进行登记。

6. 招标过程

(1) 招标文件澄清。截至2005年5月21日，A招标公司收到2家投标人关于招标文件的书面澄清要求，并于2005年5月22日将澄清补充文件上传至“中国国际招标网”，经主管部门批复后A招标公司以书面形式发给所有投标人。所有投标人均被要求以书面回函形式确认收到澄清补充文件。

(2) 评标委员会。开标前24小时内，招标人按规定组建了评标委员会。本次的评标委员会共有7名评委，其中招标人、招标机构代表各1名，由A招标公司从“中国国际招标网”的专家库中网上随机抽取技术、商务专家5名。

(3) 开标。招标文件及澄清补充文件规定的投标截止时间及开标时间是北京时间2005年6月20日上午9：00，开标地点在A招标公司开标室。在投标截止时间之前，5家投标人均按要求递交了投标文件。A招标公司按照规定的时间、地点组织了开标会议，当众公布了各投标人的名称、投标报价、交货期、交货地点及口岸、投标保证金提交情况、投标文件封装情况和其他说明，并记录开标当日中国银行人民币外汇牌价。唱标结束后，招标人代表、投标人代表及监督人员在开标记录表上签字确认。监督人员对

开标过程进行了全程见证。

（4）评标过程。评标工作于2005年6月20日上午10：00在A招标公司会议室封闭进行。评标委员会按照招标文件中规定的评标方法及评标程序，对投标人的文件进行详细评审，依次完成了下述工作：

1）符合性检查。评标委员会首先对投标人的投标文件进行符合性检查。符合性检查的内容包括：①投标函（按规定签章等）；②投标保证金（如金额、有效期不足，开户行级别不够等）；③法人授权书（非法人代表本人给投标人授权者）；④资格证明文件（如缺少资格声明、制造商资格声明、贸易公司（作为代理）的资格声明、制造商出具的授权函等）；⑤技术文件（没有按招标文件要求提交的）。经审查，5家投标人均通过了符合性审查。

2）商务评议。评标委员会对通过符合性审查的各投标人进行商务评议，商务评议的内容包括：①投标人的合格性；②投标的有效性，包括是否由法人代表或授权代表有效签署、是否逐页小签；③投标有效期；④投标保证金（金额和有效期）；⑤资格证明文件，包括：资格声明、制造厂家资格声明、贸易公司（作为代理）的资格声明、制造商授权书、银行资信证明等；⑥经营范围；⑦交货期；⑧质量保证期；⑨付款条件和方式；⑩适用法律、仲裁及其他。经审查，某投标人未按招标文件要求对投标文件进行逐页小签，商务评议不合格。其余4家投标人均通过了商务评议。

3）技术评议。评标委员会对通过商务评议的投标人进行技术评议，技术评议的内容包括：①对主要技术指标的审查比较；②对一般技术指标的审查。评标委员会填写技术参数比较表，将招标文件的技术指标与投标文件的响应参数进行比较。经审查，4家投标人的主要技术指标均满足或优于招标文件要求；一般技术指标不满足项均在招标文件规定废标10项以下，均通过了技术评议。

4）价格评议。评标委员会对通过技术评议的投标人进行价格评议，即计算各投标人的评标价格。主要计算因素包括：①开标价格，是指在开标会上宣布的价格；②算术修正值，是指修正的数字如供货范围的偏差、计算错误等的修正；③算术修正后的投标价格是指在开标价格基础上，经过加减修正后的价格；④投标声明，主要看有无商务、技术调整；⑤投标总价，是指经过修正后的价格；⑥设备价、备件及专用工具价、技术服务及培训三项分别列出，但均含在投标总价之内；⑦汇率，按开标日当日中国人民银行卖出汇率统一转换成美元；⑧投标总价（按美元计算）；⑨价格调整（计算调整总和），主要包括交货时间偏离调整，付款计划偏离调整，技术指标偏离调整；⑩国内运保费；⑪进口环节税；⑫评标价格，即投标总价+调整总和+国内运保费+进口环节税之总和；⑬评标价格顺序，按评标价由低到高的顺序排序。

5）授标建议。评标委员会根据以上评标程序，各专家分别填写《评标委员会成员评标意见表》，提出授标建议。授标建议内容包括：货物名称和数量、中标人名称、中标人地址、制造商名称、制造商地址、投标价格等，推荐了评标价格排名第一的投标人为中标人。

6）评标报告。A招标公司根据开标评标过程的各项文件和资料，整理评标报告。评标报告的内容包括：①项目简介；②招标过程简介；③评标过程介绍；④评标结果；

⑤附件，包括招标文件出售汇总表、开标一览表、符合性检查表、商务评议表、技术参数比较表、评标价格比较表、评标委员会成员评标意见表、授标建议等。

7）评标结果公示。A招标公司于2005年6月21日，将开标记录、评标结果上传至“中国国际招标网”，并开始中标结果公示，公示内容包括：项目名称、招标编号、招标人、招标代理机构、推荐中标人名称及制造商名称、中标金额、中标理由、未中标人的未中标理由等信息。同时，A招标公司将评标报告具函网下报送给主管部门审查。

（5）定标。2005年6月28日，中标结果公示7日无质疑后，主管部门对评标结果予以批复，并通过网上发出《评标结果备案通知》。2005年6月29日，A招标公司根据《评标结果备案通知》，向中标人发出中标通知书，并将结果书面通知所有未中标的投标人。

2005年7月10日，招标人与中标人签订了采购合同。

7．招标整体评价

（1）机电产品国际招标对招标文件的审查主要针对技术要求是否存在歧视性或倾向性条款，潜在投标人是否满足三家以上。因此，在招标文件编制过程中对技术要求需作充分论证，尤其是主要指标（标注“*”号的条款）。

（2）机电产品国际招标通常采用最低评标价法，熟练掌握最低评标价法的评标程序、评标表格、评审要素及定标原则，在该项目中显得十分重要。

（3）机电产品国际招标从项目建档开始，直至最终中标结果公示，每个环节的文件均需通过“中国国际招标网”进行网上备案、审查、批复，接受主管部门的监督管理。该项目实际操作中，网上流程操作与网下送审程序相结合，使项目招标进度保持顺畅。

（4）基于机电产品国际招标网上备案公示的特点，整个招标过程公开透明度高，采用最低评标价法客观、公正，很大程度上避免了人为主观因素对评标结果的干扰。然而，随之而来的投诉质疑也相对较多，因此在招标文件编制及招标工作组织过程中，需严格谨慎地按照《机电产品国际招标投标实施办法（试行）》及有关法律法规和程序实施招标活动，以尽量减少投诉事件的发生。

（资料来源：全国招标师职业水平考试辅导教材指导委员会。招标采购案例分析，中国计划出版社，2012，有修改）

5.3 国际工程投标

5.3.1 国际工程投标的前期工作

1．获取工程项目招标信息

项目招标信息的跟踪和选择，关系到承包商能否获得足够的项目信息，准确地选择出风险可控、能力可及、可靠的项目，使自身的业务得到发展。项目的跟踪和选择是对工程项目信息进行连续不断地收集、分析、判断，并根据项目的具体情况和公司的营销策略随时进行调整，直至确定投标项目的过程。进行项目的跟踪和选择的前提是拥有广泛的信息资料，因此，国际工程公司一般都有一个专门的机构负责。

国际工程项目招标信息的获取渠道有以下几种：

1）国际金融机构的出版物。利用世界银行、亚洲开发银行等国际性金融机构贷款的项目，招标公告都要在世界银行的《联合国开发论坛报》商业版、亚洲开发银行的《项目机会》上发表。这类贷款项目从其立项起就开始不断地进行跟踪，直至发表招标公告。

2）一些公开发行的国际性刊物，如《中东经济文摘》《非洲经济发展月刊》上也会刊登一些招标邀请公告。

3）驻外使馆、有关驻外机构、商务部或公司驻外机构。这些机构与当地政府和公司接触较多，获得的信息十分丰富。

4）公司的公共关系。一些国外代理商会直接和知名度较高的公司接触，提供项目信息，因此，国际承包企业需要加强企业的自我宣传，通过业务交流、广告等形式宣传自己的专长、实力、业绩以增强企业的知名度，增加获得信息的机会。

5）国际互联网。利用信息网络也是国际承包商获取项目信息的重要来源。

2. 选择和跟踪项目

国际工程承包公司需要根据获得的工程项目信息，判断是否适合进入项目所在地区的市场，选择符合本企业经营策略、经营能力和专业特长的项目进行跟踪，或初步决定是否准备投标。承包商所选择的项目要符合公司的目标和经营宗旨、符合企业自身的条件，还要考虑竞争是否激烈。这一选择跟踪项目或初步确定投标项目的过程是一项重要的经营决策过程。通常，作为一般性原则，集中优势力量承包一个大项目比利用同样资源分散承包几个小项目有利。

从项目跟踪到最后确定投标与否，还要对项目作进一步的调查研究，包括对工程项目所在国的基本情况的调查，以及对工程项目本身情况的调查。

3. 投标环境调查

投标环境是指招标工程项目所在国的政治、经济、社会、法律、自然条件等对投标和中标后履行合同有影响的各种宏观因素。有关投标环境的调查资料，可通过多种途径获得，包括查阅官方出版的统计资料、学术机构发表的研究报告和专业团体出版的刊物以及当地的主要报纸等。有些资料可请我国驻外代表机构帮助搜集，或请工程所在国驻我国的代表机构提供，也可从互联网上获得有关信息，必要时可派专人进行实地考察，并通过代理人了解各种情况。投标环境调查主要调查以下情况：

（1）政治情况。主要调查以下情况：工程项目所在国的社会制度和政治制度；政局是否稳定，有无发生政变、暴动或内战的因素；与邻国关系如何，有无发生边境冲突或封锁边界的可能；与我国的双边关系如何。

（2）经济条件。主要调查以下情况：工程项目所在国的经济发展情况和自然资源状况；外汇储备情况及国际支付能力；港口、铁路和公路运输以及航空交通与电信联络情况；当地的科学技术水平。

（3）法律方面。主要调查以下情况：工程项目所在国的宪法；与承包活动有关的经济法、工商企业法、建筑法、劳动法、税法、金融法、外汇管理法、合同法以及经济纠纷的仲裁程序等；民法和民事诉讼法；移民法和外国人管理法。

（4）社会情况。主要调查以下情况：当地的风俗习惯；居民的宗教信仰；民族或部族间的关系；工会的活动情况；治安状况。

（5）自然条件。主要调查以下情况：工程所在国的地理位置和地形、地貌；气象情况，包括气温、湿度、主导风向和风力、年降水量等；地震、洪水、台风及其他自然灾害情况。

（6）市场情况。主要调查以下情况：

1）建筑材料、施工机械设备、燃料、动力、水和生活用品的供应情况，价格水平，过去几年的批发物价和零售物价指数以及今后的变化趋势预测。

2）劳务市场状况，包括工人的技术水平、工资水平，有关劳动保险和福利待遇的规定，以及外籍工人是否被允许入境等。

3）外汇汇率。

4）银行信贷利率。

5）工程所在国本国承包企业和注册的外国承包企业的经营情况。

案例5.2 合同签订案例分析

某工程为非洲某国政府的两个学院的建设，资金由非洲银行提供，属技术援助项目，招标范围仅为土建工程的施工。

1. 投标过程

我国某工程承包公司获得该国建设两所学院的招标信息，考虑到准备在该国发展业务，决定参加该项目的投标。由于我国与该国没有外交关系，经过几番周折，投标小组到达该国时离投标截止仅20天。买了标书后，没有时间进行全面的招标文件分析和详细的环境调查，仅粗略地折算各种费用，仓促投标报价。待开标后发现报价低于正常价格的30%。开标后业主代表、监理工程师进行了投标文件的分析，对授标产生分歧。监理工程师坚持我国该公司的标为废标，因为报价太低肯定亏损，如果授标则肯定完不成。但业主代表坚持将该标授予我国公司，并坚信中国公司信誉好，工程项目一定很顺利。最终我国公司中标。

2. 合同中的问题

中标后承包商分析了招标文件，调查了市场价格，发现报价太低，合同风险太大，如果承接，至少亏损100万美元以上。合同中有如下问题：①没有固定汇率条款，合同以当地货币计价，而经调查发现，汇率一直变动不定。②合同中没有预付款的条款，按照合同所确定的付款方式，承包商要投入很多自有资金，这样不仅造成资金困难，而且财务成本增加。③合同条款规定不免税，工程的税收约为13%的合同价格，而按照非洲银行与该国政府的协议该工程应该免税。

3. 承包商的努力

在收到中标函后，承包商与业主代表进行了多次接触。一方面谢谢他的支持和信任，另一方面又讲述了所遇到的困难：由于报价太低，亏损是难免的。希望在几个方面给予支持：①按照国际惯例将汇率以投标截止期前28天的中央银行的外汇汇率固定下来，以减少承包商的汇率风险。②合同中虽没有预付款，但作为非洲银行的经援项目通常有预付款。没有预付款承包商无力进行工程。③通过调查了解获悉，在非洲银行与该国政府的经济援助协议上本项目是免税的。而本项目必须执行这个协议，所以应该免税。合同规定由承包商交纳税赋是不对的，应予修改。

4. 最终状况

由于业主代表坚持将标授予中国的公司，如果这个项目失败，他要承担责任，所以对承包商提出的上述三个要求，尽了最大努力与政府交涉，最终承包商的三点要求都得到满足，扭转了该工程的不利局面。最后在本工程中承包商顺利地完成了合同。业主满意，在经济上不仅不亏损而且略有盈余。本工程中业主代表的立场以及所作出的努力起了十分关键的作用。

5. 几个注意点

①承包商新到一个地方承接工程必须十分谨慎，特别在国际工程中，必须详细地进行环境调查，进行招标文件的分析。本工程虽然结果尚好，但实属侥幸。②合同中没有固定汇率的条款，在进行标后谈判时可以引用国际惯例要求业主修改合同条件。③本工程中承包商与业主代表的关系是关键。能够获得业主代表、监理工程师的同情和支持对合同的签订和工程实施是十分重要的。

（资料来源：http://www.doc88.com/p-60623468256.html，有修改）

4. 工程项目情况调查

招标工程项目本身的情况如何，是决定投标报价的微观因素，在投标之前必须尽可能详尽地了解。通过研究招标文件、察看现场、参加招标交底会和提请业主答疑或代理人的协助，调查清楚以下情况：工程的性质、规模、发包范围；工程的技术规模和对材料性能及工人技术水平的要求；对总工期和分批竣工交付使用的要求；工程所在地的地址水文情况、交通运输、给排水、供电、通信条件；工程项目的资金来源和业主的资信情况；对购买器材和雇用工人有无限制条件；对外国承包商和本国承包商有无差别待遇；工程价款的支付方式及外汇所占比例；业主的信誉、资信情况；业主雇佣的工程师的资历和工作作风等。

案例5.3 承包商对投标环境市场情况调查案例

我国某大型承包商在马尔代夫分包某工程，考察现场时忽略了最普通的而其用量也最大的砂石料的市场调查，合同签订后才发现当地没有合格的砂料，当地都是使用斯里兰卡运来的砂料，价格大大超过了预算，这一失误成为导致项目最终严重亏损的重要原因之一。

（资料来源：吴芳，冯宁．工程招投标与合同管理．北京大学出版社，2010，有修改）

5. 选择代理人或合作伙伴

选择代理人或合作伙伴是国际工程投标必要的准备工作之一。因为国际工程承包活动中通行代理制度，外国承包商进入工程项目所在国，须通过合法的代理人开展业务活动；有些国家还规定，外国承包商进入该国，必须与当地企业或个人合作，才允许开展业务活动。国内工程投标一般不需此项准备工作。

（1）代理人服务的内容。代理人实际上是工程项目所在国为外国承包商提供综合服务的咨询机构或个人开业的咨询工程师。其服务内容主要有：

1）协助外国承包商争取参加本地招标工程项目投标资格预审和取得招标文件。

2）协助办理外国人出入境签证、居留证、工作证以及汽车驾驶执照等。

3）为外国公司介绍本地合作对象和办理注册手续。

4）提供当地有关法律和规章制度方面的咨询。

5）提供当地市场信息和有关商业活动的知识。

6）协助办理建筑器材和施工机械设备以及生活资料的进出口手续，诸如申请许可证、申报关税、申请免税、办理运输等。

7）促进与当地官方及工商界、金融界的友好关系。

（2）代理人的条件。代理人的活动往往对一个工程项目的投标成功与否，起着相当重要的作用。因此，对代理人应给以足够的重视。一个优秀的代理人应该具备下列条件：

1）有丰富的业务知识和工作经验。

2）资信可靠，能忠实地为委托人服务，尽力维护委托人的合法利益。

3）交际广，活动能力强，信息灵通，甚至有强大的政治、经济界的后台。

（3）代理合同和代理费用。找到适当的代理人以后，应及时签订代理合同，并颁发代理人委托书。

代理合同应包括下列内容：代理的业务范围和活动地区；代理活动的有效期限；代理费用和支付办法；有关特别酬金的条款。

代理人委托书实际上就是委托人的授权证书。

代理费用一般为工程标价的2%～3%，视工程项目大小和代理业务繁简而定。通常工程项目较小或代理业务繁杂的代理费率较高；反之则较低。在特殊情况下，代理费也有低到1%或高达5%的。代理费的支付以工程中标为前提条件。不中标者不付给代理费。代理费应分期支付或在合同期满后一次支付。不论中标与否，合同期满或由于不可抗力的原因而中止合同，都应付给代理人一笔特别酬金。只有在代理人失职或无正当理由而不履行合同的条件下，才可以不付给特别酬金。

有些国家规定，外国承包商进入该国，必须与当地企业或个人合作，才能开展经营活动。实际上，这些当地的合作者往往并不参加股份，也不对经营的盈亏负责，而只是做些代理人的工作，由外国承包商按协议付给一定的酬金。对于此类合作者的选择，可参照代理人的条件去处理。

另有一类合作者，通常是当地有权势、地位的人物，在合作企业中担任董事甚至董事长，支取一定的报酬，但既不参加股份，也不过问日常的经营活动，只是在某些特殊情况下运用他的影响，帮助承包商解决困难问题，维护企业的利益。此类合作者实质上是承包商的政治顾问。其选择主要应着眼于政治地位、社会关系和活动能力。

至于有些国家规定，本国的合作者必须参加一定的股份（如51%），并担任一定的职位参加经营管理的，则须详细研究该国有关法规，了解外国承包商的权利义务和各种限制条件，再去选择资信可靠、能真诚合作的当地合作者，签订合作协议。

案例5.4 几个阿拉伯国家的代理制度

埃及：一般规定外国公司要有埃及代理人，并签订协议，写明代理人的职责。当地的国有公司和私人公司均可充当代理，投标时，一般是通过当地代理提交投标书。外国公司允许在当地注册分公司，也可以建立合资公司。

伊拉克：外国公司在当地的代理人须经政府部门批准，并注册登记。对于公共部门的招标，一般可以不设代理，外国公司可以直接参加投标。外国公司只有在获得合同后，才能在当地注册登记，从事营业活动。外国公司设立代表机构办事处，也要登记，但办事处只能履行合同，而不能从事市场交易。

科威特：要求外国公司在该国投标前寻求当地代理人，并到工商部门注册登记。代理协议和登记注册文件需呈交中央招标委员会，才能通过资格预审和参加投标。代理人必须是科威特的法人。对于一般咨询服务项目，可以不设代理，但是做项目承包和管理，必须有当地代理。

沙特阿拉伯：一般来说，外国公司都应有当地代理，但对于国防工程部门的项目，可直接与政府部门往来，由国防部门审定外国公司的经营资格。对于一项政府工程，一家外国公司只能用一家代理人。但外国公司如兼有多项商业职能，则可以有几名不同职能的代理。当地代理公司，只能为十家以内的外国公司充当代理人，并且，如果其代理了一个项目的咨询公司，则不能同时代理该项目的建筑承包商。没有当地代理的外国公司，可以在中标以后建立并注册办事处，并可以从有关工商管理部门获得承包该工程和供货的执照。

叙利亚：不要求外国公司必须有当地代理。但如果找代理人，则必须是叙利亚籍人，并向经济外贸部门登记注册，说明他是这家外国公司的唯一的代理人。外国公司经登记注册后，可在当地设置分支机构。

（资料来源：http://www.doc88.com/p-145661041680.html，有修改）

6. 办理注册手续

外国承包商进入招标工程项目所在国开展业务活动，必须按该国的规定办理注册手续，取得合法地位。有的国家要求外国承包商在投标之前注册，才准许进行业务活动；有的国家则允许先进行投标活动，待中标后再办理注册手续。

外国承包商向招标工程项目所在国政府主管部门申请注册，必须提交规定的文件。各国对这些文件的规定大同小异，主要为下列各项：

1）企业章程：包括企业性质（独资，合伙，股份公司或合资公司）、宗旨、资本、业务范围、组织机构、总管理机构所在地等。

2）营业证书。我国对外承包工程公司的营业证书由国家或省、自治区、直辖市的工商行政管理局签发。

3）承包商在世界各地的分支机构清单。

4）企业主要成员（公司董事会）名单。

5）申请注册的分支机构名称和地址。

6）企业总管理处负责人（总经理或董事长）签署的分支机构负责人的委任状。

7）招标工程项目业主与申请注册企业签订的承包工程合同、协议或有关证明文件。

7. 参加招标项目的资格预审

国际承包商十分重视投标前的资格预审工作，只有做好并通过资格预审，方能取得投标资格，继续参与竞争。对工程业主来说，大多数大型工程，由于参与投标的承包商较多，且工程内容复杂，技术难度较大，为确保能挑选到理想的承包商，在正式招标之前，先进行资格预审，以便淘汰一些在技术和能力上都不合格的投标人，简化评标工作。

凡通过资格预审选定投标候选人的项目，都要求有兴趣的承包商先购买资格预审文件，并按照资格预审文件的要求如实填写。预审内容中有关财务状况、施工经验、以往工程业绩和关键人员的资格及能力等是例行的审查内容，而施工设备则应根据招标项目工程施工有关部分予以填写。此外，对调查表中所列的一些其他查询项目，特别是投标人拟派的施工人员以及为实施工程而拟设立的组织机构等有关情况，应慎重对待。除了须填写的有关材料外，资格预审申请人还要提交一系列材料，如投标人概况、公司章程、营业证书、资信证明等。投标人必须在规定期限内完成上述工作，并在规定的截止日期之前送往或寄往指定地点。

8. 组织投标小组

资格预审评审结束后，经审查合格的承包商应最后决策是否参加该项目的投标竞争。如果决定参加投标，第一项首要的工作是组织一个有丰富编标、报价和投标经验的投标小组。一个强有力的、内行的投标班子是至关重要的。

一个好的投标班子的成员应由经济管理类人才、专业技术类人才、商务金融类人才以及合同管理类人才组成。

5.3.2 投标报价

报价是整个投标工作的核心。编制出适合当地市场情况、价格合理而又有竞争力的报价是能否中标的关键，而且对中标后能否盈利和盈利多少，也在很大程度上起着决定性的作用。在国际工程投标中，报价工作比国内工程投标复杂得多。

1. 投标报价前的准备工作

(1) 研究招标文件。招标文件包含的内容很广，承包商要全面研究招标文件的内容，清楚招标文件的要求和承包商的责任和报价范围，以避免在报价中发生任何遗漏；同时要熟悉各项技术要求，以便确定经济适用而又可能缩短工期的施工方案；还要了解工程中所需使用的特殊材料和设备，以便在计算报价前了解调查价格。对招标文件中含糊不清的地方，及时提请业主或咨询工程师给予澄清。对招标文件的研究，重点是投标人须知、合同条款、技术规范、图纸及工程量表。另外还要弄清工程的发包方式、报价的计算基础、工程规模和工期要求以及合同当事人各方的义务、责任和所享有的合法权利等。

案例5.5 国际工程招投标管理案例

某承包商对一大厦投标，报价为2748000美元，投标保函150000美元。开标后，发现自己报价最低，较倒数第二名承包商的报价少632000美元。回来后检查投标文件，发现编制标书时漏了数额很大的一笔人工费，少报了750058美元。正确报价应是3498058美元。

某承包商立即向评标委员会报告，如实承认失误，申明应将漏报的750058美元加入报价中；否则，难以接受中标函。评标委员会没有理睬他的报告，很快送来中标通知书，要求他签署协议书。

承包商拒绝签署。雇主决定没收其投标保函150000美元。承包商感到冤枉，便告到地方法院。

地方法官详细研究了双方申述，阅读了招标文件及中标通知书。特别注意到"投标人须知"第13条："……如果评标委员会在7天之内未收到投标人的协议书、履约保函及预付款保函时，委员会将没收投标保函，用以支付重新招标、接受别人标书、议标等费用……"

由于承包商拒绝接受中标和拒签协议书，属于违约，驳回承包商收回投标保函150000美元的请求。

承包商认为，他在雇主发出中标通知书之前已正式书面报告评标委员会，投标书有重大失误，如果按原报价施工，肯定亏损，所以不能接受中标通知和签订协议书。承包商不服地方法院裁决，上告到上诉法院。

上诉法院法官详细审阅了地方法院判决书，参阅了普通法关于工程合同一些主要原则，认为：

（1）承包商投标书有明显失误（或称误解），但在雇主中标决定之前报告给了评标委员会。

（2）评标委员会在知晓投标书有明显失误的情况下，未讨论承包商投标书即行授标的做法不当。

根据普通法，有明显失误投标书无效。"接受要约者，明知要约中有失误，会影响到合同的重要条款时，不能接受这样的要约。"

上诉法院决定：要求雇主退还承包商的投标保函150000美元。

（资料来源：杨庆丰．工程项目招投标与合同管理．北京大学出版社，2010，有修改）

（2）市场商情调查和物资询价。国际工程项目承保中材料部分约占价格构成的30%～50%的比重，因此材料价格的准确与否直接影响标价中成本的准确性，是影响投标成败的重要因素。市场商情的调查应尽可能广泛，对同类建筑的造价资料、当地劳务价格水平、公用设施、普通建筑材料的种类、质量、价格水平、进口材料设备、当地施工机具租赁费、各类物资近几年的涨价幅度、工程所在国海关手续和程序及境内将发生的各项费用等通过多种渠道深入调查。

（3）参加标前会议和勘察现场。标前会议是业主给所有的投标人提供一次质疑的机会。承包商应认真准备和积极参加标前会议。提出质疑和要求澄清以及参加标前会议，都要讲究技巧，注意提出问题的方式，不要使业主和咨询公司感到为难。业主或咨询公司对所有问题所作的答复均发出书面文件，并宣布这些补充发给的文件与招标文件具有同等效力。投标人不能凭口头答复来编制自己的报价。

现场勘察一般是标前会议的一部分，业主会组织所有承包商进行现场参观和说明。投标的承包商应该结合调查提纲的内容积极参加这一活动，并派有丰富工程施工经验的工程技术人员参加。现场勘察中，除一般性调查外，应结合工程专业特点有重点地结合专业要求进行勘察。由于能到现场参加勘察的人员毕竟有限，因此对大型项目、关键项目，建议进行现场录像以便回国后给参与投标的全体人员和专家观看和研究，这将有助于编标工作顺利进行。

案例5.6 国际工程索赔

我国某水电站工程，通过国际竞争性招标，选定外国承包公司进行引水隧洞施工。

在招标文件中，列出了承包商进口材料和设备的工商统一税税率。但在施工过程中工程所在地的税务部门根据我国税法规定，要求承包商交纳营业统一税，该税率为承包商合同结算额的3.03%，是一笔相当大的款额。但承包商在投标报价时没有包括此项工商统一税。承包商按税务部门规定，交纳了92万元人民币的部分营业税。

索赔要求：承包商认为此属招标文件错误，向业主提出索赔要求，要求业主赔付承包商需额外交纳的全部营业税。

业主反索赔依据：合同通用条款："承包商应遵守工程所在国的一切法律"，"承包商应交纳税法所规定的一切税收"等。

工程师审查：上述失误的原因是业主的编制招标文件人员不熟悉中国的税法和税种，不了解有两个环节的工商统一税。

处理结果：索赔发生后，业主向国家申请并获得批准免除了该水电站工程营业环节的工商统一税。已交纳的92万元人民币税款，双方谈判，由业主给予50%补偿。

案例评述：招标文件中的错误，应该由业主负责，但投标方对招标文件某些项也有审查确认的责任。

（资料来源：http://www.docin.com/p-795365277.html，有修改）

（4）核算工程量。招标文件中通常附有工程量表，投标人应根据图纸仔细核算工程量，校核之前要明确工程量的计算方法。通常，工程量清单中都说明了是按什么方法计算的。要对照图纸与技术规范核算工程量表中有无漏项，特别是要从数量上核算。招标文件中通常都附有工程量表，投标人应根据图纸仔细核算工程量。当发现相差较大时，投标人不能随便改动工程量，而应致函或直接找业主澄清。若招标文件中无工程量表，需要投标人根据设计图按国际工程的惯例自行计算并分项列出工程量表。

（5）编制施工方案与进度计划。施工方案不仅关系到工期，而且对工程的成本和报价也有密切关系。根据汇总的工程数量、合同技术规范要求、施工条件及其他情况选择和确定每项工程的主要施工方法，对各种施工方法既要采用先进的施工方法、安排合理的工期，又要充分、有效地利用机械设备，均衡地安排劳动力和器材进场，以尽可能减少临时设施和资金占用，保证完成计划目标。并根据选定的施工方法，选择相应的机具设备，计算所需的数量和使用周期。施工方案一般包括以下内容：

1）施工总体部署和场地总平面布置。

2）施工总进度和(单位)工程进度。

3）主要施工方法。

4）主要施工机械设备数量及其配置；劳动力数量、来源及其配置。

5）主要材料需用量、来源及分批进场的时间安排。

6）自采砂石和自制构配件的生产工艺及机械设备。

7）大宗材料和大型设备的运输方式。

8）现场水、电需用量和来源，及供水、供电设施。

9）临时设施数量和标准。

总工期应符合招标文件的要求，施工进度计划应表示各项主要工程的开始和结束时间，合理安排各工序的衔接，均衡安排劳动力，充分、有效地利用机械设备，减少机械设备占用

周期。

施工进度计划的表示方式，有的招标文件规定必须用网络图。如无此规定，也可用传统的横道图。

2. 计算单价

在投标报价中，要按照招标文件中工程量清单的格式填写报价，即按分项工程中每一个子项的内容填写单价和总价。业主付款，是按此单价乘以承包商完成的实际工程量进行支付的，而不管其中有多少用于人工费，多少用于材料和工程设备费，多少用于施工机械费以及间接费和利润。

按照国际工程的这种报价方式，对每一个工程项目的单价进行分解：

1）人工费：分项工程中每一个分项工程的用工量（以工日计）×工日基础单价。

2）材料费：分项工程中每一个分项工程的材料消耗量×材料基础单价。

3）施工机械设备费：分项工程中每一个分项工程所需机械设备台班数×台班单价。

4）各种管理费和其他一切间接费用：分别摊入每一分项工程的单价中。

5）风险费和利润：根据承包商的实际情况，确定风险费和计划利润，分别计入每个分项工程的单价中。

由此可见，工程单价要从确定基础单价，确定各种管理费和间接费用、风险费及利润的摊入系数几个方面入手。

（1）基础单价。

1）人工单价。人工工资是指工人每个工作日的平均工资。在国外承包工程的工人工资应按我国出国工人和当地工人分别确定。对于工期较长的工程，还应考虑工资上涨的因素。此外，如招标文件或当地法律规定，雇主须支付个人所得税、社会安全税等个人应纳税金，也应计入工资单价之中。

2）材料、设备单价。材料、设备单价应按当地采购、国内供应和从第三国采购分别确定。承包商在材料、设备采购中，采用哪一种采购方式，要根据材料、设备的价格、质量、供货条件、技术规范中的规定和当地有关规定等情况来确定。

3）施工机械台班单价。施工机械使用费以何种方式计入工程报价中，取决于招标文件的规定。施工机械台班单价一般采用两种方法计算。一种是单列机械费用，即把施工中各类机械的使用台班与台班单价相乘，累计得出机械使用费；另一种是根据施工机械使用的实际情况，分摊使用台班费，分摊方法由投标人自己确定。

（2）施工管理费。施工管理费包括工地现场管理费（约占管理费总额的25%～30%）和公司管理费（约占管理费总额的70%～75%），其内容包括：工作人员费；生产工人辅助工资；工资附加费；业务经营费；办公费；差旅交通费；文体宣教费；固定资产使用费；国外生活设施使用费；工具用具使用费；劳动保护费；检验试验费及其他。

在对外承包工程中，我国工程承包企业的施工管理费往往高于国际上一般水平的4%～6%，这是竞争的不利因素。因此对上述各项管理费用进行初步测算后，应与国际一般水平特别是与工程所在国的水平对比，如发现自己的管理费率较高，应积极采取降低措施，以提高报价的竞争力。

（3）开办费。开办费即准备工作费，这项费用通常要求单独报价，其内容视招标文件而定。开办费一般包括：施工用水、电费；临时设施费；脚手架费用；监理工程师办公室及生活设施费；职工交通费、报表费等；现场保卫设施费；现场清理费等。

开办费约占工程总价的10%～20%，有的甚至可达25%。一般工程规模越大其所占比重越小，工程规模越小则所占比重越大。开办费的确定，往往涉及施工组织及施工方法等，因此必须作专门的分析研究。

(4) 利润率。在工程直接费、管理费等费用一定的情况下，投标竞争实际上是利润高低的竞争。利润率开高，报价增大，中标率下降；利润率降低，报价减少，中标率上升。因此，如何确定最佳利润率，则是报价取胜的关键。国外承包工程报价中利润的确定，应根据当地建筑市场竞争状况、业主状况和承包商对工程的期望程度而定。

3. 确定投标价格

前面计算出的工程单价，是包含人、材、机单价以及除工程量表单列项目以外的管理费、利润、风险费等的工程分项单价，乘以工程量，再加上工程量表中单列的子项包干项目费用，即可得出工程初步总造价。由于这个工程总价可能与根据经验预测的可能中标价格有出入，组成总价的各部分费用间的比例也有可能不尽合理，还必须对其进行必要的调整。

调整投标总价应当建立在对工程的盈亏预测的基础上。在考虑报价的高低和盈亏时，应仔细研究利润这个关键因素。应当坚持“既能中标，又有利可图”的原则。

对报价决策的正确判断，来源于准确及时的信息以及资料和经验的积累，还有决策人的机智和魄力。有时可能要在原报价上打一个折扣，有时也可增加一定的系数，总的要求是不一定投最低标，而以争取在前三名最为有利。因为在一般情况下，国际上决策条件和国内基本相同，即在报价相近（不一定是最低）的情况下，往往是施工方案、质量、工期、技术经济实力、管理经验和企业信誉等因素综合起决定作用。

4. 报价决策

报价决策是投标人招集算标人员和本公司有关领导或高级咨询人员共同研究，就初步计算标价结果、标价宏观审核、动态分析及盈亏分析进行讨论，作出有关投标报价的最后决定。为了在竞争中取胜，决策者应当对报价计算的准确度、期望利润是否合适、报价风险及本公司的承受能力、当地的报价水平，以及对竞争对手优势的分析评估等进行综合考虑，这样才能决定最后的报价金额。在报价决策中应注意以下几个问题：

1）作为决策的主要资料依据应当是本公司算标人员的计算书和分析指标。报价决策不是干预算标人员的具体计算，而是由决策人员同算标人员一起，对各种影响报价的因素进行分析，并作出果断和正确的决策。

2）各公司算标人员获得的基础价格资料是相近的，因此从理论上分析，各投标人报价同标底价格都应当相差不远。之所以出现差异，主要是由于以下原因：各公司期望盈余（计划利润和风险费）不同；各自拥有不同优势；选择的施工方案不同；管理费用有差别等。鉴于以上情况，在进行投标决策研讨时，应当正确分析本公司和竞争对手情况，并进行实事求是地对比评估。

3）报价决策也应考虑招标项目特点，采取一些技巧。

5.3.3　标书的编制与投送

1. 标书的编制

编制投标书是投标过程中最重要的一环，是决定投标胜负的关键。承包商经过投标准备

和作出报价决策后，即应编制投标书，也就是投标人须知中规定的投标人必须提交的全部文件。通常招标文件中附有投标书各个部分的标准格式，承包商可按招标文件中的各项要求，根据确定的报价，编制标书中的各种报表，完成正式投标文件的编制。

投标文件主要分为4个部分：

1）投标函及附件。投标函是由投标的承包商负责人签署的正式的报价函。中标后，投标函及其附件即成为合同文件的重要组成部分。

2）标价的工程量清单和单价表。按规定格式填写，核对无误即可。

3）与报价有关的技术文件。包括图纸、技术说明、施工方案、主要施工机械设备清单以及某些重要或特殊材料的说明书和小样等。

4）投标保证。如果同时进行资格审查，则应报送的有关资料，也属于这一部分。

编制标书时要避免由于工作上的疏漏或技术上的缺陷而导致投标书无效。应注意下列事项：

1）要防止无效标书的工作漏洞，如未密封、未加盖单位和负责人的印章、寄达日期已超过规定的截止时间、字迹涂改或辨认不清等。还应防止未附上投标保函或保函的保证时间与规定不符等。

2）不得改变标书的格式，如原有格式不能表达投标意图时，可另附补充说明。

3）对标书中所列工程量，经过核对确有错误时，不得随意修改，也不能按自己核对的工程量计算标价，应将核实情况另附说明或补充和更正在投标文件中另附的专用纸上。

4）计算数字要正确无误，无论单价、合计、分部合计、总标价及其大写数字均应仔细核对。

2. 标书的投送

全部投标文件编好之后，经校核无误，由负责人签署，按投标人须知的规定分装，然后密封，派专人在投标截止日期之前送到招标单位指定地点，并取得收据。如必须邮寄，则应充分考虑邮件在途时间，务必使标书在投标截止日期之前到达招标单位，避免因迟到而使标书作废。

5.3.4 洽谈和签订合同

投标人接到中标通知书后，在规定的时间、地点，由业主、中标人双方洽谈。协商谈判各种商业、技术、法律等合同条款，并提交履约保证金，签订合同。

案例5.7 国际工程合同管理案例

非洲某公司工程项目，中国B公司已中标。在授予合同前，业主咨询人员即未来项目实施时的监理工程师向业主提出了修改设计的想法，包括几段路线的改线，土方边坡的变更，平、纵曲线半径的调整，取消原设计中的两段支线等，并拟订了修改方案和降低造价方案（降低造价31.09%），在征得出资的世界银行同意后，建议业主列入合同文件，和承包商进行谈判。B公司对修改方案和合同条款进行充分研究后认为是不合理要求，开展了有理有利有节的申辩和谈判。

在谈判中，承包商提出了以下三点理由：

(1) 招标文件中明确规定，在招标、投标阶段业主有权对招标文件进行修改，但在开标后即不能修改。同样，承包商的投标书在开标后除了业主审核和修改其数字计算错误外，也不容许进行任何修改。合同文件还明确指出，任何一种修改所形成的前后矛盾对所有承包商都是不合理、不公正的。因此，咨询工程师在开标后才提出如此重大的修改是不符合合同文件的，也是不合理、不公正的。

(2) 咨询工程师并非是原设计者，未经过详细的现场勘测在短期内就作出如此重大的修改设计方案，这种设想的方案在项目实施时是不一定能够实现的。只有在实施过程中现场地形、地质实际情况后，才能作出比较切合实际和合理的修改方案。

(3) 合同文件规定合同数量是容许增减的，但这是有关在施工过程中变更设计的合同条款，即 FIDIC 条款第 13 条，它只能在项目开工后结合工程进展和现场实际情况以下达变更令的方式使用。

在与业主谈判的同时，B 公司向世界银行也发出了正式文函，申诉以上理由，并附上有关合同条款，同时提出了合理的建议。建议合同文件要以投标书的报价为基础，中标函和合同文件的合同总金额及单价要和投标者的报价一致。至于对原设计的重大修改，可依据合同条款第 13 条在开工以后结合现场实际情况再下达工程变更令，使修改方案更切合实际。世界银行采纳了 B 公司的建议，并正式下文通知了业主。这样，业主和承包商之间的商谈终于获得了公平、合理的解决。

（资料来源：http://www.chinadmd.com/file/6vvvcitewzxusiaposot6pvc_1.html，有修改）

思考与讨论

1. 国际工程招标投标的特点有哪些？
2. 简述国际工程招投标的程序。
3. 国际工程招标的方式有哪些？各自有什么特点和适用范围？
4. 资格预审文件的内容一般包括哪些方面？
5. 请结合一个国际工程项目实例，说明其招标文件的构成。
6. 请举例说明，当一个承包商准备参加某个国际工程项目的投标时，投标前需要做哪些准备工作。
7. 国际工程投标报价的组成有哪些？
8. 世界银行和亚洲开发银行贷款项目，土建工程招标的资格预审不强调申请人的（　　）。

A. 合同履约信誉状况　　B. 关键设备和关键人员的条件

C. 过去三年的年均营业额　　D. 类似业绩

阅读材料　三峡工程设备国际招标实践案例分析

三峡工程利用国际招标方式进行设备采购，由于几次国际招标存在采购设备性质不同，潜在的投标商数量不同，竞争环境也不同等原因，分别采取了“公开招标、议标决策”“国际竞争性招

标”“邀请招标”的不同的招标采购方式。

三峡工程利用国际招标方式招标已有数年的历史。特别是机电设备的采购，自1996年6月发标的左岸电站14台套水轮发电机组的采购开始，其后于1998年12月发标的高压电气设备的采购和1999年12月发标的与14台套水轮发电机组配套的调速励磁系统及其附属设备的采购，均采用了国际招标的方式，为三峡工程的建设节约了资金，提高了采购质量，保证了在对供货厂商的选择上的“公开、公平、公正”，为确保三峡工程获得一流的供货厂商和一流的设备提供了有效的选择手段。

国务院三峡工程建设委员会对三峡的国际招标采购工作十分关注，就国际招标中的有关问题举行了专题研究会议，确定了有关包括招标方式在内的原则问题。三峡总公司领导更是极为重视，从标书的编制到发布招标通告，发售招标文件、开标、评标，一直到合同的签订，对每一个环节都严格把关，以确保招标工作能在公平、公正的基础上展开，通过充分比较、层层筛选，最终可以以合理低价与国际一流设备的一流供货厂商签订合同。

几次招标在招标文件的编制阶段，三峡总公司分别多次组织了有关部委、科研、设计、制造、安装、外贸、金融、法律等国内专家对招标文件进行全面的审查，水轮机组的招标和高压电气设备的招标还邀请了国外专家对招标文件进行咨询，使招标文件更趋完善。

三峡总公司对水轮机组的招标文件的最终定稿工作是于1996年6月中旬完成的。招标文件明确规定，三峡机组招标采用公开招标、议标决策的方式。1996年6月24日正式向国际上潜在的投标厂商发售了招标文件。招标分IFB1标（14台套的水轮机及其辅助设备）和IFB2标（发电机及其辅助设备）两个标段进行。在经过6个月的投标准备之后，12月18日GANP联合体（由法国的GEC阿尔斯通耐尔皮克和巴西的圣保罗金属公司组成）、VGS联合体（由德国伏伊特、加拿大GE、德国西门子组合而成）、克瓦纳能源公司、三峡日本水轮机联合体（由伊藤忠、日立、东芝、三菱重工、三井物产、三菱商事组合而成）、IMPSA（银萨）公司（代理乌克兰TURBOATOM科技工业公司和美国伍德沃德公司）、俄德联合体（由俄罗斯动力机械出口有限公司和德国苏尔寿组合而成）共6家公司或联合体就IFB1水轮机标投标；GAE联合体（法国的阿尔斯通发电公司和加拿大的GEC阿尔斯通能源公司）、VGS联合体、ABB发电有限公司、三峡日本发电机联合体（三井物产、东芝、日立、三菱电气、伊藤忠、三菱商事、住友商事组成）、IMPSA（银萨）公司（代理加拿大西屋有限公司和捷克斯哥达电气公司）、俄罗斯动力机械出口有限公司（代理俄罗斯电力工厂）6家公司或联合体就IFB2标投标。

招标文件规定，国外的制造厂商为投标责任方，14台套机组设备中的前12台套以国外制造厂商为主，中国制造厂商参与，中国制造厂商分包份额的比例不低于25%，同时，要求国外供货部分按CIF班轮条件上海港，或DAF满洲里站，或CIP三峡机场报价，国内供货部分按CPT三峡工地报价。

整个机组的评标工作基本上是在全封闭的状态下进行的。从开标到合同小签，历时8个月。经对投标文件的核查，各投标者所提供的投标文件都合格、有效。并且各家都按照招标文件的规定，提供了融资方案，明确了向中国国内的制造厂商转让技术，同时，各投标者在商务条件上都不同程度地提出了偏差。这些偏差主要集中于违约赔偿、争端的解决、适用法律、仲裁地点及适用的仲裁规则、对变更指令的执行等条款上。由于三峡机组招标采用的是议标方式，各投标者的报价高。需要通过澄清，大幅度削减其投标报价。

在与投标者就价格、商务条件、技术条件、技术转让等内容进行艰苦而激烈的三轮澄清后。投标者的投标内容有了很大的修正，价格明显降低。

在对资格、技术、技术转让、融资、商务5个因素综合评议的基础上，通过定量评分和定性分析打分，以及出于对供货风险、引进技术的合理性以及履行合同的过程中竞争性的考虑，三峡总公司最终决定，重新调整水轮机与发电机的供货组合，将14台套的水轮发电机组供货合同分别授予阿尔斯通－ABB供货集团和VGS联合体。此授标决定事前取得了国务院三峡工程建设委员会的批准。其中，阿尔斯通－ABB供货集团负责提供8台套的水轮发电机组设备，VGS联合体负责提供6台套的水轮发电机组设备。

两个供货集团提供的融资方案均为买方出口信贷，阿尔斯通－ABB供货集团提供的融资银行是法国兴业银行、挪威出口公司、巴黎国民银行、瑞士联合银行等，提供与出口信贷相配套的商业贷款的银行是法国兴业银行、瑞士联合银行、巴黎国民银行。VGS联合体提供的融资银行是德国复兴信贷银行、加拿大EDC、巴西BNDES，提供商业贷款的银行是德雷斯顿银行。这些出口信贷和商贷覆盖了整个合同所需款额和供货期。

1997年9月2日，三峡14台套水轮发电机组供货合同和贷款协议的签字仪式在人民大会堂隆重举行。10月份供货合同正式生效，进入合同履行阶段。

（资料来源：于滨．三峡工程机电设备国际招标实践．水力发电，2000（6）：24-27，有修改）

第 6 章 建设工程其他招投标

6

6.1 建设工程勘察、设计招标与投标

工程勘察设计招标是指根据批准的可行性研究报告，择优选择勘察设计单位的招标。勘察和设计是两种不同性质的工作，可由勘察单位和设计单位分别完成。勘察单位最终提出施工现场的地理位置、地形、地貌、地质、水文等在内的勘察报告。设计单位最终提供设计图纸和成本预算结果。设计招标还可以进一步分为建筑方案设计招标、施工图设计招标。当施工图设计不是由专业的设计单位承担，而是由施工单位承担时，一般不进行单独招标。

我国的勘察设计招标工作从 20 世纪 90 年代开始，自 2000 年 1 月 1 日国家颁布实施的《招标投标法》指出，符合一定条件的勘察、设计、施工、监理以及与工程建设有关的重要设备、材料等的采购必须进行招标。2013 年住房和城乡建设部《关于进一步促进工程勘察设计行业改革与发展若干意见》要求针对勘察设计行业特点完善招标投标制度，研究推行不同的招标方式。我国在法律、法规中明确了工程设计招标投标是一项基本建设程序。而国家各部委相继出台了不少法规，对勘察设计的招标工作也作了较明确的规定。

工程勘察设计的质量优劣，对建设项目的顺利完成起着至关重要的作用，通过招标方式选择工程勘察、设计单位，使设计技术和成果作为有价值的技术商品进入市场，推行先进技术，更好地完成勘察设计任务，从而降低工程造价、缩短工期和提高投资效益。

6.1.1 发包方式和招标承包范围

建设工程勘察、设计发包依法实行招标发包或者直接发包。原则上，勘察、设计任务的委托应该依据《招标投标法》进行招标发包，建设项目应办理勘察、设计招标的主要范围如下：

1）基础设施、公共事业等关系社会公共利益、公共安全的项目。

2）使用国有资金投资或者国家融资的项目。

3）使用国际组织或者外国政府贷款、援助资金的项目。

主要规模标准如下（符合下列标准之一的）：

1）勘察、设计单项合同估算价在 50 万元人民币以上的。

2）项目总投资额在 3000 万元人民币以上的。

但是，下列建设工程的勘察、设计，经有关主管部门批准，可以直接发包：

1）涉及国家安全、国家秘密的。

2）抢险救灾的。

3）主要工艺、技术采用特定专利或者专有技术的。

4）技术复杂或专业性强，能够满足条件的勘察、设计单位少于三家，不能形成有效竞争的。

5）已建成项目需要改、扩建或者技术改造，由其他单位进行设计影响项目功能配套性的。

采用招标发包的项目，招标人可以依据工程建设项目的不同特点，实行勘察、设计一次性总体招标，业主可以将勘察任务和设计任务交给具有勘察能力的设计单位承担，也可以由设计单位总承包，由设计总承包单位再去选择承担勘察任务的分包单位；也可以在保证项目完整性、连续性的前提下，按照技术要求实行分段或分项招标。但招标人不得将依法必须进行招标的项目化整为零，或者以其他任何方式规避招标。对于设计阶段，为了保证设计指导思想能顺利贯彻于设计的各阶段，一般是将初步设计（技术设计）和施工图设计一起招标，不单独进行初步设计招标或施工图设计招标，而是由中标的设计单位承担初步设计和施工图设计。

工程建设勘察、设计单位不得将所承揽的工程建设勘察、设计进行转包。但经发包方书面同意后，可将除工程建设主体部分外的其他部分的勘察、设计分包给具有相应资质等级的其他工程建设勘察、设计单位。

6.1.2 勘察、设计招标的特点

勘察、设计招标不同于施工招标和材料设备的采购供应招标，前者是承包者通过自己的智力劳动，将业主对项目的设想转变为可实施的蓝图；而后者则是承包者按设计要求，去完成规定的物质生产劳动。设计招标时，业主在招标文件中只是简单介绍建设项目的指标要求、投资限额和实施条件等，规定投标人分别报出建设项目的构思方案和实施计划，然后由业主通过开标、评标程序对各方案进行比选，再确定中标人。鉴于设计任务本身的特点，设计招标主要采用设计方案竞赛的方式选择承包单位。设计招标与施工及材料、设备供应招标的区别主要表现在以下几方面：

1）勘察、设计招标方式的多样性。勘察、设计招标可采用公开招标、邀请招标，还可采用设计方案竞赛等其他方式确定中标单位。《关于进一步促进工程勘察设计行业改革与发展若干意见》中提出大中型建筑设计项目采用概念性方案设计招标、实施性方案设计招标等形式，大中型工业设计项目采用工艺方案比选、初步设计招标等形式。

2）招标文件中仅提出设计依据、建设项目应达到的技术指标、项目限定的工程范围、项目所在地的基本资料、要求完成的时间等内容，而无具体的工作量要求。

3）投标人的投标报价不是按规定的工程量填报单价后算出总价，而是首先提出设计初步方案，论述该方案的优点和实施计划，在此基础上再进一步提出报价。

4）开标时，不是由业主的招标机构公布各投标书的报价高低排定标价次序，而是由各投标人分别介绍自己初步设计方案的构思和意图，而且不排标价次序。

5）评标决标时，业主不过分追求完成设计任务的报价额高低，工程勘察、设计招标应重点评估投标人的能力、业绩、信誉以及方案的优劣，不得以压低勘察设计费、增加工作

量、缩短勘察设计周期作为中标条件。因此，勘察、设计招标评标的标准要体现勘察成果的完备性、准确性、正确性，设计成果的评标标准要注重工程设计方案的先进性、合理性、设计质量、设计进度的控制措施，以及工程项目投资效益等。

6.1.3 勘察、设计招标方式

工程勘察、设计招标委托方式可分为公开招标、邀请招标、一次性招标、分阶段招标、方案竞赛招标等，接下来介绍其中的三种。

1. 一次性招标

一般工程项目的设计分为初步设计和施工图设计两个阶段进行，对技术复杂而又缺乏经验的项目，在必要时还要增加技术设计阶段。为了保证设计指导思想连续地贯彻于设计的各个阶段，一般多采用技术设计招标或施工图设计招标，不单独进行初步设计招标，由中标的设计单位承担初步设计任务。招标人依据工程项目的具体特点决定发包的工作范围，可以采用设计全过程总发包的一次性招标。这种招标方式可有效利用设计单位对勘察、设计工作的统筹安排。

由于勘察工作所取得的工程项目技术基础资料是设计的依据，必须满足设计的需要，因此将勘察任务包括在设计招标的发包范围内，由相应能力的设计单位完成或由他再去选择承担勘察任务的分包单位，对招标人较为有利。勘察设计总承包与分为两个合同分别承包比较，不仅在合同履行过程中招标人和监理单位可以摆脱实施过程中可能遇到的协调义务，而且能使勘察工作直接根据设计需要进行，满足设计对勘察资料精度、内容和进度的要求，必要时还可以进行补充勘察工作。

2. 分阶段招标

针对初步设计、技术设计、施工图设计三个阶段分别进行招标，而勘察任务也可以单独发包给具有相应资质的勘察单位实施。分阶段招标可使各阶段的勘察、设计任务更加明确，可提高勘察、设计的针对性，也有利于提高勘察、设计的质量。

3. 方案竞赛招标

对于具有城市景观的特大桥、互通立交、城市规划、大型民用建筑等，习惯上常采取设计方案竞赛方式招标。

设计竞赛招标是建设单位为获得某项规划或设计方案的使用权或所有权而组织竞赛，对参赛者提交的方案进行比较，并与优胜者签订合同的一种特殊的招标形式。设计竞赛招标通常的做法是，建设单位（或委托咨询机构代办）发布竞赛通告，使对竞赛感兴趣的单位都可以参加，也可以邀请若干家设计单位参加竞赛。设计竞赛通告或邀请函应提出竞赛的具体要求和评选条件，提供方案设计所需的技术、经济资料。参赛单位（投标人）在规定期限内向设计竞赛招标主办单位提交竞赛设计方案。主办单位聘请专家组成评审委员会，根据事先确定的评选标准，进行评价。评价指标一般包括：①设计方案满足使用功能的程度；②建筑美学、城市景观、地方文化特色建筑要素；③是否符合规划管理部门的有关规定；④技术上的先进性与可行性；⑤工程造价的经济合理性。评委就上述方面提出评价意见和候选者排序名单。最后由建设单位作出评选决定，并与入选方案的设计单位进行谈判，就工程勘察设计工作的具体内容、进度要求、设计费用等问题进行谈判，达成一致后签订勘察设计合同。

目前，为了优化建设工程设计方案，提高投资效益和设计水平；为了与国际惯例接轨，借鉴国外的做法，大中型建设工程项目的设计由初步设计和施工图设计两个阶段改为三个阶段，即方案设计阶段、初步设计阶段和施工图设计阶段。对城市建筑设计实行方案设计竞选制，以改变单一的招标投标制和议标制，特别强调方案设计，规定方案设计应有一定的深度。对方案设计竞选者，不论入选与否，达到规定的方案设计深度的均应给予费用补偿。

凡符合下列条件之一的城市建设项目，必须实行有偿方案设计竞赛：

1）建设部规定的特级、一级建设项目。

2）重要地区或重要风景区的建筑项目。

3）大于等于4万m^2的住宅小区。

4）当地建设主管部门划定范围的建设项目。

5）建设单位要求进行设计方案竞赛的建设项目。

案例6.1　国家大剧院设计方案招标与评标

国家大剧院工程的上马经历了40余年的曲折历程。早在新中国成立初期就已经被提上日程，1958年，中央批准国家大剧院立项，由周恩来总理亲自抓，并由清华大学完成了建筑设计方案，选址在人民大会堂的西侧。由于国家财力和政治运动的影响，便搁下了。改革开放后，文化部曾重提兴建国家大剧院之事，但却有很大的争议，主要是建与不建或建在哪里。1990年，文化部再次提出在原址上兴建国家大剧院，并成立了筹建办公室。1996年10月在中共中央召开的第十四届六中全会上通过了。

1998年1月8日，中央决定成立“国家大剧院建设领导小组”，同时成立“国家大剧院工程业主委员会”负责工程的组织实施，业主委员会的人员由北京市、文化部、建设部三方人士组建而成，代表国家行使业主权利，承担业主责任。建筑设计方案采取邀请方式为主进行国际招标。国家大剧院投资估算25.5亿元，外汇额度1亿美元，其来源将主要是国家财政拨款。这样，跨越近40年的国家大剧院工程的建设终于拨开云雾，正式开始。国家大剧院工程建设方案设计为法国机场公司（ADP）建筑师保罗·安德鲁，清华大学协作，施工图的国内设计单位是北京市建筑设计研究院，施工总承包单位为北京城建集团、香港建设有限公司和上海建工集团联合体，工程监理单位为北京双圆工程监理公司。计划用4年左右时间建成，拟分为三个阶段：第一个阶段确定设计方案和进行设计、监理、施工、设备招标，约一年时间；第二个阶段进行主体工程施工，约一年半时间；第三个阶段进行装修、设备安装及调试、室外工程，约一年半时间。

1998年4月，工程业主委员会对设计方案的招标采取国际竞赛的方式进行，这是当时为止国内规模最大的一次建筑设计方案招标。参赛的有来自10个国家的40多个设计单位，提交了69个设计方案。方案经过了两轮竞赛、三次修改，并展出以供社会公众参观评选。在随后的方案深化设计过程中，又广泛征求了专家的意见，并进行了社会公众调查。中国国际工程咨询公司受国家计委委托，先后组织了对国家大剧院工程可行性研究报告和初步设计的专家评估。国内建筑行业专家、剧场技术专家和表演艺术家等专业人士频繁召开座谈会进行论证，并分别组织全国人大代表、全国政协委员、北京市人大代表、北京市政协委员中代表社会各阶层各方面人士召开正式会议以广泛征集意见。在正式召开的专家会议上，与会人士大多数明确表示支持保罗·安德鲁的设计方案。至

此，在较大的专家和群众支持的基础上，保罗·安德鲁的设计方案被最终采纳。自1998年4月13日正式发标，至1999年7月22日方案确定，整个过程历时1年4个月，其历时之长、征求人数之多、反复比较数量之大，堪称国内之最。

（资料来源：佚名. 40年！揭密国家大剧院的曲折历程. 中国钢结构网，2006. http://www.cncscs.com/news.asp?{id:3404}，有修改）

6.1.4 勘察、设计招标的程序

1. 发布招标公告、资格预审公告或投标邀请书

公开招标项目应当发布资格预审公告或者招标公告。符合邀请招标条件的项目，可向特定的法人或组织发出投标邀请书。依法必须进行招标的项目，资格预审公告和招标公告应在国务院发展改革部门依法指定的媒介发布。进行资格预审的公开招标项目，招标人应发布资格预审公告邀请不特定的潜在投标人参加资格审查；不进行资格预审的公开招标项目，招标人应发布招标公告邀请不特定的潜在投标人投标。

案例6.2　××工程项目设计招标资格预审公告

1. 招标条件

本招标项目××项目设计（项目名称）已由××市人民政府相关文件批准建设。项目业主××单位，建设资金来自自筹（资金来源），招标人为×××，委托的招标代理单位为××招标有限公司。项目已具备招标条件，现对该项目的设计进行公开招标。

2. 项目概况

2.1. 项目名称：××项目设计。

2.2. 建设地点：××。

2.3. 工程建设规模：本项目用地面积约250亩，建筑面积约15万m^2，主楼10层，附楼5层，地下室1层，其他辅助用房1至10楼不等。

2.4. 投资总额：人民币约60000万元。

2.5. 招标范围和内容：本项目方案深化设计、初步设计（含初步设计概算）和施工图设计阶段、设计技术交底、施工中设计技术服务、参与竣工验收等招标；根据招标人的需要，中标人应配合招标人编制各项专业分析报告并参与报告的评审，协助业主完成与设计相关的各项报批工作。

2.6. 计划开工日期：拟定××年 ×月开工。

2.7. 设计周期：总周期100日历天，即合同签订后15日历天完成方案设计优化；优化方案批准后35日历天内完成初步设计（含初步设计概算），初步设计批准后50日历天内完成施工图设计。各阶段的设计完成，并经业主或主管部门审查通过后，投标人须提交各阶段的设计图纸。

3. 投标人资格要求及审查办法

3.1. 本招标项目要求投标人具备建设行政管理部门颁发的工程设计综合甲级或建筑行业（建筑工程）设计甲级或建筑工程专业设计甲级资质证书；至少承担过一项类似规

模××的设计任务。

3.2. 投标人拟担任本招标项目负责人应具备有效的一级注册建筑师执业证书；拟担任本项目的其他主要设计人员至少包括建筑设计专业负责人1人、结构设计专业负责人1人、电气设备专业负责人1人、给排水专业负责人1人、造价编制负责人1人，上述人员要求具备工程师及以上技术职称；项目负责人具备高级工程师职称；以上人员须为投标人单位正式员工（须提供劳动合同和社保证明），且能长驻现场。

3.3. 投标人拟担任本设计项目负责人在投标人单位从事过两项类似项目的设计业绩，且担任项目负责人；投标人应具备两项类似项目设计业绩。类似项目设计业绩是指近五年来（以施工图审查合格日期为准）完成设计的并经施工图审查合格的类似规模××的项目。

3.4. 本招标项目资格预审文件中须附有法人资格证明和协议书。

3.5. 本招标项目招标人对投标人的资格预审方式：有限数量制。

3.6. 本项目不接受联合体投标。

4. 获取资格预审文件

4.1. 请投标人于××年×月×日至××年×月×日，每天上午8时30分至12时00分，下午14时30分至17时00分（北京时间，下同），到××路持法定代表人授权委托书及企业营业执照、资质、业绩等投标人资格要求的资料原件及复印件（复印件加盖公章装订成册）购买资格预审文件。

4.2. 资格预审文件每份售价300元，售后不退。

5. 资格预审申请文件的递交

5.1. 递交资格预审申请文件的截止时间：××年×月×日上午9时30分，地点为××路××号。

5.2. 逾期送达的或未送达指定地点的或资格预审申请文件未按资格预审文件要求予以密封的，招标人不予受理。

6. 投标人资格证件审查

6.1. 投标人购买资格预审文件之日起至递交资格预审申请文件截止前一个工作日，须派本项目项目负责人到××路××号办理备案登记和身份验证事宜。未通过资格证件审查的投标人将取消投标资格。

6.2. 投标申请人在递交资格预审申请文件的同时，还需递交《省级招投标市场投标人身份证验证书》原件（原件不需要装入资格预审申请文件中），项目负责人须持身份证原件到开标现场登记参与投标活动。

7. 联系方式

招标人：×××

地址：××路

电话：(略)

联系人：(略)

招标代理：××招标有限公司

地　　址：××路××号

邮政编码：(略)
联 系 人：(略)
电　　话：(略)
传　　真：(略)
(资料来源：http://www. bidcenter. com. cn/newscontent-12361238-1. html，有修改)

2. 投标人资格审查

资格审查的内容主要包括以下几方面：

(1) 资质审查。资质审查主要审查申请投标单位的勘察和设计资质等级是否与拟建项目的等级相一致，是否具备实施资格，不允许无资质单位或低资质单位越级承接工程设计任务。招标人应结合招标项目行业类别、功能性质、标准、规模，科学设定申请人应具备的企业资质类别和等级。

1) 证书种类。国家和地方建设主管部门颁发的资格证书，分为工程勘察证书和工程设计证书。其中，工程勘察资质又分为工程勘察综合资质、工程勘察专业资质和工程勘察劳务资质三类；工程设计资质又分为工程设计综合资质、工程设计行业资质、工程设计专项资质和专业资质四类。如果勘察任务合并在设计招标中，投标人必须同时拥有两种证书。若仅持有工程设计证书的投标人准备将勘察任务分包，必须同时提交分包人的工程勘察证书。我国工程勘察和设计证书分为甲、乙、丙三级，不允许低资质投标人承接高等级工程的勘察、设计任务。由于工程项目的勘察和设计有较强的专业性要求，还需审查证书批准允许承揽的工作范围是否与招标项目的专业性质一致。

2) 证书级别。工程勘察资质和工程设计资质分级标准按单位资历和信誉、技术力量、技术水平、技术装备及应用水平、管理水平、业务成果六方面考核确定。

综合类包括工程勘察所有专业，其资质只设甲级，专业类资质原则上设甲、乙两个级别，劳务类资质不分级别。

工程设计综合类资质不设级别，工程设计行业资质和工程设计专项资质根据工程性质和技术特点设立类别和级别。

3) 证书规定允许承接任务的范围。尽管投标申请单位的资质等级与建设项目的工程等级相适应，但由于很多工程还有较强的专业性，故还需审查委托设计工程项目的性质是否在投标申请单位的资质类别范围内。

申请投标单位所持资质证书在以上三个方面有一项不合格者，都应被淘汰。

(2) 能力审查。能力审查包括设计人员的技术力量和主要技术设备两方面。人员的技术力量重点考虑拟投入项目的主要设计负责人的资质能力和各专业设计人员的专业覆盖面、人员数量、中高级人员所占比例等是否能满足完成工程设计任务的需要。技术设备能力主要审查测量、制图、钻探设备的器材种类、数量、目前的使用情况等，审查其能否适应开展勘察、设计工作的需要。

(3) 经验审查。审查该设计单位最近几年所完成的工程设计，包括工程名称、规模、标准、结构形式、质量评定等级、设计周期等内容。侧重于考虑已完成的工程设计与招标项目在规模、性质、结构形式等方面是否相适应，即有无此类工程的设计经验。规模较大项目可通过考察申请人以往完成的工程规模数量和目前已经承接的项目的规模数量，了解企业可以调动的设计资源和能力。

（4）财务状况及信誉审查。企业近几年的主营业务的基本财务状况。以及近几年设计单位及其完成的成果和履约信誉情况，包括是否涉及设计质量、安全事故、仲裁和诉讼等。

招标人对其他需要关注的问题，也可要求投标申请单位报送有关资料，作为资格审查的内容。资格审查合格的申请单位可以参加设计投标竞争；对不合格者，招标人也应及时发出书面通知。

案例6.3 ××市儿童福利院修建性详细规划及建筑方案设计项目资格预审评审标准

一、资格预审原则

1. 若投标申请人的数量过多时，招标人将保留选择进一步评估的权利，按照得分高低排序从中择优选出不少于7家的合格投标申请人。当投标申请人数量少于7家（含7家）且满足必要条件的均为合格的投标申请人。

2. 评审标准：

（1）投标申请人符合招标公告必要条件，并原件核对无误且资料齐全的得70分。

（2）投标申请人具有城市规划编制资质的得6分，具有建筑设计资质且含详细规划设计专项资质内容的得5分，本项最高分6分。

（3）投标人曾规划设计过社会福利院项目的得6分，曾进行过规划设计但未曾规划设计过社会福利院的项目的得5分，本项最高分6分。报名时应提供该项目设计合同。

（4）拟派的项目负责人是注册规划师的5分，报名时应提供注册规划师证书原件。

（5）近三年承担过130亩及以上的规划设计项目的每一项合同得2分，最高分为10分，报名时应提供项目设计合同。

上述（1）~（5）条件报名时投标申请人应提供相关证件的原件予以审查。

（6）拟派本项目规划设计人员配备合理的得3分，不足的得1分，最高分为3分。

二、资格预审要求

1. 资格预审工作在××市招标采购交易中心进行，资格预审小组由招标人代表和随机抽取的专家评委组成。

2. 投标申请人必须符合经招标采购管理局备案的招标公告标注的必要条件，才能进入详细资格预审。

3. 资格预审依据：招标公告、相关法规和经招标采购管理局备案审查的资格预审评审标准。

4. 资格预审小组依据经招标采购管理局备案的资格预审评审标准，对各投标申请人的报名资料，企业资质和项目负责人资质情况，企业、项目负责人业绩等情况进行资格预审，并综合比较评价且对投标申请人进行排序。

5. 资格预审小组成员应以客观、公平、公正、择优的原则对各投标申请人的报名资料进行审查，综合比较合议评价且对投标申请人的综合得分自高向低进行排序（综合得分相等的应作并列排序），若投标人数量过多时。由招标人选取不低于7家合格投标申请人。

6. 资格预审小组成员应根据资格预审评审标准进行预审，不应有个人倾向性，且应遵循评审规则。不得向他人透露资格预审的过程、内容和结果情况，且应对招标人负责。

7. 投标申请人提供证件真实有效。如发现或疑有弄虚作假，经上网查证、评委招标人一致认定，取消其入围资格，并报建设行政主管部门和招标投标监督管理部门记入企业不良行为记录。

8. 资格预审小组有对资格预审评审标准需要澄清的可以提请招标人委托的代理机构予以解释。

（资料来源：http://www.doc88.com/p-4532088264299.html，有修改）

3. 编制发售招标文件

招标文件是指导设计单位进行正确投标的依据，也是对投标人提出要求的文件。招标文件一经发出后，招标人不得擅自修改。如果确需修改时，应以补充文件的形式将修改内容通知每个投标人，补充文件与招标文件具有同等的法律效力。若因修改招标文件导致投标人造成经济损失时，还应承担赔偿责任。

工程建设项目勘察、设计招标文件一般包括：投标人须知；勘察、设计条件及要求；主要合同条件；投标文件格式；附件及附图等。评标方法和标准可以作为投标人须知的附件，也可以在招标文件中单列章节。

（1）投标人须知。工程建设项目勘察设计招标文件的投标人须知中与工程招标有较大区别的是投标保证金的规定、投标补偿费用和奖金的规定、知识产权的规定等内容。

1）投标保证金的规定。《招标投标法实施条例》第26条规定，招标人在招标文件中要求投标人提交投标保证金的，投标保证金不得超过招标项目估算价的2%。投标保证金有效期应当与投标有效期一致。依法必须进行招标的项目的境内投标单位，以现金或者支票形式提交的投标保证金应当从其基本账户转出。

2）投标补偿费用和奖金的规定。投标补偿费用是招标人用以支付给投标人参加招标活动并递交有效投标设计方案的费用补偿，该费用还包括招标人有可能使用未中标的设计方案的使用补偿费用。奖金则是招标人对被评选为优秀设计方案所支付的除投标补偿费用以外的奖励费用。属于按已定工程设计方案选择工程扩初设计和施工图设计单位的，一般不设投标补偿费用和奖金。

勘察、设计招标文件中应明确招标人对递交有效投标文件而未中标的投标人（包括招标人有可能使用其设计方案或部分设计要素）所支付的投标补偿费用和支付方式，明确是否设置优秀设计方案、优秀设计方案的等级、数量和奖金金额等内容。

未按规定时间提交投标文件或投标文件按规定不被接受或被作为废标处理的投标人，招标人一般不予支付投标补偿费用。属于按已定工程设计方案选择工程设计单位则没有投标补偿费用和奖金。

3）知识产权的规定。知识产权的规定是工程建设项目设计招标中的特有条款。在设置该条款时，要在注意避免侵犯他人的知识产权的同时，注意保护自己的知识产权，并注意知识产权的归属问题。如在招标文件中规定，投标人在其工作范围内应确保其各自独立准备的全部设计文件在中国境内外都没有且也不会侵犯任何第三方的知识产权（包括但不限于著作权、商标权、专利权）或专有技术或商业秘密；投标人如果在其设计文件中使用或包含任何其他人的知识产权或专有技术或商业秘密，应保证已经获得权利人的合法、有效、充分的授权；招标人拥有中标人所提交的全部设计文件（包括设计方案、设计成果）的使用权和受益权，并使用于招标项目。如果设计文件中包含有投标人的专利技术，则招标文件中还应包括专利技术转让条款的规定。

（2）勘察、设计条件及要求。勘察、设计条件及要求是招标文件的核心文件，是投标人进行方案设计的指导性和纲领性文件，一般包括以下内容：

1）项目综合说明，包括工程建设项目名称、建设背景、项目功能、使用性质、周边环境、交通情况、自然地理条件、气候及气象条件、抗震设防要求等内容。

2）勘察、设计目的和任务。

3）勘察、设计条件，包括主要经济技术指标要求、工艺要求、用地及建设规模、建筑退红线、建筑高度、建筑密度、绿地率、交通规划条件、市政规划条件等要求。

4）项目功能要求，包括项目使用功能定位、设计原则、指导思想、远近期规划安排等内容。

5）工程建设项目设计使用年限要求。

6）各专业系统设计要求。

7）勘察、设计深度及设计成果要求。设计深度应当符合国家规定的深度要求；设计成果要求中应明确成果内容要求、编制格式要求、数量要求等。

（3）主要合同条件。工程勘察、设计招标文件的合同（建议）一般采用标准合同范本编写合同条件。

（4）投标文件格式。为了规范投标文件格式，设计招标文件中通常对投标文件格式提出明确要求。在一般情况下，投标文件应包括投标商务文件、投标经济文件（也可以将这两个部分合并，通称为投标商务文件）和投标设计技术文件。

1）投标商务文件包括：投标人的设计资质等级标准，管理体系认证文件，类似项目设计业绩和获奖情况；拟投入设计团队人员尤其是主要人员（如总规划师、总设计师、总建筑师、总工艺师、总工程师等）的资格、经历、获奖情况和类似业绩；设计联合体协议书（如为联合体投标人）；经审计的财务报告等内容。

2）投标经济文件一般包括以下内容：设计费投标报价表及分项报价表；设计周期和设计进度计划；设计服务建议书及服务承诺，一般由投标人根据设计项目特点和招标文件要求及自身拟提供的服务自行编制，构成投标人向招标人提出的设计服务要约的一部分；设计顾问服务计划书；投标设计方案版权声明，这是工程建设项目设计招标中所特有的知识产权特征的体现。

3）投标设计技术文件一般包括：项目设计的总体说明、设计说明（包括工艺说明）、主要经济技术指标表、工程建设项目造价估算书和分项投资估算表、技术论证书、设备的选型建议、方案设计图、展板、多媒体文件、模型等内容。

（5）附件、附图。工程建设项目设计招标文件中应提供投标人编制投标设计文件的基础性依据资料，如：已批准的工程可行性研究报告或项目建议书；可供参考的工程地质、水文地质、工程测量等建设场地勘察成果报告；供水、供电、供气、供热、环保、市政道路等方面的基础资料；城市规划行政管理部门确定的规划控制条件；区位关系图、用地红线图、用地周边规划图、用地区域周边道路图、交通规划图、用地周边市政规划图等。

4. 组织现场踏勘、召开标前会议，对招标文件进行答疑

在投标人对招标文件进行研究后，业主组织投标人对现场进行考察，使投标人了解工程现场情况，一般都要求拟建项目与地区文化、环境、景观相协调，现场考察对投标人拟订设计方案具有重要意义。对于潜在投标人在阅读招标文件和现场踏勘中提出的疑问，招标人可以书面形式或召开投标预备会的方式解答，但需同时将解答以书面形式通知所有招标文件收受人。该解答的内容为招标文件的组成部分，投标人应按规定派代表出席标前会议。

5. 接受投标文件、开标、评标、定标

在投标截止时间前接受投标人的投标文件。

（1）开标。开标应当在招标文件确定的提交投标文件截止日期的同一时间公开进行。开标地点应当为招标文件预先确定的地点。开标由招标人主持或招标代理机构主持，主持人按照规定的程序负责开标的全过程。其他开标工作人员办理开标作业及制作记录等事项，由监督机关和投标人代表共同监督，必要时，招标人还可以委托公证部门的公证人员对整个开标过程依法进行公证。邀请所有投标人参加，并在签到簿上签名。进行公证的，应当有公证员出席。开标必须公开进行，就应当有一定的相关人员参加，这样才能做到公开，使投标人的投标能被各投标人及有关方面所共知。开标会议的一般程序为：

1）检查投标文件的密封情况。检查密封情况可以由投标人或者其推选的代表检查，招标人委托公证机构的，可由公证机构检查并公证。如果投标文件没有密封，或发现曾被拆开过的痕迹，应当被认定为无效的投标，不予宣读。工程勘察、设计投标文件的组成按规定为双信封文件，如投标人未提供双信封文件或提供的双信封文件未按规定密封包装，招标人可当场废标。

2）当众拆封确认无误的投标文件。投标人或者其推选的代表或者公证机构对所有投标文件的密封情况进行检查以后，确认密封情况良好，符合要求，在监督机构或公证人员的现场监督下，由现场的工作人员当众拆封投标文件第一个信封（商务文件、技术文件）。在招标文件要求提交投标文件截止时间前收到的所有投标文件，招标人不得以任何理由拒绝开封，也不得有选择地进行拆封。

3）唱标宣读投标文件的主要内容。投标人应当当众拆封投标文件第一个信封（商务文件、技术文件），大声宣读投标人名称、投标文件签署情况、投标文件标前页的全部内容，即唱标。若招标人唱标宣读的内容与投标文件不符时，投标人有权在开标现场提出异议，经监督机关当场核查确认后，招标人可重新唱标宣读其投标文件。若投标人现场未提出异议，则认为投标人已确认招标人唱标宣读的结果。投标人法定代表人或其授权的代理人应当在开标记录上签字。

4）开标过程记录存档。在开标前，主持开标的招标人应当安排人员，将开标的整个过程和重要事项进行记录，并经主持人、监督机关和其他工作人员签字后存档备查。

（2）评标、定标。勘察、设计评标由法定程序组成评标委员会，评标工作由评标委员会主持完成。评标委员会通常由项目业主、该领域的工程技术专家、建筑经济专家等组成，且人数在五人以上的单数，其中技术方面的专家不得少于成员总数的2/3。评标委员会成员名单在中标结果确定前应当保密。

评标委员会应当按照招标文件的要求，对投标设计方案的经济、技术、功能和造型等进行比选、评价；确定符合招标文件要求的最优设计方案，并向招标人提出书面评标报告，向招标人推荐1~3个中标候选方案。招标人根据评标委员会的书面评标报告和推荐的中标候选方案，结合投标人的技术力量和业绩确定中标方案。招标人也可以委托评标委员会直接确定中标方案。

招标人认为评标委员会推荐的所有候选方案均不能最大限度满足招标文件规定要求的，应当依法重新招标。

评标时虽然需要评审的内容很多，但应侧重于以下几个方面：

1）设计方案的优劣。主要评审以下内容：①设计的指导思想是否正确；②设计方案的先进性，是否反映了国内外同类建设项目的先进水平；③总体布置的合理性，场地的利用系数是否合理；④设备选型的适用性；⑤主要建筑物、构筑物的结构是否合理，造型是否美观大方，布局是否与周围环境协调；⑥“三废”治理方案是否有效；⑦其他有关问题。

2）投入产出和经济效益的好坏。主要涉及以下几个方面：①建设标准是否合理；②投资估算是否可能超过投资限额；③实施该方案能够获得的经济效益；④实施该方案所需要的外汇额估算等。

3）设计进度的快慢。投标文件中的实施方案计划是否能满足招标人的要求。尤其是某些大型复杂建设项目，业主为了缩短项目的建设周期，往往在初步设计完成后就进行施工招标，在施工阶段陆续提供施工图。此时，应重点考察设计进度能否满足业主实施建设项目总体进度计划的要求。

4）设计资历和社会信誉。没有设置资格预审程序的邀请招标，在评标时应当对设计单位的资历和社会信誉进行评审，作为对各申请投标单位的比较内容之一。

根据《招标投标法》规定，招标人应当在中标方案确定后，向中标人发出中标通知，并将中标结果通知所有未中标人。

对达到招标文件规定要求的未中标方案，公开招标的，招标人应当在招标公告中明确是否给予未中标单位经济补偿及补偿金额；邀请招标的，应当给予未中标单位经济补偿，补偿金额应当在招标邀请书中明确。

招标人应当在中标通知书发出之日起30日内与中标人签订工程设计合同。确需另择设计单位承担施工图设计的，应当在招标公告或招标邀请书中明确。

招标人、中标人使用未中标方案的，应当征得提交方案的招标人同意并付给使用费。

设计招标技术评分项目与标准举例见表6-1和表6-2。

表6-1 某民用建筑工程概念性方案设计招标技术评分项目与标准

序号	评分项目	评分标准	权重	得分
1	建筑构思与创意	建筑创意、空间处理是否符合并充分满足设计方案需求书中提出的要求	30	
2	总体布局	1）是否符合规划要求 2）是否符合招标文件提出的指标要求 3）是否布局合理、合理利用土地 4）与周边环境协调、景观美化程度 5）是否满足交通流线及开口要求	25	
3	工艺流程及功能分区	1）符合拟定工艺要求（参照设计方案需求书） 2）功能分区明确 3）人流组织及竖向交通合理	20	

（续）

序号	评分项目	评分标准	权重	得分
4	技术可行性和合理性	1）结构、机电设计与建筑是否符合性强，是否方便建造，经济合理 2）消防、人防、环境、节能是否符合国家及地方规范要求 3）总造价是否满足招标文件要求	25	

注：表中项目、权重、分值仅供参考。

表 6-2　某民用建筑工程实施性方案设计招标技术评分项目和标准

序号	评分项目	评分标准	权重	得分
1	规划设计指标	1）是否符合规划要求 2）是否符合招标文件提出的指标要求	6	
2	总平面布局	1）是否布局合理 2）是否合理利用土地 3）与周边环境协调、景观美化程度 4）是否满足交通流线及开口要求 5）是否满足消防间距要求	24	
3	工艺流程及功能分区	1）符合拟定工艺要求（参照设计方案需求书） 2）功能分区明确 3）人流组织及竖向交通合理 4）各功能房间面积配合合理	25	
4	建筑造型	建筑创意、组合材料、色彩、空间处理是否符合并充分满足设计方案需求书中的要求	15	
5	结构设计	1）结构造型是否合理，是否与建筑造型有机结合 2）是否方便建造 3）是否造价经济	8	
6	机电设计	1）机电设计与建筑是否符合性强 2）是否系统先进 3）是否造价经济	6	
7	消防、人防设计、环境保护、节能、安全卫生设计	是否符合国家及地方规范要求	10	
8	造价估算	估算资料是否齐全，总造价是否满足招标文件要求，计算是否正确	6	

注：表中项目、权重、分值仅供参考。

6.1.5 勘察、设计投标

1. 勘察、设计投标程序

勘察、设计投标一般遵循以下程序：填写资格预审调查表，购买招标文件（资格预审合格后），组织投标班子，研究招标文件，参加标前会议与现场考察，编制勘察、设计投标技术文件，估算勘察、设计费用，编制报价书，办理投标保函（如果招标文件有要求的话），递交投标文件。

2. 投标文件内容

投标文件内容包括：方案设计综合说明书，方案设计内容及图纸，预计的项目建设工期，主要的施工技术要求和施工组织方案，工程投资估算和经济分析，设计工作进度计划，勘察设计报价与计算书。勘察、设计投标文件由商务文件、技术文件和报价清单三部分组成。主要内容如下：

1）建设项目的特点、技术问题和主要技术标准等分析，勘察、设计思路规划。

2）总体设计和主要单项工程设计方案、工艺与设备设计方案等说明。

3）工程施工规划与工期方案。

4）工程投资估算和经济分析。

5）主要设计方案的图纸与效果图（或建筑模型）。

6）勘察、设计工作大纲，包括初拟的勘察、设计大纲，工作进度与资源配置，质量保证等。

7）证明勘察、设计资质的文件，以及组成勘察、设计工作的主要人员资历文件。

8）建设项目勘察、设计工作报价。

3. 勘察、设计投标报价

勘察、设计投标报价需要在明确工程勘察与设计的工作内容和工作性质的基础上，通过复核（或确定）工程勘察与设计工作量和确定工程勘察与设计的计费方法，计算工程勘察、设计费，最后进行投标报价决策。

根据招标文件工作量清单进行投标报价计算时，其报价由两部分组成：勘察工作量报价和设计工作量报价。报价可参照《工程勘察设计收费标准》（2002年修订本）进行。

（1）勘察工作量报价。勘察工作量报价由工程勘察（专业勘察）工作量报价、通用工程勘察工作量报价、其他勘察工作量报价三部分组成。

1）工程勘察工作量报价。工程勘察分为初测和定测两阶段的工程勘察，其工程勘察费即工程勘察工作量报价按以下公式计算：

工程勘察收费 = 工程勘察收费基价 × 实物工作量 × 附加调整系数

2）通用工程勘察工作量报价。通用工程勘察计费标准，适用于工程测量、岩土工程勘察、岩土工程设计与检测监测，水文地质勘察、工程水文气象勘察、工程物探、室内试验等工程勘察的收费。通用工程勘察收费，采取实物工作量定额计费方法计算，由实物工作收费和技术工作收费两部分组成。通用工程勘察费计费按下式计算：

工程勘察收费 = 工程勘察收费基准价 ×（1 ± 浮动幅度值）

工程勘察收费基准价 = 工程勘察实物工作收费基价 + 工程勘察技术工作收费

工程勘察实物工作收费 = 工程勘察实物工作收费基价 × 实物工作量 × 附加调整系数

或

工程勘察实物工作收费 = 工程勘察实物工作收费 × 技术工作收费比例

3）其他勘察工作量报价。在一般情况下，工程勘察（专业）费在工程勘察总费用中占主要部分，通用工程勘察费占一定比例，其他勘察根据项目具体情况变化大小，有时不取费。

（2）设计工作量报价。工程设计费采取按照建设项目单项工程概算投资额分档定额计费方法计算收费。工程设计费计算公式为：

工程设计费 = 工程设计收费基准价 × （1 ± 浮动幅度值）

工程设计收费基准价 = 基本设计收费 + 其他设计收费

基本设计收费 = 工程设计收费基价 × 专业调整系数 × 工程复杂程度调整系数 × 附加调整系数

非标准设备设计费 = 非标准设备计费额 × 非标准设备设计费率

在工程勘察、设计投标报价决策时，应认真填写勘察、设计工作量清单，对于未填写报价的项目，招标人认为该项目的勘察、设计费摊入了其他项目中，该项目将得不到单独支付；工作量表中如给出勘察、设计工作总量，在计算报价时，应根据组成该总量的各分项，分别进行研究。有必要时，分别计算后再合并，以准确计算虽属于同类型，但技术难度不一样的勘察、设计工作的费用。因此要正确选用勘察、设计费计算标准，充分结合市场，了解竞争对手，合理报价。

案例 6.4 工程勘察、设计项目招标案例

1. 项目概况

××高速公路项目已经××省发改委批准，且本项目工程可行性研究报告已经编制完成，建设资金来源于政府投资。由××省公路建设管理局作为招标人进行勘察、设计招标。

本项目全长约20km，其中桥梁8座3700m，隧道4座3700m（其中包括一座全长1500m的独立隧道），互通立交5处，全线划分1个设计合同段，主要工作内容为全线路线、路基、路面、桥涵、隧道、互通立交、交通工程（含收费、监控、通信等）及沿线设施（含安全、养护、服务、房屋建筑等）的勘察、设计（包括工程勘察、初步设计和施工图设计等）及后续服务。

招标采用公开招标、资格后审的形式，要求投标人具备工程勘察综合类甲级资质及公路行业（公路、交通工程、特大隧道）设计甲级资质。本项目允许联合体投标。

招标组织形式为委托招标。招标人选择了××招标公司作为本项目的招标代理单位。该招标代理单位具有工程招标代理机构甲级资格证书。××省交通厅作为本项目的监督单位，招标人在招标文件中公布了监督单位的联系方式。监督单位派监察处人员参加了整个项目的开标和评标过程。

2. 招标公告

招标人于2005年3月21日在“中国采购与招标网”，2005年3月22日在《中国交通报》上刊登了招标公告。

其中招标公告中规定招标文件每套售价150元人民币，工程可行性研究报告及附件（复印件）等资料每套售价300元人民币。

3. 招标文件

招标文件按照《工程建设项目勘察设计招标投标办法》（2号令）的相关规定编写了以下主要内容：①投标人须知；②投标文件格式及主要合同条款；③项目说明书，包括资金来源情况；④勘察、设计范围，对勘察、设计进度，阶段和深度的要求；⑤勘察、设计基础资料；⑥勘察、设计费用支付方式；⑦投标报价要求；⑧对投标人资格审查的标准；⑨评标标准和方法；⑩投标有效期等。

资格审查采用资格后审，其审查标准见表6-3。

表6-3 审查标准

资质要求	工程勘察综合类甲级及公路行业（公路、特大隧道、交通工程）设计甲级资质
业绩要求	1. 曾累计完成过100km以上（含100km）山区高速公路，且近5年内独立完成过一条里程在40km以上（含40km）山区高速公路的勘察设计 2. 近5年内独立完成1座（含1座）总长大于2000m的特大隧道勘察和设计 3. 近5年内曾成功完成过2条以上（含2条）里程均在40km以上（含40km）高速公路机电工程或1座以上（含1座）独立特大桥的机电工程勘察和设计
人员要求	要求项目负责人、路线分项负责人、路基/路面分项负责人、桥涵分项负责人、隧道分项负责人、路线交叉负责人、安全设施分项负责人、建筑工程分项负责人、地质勘察分项负责人、测量分析负责人、绿化景观分析负责人、监控分项负责人、收费分析负责人、通信分项负责人、供电分项负责人、照明分项负责人、概预算分析负责人各1名
信誉要求	在最近三年内没有骗取中标和严重违约及重大工程质量问题；没有受到责令停产、停业的行政处罚或正处于财务被接管、冻结、破产的状态；没有受到取消或暂停投标资格的行政处罚

评标工作按照招标文件中的评标标准和方法，采用综合评估法，对所有投标人的投标文件进行综合评审和比较，提出中标、废标或重新招标等评标意见，编写评标报告。

评标工作按以下程序进行：

(1) 投标文件第一个信封：①符合性审查；②澄清（如果需要）；③评审打分。

(2) 投标文件第二个信封：①符合性审查；②澄清（如果需要）；③评审打分。

(3) 综合评价，提出评审意见。

(4) 编写评标报告。

投标文件第一信封（商务文件和技术文件）通过初步评审（符合性审查）的主要条件包括：

(1) 投标文件按照招标文件规定的格式内容填写齐全、字迹和各种证件复印件清晰可辨。

(2) 投标文件中法定代表人或法定代表人授权代理人的签字齐全。

(3) 按照招标文件的规定提供了授权代理人授权书，并附有合格的公证书。

(4) 按招标文件规定提供了合格的投标担保。

(5) 以联合体形式投标的，应提交联合体协议书正本，并附有联合体各方资质证明材料；如有分包，应提供分包计划，并提供分包单位的资质等级，勘察、设计经历等情况。

(6) 投标文件中未出现报价或与报价相关的内容。

报价文件第二个信封（报价清单）通过初步评审（符合性审查）的主要条件包括：

(1) 勘察、设计取费依据符合现行公路工程勘察、设计取费标准规定。

(2) 勘察、设计取费计算方法合理。

(3) 勘察、设计取费计算清单明晰。

本招标项目的评分取值为百分制。评标委员会对投标文件的评审打分的主要内容和分值如下：

投标文件第一个信封：

评分内容	取值
（1）投标人的信誉和本项目相关的具体经验	10分
（2）拟投入本项目的人员资格和能力	30分
（3）对本项目的理解和技术建议	35分
（4）工作计划和质量管理措施	5分
（5）技术设备投入	5分
（6）后续服务	5分
投标文件第二个信封：	
（7）报价	10分

报价得分以平均报价为依据进行评分。平均报价是指投标文件第一个信封和第二个信封均通过初步评审（符合性审查）的投标人的实际报价的平均值。具体计算方法如下：

1）投标人实际报价低于平均报价的，报价得分为最高得分（10分）。

2）投标人实际报价高于平均报价的，报价得分=10×所有投标人的平均报价÷投标人的报价。

本项目于2005年3月21日~3月25日出售招标文件，向投标人A、B、C、D、E、F、G共7家单位出售了招标文件。招标人于2005年3月26日9：00组织投标人进行现场踏勘，并于2005年3月28日15：00召开标前会，解答投标人提出的问题。会后于2005年4月3日向所有购买招标文件的投标人以传真形式通知招标人，确认已收到该修改文件。

4. 开标

依据招标文件规定，招标人于2005年4月18日10：00召开了××项目勘察、设计开标大会，会议邀请了××省交通厅监察处参与监督工作。购买招标文件的7家投标人均在招标文件规定的时间内按时递交了7份投标文件。

招标人在接收上述材料时，检查了各投标人的密封和签章是否完好，但并未向投标人出具表明签收人和签收时间的回执。招标人在开标现场宣布了投标保证金的递交情况，所有的投标人均在招标文件规定的时间前递交了投标担保。

投标文件采用双信封形式包封，招标人在开标时，在监督人员的监督下当众拆封投标文件第一个信封（商务文件、技术文件），宣读投标人名称、投标文件签署情况及商务文件标前页的全部内容。投标文件第二个信封（报价清单）不予拆封，并交监督机关妥善保存。

5. 评标

该项目的评标工作由招标人依法组建的评标委员会负责。评标委员会由××省交通厅专家库中抽选的4名专家和招标人推荐的1名招标人代表共5人组成。评标委员会推荐××为评标委员会主任委员，负责本次招标的评标工作。本项目采用综合评价法进行评标。

评标委员会于2005年4月19日8：30~4月20日15：00封闭进行了本项目的评标工作。

评标工作开始前，评标委员会全体成员听取了项目招标代理机构对本工程概况和有关本次招标开标情况的介绍。××省交通厅监察处的同志宣读了评标纪律，随后评标委员会阅读了本项目招标文件，分别听取了每个投标人勘察、设计方案陈述，并按照招标文件中评标标准和方法审查了各投标人递交的投标文件。

评标委员会对参与××项目勘察、设计投标的投标人 A 等 7 家投标人所递交的 7 份投标文件首先进行了资格审查和符合性审查。7 家投标人所递交的 7 份投标文件均通过了资格审查和符合性审查。评标工作进入技术评审阶段。

评标委员会对投标人的信誉和与本项目相关的具体经验、拟从事本项目人员的资格和能力、对本项目的理解和技术建议、工作计划和质量管理措施以及后续服务等进行了评审，并按照评标标准和方法规定各自进行打分。

评标委员会在技术评审结束后，在招标监督人员、评标委员会成员均在场的情况下开启已通过符合性审查并经过技术评审（第一个信封）的报价清单（第二个信封）。

评标委员会依据评标办法对递交的报价清单进行符合性审查，并对报价的算术性错误予以修正。评标委员会向投标报价有算术性错误的投标人 B 发出澄清问题通知，并在规定的时间内收到了投标人 B 的澄清函。

投标人 B 的算术性错误如下所示：

投标人 B 的报价清单中未填报科研课题费（专项暂定金额）50 万元，评标委员会要求投标人 B 对此问题进行澄清，投标人 B 的澄清函中明确："我单位所提供的投标总报价中已包含科研课题费用（专项暂定金额）50 万元"，故对投标总价不进行修正。

在对投标报价进行算术性错误修正后，评标委员会按照招标文件公布的投标报价计算得分方法计算了投标报价得分。

在评标委员会依据评标办法规定经综合评审打分后，根据综合得分高低排出投标人顺序，推荐前 2 名的投标人 A 和投标人 C 为中标候选人。

招标人在接到评标委员会的书面评标报告后 3 日内，根据评标委员会的推荐结果确定第一中标候选人为中标人，并将评标结果报××省交通厅核备，在××交通厅网站予以公示。在公示 7 天结束后，招标人向中标人发出了中标通知书。

6. 招标整体评价

（1）招标体会：

1）招标人希望吸引更多的投标人参与投标，因此不仅选择在国家指定的"三报一网"中的"中国采购与招标网"上发布公告，还在所属行业内的《中国交通报》发布公告。大多数公路行业设计单位均订阅《中国交通报》，行业针对性更强，在其上发布招标公告，可以提升招标项目的影响力，从而吸引更多的潜在投标人参与投标。

2）招标文件编制时已经对投标人可能出现的算术性错误及其他错误进行了充分考虑，并在招标文件中作出了规定，例如，对于投标人 B 出现的报价错误的提前规定如下：

"在招标人给定的工程量清单中漏报了某个子项目的单价和合价，或所报单价减少了报价范围，则漏报的子目单价和合价或单价和合价中减少的报价内容视为已含入其他子目的单价和合价之中。"

如果招标文件中对于投标人B出现的此类漏报了某个子目的单价的情况没有作出规定，则评标委员会在要求投标人B对投标报价进行澄清时就会出现多种结果：①投标人B在投标总价中增加科研课题费用（专项暂定金额）50万元；②投标人B的投标总价中包含招标人科研课题费用（专项暂定金额）50万元。这样就会改变算术性修正结果的唯一性，从而导致可能因投标人B的投标报价修改影响到其他投标人的投标价得分以及评标结果，所以招标文件中应尽量完善评标废标条款的编写。

（2）值得注意的事项：

1）招标人希望吸引更多的投标人进行投标，因此本项目允许联合体投标，但是实际招标过程中，却只有1家联合体投标，而且还因为资质不符合要求被拒绝，对该联合体被拒绝投标的原因简介如下：

投标人1和投标人2组成联合体进行投标，其中投标人1具有工程勘察综合类甲级资质和公路行业（公路、特大隧道）设计甲级资质，投标人2具有工程勘察专业甲级资质（工程测量）和公路行业（公路、交通工程）设计甲级资质，根据《中华人民共和国招标投标法》第三十一条规定，由同一专业的单位组成的联合体，根据资质等级较低的单位确定资质等级。投标人1和投标人2共同组建的联合体的资质为：工程勘察专业甲级资质（工程测量）和公路行业（公路、交通工程、特大隧道）设计甲级资质，不满足招标文件提出的资质条件。

尽管本项目招标人提出的资质条件完全满足工程招标内容的需要，并没有过高的要求，但是因为具备公路行业（交通工程）设计甲级资质的专业交通工程设计单位一般都不具备工程勘察综合类甲级资质，而很多具备公路行业（公路、特大隧道）资质的设计院，又不具备公路行业（交通工程）资质，因此投标人数量有限。如果招标人能够更加合理地划分标段，例如，将交通工程设计单独划分一个标段，要求投标人具有公路（交通工程）设计甲级资质即可，无需具备勘察资质及其他专业设计资质，这样就可以吸引更多满足资质条件的投标人参与投标。

2）招标公告中规定的工程可行性研究报告及附件（复印件）等资料每套售价人民币300元。虽然国家没有相关法规禁止招标人对招标参考资料进行收费，但是参考《工程建设项目勘察设计招标投标办法》（2号令）中对招标文件的收费应仅限于补偿编制及印刷方面的成本支出，招标人不得通过出售招标文件谋取利益的规定，招标人应适当降低参考资料的售价或可采用要求投标人支付参考资料的押金，在投标结束将参考资料退还招标人后退还押金的做法。

招标人在组织现场踏勘及投标预备会时进行了签到，但是将所有参与投标人的7家投标人的名单提前打印在签到表上，根据《中华人民共和国招标投标法》第二十二条的规定，招标人不得向他人透露已获取招标文件的潜在投标人的名称、数量以及可能影响公平竞争的有关招标投标的其他情况。招标人将所有投标人名单打印在签到表的做法无意中泄露了潜在投标人的名称和数量。为避免有招标人泄漏投标人的名称的情况，建议有两种改进方案，第一种方法是不对现场考察和投标预备会签到，因为相关法律法规并未强制性规定所有的投标人必须参加现场踏勘和投标预备会，投标人可自行考虑是否参加；第二种方法是组织现场踏勘和投标预备会签到，但是每个投标人填写一张签到表，

这样就可以避免投标人从招标人处了解到其他投标人的情况。

（资料来源：全国招标师职业水平考试辅导教材指导委员会. 招标采购案例分析. 中国计划出版社，2012，有修改）

6.2 建设工程材料、设备招标与投标

工程建设项目材料设备是指用于建设工程的各类设备（如机械、设备、仪器、仪表、办公设备等）和工程材料（包括钢材、水泥、商品混凝土、门窗、管道等），是构成工程不可分割的组成部分，且为实现工程基本功能所必需的。材料、设备采购是资金向实物转化成固定资产的方式之一。

工程材料、设备采购是指业主或承包商对所需要的工程材料、设备向供货商进行询价或通过招标的方式选择合格的供货商，并与其达成交易协议，随后按合同实现标的的采购方式。材料、设备采购不仅包括单纯采购大宗建筑材料和定型生产的中小型设备等，而且还包括按照工程项目要求进行的材料、设备的综合采购、运输、安装、调试等实施阶段的全过程工作。

6.2.1 材料、设备采购的范围

材料、设备招标的范围主要包括建设工程中所需要的大量建材、工具、用具、机械设备、电气设备等，这些材料设备约占工程合同总价的60%以上，大致可以划分为工程用料、暂设工程用料、施工用料、工程机械、正式工程中的机电设备和其他辅助办公和试验设备等。

由于材料、设备招标投标中涉及物资的最终使用者不仅有业主，还包括承包商使用的工具、用具、设备，所以材料、设备的采购主体既可以是业主，也可以是承包商或分包商。因此，对于材料、设备应当进一步划分，决定哪些由承包商自己采购供应，哪些拟交给各分包商供应，哪些将由业主自行供给。属于承包商应予供应范围的，再进一步研究哪些可由其他工地调运，如某些大型施工机具设备、仪器，甚至部分暂设工程等，哪些要由本工程采购，这样才能最终确定由各方采购的材料、设备的范围。

6.2.2 材料、设备采购的方式

为工程项目采购材料、设备而选择供应商并与其签订物资购销合同或加工订购合同，可以采用招标采购、询价和直接订购三种方式。

1. 招标采购

招标采购大多适用于大宗材料和较重要的或较昂贵的大型机具设备，或工程项目中的生产设备和辅助设备。标的金额较大，市场竞争激烈。招标方式可以是公开招标，也可以是邀请招标。在招标程序上与施工招标基本相同。

业主或承包商根据项目的要求，详细列出采购物资的品名、规格、数量、技术性能要求，自己选定的交货方式、交货时间、支付货币和支付条件，以及品质保证、检验、罚则、索赔和争议解决等合同条件和条款作为招标文件，吸引有资格的厂家或承包商参加投标，通

过竞争择优签订购货合同。

2. 询价采购

询价是采用询价—报价—签订的合同程序，即采购方对三家以上的供应商就采购的标的物进行询价，对其报价经过比较后选择其中一家与其签订供货合同。这种方式无需采用复杂的招标程序，就可以保证价格有一定的竞争性，一般适用于采购建筑材料或价值较小的标准规格产品。

3. 直接订购

直接订购方式由于不能进行产品的质量和价格比较，因此是一种非竞争性采购方式。一般适用于以下几种情况：

1）为了使设备或零配件标准化，向原经过招标或询价选择的供货商增加购货，以便适应现有设备。

2）所需设备具有专卖性质，并只能从一家制造商获得。

3）负责工艺设计的承包单位要求从指定供货商处采购关键性部件，并以此作为保证工程质量的条件。

4）尽管询价通常是获得最合理价格的较好方法，但在特殊情况下，由于需要某些特定货物早日交货，也可直接签订合同，以免由于时间延误而增加开支。

6.2.3 材料、设备招标采购的基本程序

建设工程材料、设备采购是为了保证产品质量、缩短建设工期、降低工程造价、提高投资效益，建设工程的大型设备、大宗材料均采用招标的方式采购。《招标投标法》规定，在中华人民共和国境内进行与工程建设有关的重要设备、材料等的采购，必须进行招标。招标采购又分为公开招标和邀请招标。公开招标方式，一般可以使买主以有利的价格采购到需要的设备、材料，并且可以保证所有合格的投标人都有参加投标的机会，保证采购工作公开而客观地进行。设备、材料采购采用邀请招标一般是有条件的，主要有以下几点：

1）招标单位对拟采购的设备在世界上（或国内）的制造商的分布情况比较清楚，并且制造厂家有限，但又可以满足竞争态势的需要。

2）已经掌握拟采购设备的供应商或制造商及其他代理商的有关情况，对他们的履约能力、资信状况等已经了解。

3）建设项目工期较短，不允许用更多时间进行设备采购，因而采用邀请招标。

4）不宜进行公开采购但可以招标的事项，如国防工程、保密工程、军事技术等。设备、材料招标采购的程序与项目招标采购类似，一般如图6-1所示。

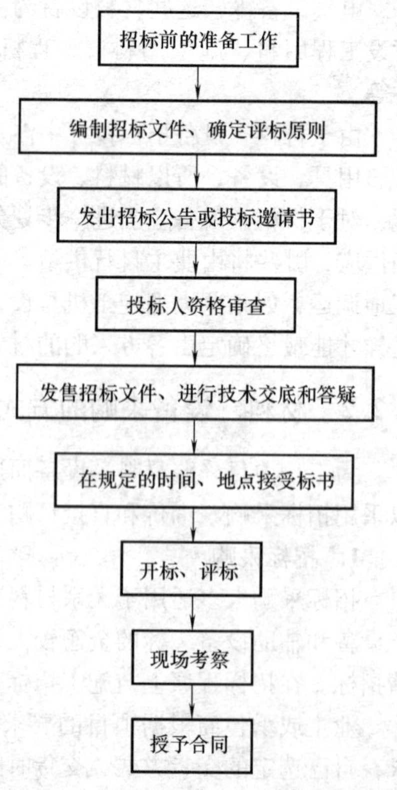

图6-1 材料、设备招标采购程序

1. 招标准备

（1）信息资料的准备。正式开始招标工作之前，尚需完成一些前期准备工作，了解、掌握建设项目立项的进展情况、项目的目的与要求，以及国家关于招标投标的具体规定。收集拟采购设备、材料的相关信息，这些信息包括：哪些厂家生产同类产品，货物的知识产权、技术装配、生产工艺、销售价格、付款方式，在哪些单位使用过，性能是否稳定，售后服务和配件供应是否到位，生产厂家的经营理念、生产规模、管理情况、信誉好坏等。充分利用现代网络和通信技术的优势，广泛了解相关信息，为招标采购工作打好基础。

（2）材料、设备采购标段的划分。由于材料、设备的种类繁多，不可能有一个能够生产或供应工程所用全部材料和设备的制造商或供应商存在，所以不管是以招标、询价还是直接订购方式采购材料设备，都不可避免地要遇到分标的问题。材料、设备采购分标时需要考虑的因素主要有以下方面：

1）招标项目的规模。根据工程项目所需材料、设备之间的关系、预计金额的大小进行分标。如果标段划分得过大，一般中小供货商无力问津，有实力参与竞争的承包商数量将会减少，可能会引起投标报价的增加；反之，如果标段分得过小，虽可以吸引众多的供货商，但很难吸引实力较强的供货商的兴趣，尤其是外国供货商来参加投标，同时会增大招标、评标的工作量。因此招标的规模大小要恰当，既要吸引更多的供货商参与投标竞争，又要便于买方挑选，发挥各个供货商的专长，并有利于合同履行过程中的管理。

2）材料、设备的性质和质量要求。一般材料、设备招标内容按工程性质和机电设备性质划分为若干个独立的招标文件，而每个标又分为若干个包，每个包又分为若干项。每次招标时，可根据材料、设备的性质只发一个合同包或划分成几个合同分别发包。

工程项目建设所需的物资、材料、设备，可划分为通用产品和专用产品两大类。通用产品可有较多的供货商参与竞争，而专用产品由于对货物的性能和质量有特殊要求，则应按行业来划分。对于成套设备，为了保证零备件的标准化和机组连接性能，最好只划分为一个标，由某一供货商来承包。在既要保证质量又要降低造价的原则下，凡国内制造厂家可以达到技术要求的设备，应单列一个标进行国内招标；国内制造有困难的设备，则需进行国际招标。

3）工程进度与供货时间。按时供应质量合格的材料、设备，是工程项目能够正常执行的物质保证。如何恰当分标，应以供货进度计划满足施工进度计划要求为原则，综合考虑资金、制造周期、运输、仓储能力等条件进行分标，以降低成本。既不能延误施工的需要，也不应过早提前到货。过早到货虽然对施工需要有保证，但它会影响资金的周转，并造成对货物的保管与保养费用的额外支付。

4）供货地点。如果工程的施工点比较分散，则所需货物的供货地点也势必分散，因此应考虑到外部供货和当地供货商的供货能力、运输条件、仓储条件等进行分标，以利于保证供应和降低成本。

5）市场供应情况。大型工程建设需要大量建筑材料和较多的设备，如果一次采购可能会因需求过大而引起价格上涨，则应合理计划，分批采购。

6）资金来源。目前由于工程项目建设投资来源多元化，应考虑资金的到位情况和周转计划，合理分标分项采购。当贷款单位对采购有不同要求，应根据要求，合理分标，以吸引更多的供货商参加投标。

2. 编制招标文件

招标文件构成了合同的基本构架，也是评标的依据。材料、设备招标文件并没有一个完全严格不变的格式，招标企业可以根据具体情况灵活地组织招标文件的结构。但是一般情况下，材料、设备采购的招标文件主要由投标人须知、主要合同条款、合同格式、招标材料、设备需求一览表、技术要求、图纸、投标报价表和附件等内容组成。

我国设备招标文件由招标书，投标人须知，招标设备清单和技术要求及图纸，投标书格式、投标设备数量及价目表格式，合同条款，其他需要说明的问题等内容组成。

1）招标书，包括招标单位名称、建设工程名称及简介、招标设备简要内容、设备主要参数、数量、要求交货日期等，投标截止日期和地点、开标日期和地点。

2）投标人须知，包括对招标文件的说明及对投标者投标文件的基本要求，评标、定标的基本原则等内容。

3）招标设备清单和技术要求及图纸，包括：①招标文件中技术条款对设备的技术参数和性能要求应根据实际情况确设定，不宜过高，否则会增大费用。主要技术参数要具体准确，波动幅度不能太大。②应写明设备的质量要求，交货期限、方式、地点和验收标准等，专用非标准设备应有设计技术资料说明及齐全的图纸，以及可提供的原材料清单、价格、供应时间、地点和交货方式。③投标单位应提供的备品、备件数量和价格要求。④售前、售后服务要求。

4）合同条款，包括价格及付款方式、交货条件、质量验收标准以及违约罚款等内容。条款要详细、严谨，防止以后发生纠纷。

5）投标书格式、投标设备数量及价目表格式。

6）其他需要说明的事项。

国际货物招标文件的内容则较为具体、全面，包括投标邀请书、投标人须知、货物需求一览表、技术规格、合同条件、合同格式、各类附件 7 大部分。在投标邀请书中一般写明所附的全部招标文件，买方回答投标者质询的地址、电传、传真，投标书送交的地点、截止日期和时间，以及开标的时间和地点。投标人须知要进行说明的主要内容有：①对建设工程的简要说明；②招标文件的主要内容，招标文件的澄清、修改；③投标文件的编写；④投标书格式；⑤投标报价；⑥投标的货币；⑦投标者资格证明文件；⑧投标文件的澄清，基本内容与工程招标文件相同；⑨保密程序，内容基本与工程招标文件相同；⑩授予合同的准则，买方将把合同授予能基本符合招标文件要求的最低标，并且是买方认为能圆满地履行合同的投标者；⑪授予合同时变更数量的权利，买方在授予合同时有权在招标文件事先规定的一定幅度内对“货物需求一览表”中规定的货物数量或服务予以增加或减少；⑫买方有权接受任何投标和拒绝任何或所有的投标；⑬授予合同的通知，内容基本与工程招标文件相同；⑭签订合同及合同格式；⑮履约保证。内容基本与工程招标文件相同。

3. 发布招标信息

信息发布的通常做法是在指定的公开发行的报刊或媒体上刊登采购公告，或者将有关公告直接送达有关供应商。如果是小额货物采购，一般不必发布采购信息，可直接与供应商联系，向供应商询价。如果是国际性招标采购，则应该在国际性的刊物上刊登招标公告，或将招标公告送交有可能参加投标的国家在当地的大使馆或代表处。随着科技手段的不断更新，越来越多的政府都实行网上采购，并将采购信息发布到互联网的采购信息网站上。

4. 投标人资格审查

投标人是实行独立核算、自负盈亏的法人。包括持有营业执照的国内制造厂家、设备公司集团及设备成套承包公司、在国内注册的具备投标基本条件代理商，必须办理了在本地区销售设备的相关证件。以上投标主体均可独立参加投标或联合投标，但与招标方有财务隶属关系或股份关系的单位及项目设计单位不能参加投标。如果联合投标，必须明确总的承担责任者，应以联合协议形式明确彼此责任、权利、义务，在投标文件中说明。投标人信誉评价无瑕疵，售后服务优良。经济实力应该符合本项目要求。

材料、设备采购招标过程中的资格审查分为资格预审和资格后审。资格预审是指招标人出售招标文件或者发出投标邀请书前对潜在投标人进行的资格审查。资格预审一般适用于公开招标，以及需要公开选择潜在投标人的邀请招标。

对于单纯的材料、设备招标采购，较少采用资格预审的程序，大多是在评标时进行资格审查，通常称这种做法为资格后审，它只要求投标者在投标书中出具投标者的资格和能力的证明文件。资格后审是指在开标后对投标人进行的资格审查，资格后审一般在评标过程中的初步评审开始时进行。在投标人作出报价之后，根据招标文件要求和投标人提交的投标文件对投标人的资格进行审查。

资格审查包括投标人资质的合格性审查和所提供货物的合格性审查。

（1）投标人资质的合格性审查。投标人要认真填写资格证明文件，必须具有履行合同的财务、技术和生产能力。若投标人是销售代理人，则提供制造厂家或生产厂家正式授权委托书。资质审查包括以下几方面内容：营业执照；厂家的法人代表的授权书；银行出具的资信证明；产品鉴定书；生产许可证；产品的荣誉证书；厂家的资格证明。厂家的资格证明要提供名称、地址、注册的时间、主管部门等情况，除此之外还有：①职工情况调查，主要指技术工人、管理人员的数量调查；②资产负债表；③生产能力调查；④近3年该货物主要销售情况；⑤近3年的年营业额；⑥易损件的供应条件；⑦贸易公司作为代理的资格证明；⑧其他证明材料。

（2）投标人提供货物的合格性审查。投标人应提交根据招标要求提供的所有材料、设备及其辅助服务的合格性证明文件，这些文件可以是手册、图纸和资料说明等。

5. 开标

按照招标文件规定的时间、地点公开开标。开标大会由采购方组织，邀请上级主管部门监督，公证机关进行现场公证。投标单位派代表参加开标仪式，并对开标结果签字确认。

6. 评标

招标单位应当组织评标委员会（或评标小组）负责评标定标工作。评标委员会应当由专家、设备需求方、招标单位以及有关部门的代表组成，与投标单位有直接经济关系（财务隶属关系或股份关系）的单位人员不得参加评标委员会。评标委员会由采购人代表以及有关技术、经济方面的专家组成，成员人数为5人以上的单数，其中技术、经济方面的专家不得少于成员总数的2/3。

评标前，应当制定评标程序、方法、标准以及评标纪律。评标应当依据招标文件的规定以及投标文件所提供的内容评议并确定中标单位。在评标过程中，应当平等、公正地对待所有投标者，招标单位不得任意修改招标文件的内容或提出其他附加条件作为中标条件，不得以最低报价作为中标的唯一标准。

设备招标的评标工作一般不超10天，大型项目设备招标的评标工作最多不超过30天。

评标过程中，如有必要可请投标单位对其投标内容作澄清解释。澄清时不得对投标内容作实质性修改。澄清解释的内容必要时可作书面纪要，经投标单位授权代表签字后，作为投标文件的组成部分。

设备、材料采购的评标可采用综合评标价法、全寿命费用评标价法、最低投标价法或百分评定法（即百分制综合评估法）。

（1）综合评标价法。综合评标价法是指以材料、设备投标价为基础，将评定各要素按预定的方法换算成相应的价格，在原投标价上增加或扣减该值而形成评标价格。评标价格最低的投标书为最优。采购机组、车辆等大型设备时，较多采用这种方法。评标时，除投标价格以外，还需考察的因素和折算的主要费用，一般包括以下几个方面：

1）运输、保险及其他费用。按照铁路（公路、水运）运输、保险公司及其他部门公布的费用标准，计算货物运抵最终目的地将要发生的费用，如超大件设备需要对道路加宽、桥梁加固所需支出的费用等。

2）交货期。以招标文件规定的具体交货时间作为标准。当投标书中提出的交货期早于规定时间时，一般不给予评标优惠，因为施工还不需要时的提前到货，不仅不会使项目法人获得提前收益，反而要增加仓储管理费和设备保养费。如果迟于规定的交货日期，但推迟的时间尚在可以接受的范围之内，则交货日期每延迟一个月，按投标价的某一百分比（一般为2%）计算折算价，将其加到投标价中去。

3）付款条件。投标人应按招标文件中规定的付款条件来报价，对不符合规定的投标，可视为非响应性投标而予以拒绝。但在订购大型设备的招标中，如果投标人在投标函内提出，当采用不同的付款条件（如增加预付款或前期阶段支付款）可降低报价的方案供招标单位选择时，这一付款要求在评标时也应予以考虑。当支付要求的偏离条件在可接受范围内，应将偏离要求而给项目法人增加的费用（资金利息等），按招标文件中规定的贴现率换算成评标时的净现值，加到投标函中提出的更改报价中后，作为评标价格。

4）零配件和售后服务。零配件以设备运行两年内各类易损备件的获取途径和价格作为评标要素，售后服务内容一般包括安装监督、设备调试、提供备件、负责维修、人员培训等工作，如果这些费用已要求投标人包括在投标价之内，则评标时不再考虑这些因素；若要求投标人在投标价之外单报这些费用，则应将其加到报价上。如果招标文件中没有作出上述任何一种规定，评标时应按投标书技术规范附件中由投标人填报的备件名称、数量计算可能需购置的总价格，以及由招标单位自行安排的售后服务价格，然后将其加到投标价上去。

5）设备性能、生产能力。投标设备应具有招标文件技术规范中规定的生产效率。如果所提供设备的性能、生产能力等某些技术指标没有达到技术规范要求的基准参数，则每种参数比基准参数降低1%时，应以投标设备实际生产效率单位成本为基础计算，在投标价上增加若干金额。

6）技术服务和培训。投标人在标书中应报出设备安装、调试等方面的技术服务费用，以及有关培训费。如果这些费用未包括在总报价内，评标时应将其加到报价中作为评标价来考虑。

将以上各项评审价格加到投标价上去后，累计金额即为该标书的评标价。

（2）全寿命费用评标价法。采购生产线、成套设备、车辆等运行期内各种后续费用

（备件、油料及燃料、维修等）较高的货物时，可采用以设备全寿命费用为基础评标价法。评标时应首先确定一个统一的设备评审寿命期，然后再根据各投标书的实际情况，在投标价上加上该年限运行期内所发生的各项费用，再减去寿命期末设备的残值。计算各项费用和残值时，都应按招标文件中规定的贴现率折算成净现值。

（3）最低投标价法。采购技术规格简单的初级商品、原材料、半成品以及其他技术规格简单的货物，由于其性能质量相同或容易比较其质量级别，可把价格作为唯一尺度，将合同授予报价最低的投标者。如果采购的货物是国内生产的，报价应以出厂价为基础。出厂价应包括生产、供应货物而从国内外购买的原材料和零配件所支付的费用以及各种税款，但不包括货物售出后所征收的销售性或与其类似的税款。如果提供的货物是国内投标商早已从国外进口、现在在境内的，应报仓库交货价或展示价，该价应包括进口货物时所支付的关税，但不包括销售性税款。

（4）百分评定法。这一方法是按照预先确定的评分标准，分别对各设备投标书的报价和各种服务进行评审打分，得分最高者中标。采用百分评定法应考虑的因素包括：投标价格；内陆运费、保险费及其他费用；交货期；偏离合同条款规定的付款条件；备件价格及售后服务；设备性能、质量、生产能力；技术服务和培训。采用百分评定法评标应考虑的因素、分值的分配以及打分标准均应在招标文件中明确规定。一般来说，分值在每个因素的分配比例为：投标价60～70分；零配件10分；技术性能、维修、运行费10分；售后服务5分；标准备件等5分。总分为100分。评标时以得分高低确定中标供应商。不同的采购项目，各种因素的重要程度不一定相同，因此，分值在每个因素的分配比例有所不同。采用百分评定法评标时，必须全面考虑各种因素，避免因遗漏相关因素而影响评标的真实效果，同时要合理确定不同技术性能的有关分值和每一性能应得的分数。此外，在货物采购中，如果决定对本国制造的货物实行优惠政策，则应在招标文件中说明实施的程序和方法。

7. 现场考察

在招标采购过程中，评标委员会对投标文件的评审只根据投标文件本身的内容，而不寻求任何外部的证据。也就是说，投标人提交的投标文件是否客观、真实、有效，直接影响着评标结果的公平、公正。大量的事实证明，确实有个别投标人在投标过程中采用夸大事实、弄虚作假的方法影响了评标委员会对投标文件的客观评价，给采购人造成了损失。因此，采购人应在招标前掌握大量市场信息的基础上，要对评标结果通过现场考察的方式进行核实，确保选出名副其实的中标人。但要注意，现场考察须根据有关法律法规的规定，有组织、按程序进行，而且考察结果要有根有据，真实有效，切不可走过场或将其作为“暗箱操作”的空间。

现场考察的目的就是对投标人的投标文件内容进行详细核实，确保设备万无一失。采购人应成立由采购人代表、技术专家等人员组成的考察组，按评标委员会推荐的中标候选人顺序进行实地考察，考察内容包括资质证件、原材料采购程序、生产工艺、质量控制、售后服务情况等。如排序第一的中标候选人通过考察，则不再对其他的中标候选人进行考察，否则，要继续对排序第二的中标候选人进行考察，依此类推。考察结束后，考察组要书写考察情况报告，并由考察组成员签字确认。

8. 授予合同

采购人根据评标和考察结果，确定排序最优且通过考察的中标候选人为中标人，并向其

发放中标通知书，按照招标文件的规定及中标人投标文件的承诺签订供货合同。

案例6.5 工程招标实例

2000年3月，某铁艺公司A先生突然接到一个电话，对方说他们公司正在筹建的某生态园需要大量的铁秋千、铁栅栏等。他们正在举行招标活动，如有兴趣可以前来竞标。3月5日A先生前往指定地点，发现办事处有七八个公司正在报名，墙上挂着大幅的生态园规划图。接待人员要求他先交400元报名费。A先生深感奇怪，但是仍旧交了钱。工作人员许诺说月底开标，不中标就退钱。但是好几个月过去，毫无开标消息。其间A先生多次要求去实地踏勘现场，均被对方以时间已满，排不开拒绝。而且报名费也拒绝退还。后经查明，该公司是以招标活动进行诈骗，中饱私囊。

（资料来源：http://www.docin.com/p-717768827.html，有修改）

案例6.6 货物采购项目招标案例

1. 项目概况

某招标人对其新建办公楼进行13部电梯采购，计划采购概算金额约600万元人民币。采用国内公开招标（含资格预审），委托G招标代理公司负责招标，交货地点为招标人新建办公楼工地现场，其招标范围为：采购13部电梯（其中8部客梯，5部货梯），投标人应提供招标文件规定的电梯及附件和零配件，包括设计、生产、运输、安装、调试、验收、售后服务（含2年质保服务及5年维保服务），还包括但不仅限于：电梯设备及辅助设施，电梯基坑、井道、机房的设备布置，以及整个电梯工程的竣工验收和负责取得运行许可证等。投标人应提供正常使用情况下两年所需的易损件、备品备件及零部件一套。

2. 招标公告

资格预审公告主要内容包括：项目概况、招标内容（含采购设备清单）、投标资质要求、资格预审文件获取办法、资格预审申请文件递交时间和地点、有关联系方式等。资质要求中除了对设备采购常规的要求之外，为满足电梯安装要求还增加了电梯安装资质要求。

资格预审公告于2006年3月25日在“中国采购与招标网”“中国政府采购网”“××市建设工程信息网”上同时发布。

3. 招标过程

（1）资格预审：

1）资格预审文件。资格预审文件的主要内容：申请人须知、资格预审申请文件格式、项目情况介绍、详细的资格审查办法（包括必要合格条件和附加条件评分标准）等。

资格审查办法采取合格制，即符合必要合格条件且附加条件评分标准达到60分以上的为通过资格预审。必要合格条件包括：有效的营业执照、质量保证体系认证、电梯安装资质等级、制造商合法授权（针对代理商）、产品业绩、电梯安装业绩、联合体投标协议（如为联合体投标）、经营状况和履约历史等。附加条件评分标准包括：拟派安装项目经理、财务状况、企业管理体系、企业以往业绩、本地化售后服务支持、不良记录及诉讼情况等。

2）资格审查。资格预审文件由G招标代理公司在该公司办公地点发售，发售时间为：2006年3月25日至4月1日。在规定的时间内，共有7家资格预审申请人购买了资格预审文件，资格预审申请文件递交截止时间为2006年4月10日上午10：00。在规定的截止时间之前共有5家申请人按要求提交了资格预审申请文件。

招标人与G招标代理公司依法组建了资格审查委员会，成员由招标人代表2人及从G招标代理公司专家库随机抽取的技术、商务专家5人构成，抽取过程由招标人纪检委的监督人员负责监督。

资格审查工作于2006年4月10日下午2时在G招标代理公司会议室召开，程序如下：

a. 形式评审按照资格预审文件中关于初步评审的规定，对申请文件的符合性和完整性进行审查。经审查，所有申请人均符合初步评审条件要求，通过初步评审。

b. 必要合格条件评审：审查委员会根据资格预审文件中关于必要合格条件标准的规定，对通过初步评审的申请人进行审查。经审查，所有申请人均符合必要合格条件标准，通过必要合格条件审查。

c. 附加合格条件评审：审查委员会根据资格预审文件中关于附加合格条件标准的规定，对通过必要合格条件标准的申请人进行综合定量评审。经过评审打分，各申请人最终得分均超过60分。

d. 确定合格单位：审查委员会根据资格预审文件中的有关规定，确定了本次资格评审5家申请人均通过资格审查。

3）资格预审合格通知书。G招标代理公司向招标人提交了资格审查报告，得到书面确认后，于2007年4月13日向5家通过资格审查的申请人发出了资格预审合格通知书。

5家申请人均在规定的2007年4月18日之前从G招标代理公司处购买了招标文件。

（2）招标文件。本项目招标文件的主要内容包括：投标邀请书；投标人须知；合同条款和格式；货物技术规格、参数与要求；投标文件格式；评标标准等。评标标准分为商务评分标准、技术评分标准、价格评分标准三部分。其中：商务权重为10分，技术权重为30分，价格权重为60分。

（3）现场踏勘及答疑。招标人于2006年4月22日组织投标人进行了现场踏勘。现场踏勘后，根据投标人的投标疑问，G招标代理公司于2006年4月23日在其会议室组织现场答疑会对投标人的疑问进行了解答，并于2006年4月25日发出了澄清补充文件。所有投标人均被要求以书面回函形式确认收到澄清补充文件。

（4）开标。招标文件及澄清补充文件规定的投标截止时间及开标时间是2006年5月20日上午9：00，开标地点在工程所在地政府政务服务中心。在投标截止时间之前，5家投标人均按要求递交了投标文件。G招标代理公司按照规定的时间、地点组织了开标会议，当众公布了各投标人的名称、投标报价、交货期及安装工期、投标保证金提交

情况、投标文件封装情况和其他说明。唱标结束后，招标人代表、投标人代表及监督人员在开标记录表上签字确认。监督人员对开标过程进行了全程见证。

（5）评标委员会。开标前24小时内，招标人按规定在政府综合性评标专家库抽取了技术、经济专家5名。评标专家抽取时屏蔽了参加资格评审的专家及与投标人存在利益关系的专家。抽取由监督人员到场监督。

开标后，招标人及时组建了评标委员会，共有7名评委，其中招标人代表2名。

（6）评标过程。评标工作于2006年5月20日上午10时在工程所在地政府政务服务中心封闭进行。评标委员会按照招标文件中规定的评标方法及评标程序，对投标人的文件进行详细评审，依次完成了下述工作：

1）初步评审。评标委员会首先对投标人的投标文件进行初步审查，其中某投标人由于电梯的技术参数与招标文件要求存在重大偏离，被评标委员会判为初审不合格，不进入综合评标。其他投标人均通过了初步审查，进入综合评标。

2）详细评审。评标委员会对通过初步审查的各投标人递交的投标文件从投标报价、商务和技术等方面进行了认真的比较和评审，并采用百分制打分的办法，对每位投标人进行打分。评标委员会按照各投标人的得分高低依序向招标人推荐前三名中标候选人，并出具了评标报告。

3）评标报告。评标报告的内容包括：①招标投标基本情况；②开标会议签到表；③投标文件报送签收一览表；④开标记录；⑤评标委员会签到表；⑥评标专家抽取名单；⑦评标委员会专家声明书；⑧评审意见（废标情况说明）；⑨评分汇总表；⑩初步审查表；⑪投标报价评分表；⑫专家分项打分表。

（7）定标。根据招标人对评标报告的书面确认函，2006年5月21日~5月25日，G招标代理公司根据评标委员会的评标报告，进行了评标结果公示，公示内容包括：项目名称、招标编号、招标人、招标代理机构、中标候选人及评标结果等。公示期内无疑义，招标人依法确定了排名第一名的中标候选人为中标人，向中标人发出了中标通知书，同时向未中标人发出了中标结果通知书。

2006年6月10日，招标人与中标人签订了电梯采购合同。

4. 招标整体评价

（1）货物采购招标项目，通常容易在产品的技术要求和性能参数等方面出现倾向性条款，因此招标文件定稿前，应视情况组织对招标文件技术文件的论证，避免由此可能导致的投诉风险。本项目中，受办公楼本身井道预留尺寸的限制，电梯的技术参数尤其需要特别注意，必要的情况下要对潜在厂商产品进行充分的调查和了解。

（2）常规的货物采购招标项目中，需要考虑货物伴随服务，如安装、调试、售后服务及培训等。较为复杂或者专业的设备，需要考虑相应的安装资质和安装技术要求。本项目中，电梯属于特种设备，电梯安装资质必不可少。

（3）对于常规的成熟产品应设置较高价格权重，对于特殊的技术复杂程度高的产品应设置较高技术权重。

（资料来源：全国招标师职业水平考试辅导教材指导委员会. 招标采购案例分析. 中国计划出版社，2012，有修改）

6.2.4 建设工程材料、设备采购投标

1. 投标信息跟踪调查

为使投标工作取得预期的效果，投标人必须做好投标信息跟踪调查工作。对于公开招标的项目，多数属于政府投资或行业垄断的大型设备采购，一般均在行业报刊等新闻媒体上刊登招标公告或资格预审通告。但是，经验告诉我们，对于一些大型或复杂的项目，招标公告发布后做投标准备时间仓促，将使投标人处于被动地位，因此要提前介入，要做好信息资料的积累整理工作，另一方面要提前跟踪项目。在我国电力行业的市场类型是完全垄断市场，国家及行业投资力度大，大型设备的采购均采用招投标形式。国外的一些品牌产品在国内设立分支机构及寻找代理商，在经营模式上内部采取划分市场网络，派遣高级专业经销员进行地区市场的监控，建立长期的商务密切接触关系，达到了投标信息获取准确及时，中标率及利润较高，企业形象及市场占有率逐年攀升。国内企业在跟踪投标信息方式上也应有所突破，提高员工的待遇，塑造企业形象，角逐这块利润丰厚的采购市场。

2. 编制投标文件

材料、设备采购的投标文件同样要响应招标文件的要求，编写的内容要采用招标文件规定的格式，如有备选方案应该在投标书的附录中提出。一般情况下，材料、设备投标人不同于工程施工投标人，前者与招标人的合作关系较为密切，投标人根据先前的投标经验数据基本可确定该项目的标底（如果有）。其次要判断竞争对手的竞价趋势（一般同行业投标人彼此经常竞争同一项目，投标人对其他竞争对手的价格策略较为了解）。最后根据自身利润空间，合理调整投标报价。严禁投标人私下串通约定，哄抬标价进行“围标”，谋取非法利益。设备投标文件的内容组成有：投标书、投标设备数量及价目表、偏差说明书（对招标文件某些要求有不同意见的说明）、证明投标单位资格的有关文件、投标企业法人代表授权书、投标保证金、招标文件要求的其他需要说明的事项。

思考与讨论

1. 在设计招标投标的主要特点中，工程设计招标竞争的关键是（　　）。

A. 设计服务费用　　B. 设计方案的优劣　　C. 设计团队的素质能力

D. 设计团队的经验阅历　　E. 设计团队的履约信誉

2. 关于工程建设项目设计方案招标，下列说法中正确的有（　　）。

A. 为获得优秀设计投标方案，除补偿投标费用外，可对优秀设计方案另行奖励

B. 投标人没有按招标文件要求递交投标保证金的，无权获得投标补偿费用

C. 工程设计方案毫不相干的关键因素是设计团队的素质能力

D. 工程设计招标方案评价的核心是投标人商务承诺

E. 工程设计方案的概念创意是工程设计方案评价的核心

3. 简述建设项目勘察、设计招标的范围。

4. 什么是设计竞赛？设计竞赛有什么特点？

5. 请结合工程项目实例，编制一份设计招标资格预审公告。

6. 勘察、设计招标与投标的程序是什么？

7. 简述材料、设备采购的范围与方式。
8. 材料、设备招标采购的基本程序是什么?
9. 材料、设备招标采购的评标方法如何应用?

阅读材料 某市污水处理厂BOT项目招标案例

1. 项目概况

某市建设管理委员会(以下简称“管委会”)对该市污水处理厂投资、建设、运营和移交,采用BOT方式公开招标,项目厂址位于该市黄河大桥东侧规划预留地,约5hm^2。其项目内容为一座处理规模10万m^3/天的污水处理厂,主要收集处理该市A、B区范围内的污水(不包括厂区外配套管网及泵站)。

项目分期建设完成,近期处理规模为5万m^3/天。近期工程在项目招标完成签署特许经营协议后即开工建设,建设期为2年,远期工程视服务范围内污水收集情况再确定开工建设时间,项目远期建设仍由近期工程中标的投资人负责实施。

招标组织委托M招标公司负责招标组织工作。

项目经某市人民政府于2007年5月常务会批准通过。

2. 招标公告

(1)招标公告内容包括:项目概况、投资申请人的基本条件、招标文件发售方法和时间、有关联系方式等。

其中,资格条件主要有:①投标申请人应为单一企业法人或不超过两家企业组成的联合体;②投标申请人企业净资产为1亿元人民币以上(截止2006年12月31日经审计机构审计值为准),应有良好的财务状况,具有能满足本项目建设、运营的资金实力和融资能力;③投标申请人应具有投资、建设、运营日处理规模5万m^3(含)以上市政污水处理厂的业绩;④投标申请人无违法、违规和不良市场行为记录。

要求资格审查需提交的材料主要有:①投标申请人的营业执照、法人机构代码证的原件和复印件(复印件加盖公章);②投标申请人的企业简介,包括企业介绍、资产状况、项目业绩详细情况介绍等;③投标申请人关于本项目联系人的法人授权委托书及详细联系方式(电话、传真、电子邮件)等。

(2)招标公告于2007年9月19日在《中国采购与招标网》《中国水网》《中国建设报》和该市日报上同时发布。

3. 招标过程

(1)资格审查。公告发布之后,共有15家单位提交了申请材料。M招标公司会同管委会对投标申请人进行资格审查。审查以提交的资质材料为依据,以招标公告的基本资格条件为标准,所有满足公告中基本资格条件的投标申请人均可获得购买招标文件的资格。此环节的资格审查,并不是严格意义上资格预审,没有编制专门的资格预审文件。

经审查,有一家单位因净资产不足1亿元人民币,不满足参与本项目的资格条件。M招标公司根据管委会最终确认符合资格条件的14家投标人名单,发出书面通知,告知购买招标文件的时间和办法。同时,将结果书面通知未能通过资格审查的投标申请人。

接到通知的14家投标人有10家投标人回函确认投标意向,并于规定的2007年10月19日之前从M招标公司处登记购买了招标文件。

（2）招标文件。本项目招标文件的主要内容包括：①项目情况介绍；②投标人须知；③投标文件编制指引：项目技术概要、项目投资营运财务预算概要；④项目特许经营协议；⑤附件：主要法规指引、适用国家主要法律和法规简要指引、技术参考资料等。

（3）评标办法。本项目根据投标人提供的资格与经验、技术方案、融资方案、法律方案和污水处理价格等因素，分三个阶段采用综合评分方法进行评估，综合评分以100分为满分标准。

1）第一阶段：对投标人的资格与经验进行复审评估，满足资格条件要求的方可进入第二阶段的评审。

2）第二阶段：对投标文件中的技术方案、商务法律方案进行评估，该阶段设定满分权重为50%，本阶段达到30%的方可进入第三阶段的评审。

其中：技术方案综合评分权重为30%，按满分100分进行打分。具体为：

a. 污水处理厂技术方案（45分）；

b. 环境保护措施（10分）；

c. 项目建设方案与建设进度（25分）；

d. 运营维护方案（15分）；

e. 根据技术设计方案计算的污水处理单位成本（5分）。

商务法律方案综合评分权重为20%，按满分100分进行打分。具体为：

a. 项目融资方案（15分）；

b. 投资人做出的对项目实施提供的财务支持方案（30分）；

c. 项目总投资预算及分项预算方案（15分）；

d. 投资人提出的对《项目特许经营协议》非实质性条款的调整，即投资人对《项目特许经营协议》要求的偏差（40分）。

3）第三阶段：对投标文件所提交的污水处理服务费价格予以评估，该阶段设定满分权重为50%，评估时按满分100分进行打分，具体为：

a. 平均污水处理价格（在扣除所有有效投标文件所确认的价格一个最高价格和一个最低价格之后计算全部污水处理价格的算术平均值）正负5%（含）内为70分。

b. 高于平均综合污水处理价格5%以上（不含5%）至35%（含35%）区间每增加1%扣减1分，超过35%的均为40分。

c. 低于平均综合污水处理价格5%以上（不含5%）至35%（含35%）区间每降低1%增加1分，低于35%的均为100分。

（4）现场踏勘及招标答疑。招标人于2007年10月29日～30日组织投标人进行了现场踏勘。现场踏勘后，根据投标人的投标疑问，M招标公司于2007年11月02日在管委会的会议室组织了投标预备会，对投标人的疑问进行了解答，并与2007年11月06日发出了澄清补充文件。所有投标人均被要求以书面回函形式确认收到澄清补充文件。

（5）开标。招标文件及澄清补充文件规定的投标截止时间及开标时间是北京时间2007年11月30日10：00，开标地点在该市工程交易中心。在投标截止时间前，共有6家单位按要求递交了投标文件。M公司按照规定的时间，地点组织了开标会议，当众公布了各投标人的名称、污水处理服务费价格、备选标提交情况、投标保证金递交情况、投标文件封装情况和其他说明，唱标结束后，招标人代表、投标人代表及监督人员在开标记录表上签字确认。监督人员对开标过程进行了全程见证。

（6）评标委员会。开标前24小时内，招标人按规定组建了评标委员会。评标委员会有9名成

员，其中招标人代表3名，从M招标公司评标专家库中随机抽取的水务技术专家4名、法律商务专家2名。评标专家的抽取由监督人员监督进行。

(7) 评标过程。2007年11月30日14：30，评标委员会签到、签署评标委员会承诺书。在听取招标人对本项目的介绍、评标会议的日程安排及评标纪律的介绍后，评标工作开始。评标委员会按照招标文件中规定的评标方法及评标程序，对投标人的文件进行详细评审，依次完成了下述工作：

1）投标文件有效性审查。评标委员会对投标人投标文件的包装密封、资格要求、是否存在与其他投标人串通或行贿情形、是否有故意的虚假陈述、是否按照招标文件规定要求签署、开标时投标人是否拒绝打开投标文件并在开标会议上宣读招标文件规定应公开的信息、投标人是否按照招标文件规定的要求填写、在开标时企业法定代表人委托代理人是否有合法有效的委托书（原件）及委托代理人合法证明、投标文件的关键内容字迹模糊及无法辨认、组成联合体投标的投标文件是否附联合体各方共同投标协议等11项进行了详细审查。经审查，所有6家单位均通过了符合性检查，进入下一阶段的投标人资格及业绩的审查。

2）投标人资格及业绩审查。评标委员会对投标人是否符合招标文件的资格要求进行了详细的审查。经审查，所有单位均通过了资格及业绩检查，进入下一阶段的技术和商务部分的评分。

3）技术和商务部分的评分。评标委员首先对通过资格及经验审查的投标人的技术部分的污水处理厂设计方案、环境保护措施、项目建设方案与建设进度、运营维护方案、技术设计方案、项目总投资预算及分项预算方案、投标人提出的对《项目特许经营协议》非实质性条款的变更（即投资人对《项目特许经营许可协议》要求的偏差）等内容进行了详细评分和加权计算。

4）技术和商务评分的汇总及评判。评标委员会对通过资格及业绩审查的投标人的技术方案得分、商务法律方案得分进行汇总，经汇总，所有6家单位的得分均超过了30分，进入下一阶段的污水处理服务费价格的评分。

5）污水处理服务费价格评分。评标委员会对进入报价评分阶段的报价进行评分，首先计算平均污水处理价格（在扣除所有有效投标文件所确认价格的一个最高价格和一个最低价格之后计算全部污水处理价格的算术平均值），再计算各报价和该算术平均分的偏差百分比，根据对应的偏差区间进行评分和加权计算。

6）评标总分计算。评标委员会将各投标人的技术和商务得分、报价得分进行汇总，得出了各投标人的评标总分，并按由高到低的顺序进行排序。

7）推荐中标候选人单位名单。评标委员会依据投标人的评标总分，按由高到低的顺序向招标人依次推荐3名中标候选人，推荐评标总分最高的投标人为中标人，评标总分次高和第三高的投标人分别为第一、第二中标备选人。

8）评标报告。在提出推荐中标候选人名单后，评标委员会完成了评标报告。

9）评标结束。各评标委员在评标报告上签字确认后，评标工作结束。M招标公司就保密事项对评标委员会提出了进一步要求。

10）评标报告。评标报告内容包括：招标项目的简介、招标过程简介、评标程序及情况、评标推荐结果和附件等，其中附件材料包括投标人授权代表身份证件及授权委托书核查表、投标人递交投标文件登记表、开标会议招标人及监督人员签到表、开标记录表、评标委员会签到表、评标委员会承诺书、投标文件有效性审查表、投标人资格与经验审查表、技术方案综合评分表、商务法律方案综合评分表、技术及商务法律方案评分汇总表、污水处理服务费价格评分表、投标人评分汇总表、推荐中标候选单位名单等。

(8) 定标与合同谈判。管委会根据M招标公司整体提交的评标报告，向该市人民政府回报，经市长办公会研究标准评标报告推荐排名第一名的中标候选人为中标人。2007年12月20日M招标公司根据管委会的书面确认函发布了评标结果公示，公示内容包括：项目名称、招标编号、招标人、招标代理机构、中标人及中标条件等信息。

2008年1月8日~15日，管委会与中标人作进一步澄清和谈判，确认了其投标文件的技术和商务条件。2008年1月20日，管委会与中标人草签了《项目特许经营协议》（谈判期间达成的修改意见已修改）。

4. 招标整体评价

招标代理机构在BOT项目招标中的代理服务内容与一般招标项目有所不同，主要包括：①融资，为招标人确定融资交割限制条款，建议的投资构成比例，投资人资金实力要求等；②财务，明确投资人应进行的财务分析范围和分析深度，通过初步财务测算估算总投资及污水服务价格，以支付招标人及时向政府回报项目情况；③法律、重点解决特许经营协议常规条款与地方政府要求的合理结合，力求站在招标人与投资人双方的立场上平衡考虑问题；④技术，与项目可行性研究报告编制单位密切配合，并结合污水项目的一般性经验，将招标过程中所需要的技术资料及时准确地准备好，并结合当地实际情况，建议并协同招标人召开多次内部技术论证会，确定合理的招标技术边界条件和解决投资人的技术疑问。

（资料来源：全国招标师职业水平考试辅导教材指导委员会. 招标采购案例分析. 中国计划出版社，2012，有修改）

第 7 章 建设工程合同

7

7.1 建设工程合同概述

7.1.1 建设工程合同的概念

建设工程合同是承包人进行工程建设，发包人支付价款的合同，即承包人按照发包人的要求完成工程建设，交付竣工工程，发包人给付报酬的合同。进行工程建设的行为包括勘察、设计、施工等。对建设工程实行监理的，发包人也应当与监理人订立委托监理合同。

根据业主与承包商的合同关系和项目任务的结构分解，就得到不同层次、不同种类的合同，它们共同构成如图所示的合同体系，如图 7-1 所示。

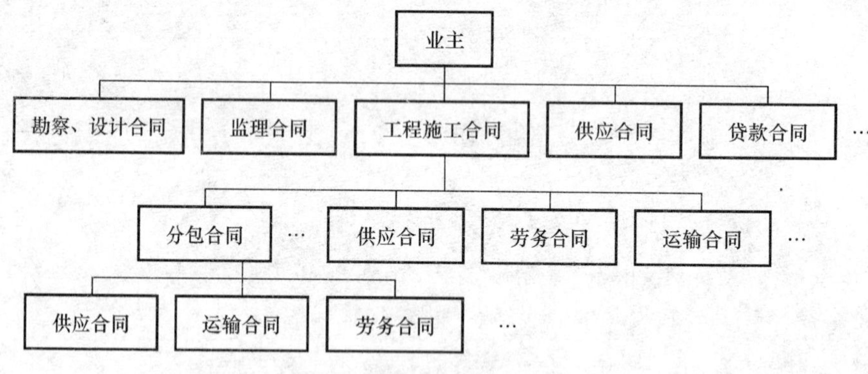

图 7-1 建设工程合同体系

7.1.2 建设工程合同的特征

1. 合同主体的严格性

建设工程合同主体一般只能是法人。发包人一般只能是经过批准进行工程项目建设的法人，必须有国家批准的建设项目，落实投资计划，并且应当具备相应的协调能力；承包人则必须具备法人资格，而且应当具备相应的从事勘察设计、施工、监理等资质。无营业执照或无承包资质的单位不能作为建设工程合同的主体，资质等级低的单位不能越级承包建设工程。

案例7.1　利用职权虚构施工承包合同私分工程利润——是挂靠经营还是贪污？

某县水库管理局是该县水务局下设的事业单位。2006年10月16日，水库管理局与某镇政府签订合同，承建该镇移民新区消防设施建设工程，约定工程总投资额21.83万元。水库管理局局长王某、副局长冯某见有利可图，共谋后于同月26日伪造了承包该工程的虚假合同，工程范围和内容不变，更改了工程造价。2008年10月18日，王某组织该局班子成员讨论决定，由冯某负责监督实施该工程。冯某将设计安装、具体施工工作交给了该局工程科相关人员。工程完工后，经验收和结算审核，该工程定案金额为22.1万余元。冯某用假名共领出工程款22.1万余元，并以岳母的名字存入银行。经查，冯某除用于采购材料、支付工程税金、劳务费外，实际获得利润13.9万余元。两人共谋将该利润私分，其中王某分得7万元，冯某分得3.9万元，另送镇政府李某3万元（已判刑）。后经鉴定：该移民新区消防建设工程中安装工程造价11.8万余元、人工土石方造价1.6万元、机械土石方造价3423元、市政工程造价2.7万元，该工程合计造价16.6万元，其中含计划利润3770余元。

【解析】

两被告人的行为完全符合贪污罪的构成要件，应当以此定罪处罚。

首先，本案不存在挂靠关系。工程施工中，尽管法律禁止挂靠施工，但在各种利益的驱动下，现实生活中挂靠施工现象屡禁不止，因挂靠施工引发的纠纷也经常发生。按照《最高人民法院关于审理建设工程施工合同纠纷案件适用法律问题的解释》第一条第二款的规定，“没有资质的实际施工人借用有资质的建筑施工企业名义承揽工程施工”为合同无效情形之一，其实质是对“挂靠”的注解。那么，如何判断什么情形为挂靠？《深圳市制止建设工程转包、违法分包及挂靠规定》第六条、第七条规定了挂靠行为和以挂靠论处的行为：①通过出租、出借资质证书或者收取管理费等方式允许他人以本单位名义承接工程的；②合同约定的施工单位与现场实际施工方没有产权关系、无统一的财务管理；合同约定的施工单位与施工现场的项目经理及主要工程管理人员之间无合法的人事调动、任免、聘用以及社会保险等关系。从上述规定来看，两被告人的行为不能构成挂靠关系。其一，两被告人没有向水库管理局借用资质证书，或者交纳管理费；其二，现场实际施工方是该水库管理局的工程科相关人员，不符合合同约定的单位与施工现场的实际施工方无产权关系，人事调动等关系的规定；其三，两被告人与水库管理局之间有财务管理关系，整个工程款还是由水库管理局在管理。

其次，两被告人有利用职务之便的行为。水库管理局班子成员开会讨论过水库管理局承建移民新区消防设施建设工程，决定由冯某具体负责监督实施，之后冯某将该工程的具体施工任务交给了本单位工程科相关人员，以及两被告人伪造虚假承包合同的行为，均可以证明其利用了职务之便。

最后，两被告人具有侵吞、窃取、骗取或者以其他手段非法占有公共财物的行为。水库管理局与某镇政府签订了承建移民新区消防设施建设工程后，两被告人认为有利可图，就伪造了承包该工程的虚假合同，在利用本单位的人力、物力完成该工程后，先后用假名将镇政府划给水库管理局的工程款全部领走。最后，两被告人未报水库管理局班

子会议，私自将利润侵吞。两被告人采取了虚构工程承包合同的手段将本应由水库管理局所有的利润私分，符合贪污罪的客观行为。

综上，本案两被告人的行为符合贪污罪的构成要件，应当认定为贪污罪。

（资料来源：http://www.110.com/ziliao/article-150861.html，有修改）

2. 合同标的的特殊性

建设工程合同的标的是各类建筑产品，建筑产品是不动产，与地基相连，不能移动，这就决定的了每项工程的合同的标的物都是特殊的，相互间不同并且不可替代。另外，建筑产品的类别庞杂，其外观、结构、使用目的、使用人都各不相同，这就要求每一个建筑产品都需单独设计和施工，建筑产品单体性生产也决定了建设工程合同标的的特殊性。

3. 合同履行期限的长期性

由于结构复杂、体积大、建筑材料类型多、工作量大、投资巨大，使得建设工程的生产周期与一般工业产品的生产相比较长，这就导致了建设工程合同履行期限较长。而且，因为投资巨大，建设工程合同的订立和履行一般都需要较长的准备期。同时，在合同履行过程中，还可能因为不可抗力、工程变更、材料供应不及时等原因而导致合同期限的延长。所有这些情况，都决定了建设工程合同的履行期限具有长期性。

4. 形式和程序的严格性

一般合同当事人就合同条款达成一致，合同即告成立。不必一律采用书面形式。建设工程合同，履行期限长，工作环节多，涉及面广，应当采取书面形式，双方权利、义务应通过书面合同形式予以确定。此外由于工程建设对于国家经济发展、公民工作生活有重大影响，国家对建设工程的投资和程序有严格的管理，建设工程合同的订立和履行也必须遵守国家关于基本建设程序的规定。

7.1.3 建设工程合同的种类

建设工程合同可从不同的角度进行分类。

1. 按承发包的范围分类

按承发包的范围，建设工程合同可分为建设工程总承包合同、建设工程承包合同、分包合同。发包人将建设工程的全过程发包给一个承包人的合同即为建设工程总承包合同，发包人将工程建设中的勘察、设计、施工等内容分别发包给不同承包人的合同为建设工程承包合同，经合同约定和发包人同意，从工程承包人承包的工程中承包部分工程而订立的合同，即为分包合同。

2. 按承包的内容分类

按承包的内容来划分，建设工程合同可分为建设工程勘察合同、建设工程设计合同和建设工程施工合同等。建设工程勘察合同，是指发包人与勘察人就完成建设工程地理、地质状况的调查研究工作而达成的协议。勘察工作是一项专业性很强的工作，所以一般应当由专门的地质工程单位完成。建设工程勘察合同就是反映并调整发包人与受托地质工程单位之间关系的依据。

设计合同实际上包括两个合同：①初级设计合同，是为项目立项进行初步的勘察、设计，为主管部门进行项目决策而成立的合同；②施工设计合同，是指在项目决策确立之后，

为进行具体的施工而成立的设计合同。

建设工程施工合同，即筹建单位与施工单位就完成项目建设的建筑、安装而达成的合同。施工单位依照合同的规定完成建设安装工作，筹建单位接受建筑物及其安装的设施并支付报酬。建设工程施工合同都是在平等自愿的基础上由双方当事人协商签订的，合同成立一般不需要批准。

3．按计价方式分类

按计价方式分类进行分类，建设工程合同又可以分为总价合同，单价合同，其他价格形式合同。

（1）总价合同。总价合同适用于工程量不太大且能精确计算，工期较短，技术不太复杂，风险不大，设计图纸准确、详细的建设工程。总价合同又分为固定总价合同与可调总价合同。固定总价合同是指承包整个工程的合同价款总额已经确定，在工程实施中不再因物价上涨、工程量的变化而变化的合同方式，工期一般不超过一年。可调总价合同，是指合同条款中双方商定由于通货膨胀引起工料成本增加或达到某一限度时，合同总价相应调整，在工程全部完成后以竣工图的工程量最终结算工程总价款的合同方式，项目工期一般较长，各项单价在施工实施期间不因价格变化而调整，而在每月（或每阶段）工程结算时根据实际完成的工程量结算，在工程全部完成后以竣工图的工程量最终结算工程总价款。

（2）单价合同。单价合同适用于招标文件已列出分部、分项工程量，但由于建设条件限制尚未最后确定的情况，合同整体工程量界定采取签订合同采用估算工程量，估算时采用实际工程量结算的建设工程。单价合同又分为固定单价合同和可调单价合同。固定单价合同是指单价不变，工程量调整时按单价追加合同价款，工程全部完工时按竣工图工程量结算工程款的合同方式，可调单价合同是指签约时，因某些不确定性因素存在暂定某些分部、分项工程单价，实施中根据合同约定调整单价；另根据约定，如在施工期内物价发生变化等，单价可作调整的合同方式。

（3）其他价格形式合同。合同当事人在合同条款中约定的其他合同价格形式。

7.2　建设工程施工合同

7.2.1　建设工程施工合同概述

建设工程施工合同是发包人与承包人为完成商定的建筑安装工程项目，明确双方权利和义务关系而订立的协议，依照建设工程施工合同，承包人应完成建设单位交给的施工任务，发包人应按照规定提供必要条件并支付工程价款。建设工程施工合同是建设工程合同的一种，它与其他建设工程合同一样，是一种双务合同，在订立时也应遵循自愿、公平、诚实信用等原则。

承发包双方签订施工合同必须具备相应的资质条件和履行施工合同的能力，合同双方中发包人是指在协议书中约定、具有工程发包主体资格和支付工程价款能力的当事人以及取得该当事人资格的合法继承人，发包人必须具备协调能力。承包人应是具备与工程相应资质和法人资格的，并被发包人接受的合同当事人及其合法继承人，承包人必须具备建设行政主管部门核发的资质等级证书并持有营业执照等证明文件。

建设工程施工合同在整个建筑工程合同体系中，起主干合同的作用，是工程建设质量控制、进度控制、投资控制的主要依据。通过合同关系，可以确定建设市场主体之间的相互权利义务关系，对规范建筑市场有重要作用。

7.2.2 建设工程施工合同的订立

1. 签订施工合同必须具备的条件

1）初步设计已经批准。

2）工程项目已经列入年度建设计划。

3）有能够满足施工需要的设计文件和有关技术资料。

4）建设资金和主要建筑材料设备来源已经落实。

5）实行招标投标的工程，中标通知书已经下达。

2. 订立施工合同应当遵守的原则

（1）遵守国家法律、行政法规和国家计划原则。订立施工合同，必须遵守国家法律、法规，也应遵守国家的建设计划和其他计划（如贷款计划等）。合同的内容、程序、形式均不能违法。建设工程施工对经济发展、社会生活有着多方面的影响，国家有许多强制性的管理规定，施工合同当事人订立合同时必须遵守。

（2）平等、自愿、公平的原则。签订施工合同当事人双方，具有平等的法律地位，任何一方都不得强迫对方接受不平等的合同条件，合同内容是双方当事人的真实意思体现，合同内容应当是公平的，不能损害任何一方的利益。对于显失公平的施工合同，当事人一方有权申请人民法院或仲裁机构予以变更或撤销。

（3）诚实信用原则。在订立施工合同时要诚实，不得有欺诈行为，合同当事人应当如实将自身以及工程的实际情况介绍给对方。在履行合同期间，施工合同当事人要守信用，严格履行合同。

（4）等价有偿原则。合同双方当事人在订立和履行合同时，应该遵循市场经济的基本规律，等价、有偿地进行交易。

案例7.2 建设工程合同的内涵

××商场为了扩大营业范围，购得某市××集团公司地皮一块，准备兴建××商场分店。××商场通过招标投标的形式与××建筑工程公司签订了建筑工程承包合同。之后，承包人将各种设备、材料运抵工地开始施工。施工过程中，城市规划管理局的工作人员来到施工现场，指出该工程不符合城市建设规划，未领取《建设工程规划许可证》，必须立即停止施工。最后，城市规划管理局对发包人作出了行政处罚，处以罚款2万元，勒令停止施工，拆除已修建部分。承包人因此而蒙受损失，向法院提起诉讼，要求发包人给予赔偿。

【评析】

本案双方当事人之间所订合同属于典型的建设工程合同，归属于施工合同的类别，所以评判双方当事人的权责应依有关建设工程合同的规定。本案中引起当事人争议并导致损失产生的原因是工程开工前未办理《建设工程规划许可证》，从而导致工程为非法工程，当事人基于此而订立的合同无合法基础，应视为无效合同。依据《中华人民共和国建筑法》的规定，《建设工程规划许可证》应由建设人，即发包人办理，所以，本案中的过错在于发包方，发包方应当赔偿给承包人造成的先期投入、设备、材料运送费用以及耗用的人工费用等项损失。

（资料来源：http://www.doc88.com/p-8941608762310.html，有修改）

3. 订立施工合同的程序

合同的订立需要经过要约和承诺两个阶段。

通常，施工合同的订立方式有两种：直接发包和招标发包。对于必须进行招标的建设工程项目，都应通过招标方式确定承包人。通常要经过招标、投标、定标这几个过程，形成招标文件、投标文件、中标通知书三个主要文件。中标通知书对招标人和中标人均具有法律效力。依据《中华人民共和国招标投标法》第四十六条："招标人和中标人应当自中标通知书发出之日起三十日内，按照招标文件和中标人的投标文件订立书面合同。招标人和中标人不得再行订立背离合同实质性内容的其他协议。"由此可以看出，从合同法角度分析，招标文件是要约邀请，投标文件是要约，中标通知书是承诺，所以，依据《合同法》，中标通知书的发出就表示合同成立。但考虑我国传统观念，或招标文件中有"以签订正式合同书为合同成立"的约定，所以要十分注意建设工程施工合同的签订工作，维护自身权益，防范合同风险。签订合同的承包人必须是中标人，投标书中确定的合同条款在签订时不得更改，合同价应与中标价相一致。如果中标人拒绝与建设单位签订合同，则建设单位可没收其投标保证金，建设行政主管部门或其授权机构还可给予一定的行政处罚。

案例7.3 建设工程合同应当采用书面形式

某承包人和发包人签订了某项目场地平整工程合同，规定工程按当地所在省建筑工程预算定额结算。在履行合同过程中，因发包人未解决好征地问题，使承包人7台推土机无法进入场地，窝工200天，致使承包人没有按期交工。经发包人和承包人口头交涉，在征得承包人同意的基础上按承包人实际完成的工程量变更合同，并商定按另一标准结算。工程完工结算时因为窝工问题和结算定额发生争议。承包人起诉，要求发包人承担全部窝工责任并坚持按第一次合同规定的定额结算，而发包人在答辩中则要求承包人承担延期交工责任。法院经审理判决第一个合同有效，第二个口头交涉的合同无效，工程结算定额应当依双方第一次签订的合同为准。

【评析】

本案的关键在于如何确定工程结算定额的依据即当事人所订立的两份合同哪份有效。依照《合同法》第二百七十条建设工程合同应当采用书面形式的规定，建设工程合同的有效要件之一是书面形式，而且合同的签订、变更或解除，都必须采取书面形式。本案例中的第一份合同是有效的书面合同，而第二份合同是口头交涉而产生的口头合同，并未经书面认定，属无效合同。所以，法院判决第一份合同为有效合同。

（资料来源：http://www.topsage.com/engineering/zaojia/zhidao/201406/14708.html，有修改）

案例7.4 订立合同，采取要约、承诺方式

某建筑公司急需一批钢筋，急电某物资公司，请求该公司在一周之内发货20t。物资公司接电报后，立即回电马上发货。一周后，货到建筑公司。一个月后，物资公司来电催建筑公司交付货款，并将每吨钢筋的单价和总货款数额一并提交建筑公司。建筑公司接电后，认为物资公司的单价超过以前购买同类钢筋的价格，去电要求按原来的价格计算货款。物资公司不同意，称卖给建筑公司的钢筋是他们在钢厂提价后购买的，这次给建筑公司开出的单价只有微薄利润。鉴于此情况，建筑公司提出因双方价格不能达成一致，愿意将自己从其他地方购买的同类同型号钢筋退给物资公司。物资公司不允，为此诉至法院。法院判决不能退货，货物单价按订立合同时建筑公司所在地市场价格计算。

【评析】

建筑公司与物资公司之间已经就合同的标的、数量通过要约和承诺达成协议，虽货物价格没有达成协议，但不影响合同的成立。事后，物资公司又按约定按时发货，履行了合同规定的义务。建筑公司以事后没有就价格事项达成协议为由提出退货，实际上是否认了自己的承诺，故法院判决不能退货。至于货物按交货时建筑公司所在地市场价格计算的判决，则是根据《合同法》第六十一条双方“不能达成补充协议的”，按照第六十二条第二项关于“价款或者报酬不明确的，按照订立合同时履行地的市场价格履行……”的规定处理的。

《合同法》第十三条：“当事人订立合同，采取要约、承诺方式。”按照本条规定，合同的订立采用要约和承诺方式。所谓要约是指当事人希望和他人订立合同的意思表示。所谓承诺是指受要约人同意要约人要约的意思表示。只有当要约人发出要约，受要约人对要约作出承诺，说明当事人意思表示一致，合同正式成立。如果当事人没有作出要约和承诺，合同不可能成立。要约和承诺的过程，就是合同订立的过程。一般来说，承诺的生效，是合同订立的完成，合同成立。

合同的成立一般应当具备三个要件：一是应当有合同当事人；二是当事人订立合同的意思表示应当真实；三是当事人订立合同时应当双方协商一致，这是合同成立的最重要的要件。双方当事人在协商时，按本条规定，应当采用要约和承诺方式；只有在一方的要约和另一方的承诺一致时，当事人的协商才算一致。上述三个要件是合同成立的必要要件，只要不具备这三个要件，合同不能成立。

正因为当事人意思表示一致是合同成立的最重要的要件，本条规定对合同成立的当事人协商一致给予了明确的规定。根据本条规定，合同的成立首先应当按当事人意思自治的原则，对合同内容协商一致。

在理解合同成立的要件时，应当注意合同成立与合同生效的区别。合同的成立是指当事人依法通过要约和承诺的方式协商一致后，当事人之间的合同权利义务关系的正式确定。合同的生效是指依法成立的合同正式产生法律约束力。

（资料来源：http://www.1000kaoshi.com/html/2014/htjf_0614/18459.html，有修改）

7.2.3 《建设工程施工合同（示范文本）》（GF—2013—0201）简介

为了规范和指导合同当事人双方的行为，完善合同管理制度，解决施工合同中存在的合同文本不规范、条款不完备、合同纠纷多等问题，结合我国工程建设的实际情况，住房和城乡建设部、国家工商行政管理总局对《建设工程施工合同（示范文本）》（GF—1999—0201）进行了修订，制定了《建设工程施工合同（示范文本）》（GF—2013—0201）（以下简称《示范文本》）。《示范文本》为非强制性使用文本。《示范文本》适用于房屋建筑工程、土木工程、线路管道和设备安装工程、装修工程等建设工程的施工承发包活动。

1.《示范文本》的组成

《示范文本》是由合同协议书、通用合同条款和专用合同条款三部分组成，并附有11个附件。

（1）合同协议书。《示范文本》合同协议书共计13条，是《示范文本》中的总纲性文件。它规定了合同当事人双方最主要的权利义务，规定了组成合同的文件及合同当事人对履行合同义务的承诺，合同当事人要在这份文件上签字盖章，因此具有很强的法律效力。主要包括：

1）工程概况，主要包括工程名称、工程地点、工程立项批准文号、资金来源、工程内容、工程承包范围等。

2）合同工期，包括计划开工日期、计划竣工日期、合同工期总日历天数。

3）质量标准。

4）签约合同价和合同价格形式。签约合同价分为安全文明施工费、材料和工程设备暂估价金额、专业工程暂估价金额、暂列金额几个部分。

5）项目经理。

6）合同文件构成。

7）承诺。发包人承诺按照法律规定履行项目审批手续、筹集工程建设资金并按照合同约定的期限和方式支付合同价款。承包人承诺按照法律规定及合同约定组织完成工程施工，确保工程质量和安全，不进行转包及违法分包，并在缺陷责任期及保修期内承担相应的工程维修责任。

8）词语含义。

9）签订时间。

10）签订地点。

11）补充协议。

12）合同生效。

13）合同份数。

（2）通用合同条款。通用合同条款是合同当事人根据《中华人民共和国建筑法》《中华人民共和国合同法》等法律、法规的规定，就工程建设的实施及相关事项，对合同当事人的权利义务作出的原则性约定。除双方协商一致对其中的某些条款作出修改、补充或取消外，其余条款双方都必须履行。通用合同条款共计20条，具体条款分别为：一般约定、发包人、承包人、监理人、工程质量、安全文明施工与环境保护、工期和进度、材料与设备、试验与检验、变更、价格调整、合同价格、计量与支付、验收和工程试车、竣工结算、缺陷

责任与保修、违约、不可抗力、保险、索赔和争议解决。既考虑了现行法律、法规对工程建设的有关要求，也考虑了建设工程施工管理的特殊需要。

(3) 专用合同条款。专用合同条款是对通用合同条款原则性约定的细化、完善、补充、修改或另行约定的条款。合同当事人可以根据不同建设工程的特点及具体情况，通过双方的谈判、协商对相应的专用合同条款进行修改补充。合同当事人可以通过对专用合同条款的修改，满足具体建设工程的特殊要求，避免直接修改通用合同条款；可针对相应的通用合同条款进行细化、完善、补充、修改或另行约定。

(4) 附件。《示范文本》的附件，是对施工合同当事人权利义务的进一步明确，并且使得施工合同当事人的有关工作一目了然，便于执行和管理。其包括11个附件：《承包人承揽工程项目一览表》《发包人供应材料设备一览表》《工程质量保修书》等。

2. 施工合同文件的组成及优先顺序

组成合同的各项文件应互相解释，互为说明。除专用合同条款另有约定外，解释合同文件的优先顺序如下：

1）合同协议书。

2）中标通知书（如果有）。

3）投标函及其附录（如果有）。

4）专用合同条款及其附件。

5）通用合同条款。

6）技术标准和要求。

7）图纸。

8）已标价工程量清单或预算书。

9）其他合同文件。

上述各项合同文件包括合同当事人就该项合同文件所作出的补充和修改，属于同一类内容的文件，应以最新签署的为准。在合同订立及履行过程中形成的与合同有关的文件均构成合同文件组成部分，并根据其性质确定优先解释顺序。当合同文件出现含糊不清或者当事人有不同理解解时，按照合同争议的解决方式处理。

案例7.5 重大项目必须按规定签订合同

某城市拟新建一大型火车站，各有关部门组织成立建设项目法人，在项目建议书、可行性研究报告、设计任务书等经市计划主管部门审核后，报国务院审批并向国务院计划主管部门申请国家重大建设工程立项。审批过程中，项目法人以公开招标方式与三家中标的一级建筑单位签订《建设工程总承包合同》，约定由该三家建筑单位共同为车站主体工程承包商，承包形式为一次包干，估算工程总造价18亿元。但合同签订后，国务院计划主管部门公布该工程为国家重大建设工程项目，批准的投资计划中主体工程部分仅为15亿元。因此，该计划下达后，委托方（项目法人）要求建筑单位修改合同，降低包干造价，建筑单位不同意，委托方诉至法院，要求解除合同。法院认为，双方所签合同标的系重大建设工程项目，合同签订前未经国务院有关部门审批，未取得必要批准文件，并违背国家批准的投资计划，故认定合同无效，委托人（项目法人）负主要责任，赔偿建筑单位损失若干。

【评析】

本案车站建设项目属2亿元以上大型建设项目，并被列入国家重大建设工程，应经国务院有关部门审批并按国家批准的投资计划订立合同，不得任意扩大投资规模。根据《合同法》第二百七十三条，国家重大建设工程合同，应当按照国家规定的程序和国家批准的投资计划、可行性研究报告等文件订立。本案合同双方在审批过程中签订建筑合同，签订时并未取得有审批权限主管部门的批准文件，缺乏合同成立的前提条件，合同金额也超出国家批准的投资的有关规定，扩大了固定资产投资规模，违反了国家计划，故法院认定合同无效，过错方承担赔偿责任，其认定是正确的。

（资料来源：http://www.jianshe99.com/html/2005/5/hu293218325613255002813 2.html，有修改）

7.2.4　建设工程施工合同双方的一般权利义务条款

1. 项目经理

项目经理应为合同当事人所确认的人选，并在专用合同条款中明确项目经理的姓名、职称、注册执业证书编号、联系方式及授权范围等事项，项目经理经承包人授权后代表承包人负责履行合同。项目经理应是承包人正式聘用的员工，承包人应向发包人提交项目经理与承包人之间的劳动合同，以及承包人为项目经理缴纳社会保险的有效证明。承包人不提交上述文件的，项目经理无权履行职责，发包人有权要求更换项目经理，由此增加的费用和（或）延误的工期由承包人承担。项目经理不得同时担任其他项目的项目经理。

承包人需要更换项目经理的，应提前14天书面通知发包人和监理人，并征得发包人书面同意。未经发包人书面同意，承包人不得擅自更换项目经理。承包人擅自更换项目经理的，应按照专用合同条款的约定承担违约责任。发包人有权书面通知承包人更换其认为不称职的项目经理。承包人无正当理由拒绝更换项目经理的，应按照专用合同条款的约定承担违约责任。

项目经理按合同约定组织工程实施。在紧急情况下为确保施工安全和人员安全，在无法与发包人代表和总监理工程师及时取得联系时，项目经理有权采取必要的措施保证与工程有关的人身、财产和工程的安全，但应在48小时内向发包人代表和总监理工程师提交书面报告。

2. 监理人员的产生

发包人授予监理人对工程实施监理的权利由监理人派驻施工现场的监理人员行使，监理人员包括总监理工程师及监理工程师。监理人应将授权的总监理工程师和监理工程师的姓名及授权范围以书面形式提前通知承包人。更换总监理工程师的，监理人应提前7天书面通知承包人；更换其他监理人员的，监理人应提前48小时书面通知承包人。

3. 发包人的责任与义务

（1）发包人责任：

1）除专用合同条款另有约定外，发包人应根据合同工程的施工需要，负责办理取得出入施工场地的专用和临时道路的通行权，以及取得为工程建设所需修建场外设施的权利，并

承担有关费用。承包人应协助发包人办理上述手续。

2）发包人应在专用合同条款约定的期限内，通过监理人向承包人提供测量基准点、基准线和水准点及其书面资料。发包人应对其提供的测量基准点、基准线和水准点及其书面资料的真实性、准确性和完整性负责。发包人提供上述基准资料错误导致承包人测量放线工作的返工或造成工程损失的，发包人应当承担由此增加的费用和（或）工期延误，并向承包人支付合理利润。

3）发包人的施工安全责任。发包人应按合同约定履行安全职责，授权监理人按合同约定的安全工作内容监督、检查承包人安全工作的实施，组织承包人和有关单位进行安全检查。

发包人应对其现场机构雇佣的全部人员的工伤事故承担责任，但由于承包人原因造成发包人人员工伤的，应由承包人承担责任。

发包人应负责赔偿以下各种情况造成的第三者人身伤亡和财产损失：工程或工程的任何部分对土地的占用所造成的第三者财产损失；由于发包人原因在施工场地及其毗邻地带造成的第三者人身伤亡和财产损失。

4）治安保卫的责任。除合同另有约定外，发包人应与当地公安部门协商，在现场建立治安管理机构或联防组织，统一管理施工场地的治安保卫事项，履行合同工程的治安保卫职责。发包人和承包人除应协助现场治安管理机构或联防组织维护施工场地的社会治安外，还应做好包括生活区在内的各自管辖区的治安保卫工作。

除合同另有约定外，发包人和承包人应在工程开工后，共同编制施工场地治安管理计划，并制定应对突发治安事件的紧急预案。在工程施工过程中，发生暴乱、爆炸等恐怖事件，以及群殴、械斗等群体性突发治安事件的，发包人和承包人应立即向当地政府报告。发包人和承包人应积极协助当地有关部门采取措施平息事态，防止事态扩大，尽量减少财产损失和避免人员伤亡。

5）工程施工过程中发生事故的，承包人应立即通知监理人，监理人应立即通知发包人。发包人和承包人应立即组织人员和设备进行紧急抢救和抢修，减少人员伤亡和财产损失，防止事故扩大，并保护事故现场。需要移动现场物品时，应作出标记和书面记录，妥善保管有关证据。发包人和承包人应按国家有关规定，及时如实地向有关部门报告事故发生的情况，以及正在采取的紧急措施等。

6）发包人应将其持有的现场地质勘探资料、水文气象资料提供给承包人，并对其准确性负责。但承包人应对其阅读上述有关资料后所作出的解释和推断负责。

（2）发包人义务：

1）遵守法律。发包人在履行合同过程中应遵守法律，并保证承包人免于承担因发包人违反法律而引起的任何责任。

2）发出开工通知。发包人应委托监理人按合同约定向承包人发出开工通知。

3）提供施工场地。发包人应按专用合同条款约定向承包人提供施工场地，以及施工场地内地下管线和地下设施等有关资料，并保证资料的真实、准确、完整。

4）协助承包人办理证件和批件。发包人应协助承包人办理法律规定的有关施工证件和批件。

5）组织设计交底。发包人应根据合同进度计划，组织设计单位向承包人进行设计

交底。

6）支付合同价款。发包人应按合同约定向承包人及时支付合同价款。

7）组织竣工验收。发包人应按合同约定及时组织竣工验收。

案例7.6 发包方的监督和检查权

某企业为扩大生产规模，欲扩建厂房30间，欲与某建筑公司签订建设工程合同。关于施工进度，合同规定：2月1日至2月20日，地基完工；2月21日至4月30日，主体工程竣工；5月1日至5月10日，封顶，全部工程竣工。2月初工程开工，该企业产品在市场极为走俏，为尽早使建设厂房使用投产，企业便派专人检查监督施工进度，检查人员曾多次要求建筑公司缩短工期，均被建筑公司以质量无法保证为由拒绝。为使工程尽早完工，企业所派检查人员遂以承包人建筑公司名义要求材料供应商提前送货至目的地。造成材料堆积过多，管理困难，部分材料损坏。建筑公司遂起诉企业，要求承担损失赔偿责任。企业以检查作业进度、督促企业完工为由抗辩，法院判决企业抗辩不成立，应依法承担赔偿责任。

【评析】

本案涉及发包方如何行使检查监督权问题。《合同法》第二百七十七条规定："发包人在不妨碍承包人正常作业的情况下，可以随时对作业进度、质量进行检查。"企业派专人检查工程施工进度的行为本身是行使检查权的表现。但是，检查人员的检查行为，已超出了法律规定的对施工进度和质量进行检查的范围，且以建筑公司名义促使材料供应商提早供货，在客观上妨碍了建筑公司的正常作业，因而构成权利滥用行为，理应承担损害赔偿责任。

（资料来源：http：//www. jianshe99. com/html/2005/5/hu6740333146132550021 1253. html，有修改）

4. 承包人的责任与义务

（1）承包人的一般责任与义务。

1）遵守法律。承包人在履行合同过程中应遵守法律，并保证发包人免于承担因承包人违反法律而引起的任何责任。

2）依法纳税。承包人应按有关法律规定纳税，应缴纳的税金包括在合同价格内。

3）完成各项承包工作。承包人应按合同约定以及监理人的指示，实施、完成全部工程，并修补工程中的任何缺陷。除专用合同条款另有约定外，承包人应提供为完成合同工作所需的劳务、材料、施工设备、工程设备和其他物品，并按合同约定负责临时设施的设计、建造、运行、维护、管理和拆除。

4）对施工作业和施工方法的完备性负责。承包人应按合同约定的工作内容和施工进度要求，编制施工组织设计和施工措施计划，并对所有施工作业和施工方法的完备性和安全可靠性负责。

5）保证工程施工和人员的安全。承包人应按合同约定采取施工安全措施，确保工程及其人员、材料、设备和设施的安全，防止因工程施工造成的人身伤害和财产损失。

6）负责施工场地及其周边环境与生态的保护工作。承包人应按照合同约定负责施工场

地及其周边环境与生态的保护工作。

7）避免施工对公众与他人的利益造成损害。承包人在进行合同约定的各项工作时，不得侵害发包人与他人使用公用道路、水源、市政管网等公共设施的权利，避免对邻近的公共设施产生干扰。承包人占用或使用他人的施工场地、影响他人作业或生活的，应承担相应责任。

8）为他人提供方便。承包人应按监理人的指示为他人在施工场地或附近实施与工程有关的其他各项工作提供可能的条件。除合同另有约定外，提供有关条件的内容和可能发生的费用，由监理人按合同规定的办法与双方商定或确定。

9）工程的维护和照管。工程接收证书颁发前，承包人应负责照管和维护工程。工程接收证书颁发时尚有部分未竣工工程的，承包人还应负责该未竣工工程的照管和维护工作，直至竣工后移交给发包人为止。

10）其他义务。承包人应履行合同约定的其他义务。

（2）承包人的其他责任与义务。

1）承包人不得将工程主体、关键性工作分包给第三人。除专用合同条款另有约定外，未经发包人同意，承包人不得将工程的其他部分或工作分包给第三人。承包人应与分包人就分包工程向发包人承担连带责任。

2）承包人应在接到开工通知后28天内，向监理人提交承包人在施工场地的管理机构以及人员安排的报告，其内容应包括管理机构的设置、各主要岗位的技术和管理人员名单及其资格，以及各工种技术工人的安排状况。承包人应向监理人提交施工场地人员变动情况的报告。

3）承包人应对施工场地和周围环境进行查勘，并收集有关地质、水文、气象条件、交通条件、风俗习惯以及其他为完成合同工作有关的当地资料。在全部合同工作中，应视为承包人已充分估计了应承担的责任和风险。

7.2.5 建设工程施工合同关于质量控制的主要条款

1. 材料、设备供应的质量条款

（1）发包人供应材料与工程设备。

1）发包人自行供应材料、工程设备的，应在签订合同时在专用合同条款的附件《发包人供应材料设备一览表》中明确材料、工程设备的品种、规格、型号、数量、单价、质量等级和送达地点。承包人应提前30天通过监理人以书面形式通知发包人供应材料与工程设备进场。

2）发包人应按《发包人供应材料设备一览表》约定的内容提供材料和工程设备，并向承包人提供产品合格证明及出厂证明，对其质量负责。发包人应提前24小时以书面形式通知承包人、监理人材料和工程设备到货时间，承包人负责材料和工程设备的清点、检验和接收。发包人提供的材料和工程设备的规格、数量或质量不符合合同约定的，或因发包人原因导致交货日期延误或交货地点变更等情况的，按照发包人违约的相关约定办理。

3）发包人供应的材料和工程设备，承包人清点后由承包人妥善保管，保管费用由发包人承担，但已标价工程量清单或预算书已经列支或专用合同条款另有约定除外。因承包人原因发生丢失毁损的，由承包人负责赔偿；监理人未通知承包人清点的，承包人不负责材料和工程设备的保管，由此导致丢失毁损的由发包人负责。

发包人供应的材料和工程设备使用前，由承包人负责检验，检验费用由发包人承担，不合格的不得使用。

(2) 承包人采购材料与工程设备。

1) 承包人负责采购材料、工程设备的，应按照设计和有关标准要求采购，并提供产品合格证明及出厂证明，对材料、工程设备质量负责。

2) 承包人采购的材料和工程设备，应保证产品质量合格，承包人应在材料和工程设备到货前24小时通知监理人检验。承包人进行永久设备、材料的制造和生产的，应符合相关质量标准，并向监理人提交材料的样本以及有关资料，并应在使用该材料或工程设备前获得监理人同意。

3) 承包人采购的材料和工程设备由承包人妥善保管，保管费用由承包人承担。法律规定材料和工程设备使用前必须进行检验或试验的，承包人应按监理人的要求进行检验或试验，检验或试验费用由承包人承担，不合格的不得使用。

发包人或监理人发现承包人使用不符合设计或有关标准要求的材料和工程设备时，有权要求承包人进行修复、拆除或重新采购，由此增加的费用和（或）延误的工期，由承包人承担。

(3) 材料、工程设备和工程的试验和检验。

1) 承包人应按合同约定进行材料、工程设备和工程的试验和检验，并为监理人对上述材料、工程设备和工程的质量检查提供必要的试验资料和原始记录。按合同约定应由监理人与承包人共同进行试验和检验的，由承包人负责提供必要的试验资料和原始记录。

2) 监理人未按合同约定派员参加试验和检验的，除监理人另有指示外，承包人可自行试验和检验，并应立即将试验和检验结果报送监理人，监理人应签字确认。

3) 监理人对承包人的试验和检验结果有疑问的，或为查清承包人试验和检验成果的可靠性要求承包人重新试验和检验的，可按合同约定由监理人与承包人共同进行。重新试验和检验的结果证明该项材料、工程设备或工程的质量不符合合同要求的，由此增加的费用和（或）工期延误由承包人承担；重新试验和检验结果证明该项材料、工程设备和工程符合合同要求的，由发包人承担由此增加的费用和（或）工期延误，并支付承包人合理利润。

2. 工程验收的质量条款

(1) 质量要求。工程质量标准必须符合现行国家有关工程施工质量验收规范和标准的要求。有关工程质量的特殊标准或要求由合同当事人在专用合同条款中约定。

(2) 发包人的质量管理。发包人应按照法律规定及合同约定完成与工程质量有关的各项工作。

(3) 承包人的质量管理。承包人应对施工人员进行质量教育和技术培训，定期考核施工人员的劳动技能，严格执行施工规范和操作规程。

承包人应按照法律规定和发包人的要求，对材料、工程设备以及工程的所有部位及其施工工艺进行全过程的质量检查和检验，并作详细记录，编制工程质量报表，报送监理人审查。此外，承包人还应按照法律规定和发包人的要求，进行施工现场取样试验、工程复核测量和设备性能检测，提供试验样品、提交试验报告和测量成果以及其他工作。

(4) 监理人的质量检查和检验。监理人按照法律规定和发包人授权对工程的所有部位

及其施工工艺、材料和工程设备进行检查和检验。承包人应为监理人的检查和检验提供方便，包括监理人到施工场地，或制造、加工地点，或合同约定的其他地方进行察看和查阅施工原始记录。承包人还应按监理人指示，进行施工场地取样试验、工程复核测量和设备性能检测，提供试验样品、提交试验报告和测量成果以及监理人要求进行的其他工作。监理人的检查和检验，不免除承包人按合同约定应负的责任。

监理人的检查和检验不应影响施工正常进行。监理人的检查和检验影响施工正常进行的，且经检查、检验不合格的，影响正常施工的费用由承包人承担，工期不予顺延；经检查、检验合格的，由此增加的费用和（或）延误的工期由发包人承担。

(5) 隐蔽工程检查。承包人应当对工程隐蔽部位进行自检，工程隐蔽部位经承包人自检确认具备覆盖条件的，承包人应在共同检查前48小时书面通知监理人检查，通知中应载明隐蔽检查的内容、时间和地点，并应附有自检记录和必要的检查资料。

监理人不能按时进行检查的，应在检查前24小时向承包人提交书面延期要求，但延期不能超过48小时，由此导致工期延误的，工期应予以顺延。监理人未按时进行检查，也未提出延期要求的，视为隐蔽工程检查合格，承包人可自行完成覆盖工作，并作相应记录报送监理人，监理人应签字确认。

承包人覆盖工程隐蔽部位后，发包人或监理人对质量有疑问的，可要求承包人对已覆盖的部位进行钻孔探测或揭开重新检查，承包人应遵照执行，并在检查后重新覆盖恢复原状。经检查证明工程质量符合合同要求的，由发包人承担由此增加的费用和（或）延误的工期，并支付承包人合理的利润；经检查证明工程质量不符合合同要求的，由此增加的费用和（或）延误的工期由承包人承担。

承包人未通知监理人到场检查，私自将工程隐蔽部位覆盖的，监理人有权指示承包人钻孔探测或揭开检查，由此增加的费用和（或）工期延误由承包人承担。

(6) 质量争议检测。合同当事人对工程质量有争议的，由双方协商确定的工程质量检测机构鉴定，由此产生的费用及因此造成的损失，由责任方承担。

3. 竣工验收的质量控制

除专用合同条款另有约定外，承包人申请竣工验收的，应当按照以下程序进行：

1）承包人向监理人报送竣工验收申请报告，监理人应在收到竣工验收申请报告后14天内完成审查并报送发包人。监理人审查后认为尚不具备验收条件的，应通知承包人在竣工验收前承包人还需完成的工作内容，承包人应在完成监理人通知的全部工作内容后，再次提交竣工验收申请报告。

2）监理人审查后认为已具备竣工验收条件的，应将竣工验收申请报告提交发包人，发包人应在收到经监理人审核的竣工验收申请报告后28天内审批完毕并组织监理人、承包人、设计人等相关单位完成竣工验收。

3）竣工验收合格的，发包人应在验收合格后14天内向承包人签发工程接收证书。发包人无正当理由逾期不颁发工程接收证书的，自验收合格后第15天起视为已颁发工程接收证书。

4）竣工验收不合格的，监理人应按照验收意见发出指示，要求承包人对不合格工程返工、修复或采取其他补救措施，由此增加的费用和（或）延误的工期由承包人承担。承包人在完成不合格工程的返工、修复或采取其他补救措施后，应重新提交竣工验收申请报告，并按本项约定的程序重新进行验收。

5）工程未经验收或验收不合格，发包人擅自使用的，应在转移占有工程后7天内向承包人颁发工程接收证书；发包人无正当理由逾期不颁发工程接收证书的，自转移占有后第15天起视为已颁发工程接收证书。

4．质量保修

合同文本中规定承包人有保修责任，承包人在工程竣工验收之前，与发包人签订质量保修书，质量保修书应包括保修内容、范围、期限、责任及保修金的支付办法等内容。

7.2.6　建设工程施工合同关于经济的条款

1．施工合同价款的约定

发包人和承包人应在合同协议书中选择下列一种合同价格形式：

(1) 单价合同。单价合同是指合同当事人约定以工程量清单及其综合单价进行合同价格计算、调整和确认的建设工程施工合同，在约定的范围内合同单价不作调整。合同当事人应在专用合同条款中约定综合单价包含的风险范围和风险费用的计算方法，并约定风险范围以外的合同价格的调整方法，其中因市场价格波动引起的调整按约定执行。

(2) 总价合同。总价合同是指合同当事人约定以施工图、已标价工程量清单或预算书及有关条件进行合同价格计算、调整和确认的建设工程施工合同，在约定的范围内合同总价不作调整。合同当事人应在专用合同条款中约定总价包含的风险范围和风险费用的计算方法，并约定风险范围以外的合同价格的调整方法，其中因市场价格波动引起的调整、因法律变化引起的调整按约定执行。

(3) 其他价格形式。合同当事人可在专用合同条款中约定其他合同价格形式。

2．工程预付款

预付款的支付按照专用合同条款约定执行，但至迟应在开工通知载明的开工日期7天前支付。预付款应当用于材料、工程设备、施工设备的采购及修建临时工程、组织施工队伍进场等。除专用合同条款另有约定外，预付款在进度付款中同比例扣回。在颁发工程接收证书前，提前解除合同的，尚未扣完的预付款应与合同价款一并结算。

发包人逾期支付预付款超过7天的，承包人有权向发包人发出要求预付的催告通知，发包人收到通知后7天内仍未支付的，承包人有权暂停施工，并按发包人违约的情形执行。

3．工程进度款

1）付款周期。付款周期同计量周期。

2）进度付款申请单。承包人应在每个付款周期末，按监理人批准的格式和专用合同条款约定的份数，向监理人提交进度付款申请单，并附相应的支持性证明文件。

3）监理人应在收到承包人进度付款申请单以及相关资料后7天内完成审查并报送发包人，发包人应在收到后7天内完成审批并签发进度款支付证书。发包人逾期未完成审批且未提出异议的，视为已签发进度款支付证书。

发包人和监理人对承包人的进度付款申请单有异议的，有权要求承包人修正和提供补充资料，承包人应提交修正后的进度付款申请单。监理人应在收到承包人修正后的进度付款申请单及相关资料后7天内完成审查并报送发包人，发包人应在收到监理人报送的进度付款申请单及相关资料后7天内，向承包人签发无异议部分的临时进度款支付证书。存在争议的部

分，按照争议解决的约定处理。

4）发包人应在进度款支付证书或临时进度款支付证书签发后14天内完成支付，发包人逾期支付进度款的，应按照中国人民银行发布的同期同类贷款基准利率支付违约金。

5）发包人签发进度款支付证书或临时进度款支付证书，不表明发包人已同意、批准或接受了承包人完成的相应部分的工作。

4. 变更估价

（1）变更估价原则。除专用合同条款另有约定外，变更估价按照本款约定处理：

1）已标价工程量清单或预算书有相同项目的，按照相同项目单价认定。

2）已标价工程量清单或预算书中无相同项目，但有类似项目的，参照类似项目的单价认定。

3）变更导致实际完成的变更工程量与已标价工程量清单或预算书中列明的该项目工程量的变化幅度超过15%的，或已标价工程量清单或预算书中无相同项目及类似项目单价的，按照合理的成本与利润构成的原则，由合同当事人确定变更工作的单价。

（2）变更估价程序。承包人应在收到变更指示后14天内，向监理人提交变更估价申请。监理人应在收到承包人提交的变更估价申请后7天内审查完毕并报送发包人，监理人对变更估价申请有异议，通知承包人修改后重新提交。发包人应在承包人提交变更估价申请后14天内审批完毕。发包人逾期未完成审批或未提出异议的，视为认可承包人提交的变更估价申请。

因变更引起的价格调整应计入最近一期的进度款中支付。

5. 竣工结算

1）承包人应在工程竣工验收合格后28天内向发包人和监理人提交竣工结算申请单，并提交完整的结算资料。

2）监理人应在收到竣工结算申请单后14天内完成核查并报送发包人。发包人应在收到监理人提交的经审核的竣工结算申请单后14天内完成审批，并由监理人向承包人签发经发包人签认的竣工付款证书。监理人或发包人对竣工结算申请单有异议的，有权要求承包人进行修正和提供补充资料，承包人应提交修正后的竣工结算申请单。

发包人在收到承包人提交竣工结算申请书后28天内未完成审批且未提出异议的，视为发包人认可承包人提交的竣工结算申请单，并自发包人收到承包人提交的竣工结算申请单后第29天起视为已签发竣工付款证书。

3）除专用合同条款另有约定外，发包人应在签发竣工付款证书后的14天内，完成对承包人的竣工付款。发包人逾期支付的，按照中国人民银行发布的同期同类贷款基准利率支付违约金；逾期支付超过56天的，按照中国人民银行发布的同期同类贷款基准利率的两倍支付违约金。

4）承包人对发包人签认的竣工付款证书有异议的，对于有异议部分应在收到发包人签认的竣工付款证书后7天内提出异议，并由合同当事人按照专用合同条款约定的方式和程序进行复核，或按照争议解决约定处理。对于无异议部分，发包人应签发临时竣工付款证书，完成付款。承包人逾期未提出异议的，视为认可发包人的审批结果。

5）最终结清。①缺陷责任期终止证书签发后，承包人可按专用合同条款约定的份数和期限向监理人提交最终结清申请单，并提供相关证明材料；②发包人对最终结清申请单内容有异议的，有权要求承包人进行修正和提供补充资料，由承包人向监理人提交修正后的最终结清申请单；③监理人收到承包人提交的最终结清申请单后的14天内，提出发包人应支付给承包人的价款送发包人审核并抄送承包人，发包人应在收到后14天内审核完毕，由监理人向承包人出具经发包人签认的最终结清证书，监理人未在约定时间内核查，又未提出具体意见的，视为承包人提交的最终结清申请已经监理人核查同意，发包人未在约定时间内审核又未提出具体意见的，监理人提出应支付给承包人的价款视为已经发包人同意；④发包人应在监理人出具最终结清证书后的14天内，将应支付款支付给承包人，发包人不按期支付的，按合同约定，将逾期付款违约金支付给承包人；⑤承包人对发包人签认的最终结清证书有异议的，按争议解决的约定办理。

6. 质量保证金

经合同当事人协商一致扣留质量保证金的，应在专用合同条款中予以明确。

（1）承包人提供质量保证金的方式。承包人提供质量保证金有以下三种方式：

1）质量保证金保函。

2）相应比例的工程款。

3）双方约定的其他方式。

除专用合同条款另有约定外，质量保证金原则上采用上述第1种方式。

（2）质量保证金的扣留。质量保证金的扣留有以下三种方式：

1）在支付工程进度款时逐次扣留，在此情形下，质量保证金的计算基数不包括预付款的支付、扣回以及价格调整的金额。

2）工程竣工结算时一次性扣留质量保证金。

3）双方约定的其他扣留方式。

除专用合同条款另有约定外，质量保证金的扣留原则上采用上述第1种方式。

发包人累计扣留的质量保证金不得超过结算合同价格的5%，如承包人在发包人签发竣工付款证书后28天内提交质量保证金保函，发包人应同时退还扣留的作为质量保证金的工程价款。

（3）质量保证金的退还。发包人应按最终结清的约定退还质量保证金。

7.2.7　建设工程施工合同关于进度的条款

1. 施工阶段进度控制

（1）施工进度计划。

1）施工进度计划的编制。承包人应按约定提交详细的施工进度计划，施工进度计划的编制应当符合国家法律规定和一般工程实践惯例，施工进度计划经发包人批准后实施。施工进度计划是控制工程进度的依据，发包人和监理人有权按照施工进度计划检查工程进度情况。

2）施工进度计划修订。施工进度计划不符合合同要求或与工程的实际进度不一致的，承包人应向监理人提交修订的施工进度计划，并附有关措施和相关资料，由监理人报送发包人。除专用合同条款另有约定外，发包人和监理人应在收到修订的施工进度计划后7天内完成审核和批准或提出修改意见。发包人和监理人对承包人提交的施工进度计划的确认，不能减轻或免除承包人根据法律规定和合同约定应承担的任何责任或义务。

（2）暂停施工。在施工过程中，有些情况会导致暂停施工。暂停施工会影响到工程进度，应尽量避免暂停施工。暂停施工的原因是多方面的：

1）发包人原因引起的暂停施工。因发包人原因引起暂停施工的，监理人经发包人同意后，应及时下达暂停施工指示。因发包人原因引起的暂停施工，发包人应承担由此增加的费用和（或）延误的工期，并支付承包人合理的利润。

2）承包人原因引起的暂停施工。因承包人原因引起的暂停施工，承包人应承担由此增加的费用和（或）延误的工期。

3）指示暂停施工。监理人认为有必要时，并经发包人批准后，可向承包人作出暂停施工的指示，承包人应按监理人指示暂停施工。

4）紧急情况下的暂停施工。因紧急情况需暂停施工，且监理人未及时下达暂停施工指示的，承包人可先暂停施工，并及时通知监理人。监理人应在接到通知后 24 小时内发出指示，逾期未发出指示，视为同意承包人暂停施工。

暂停施工后，发包人和承包人应采取有效措施积极消除暂停施工的影响。在工程复工前，监理人会同发包人和承包人确定因暂停施工造成的损失，并确定工程复工条件。当工程具备复工条件时，监理人应经发包人批准后向承包人发出复工通知，承包人应按照复工通知要求复工。

（3）工期延误。

1）因发包人原因导致工期延误。在合同履行过程中，因下列情况导致工期延误和（或）费用增加的，由发包人承担由此延误的工期和（或）增加的费用，且发包人应支付承包人合理的利润：①发包人未能按合同约定提供图纸或所提供图纸不符合合同约定的；②发包人未能按合同约定提供施工现场、施工条件、基础资料、许可、批准等开工条件的；③发包人提供的测量基准点、基准线和水准点及其书面资料存在错误或疏漏的；④发包人未能在计划开工日期之日起 7 天内同意下达开工通知的；⑤发包人未能按合同约定日期支付工程预付款、进度款或竣工结算款的；⑥监理人未按合同约定发出指示、批准等文件的；⑦专用合同条款中约定的其他情形。

因发包人原因未按计划开工日期开工的，发包人应按实际开工日期顺延竣工日期，确保实际工期不低于合同约定的工期总日历天数。

案例 7.7　发包人停建应赔偿损失

某市建筑工程公司与 A 公司签订一份建设工程承包合同。合同约定：由建筑公司包工包料建一座 3 层高、建筑面积为 1405m^2 的楼房，工程造价为 290 万元，工期为一年。当第一层建设一半时，A 公司不能按期支付工程进度款，建筑公司被迫停工。在停工期间，A 公司被 B 公司收购。B 公司根据市场行情，决定将正在建设的项目改建成保龄球城，不仅重新进行设计，而且与某国家级建筑公司重新签订了建设工程承包合同，同时欲解除原建设工程承包合同。在协议解除原建设工程承包合同时，因工程欠款及停工停建等损失问题双方未能达成一致意见。至此，市建筑公司已停工 8 个月。为追回工程欠款，要求 B 公司赔偿损失，市建筑公司起诉到法院。法院判决 B 公司赔偿损失。

【评析】

由于A公司拖欠工程款导致在建工程停工，又因为B公司收购了A公司，应承担A公司原订合同的权利与义务。B公司变更原设计导致工程停建，依法应当承担给市建筑公司造成的损失。根据《合同法》第二百八十四条的规定，“因发包人的原因致使工程中途停建、缓建的，发包人应当采取措施弥补或者减少损失，赔偿承包人因此造成的停工、窝工、倒运、机械设备调迁、材料和构件积压等损失和实际费用。”第一，应当由B公司采取措施弥补或减少建筑公司的损失，将积压的材料和构件按实际价值买回；第二，按已完工的工程量结算工程价款；第三，赔偿市建筑公司的停工、中途停建的损失，如支付停工期间的工人工资等；第四，赔偿因中途停建而发生的实际费用，如机械设备调迁的费用等；第五，支付合同约定的一方单方提前解除合同的违约金。

（资料来源：http：//www. exam8. com/gongcheng/zaojia/fudao/dlfx/201211/2463957. html，有修改）

2）因承包人原因导致工期延误。因承包人原因造成工期延误的，可以在专用合同条款中约定逾期竣工违约金的计算方法和逾期竣工违约金的上限。承包人支付逾期竣工违约金后，不免除承包人继续完成工程及修补缺陷的义务。

2. 竣工验收阶段进度控制

（1）竣工验收条件。工程具备以下条件的，承包人可以申请竣工验收：

1）除发包人同意的甩项工作和缺陷修补工作外，合同范围内的全部工程以及有关工作，包括合同要求的试验、试运行以及检验均已完成，并符合合同要求。

2）已按合同约定编制了甩项工作和缺陷修补工作清单以及相应的施工计划。

3）已按合同约定的内容和份数备齐竣工资料。

（2）竣工验收程序。除专用合同条款另有约定外，承包人申请竣工验收的，应当按照以下程序进行：

1）承包人向监理人报送竣工验收申请报告，监理人应在收到竣工验收申请报告后14天内完成审查并报送发包人。监理人审查后认为尚不具备验收条件的，应通知承包人在竣工验收前承包人还需完成的工作内容，承包人应在完成监理人通知的全部工作内容后，再次提交竣工验收申请报告。

2）监理人审查后认为已具备竣工验收条件的，应将竣工验收申请报告提交发包人，发包人应在收到经监理人审核的竣工验收申请报告后28天内审批完毕并组织监理人、承包人、设计人等相关单位完成竣工验收。

3）竣工验收合格的，发包人应在验收合格后14天内向承包人签发工程接收证书。发包人无正当理由逾期不颁发工程接收证书的，自验收合格后第15天起视为已颁发工程接收证书。

4）竣工验收不合格的，监理人应按照验收意见发出指示，要求承包人对不合格工程返工、修复或采取其他补救措施，由此增加的费用和（或）延误的工期由承包人承担。承包人在完成不合格工程的返工、修复或采取其他补救措施后，应重新提交竣工验收申请报告，并按本项约定的程序重新进行验收。

5）工程未经验收或验收不合格，发包人擅自使用的，应在转移占有工程后7天内向承

包人颁发工程接收证书；发包人无正当理由逾期不颁发工程接收证书的，自转移占有后第15天起视为已颁发工程接收证书。

工程经竣工验收合格的，以承包人提交竣工验收申请报告之日为实际竣工日期，并在工程接收证书中载明；因发包人原因，未在监理人收到承包人提交的竣工验收申请报告42天内完成竣工验收，或完成竣工验收不予签发工程接收证书的，以提交竣工验收申请报告的日期为实际竣工日期；工程未经竣工验收，发包人擅自使用的，以转移占有工程之日为实际竣工日期。

（3）提前竣工。发包人要求承包人提前竣工的，发包人应通过监理人向承包人下达提前竣工指示，承包人应向发包人和监理人提交提前竣工建议书，提前竣工建议书应包括实施的方案、缩短的时间、增加的合同价格等内容。发包人接受该提前竣工建议书的，监理人应与发包人和承包人协商采取加快工程进度的措施，并修订施工进度计划，由此增加的费用由发包人承担。承包人认为提前竣工指示无法执行的，应向监理人和发包人提出书面异议，发包人和监理人应在收到异议后7天内予以答复。任何情况下，发包人不得压缩合理工期。

7.3 建设工程勘察、设计合同

7.3.1 建设工程勘察、设计合同概述

建设工程勘察合同是指根据建设工程的要求，查明、分析、评价建设场地的地质地理环境特征和岩土工程条件，编制建设工程勘察文件的协议。

建设工程设计合同是指根据建设工程的要求，对建设工程所需的技术、经济、资源、环境等条件进行综合分析、论证，编制建设工程设计文件的协议。

建设单位或项目管理部门是发包人，勘察、设计单位是承包人。根据勘察、设计合同，承包人完成发包人委托的勘察、设计任务，发包人接受符合约定要求的勘察、设计成果，并支付报酬。

1. 建设工程勘察、设计合同的特征

（1）建设工程勘察、设计合同的发包人应当是法人或自然人，承包人必须具有法人资格。建设工程勘察、设计合同的当事人双方应当是具有民事权利能力和民事行为能力，取得法人资格的组织或者其他组织及个人在法律允许的范围内均可以成为合同当事人。作为承包人应当是具有国家批准的勘察、设计许可证，经有关部门核准的资质等级的勘察、设计单位。作为发包方，一般应是有国家批准建设项目，落实投资计划的企事业单位、社会组织。

（2）建设工程勘察、设计合同的订立必须符合工程项目建设程序。工程项目建设程序是指一项工程的整个过程中应当遵循的内在规律和组织制度。建设工程勘察、设计合同必须符合规定的工程项目建设程序。合同的订立应以国家批准的设计任务书或其他有关文件为基础。

（3）建设工程勘察、设计合同具有建设工程合同的基本特征。建设工程勘察、设计合同是建设工程合同中的类型之一，它具有建设工程合同的基本特征。

2. 建设工程勘察、设计合同的内容

建设工程勘察、设计合同一般包括以下内容：

1）合同依据。

2）发包人的义务。

3）勘察人、设计人的义务。

4）发包人的权利。

5）勘察人、设计人的权利。

6）发包人的责任。

7）勘察人、设计人的责任。

8）合同的生效、变更与终止。

9）勘察、设计取费。

10）争议的解决及其他。

7.3.2　《建设工程勘察合同（示范文本）》（GF—2000—0201）简介

建设部与国家工商行政管理局于2000年3月颁布了《建设工程勘察合同（示范文本）》（GF—2000—0201），该文本有两种格式，一种格式主要适用于岩土工程勘察、水文地质勘察（含凿井）、工程测量、工程物探等，另一种格式主要适用于岩土工程设计、治理、监测等。

1. 建设工程勘察合同的组成

建设工程勘察合同的主要内容包括：当事人双方确认的勘察工程概况（包括工程名称、建设地点、规模、特征、工程勘察任务委托文号日期、工程勘察内容与技术要求、承接方式、预计勘察工作量等）；合同签订、生效时间；双方愿意履行约定的各项权利义务的承诺。建设工程勘察合同除“合同”外，还包括在实施过程中经发包人与勘察人协商一致签订的补充协议及其他约定事项。补充协议与建设工程勘察合同具有同等效力。

2. 建设工程勘察合同构成要素

（1）合同主体。发包人和勘察人构成了合同的“主体”。两者在合同中具有平等的法律地位。发包人和勘察人经协商一致签订建设工程勘察合同，在履行合同过程中双方都依法享有权利和义务。

由于建设工程勘察合同是双方当事人协商一致后签订的，因此，无论是发包人还是勘察人，未经双方的书面同意，均不得将所签订合同中议定的权利和义务转让给第三方，而单方面变更合同主体。

（2）合同客体。建设工程勘察合同客体是一种行为，即勘察人针对具体建设工程的勘察任务所进行的勘察活动。它是建设工程勘察合同当事人的权利和义务所指向的对象，在法律关系中，当事人之间的权利义务总是围绕着勘察活动而展开。

（3）合同的主要内容。

1）总述。主要说明建设工程名称、规模、建设地点，委托方和承包方的概况。

2）委托方的义务。在勘察工作开展前，委托方应向承包方提交由设计单位提供、经建设单位同意的勘察范围的地形图和建筑平面布置图各一份，提交由建设单位委托、设计单位填写的勘察技术要求及附图。委托方应负责勘察现场的水电供应、道路平整、现场清理等工作，以保证勘察工作的顺利开展。在勘察人员进入现场作业时，委托方应负责提供必要的工作和生活条件。

3）承包方的义务。勘察单位应按照规定的标准、规范、规程和技术条例进行工程测量，工程地质、水文地质等勘察工作，并按合同规定的进度、质量要求提供勘察成果。

4）勘察费。勘察工作的取费标准是按照勘察工作的内容决定的。勘察费用一般按实际完成的工作量收取，我国对勘察工作量计算方法有规定。

勘察合同生效后，委托方应向承包方支付为勘察费用总额30%的定金；全部勘察工作结束后，承包方按合同规定向委托方提交勘察报告和图纸；委托方在收取勘察成果资料后规定的期限内，按实际勘察工作量付清勘察费。

属于特殊工程的勘察工作收费办法，原则上按勘察工程总价加收20%~40%的勘察费。特殊工程是指自然地质条件复杂、技术要求高、勘察手段超出现行规范，特别重大、紧急、有特殊要求的工程，或特别小的工程等。

5）违约责任。委托方若不履行合同，无权要求返还定金；若承包方不履行合同，应双倍偿还定金。

如果委托方变更计划，提供不准确的资料，未按合同规定提供勘察、设计工作必需的资料或工作条件，或修改设计，造成勘察、设计工作的返工、停工、窝工，委托方应按承包方实际消耗的工作量增付费用。因委托方责任而造成重大返工或重新进行勘察、设计时，应另增加勘察、设计费。

勘察、设计的成果按期、按质、按量交付后，委托方要按期、按量支付勘察、设计费。若委托方超过合同规定的日期付费，应偿付逾期违约金。

7.3.3 《建设工程设计合同（示范文本）》（GF—2000—0209）简介

建设部与国家工商行政管理局于2000年3月颁布了《建设工程设计合同（示范文本）》（GF—2000—0209），该文本有两种格式，一种格式适用于民用建筑工程设计，另一种格式适用于专业建设工程设计。

1. 建设工程设计合同的组成

建设工程设计合同主要包括以下几方面：

1）设计依据，包括发包人给设计人的委托书或设计中标文件、发包人提供的基础资料、设计人采用的主要技术标准。

2）合同文件优先次序。构成合同的文件可视为能互相说明的，如果合同文件存在歧义或不一致，则根据如下优先次序来判断：合同书、中标函、发包人要求及委托书、投标书。

3）当事人双方确认的设计工程概况，包括工程名称、规模、阶段、投资及设计内容等。

4）合同签订、生效时间。

5）双方愿意履行约定的各项权利义务的承诺。

2. 建设工程设计合同主要构成要素

（1）合同主体。发包人和设计人构成了合同的“主体”。发包人和设计人在合同中具有平等的法律地位。发包人和设计人经协商一致签订设计合同，在履行合同过程中双方都依法享有权利和义务。由于设计合同是双方当事人协商一致后签订的，因此，无论是发包人还是设计人，未经双方的书面同意，均不得将所签订合同中议定的权利和义务转让给第三方，而单方面变更合同主体。

（2）合同客体。设计合同客体是一种行为，即设计人针对具体建设工程的设计任务所进行的设计活动。它是设计合同当事人的权利和义务所指向的对象，在法律关系中，当事人之间的权利义务总是围绕着设计活动而展开。

（3）合同主要内容。

1）针对工程设计任务，当事人双方有关基础资料、设计成果方面的权利和义务。

2）取费及其他。

工程设计收费根据建设项目投资额的不同，分别实行政府指导价和市场调节价。建设项目总投资估算额500万元以上的工程设计收费实行政府指导价；建设项目总投资估算额500万元以下的工程设计收费实行市场调节价。

实行政府指导价的工程设计收费，其基准价根据2002年国家发展计划委员会与建设部共同发布的《工程设计收费标准》计算，除另有规定外，浮动幅度为±20%。发包人和设计人应当根据建设项目的实际情况在规定的浮动范围内协商确定收费额。实行市场调节价的，由发包人和设计人协商确定收费额。

工程设计费应当体现优质优价的原则。实行政府指导价的，凡在工程设计中采用新技术、新工艺、新设备、新材料，有利于提高建设项目的经济效益、环境效益和社会效益的，发包人和设计人可以在上浮25%的幅度内协商确定收费额。

7.3.4 建设工程勘察、设计合同的订立

1. 签约前对当事人资格和资信的审查

对当事人资格和资信的审查，不仅是为了保证合同有效，受法律保护，而且保证合同能得到有效的实施。这是合同签订前必不可少的工作。

1）资格审查。审查设计单位是否属于按法律规定成立的法人组织，有无法人章程和营业执照，本合同是否在章程或营业执照规定的范围内。同时还要审查签订合同的有关人员是否是法定代表人或法人委托的代理人，以及代理人的活动是否越权等。

2）资信审查。审查建设单位的资信、企业的生产经营状况和银行信用情况。

3）履约能力审查。主要审查勘察、设计单位的专业业务能力。可以通过审查勘察、设计单位的勘察、设计证书，了解它的级别、业务规格和专业范围。同时还应了解该勘察、设计单位以往的工程实绩。对建设单位应审查其建设资金的落实情况、支付能力。

2. 建设工程勘察、设计合同订立的程序

建设单位可通过招标或设计方案竞赛的方式确定勘察、设计单位，要遵循工程建设的基本建设程序，并与勘察、设计单位签订勘察、设计合同。

1）承包人审查工程项目的批准文件。承包人在接受委托勘察或设计任务前，必须对发包人所委托的工程项目批准文件进行全面审查。这些文件是工程项目实施的前提条件。

拟委托勘察、设计的工程项目必须具有上级机关批准的设计任务书和建设规划管理部门批准的用地范围许可文件。由建设单位、勘察设计单位或有关单位提出委托，经双方协商同意后签订建设工程勘察合同。建设工程设计合同的签订除双方协商确定外，还必须具有上级部门批准的设计任务书。建设工程勘察、设计合同应当采用书面形式，并参照国家推荐使用的示范文本。参照文本的条款，明确约定双方的权利义务。对文本条款以外的其他事项，当事人认为需要约定的，也应采用书面形式。对可能发生的问题，要约定解决办法和处理原

则。双方协商同意的合同修改文件、补充协议均为合同文件的组成部分。

2）发包人提出勘察、设计的要求。发包人提出勘察、设计的要求，主要包括勘察、设计的期限、进度、质量等方面的要求。勘察工作有效期限以发包人下达的开工通知书或合同规定的时间为准，如遇特殊情况（设计变更、工作量变化、不可抗力影响以及勘察人原因造成的停、窝工等）时，工期相应顺延。

3）承包人确定收费标准和进度。承包人根据发包人的勘察、设计要求和资料，研究并确定收费标准和金额，提出付费方法和进度。

4）合同双方当事人就合同的各项条款协商并取得一致意见。

7.3.5 建设工程勘察、设计合同的履行

1. 建设工程勘察合同中双方的义务和责任

（1）承包人的义务。勘察单位应按照现行的标准、规范、规程和技术条例，进行工程测量和工程地质、水文地质等方面的勘察工作，并按合同规定的进度、质量要求提供勘测成果，并对其负责。在工程勘察前，提出勘察纲要或勘察组织设计，派人与发包人的人员一起验收发包人提供的材料。在现场工作的勘察人的人员，应遵守发包人的安全保卫及其他有关的规章制度，承担其有关资料的保密义务。

（2）发包人的义务。向承包人提供开展勘察、设计所必需的有关基础资料，并对提供的时间与资料的可靠性负责。在勘察人员进入现场作业时，发包人应对必要的工作和生活条件负责。发包人应保护勘察人的投标书、勘察方案、报告书、文件、资料图纸、数据、特殊工艺（方法）、专利技术和合理化建议，不得随意修改、泄露。

（3）承包人的责任。由于勘察人提供的勘察成果资料质量不合格，勘察人应负责无偿给予补充完善使其达到质量合格；若勘察人无力补充完善，需另委托其他单位时，勘察人应承担全部勘察费用；因勘察质量造成重大经济损失或工程事故时，勘察人除应负法律责任和免收直接受损失部分的勘察费外，并根据损失程度向发包人支付赔偿金。

勘察人承担合同有关条款规定和补充协议中勘察人应负的其他责任。

（4）发包人的责任。发包人应负责勘察现场的水电供应、道路平整、现场清理等工作，以保证勘察工作的顺利进行。若勘察现场需要看守，特别是在有毒、有害等危险现场作业时，发包人应派人负责安全保卫工作，按国家有关规定，对从事危险作业的现场人员进行保健防护，并承担费用。工程勘察前，若发包人负责提供材料的，应根据勘察人提出的工程用料计划，按时提供各种材料及其产品合格证明，并承担费用和运到现场，派人与勘察人的人员一起验收。

勘察过程中的任务变更，经办理正式变更手续后，发包人应按实际发生的工作量支付勘察费。

2. 建设工程设计合同中双方的义务和责任

（1）承包人的义务。设计单位要根据已批准的设计任务书（或可行性研究报告）或之前阶段设计的批准文件，以及有关设计的经济技术文件、设计标准、技术规范、规程、定额等提出勘察技术要求，并进行设计，按合同规定的进度和质量提交设计文件（包括概预算文件、材料设备清单等），并对其负责。

初步设计经上级主管部门审查后，在原定任务书范围内的必须修改，由设计单位负责。

如果原定任务书有重大变更而重做或修改设计时，须具有审批机关或设计任务书批准机关的议定书，经双方协商后另订合同。

设计单位应配合所承担设计任务的建设项目施工，施工前进行设计技术交底，解决工程施工过程中有关设计的问题，负责设计变更和修改预算，参加试车考核及工程竣工验收。对于大中型工业项目和复杂的民用工程应派现场设计代表，参加隐蔽工程验收。

（2）发包人的义务。委托初步设计的，在初步设计前，发包人在规定的日期内应向承包人提供经过批准的设计任务书，选择建设地址的报告、原料、燃料、水、电、运输等方面的协议文件和能满足初步设计要求的勘察资料，以及需要经过科研取得的技术资料等。超过规定期限时，设计单位有权重新确定提交设计文件的时间。

委托施工图设计的，在施工图设计前，发包人应在规定日期内提供经过批准的初步设计文件和能满足施工图设计要求的勘察资料、施工条件，以及有关设备的技术资料等。

发包人变更委托设计项目、规模、条件或因提交的资料错误，或所提交资料作较大修改，以致造成设计人设计需返工时，双方除需另行协商签订补充协议、重新明确有关条款外，发包人应按设计人所耗工作量向设计人增付设计费。

发包人应保护设计人的投标书、设计方案、文件、资料图纸、数据、计算软件和专利技术，不得擅自修改、复制、转让或用于本合同外的项目。否则发包人应负法律责任，设计人有权向发包人提出索赔。

7.3.6 建设工程勘察、设计合同的管理

1. 发包人对建设工程勘察、设计合同的管理

建设工程勘察、设计合同明确规定发包人应按期为承包人提供各种依据、资料和文件，并对其质量和准确性负责。现实中，发包人应注意不要由于自身处于相对有利的合同地位而忽视应承担的义务。

如果发包人因故要求修改设计，则通常设计文件的提交时间应由双方另行商定，发包人还应按承包人实际返工修改的工作量增付设计费。

当承包人不能按期、按质、按量完成勘察、设计任务时，发包人有权向其提出索赔。

随着工程咨询业的发展，工程咨询服务的专业化水平越来越高。发包人也可以委托具有相应资质等级的建设监理单位对建设工程勘察、设计合同进行专业化的监督和管理。

发包人对建设工程勘察、设计合同管理的重要依据如下：

1）建设项目设计阶段委托监理合同。

2）批准的可行性研究报告及设计任务书。

3）建设工程勘察、设计合同。

4）经批准的选址报告及规划部门批文。

5）工程地质、水文地质资料及地形图。

6）其他资料。

2. 承包人（勘察、设计单位）对合同的管理

（1）建立专门的合同管理机构。建设工程勘察、设计单位应当设立专门的合同管理机构，对合同实施的各个步骤进行监督、控制，不断完善建设工程勘察、设计合同自身管理机构。

(2) 承包人对合同的管理:

1) 合同订立时的管理。承包人设立专门的合同管理机构对建设工程勘察、设计合同的订立全面负责，实施监督、控制。特别是在合同订立前要深入了解发包人的资信、经营作风及订立合同应当具备的相应条件。规范合同双方当事人权利、义务的条款要全面、明确。

2) 合同履行时的管理。合同开始履行，即表示合同双方当事人的权利义务开始享有与承担。为保证建设工程勘察、设计合同能够正确、全面地履行，专门的合同管理机构需要经常检查合同履行情况，发现问题及时协商解决，避免不必要的损失。

3) 建立健全合同管理档案。合同订立的基础资料，以及合同履行中形成的所有资料，承包人要有专人负责，随时注意收集和保存，及时归档。健全的合同档案是解决合同争议和索赔的重要依据。

7.3.7 国家有关行政部门对建设工程勘察、设计合同的管理

除承包人、发包人自身对建设工程勘察、设计合同的管理外，政府有关部门如工商行政管理部门、金融机构、公证机关等依据职权划分，应当加强对建设工程勘察、设计合同的监督管理。

1) 国家有关行政管理部门的主要职能如下：①贯彻国家和地方有关法律、法规和规章；②制定和推荐使用建设工程勘察、设计合同文本；③审查和鉴证建设工程勘察、设计合同，监督合同履行，调解合同争议，依法查处违法行为；④指导勘察、设计单位的合同管理工作，培训勘察、设计单位的合同管理人员，总结交流经验。

2) 签订建设工程勘察、设计合同的双方应当将合同文本送所在地省级建设行政主管部门或其授权机构备案，也可到工商行政管理部门办理合同鉴证。

3) 在签订、履行合同的过程中，有违反法律、法规，扰乱建设市场秩序行为的，建设行政主管部门和工商行政管理部门要依照各自的职责，依法给予行政处罚。构成犯罪的，提请司法机关追究其刑事责任。

案例 7.8 勘察、设计不符合质量要求，未按合同约定的期限提供勘察、设计文件

甲公司与乙勘察、设计院签订了一份建设工程勘察、设计合同，合同约定：乙方为甲方筹建中的商业大厦进行勘察、设计，甲按照国家颁布的收费标准支付勘察、设计费；乙公司应按甲公司的设计标准、技术规范等提出勘察、设计要求，进行测量和工程地质、水文地质等勘察、设计工作，并在2004年1月9日前向甲公司提交勘察、设计成果资料和设计文件。合同还约定了双方的违约责任、争议的解决方式。甲公司同时与丙公司签订了建设工程施工合同，在合同中规定了开工日期。不料，乙公司迟迟不能按约定的日期提交勘察、设计文件，而丙公司已按建设施工合同的约定做好了开工准备，如期进驻施工现场。在甲公司的再三催促下，乙公司迟延25天提交勘察、设计文件，此时丙公司已窝工18天。在施工期间，丙公司又发现设计图纸中的多处错误，不得不停工等候，甲公司请乙公司对设计图纸进行修改。丙公司由于窝工、停工要求甲公司赔偿损失，否则不再继续施工。甲公司将乙公司诉至法院，要求乙公司赔偿损失。法院经审理支持了甲公司的诉讼请求，判决乙公司承担违约赔偿责任。

【解析】

《合同法》第二百八十条规定：“勘察、设计的质量不符合要求或者未按照期限提交勘察、设计文件拖延工期，造成发包人损失的，勘察人、设计人应当继续完善勘察、设计，减收或者免收勘察、设计费并赔偿损失。”

所谓勘察、设计不符合要求，是指勘察或设计均没有达到国家强制性标准和合同约定的质量要求。勘察、设计是影响工程质量的关键性阶段，设计方案不科学，不按设计规范要求设计，势必为工程质量埋下隐患。因此，勘察、设计单位的设计文件必须符合国家现行的法律、法规、工程设计标准和合同的规定。工程勘察、设计文件应反映工程地质地形地貌、水文地质状况，评价标准，数据可靠；设计文件的深度，应满足相应设计阶段的技术要求，所完成的施工图应配套，细部节点应交代清楚，标注说明应清晰、完整；设计中选用的材料、设备等，应注明其规格、型号、性能等，并提出质量要求，但不能指定生产厂家。勘察、设计单位应参与图纸会审和作好设计文件的技术交底工作，对大中型建设工程、超高层建筑以及采用新技术、新结构的工程，设计单位应向施工现场派驻设计代表。此外，如果承包人不能按合同约定的期限提交勘察、设计文件，包括勘察报告，初步设计、技术设计、施工图及其说明和图样，将会使工程不能按期开工，甚至造成经济损失。

因此，当出现勘察、设计质量不符合要求，或者不能按照合同约定的期限提交勘察、设计文件时，根据《合同法》第二百八十条规定，承包人应当承担下列违约责任：根据实际情况应当继续完善勘察、设计，减收或者免收勘察、设计费并赔偿损失。

本案中，乙公司不仅没有按照合同约定提交勘察、设计文件，致使甲公司的建设工期受到延误，造成丙公司的窝工，而且勘察、设计的质量也不符合要求，致使承建单位丙公司因修改设计图纸而停工、窝工。乙公司的上述违约行为已给甲公司造成了经济损失。因此，乙公司应当承担减收或者免收勘察、设计费并赔偿损失的责任。

（资料来源：http://china.findlaw.cn/hetongfa/hetongjiedu/jsgcht/jsgchtal/1730.html，有修改）

思考与讨论

1. 简述建设工程合同的特征及种类。
2. 简述建设工程施工合同订立的条件和程序。
3. 简述建设工程施工合同的概念和特征。
4. 试述《建设工程施工合同（示范文本）》的组成及解释顺序。
5. 建设工程施工合同中，通过哪些环节对工程质量进行控制？
6. 何谓建设工程勘察、设计合同？简述其特征及一般内容。
7. 发包人与承包人应如何做好对建设工程勘察、设计合同的管理工作？
8. 案例分析题。

某建设单位（甲方）拟建造一栋职工住宅，采用招标方式由某施工单位（乙方）承建。甲乙双方签订

的施工合同摘要如下：

1. 协议书中的部分条款

(1) 工程概况。

工程名称：职工住宅楼。

工程地点：市区。

工程内容：建筑面积为3200m^2 的砖混结构住宅楼。

(2) 工程承包范围。

承包范围：某建筑设计院设计的施工图所包括的土建、装饰、水暖电工程。

(3) 合同工期。

开工日期：2007 年 3 月 12 日。

竣工日期：2007 年 9 月 21 日。

合同工期总日历天数：190 天（扣除 5 月 1 日 ~3 日五一节放假）。

(4) 质量标准。

工程质量标准：达到甲方规定的质量标准。

(5) 合同价值。

合同总价为：壹佰陆拾陆万肆仟元人民币（￥166.4 万元）。

(6) 乙方承诺的质量保修。

在该项目设计规定的使用年限（50 年）内，乙方承担全部保修责任。

(7) 甲方承诺的合同价款支付期限与方式。

1) 工程预付款：于开工之日支付合同总价的 10% 作为预付款。

2) 工程进度款：基础工程完成后，支付合同总价的 10%；主体结构三层完成后，支付合同总价的 20%；主体结构全部封顶后，支付合同总价的 20%；工程基本竣工时，支付合同总价的 30%。为确保工程如期竣工，乙方不得因甲方资金的暂时不到位而停工和拖延工期。

3) 竣工结算：工程竣工验收后，进行竣工结算。结算时按全部工程造价的 3% 扣留工程保修金。

(8) 合同生效。

合同订立时间：2007 年 3 月 5 日。

合同订立地点：××市××区××街××号。

本合同双方约定：经双方主管部门批准及公证后生效。

2. 专用条款中有关合同价款的条款

合同价款与支付：本合同价款采用固定价格合同方式确定。

合同价款包括的风险范围：

(1) 工程变更事件发生导致工程造价增减不超过合同总价 10%。

(2) 政策性规定以外的材料价格涨落等因素造成工程成本变化。

风险费用的计算方法：风险费用已包括在合同总价中。

风险范围以外的合同价款调整方法：按实际竣工建筑面积 520 元/m^2 调整合同价款。

3. 补充协议条款

在上述施工合同协议条款签订后，甲乙双方接着又签订了补充施工合同协议条款，摘要如下：

补 1. 木门窗均用水曲柳板包门窗套。

补 2. 铝合金窗 90 系列改用 42 型系列某铝合金厂产品。

补 3. 挑阳台均采用 42 型系列某铝合金厂铝合金窗封闭。

问题：

(1) 上述合同属于哪种计价方式合同类型？

(2) 该合同签订的条款有哪些不妥之处？应如何修改？

(3) 对合同中未规定的承包商义务，合同实施过程中又必须进行的工程内容，承包商应如何处理?

参考答案：

(1) 从甲、乙双方签订的合同条款来看，该工程施工合同应属于固定价格合同。

(2) 该合同存在的不妥之处及修改：

1) 合同工期总日历天数不应扣除节假日，可以将该节假日时间加到总日历天数中。

2) 不应以甲方规定的质量标准作为该工程的质量标准，而应以《建筑工程施工质量验收统一标准》中规定的质量标准作为该工程的质量标准。

3) 质量保修条款不妥，应按《建设工程质量管理条例》的有关规定进行保修。

4) 工程价款支付条款中的“基本竣工时间”不明确，应修订为具体明确的时间。“乙方不得因甲方资金的暂时不到位而停工或拖延工期”条款显失公平，应说明甲方资金不到位在说明期限内乙方不得停工和拖延工期，且应规定逾期支付的利息如何计算。

5) 从该案例的背景来看，合同双方是合法的独立法人单位，不应约定经双方主管部门批准后合同生效。

6) 专用条款中有关风险范围以外合同加框调整方法（按实际竣工建筑合同 520 元/m^2 调整合同价款）与合同的风险范围、风险费的计算方法相矛盾，该条款应针对可能出现的除合同价款包括的风险范围以外的内容约定合同价款调整方法。

7) 在补充施工合同协议条款中，不仅要补充工程内容，而且要说明其价款是否需要调整，若需调整应该如何调整。

(3) 首先应及时与甲方协商，确认该部分工程内容是否由乙方完成。如果需要由乙方完成，则应与甲方商签补充合同条款，就该部分工程内容明确双方各自的权利义务，并对工程计划作出相应的调整。如果由其他承包商完成，乙方也要与甲方就该部分工程内容的协作配合条件及相应的费用等问题达成一致意见，以保证工程的顺利进行。

阅读材料　合同协议书与专用合同条款分析

【背景】

某项目法人（以下称甲方）与某施工企业（以下称乙方）于2006年6月5日签订了合同协议书，合同条款部分内容如下：

一、合同协议书中的部分条款

（一）工程概况

工程名称：商品住宅楼。

工程地点：市区。

工程内容：五栋砖混结构住宅楼，每栋建筑面积为3150m^2。

（二）承包范围

砖混结构住宅楼的土建、装饰、水暖电工程

（三）合同工期

开工日期：2008年5月15日。

竣工日期：2008年10月15日。

合同工期总日历天数：147日。

（四）质量标准

达到某国际质量标准（我国现行强制性标准未对该国际质量标准作规定）。

（五）合同价款

合同总价：人民币伍佰陆拾万捌仟元整（￥566.8万元）。

（六）乙方承诺的质量保修

(1) 地基基础和主体结构工程，为设计文件规定的该工程的合理使用年限。

(2) 屋面防水工程、有防水要求的卫生间、房间和外墙面的防渗漏，为3年。

(3) 供热与供冷系统，为3个采暖期、供冷期。

(4) 电气系统、给排水管道、设备安装，为2年。

(5) 装修工程，为1年。

（七）甲方承诺的合同价款支付期限与方式

(1) 工程预付款：在开工之日后3个月内，根据经甲方代表确认的已完工程量、构成合同价款相应的单价及有关计价依据计算、支付预付款。根据实际情况，预付款可直接抵作工程进度款。

(2) 工程进度款：基础工程完成后，支付合同总价的15%；主体结构四层完成后，支付合同总价的15%；主体结构封顶后，支付合同总价的20%；工程竣工时，支付合同总价的35%。甲方资金迟延到位1个月内，乙方不得停工和拖延工期。

二、施工合同专用条款中有关合同价款的条款

合同价款与支付：

工程竣工后，甲方向乙方支付全部合同价款：人民币伍佰陆拾陆万捌仟元整（￥566.80万元）。

【问题】

(1) 上述施工合同的条款有哪些不妥之处？应如何修改？

(2) 上述施工合同条款之间是否有矛盾之处？如果有，应如何解释？简述建设工程施工合同的组成与解释顺序。

【解析】

《合同法》规定了合同履行中，合同文件前后约定不一致的解释方法，以及争议的解决途径。合同工期及开工日期为合同的实质性内容，出现不一致时，以合同协议书中的工期和开工日期推算竣工日期，进而确定承包人是否如期履约。

【参考答案】

(1) 存在以下不妥之处：

1) 竣工日期为2008年10月15日不妥，应调整为2008年10月9日。

2) 工程建设中，施工质量应符合我国现行工程建设标准。采用国际标准或者国外标准，现行强制性标准未作规定的，应当由拟采用单位提请建设单位组织专题技术论证，报批准标准的建设行政主管部门或者国务院有关主管部门审定。

3) 合同总价应为人民币伍佰陆拾万捌仟元整。在合同文件中，用数字表示的数额与用文字表示的数额不一致时，应遵照以文字数额为准的解释惯例。

4) 乙方承诺的质量保修部分条款不符合《房屋建筑工程质量保修办法》的规定。《房屋建筑工程质量保修办法》规定，在正常使用下，房屋建筑工程的最低保修期限为：

地基基础和主体结构工程，为设计文件规定的该工程的合理使用年限。

屋面防水工程、有防水要求的卫生间、房间和外墙面的防渗漏，为5年。

供热与供冷系统，为2个采暖期、供冷期。

电气系统、给排水管道、设备安装为2年。

装修工程为2年。

其他项目的保修期限由建设单位和施工单位约定。

5）甲方承诺的工程预付款支付期限和方式不妥。预付款制度的本意是预先付给乙方购置材料、设备及工程前期准备等工程借款，以确保工程顺利进行，故此，甲方应按合同条款的约定时间和数额，及时向乙方支付工程预付款，开工后可按合同条款约定的扣款办法陆续扣回。而工程进度款则应根据甲乙双方在合同条款约定的时间、方式和经甲方代表确认的已完工程量、构成合同价款相应的单价及有关计处依据计算、支付工程款。

(2) 合同协议书中的合同总价与施工合同专用条款的合同总价规定不符。应当按照合同协议书中的人民币伍佰陆拾万捌仟元整确认合同总价。一般建设工程所涉及的合同文件及解释顺序为：

1）合同协议书。

2）中标通知书。

3）投标函及其附录。

4）专用合同条款及其附件。

5）通用合同条款。

6）技术标准和要求。

7）图纸。

8）已标价工程量清单或预算书。

9）其他合同文件。

一般来讲，各个合同文件应能相互解释，互为说明。当发生冲突时，上述合同文件的优先解释顺序为从前至后效力依次降低。

（资料来源：全国招标师职业水平考试辅导教材指导委员会. 招标采购案例分析. 中国计划出版社，2012，有修改）

第8章

建设工程施工合同管理

8.1 概述

8.1.1 建设工程合同管理的概念

建设工程施工合同管理是指各级工商行政管理机关、建设行政主管机关，以及建设单位、监理单位、承包单位依据法律法规，采取法律的、行政的手段，对建设工程施工合同关系进行组织、指导、协调及监督，保护合同当事人的合法权益，处理合同纠纷，防止和制裁违法行为，保证合同贯彻实施的一系列活动。各级工商行政管理机关、建设行政主管机关对合同进行宏观管理，建设单位（业主）、监理单位、承包单位对合同进行微观管理。合同管理贯穿招标投标、合同谈判与签约、工程实施、交工验收及保修阶段的全过程。以下主要讨论合同当事人所实施的微观合同管理。

8.1.2 建设工程施工合同类型的选择

建设工程施工合同的形式繁多、特点各异，业主应综合考虑以下因素选择不同计价模式的合同：

1. 工程项目的复杂程度

规模大且技术复杂的工程项目，承包风险较大，各项费用不易准确估算，因而不宜采用总价合同。最好是有把握的部分采用总价合同，估算不准的部分采用单价合同或成本加酬金合同。有时，在同一工程项目中采用不同的合同形式，是业主和承包商合理分担施工风险因素的有效办法。

2. 工程项目的设计深度

施工招标时所依据的工程项目设计深度，经常是选择合同类型的重要因素。招标图纸和工程量清单的详细程度能否使投标人进行合理报价，取决于已完成的设计深度。表8-1中列出了不同设计阶段与合同类型的选择关系。

3. 工程施工技术的先进程度

如果工程施工中有较大部分采用新技术和新工艺，当业主和承包商在这方面过去都没有经验，且在国家颁布的标准、规范、定额中又没有可作为依据的标准时，为了避免投标人盲目地提高承包价款，或由于对施工难度估计不足而导致承包亏损，不宜采用固定价合同，而应选用成本加酬金合同。

表8-1　合同类型选择参考表

合同类型	设计阶段	设计主要内容	设计应满足的条件
总价合同	施工图设计	1. 详细的设备清单 2. 详细的材料清单 3. 施工详图 4. 施工图预算 5. 施工组织设计	1. 设备、材料的安排 2. 非标准设备的制造 3. 施工图预算的编制 4. 施工组织设计的编制 5. 其他施工要求
单价合同	技术设计	1. 较详细的设备清单 2. 较详细的材料清单 3. 工程必需的设计内容 4. 修正概算	1. 设计方案中重大技术问题的要求 2. 有关试验方面确定的要求 3. 有关设备制造方面的要求
成本加酬金合同或单价合同	初步设计	1. 总概算 2. 设计依据、指导思想 3. 建设规模 4. 主要设备选型和配置 5. 主要材料需要量 6. 主要建筑物、构筑物的形式和估计工程量 7. 公用辅助设施 8. 主要技术经济指标	1. 主要材料、设备订购 2. 项目总造价控制 3. 技术设计的编制 4. 施工组织设计的编制

4. 工程施工工期的紧迫程度

有些紧急工程（如抢险救灾工程）要求尽快开工且工期较紧时，可能仅有实施方案，还没有施工图，因此，承包商不可能报出合理的价格，宜采用成本加酬金合同。

对于一个建设工程项目而言，究竟采用何种合同形式不是固定不变的。即使在同一个工程项目中，各个不同的工程部分或不同阶段，也可以采用不同类型的合同。在划分标段、进行合同策划时，应根据实际情况，综合考虑各种因素后再作出决策。

案例8.1　选择合适的工程合同的必要性

北京某中外合资项目，合同标的为一商住两用楼。工程主楼地下一层，地上26层，总建筑面积38000m^2。合同协议书由建设单位自己起草，合同工期为700天。合同中的价格条款为："本工程合同价格为人民币3800万元。此价格固定不变，不受市场上材料、设备、劳动力和运输价格的波动及政策性调整影响而改变，因设计变更导致价格增减另外计算。"该合同签字后经过了公证机关的公证。在招标文件中，建设单位提供的施工图，很粗略，没有配筋图。在承包商报价时，国家对建材市场实行控制，有钢材最高市场限价，约1800元/t，承包商则按此限价投标报价。

工程开始后一切还很顺利，但基础完成后，国家取消钢材限价，实行开放的市场价格，市场钢材价格在很短的时间内上涨至3500元/t以上。另外由于设计图纸粗略，合同签订后，设计虽未变更，但却增加了许多承包商未考虑到的工作量和新的分项工程。其中最大的是钢筋。承包商报价时没有配筋图，仅按通常商住楼的每平方米建筑面积钢筋用量估算，而最后实际使用量与报价所用的钢筋工程量相差500t以上。按照合同条款，这些都应由承包商承担。

开工后约5个月，承包商再作核算，预计到工程结束承包商至少亏本2000万元。承包商与建设单位商议，希望建设单位照顾到市场情况和承包商的实际困难，给承包商以实际价差补偿，因为这个风险已大大超过承包商的承受能力。承包商已不期望从该工程获得任何利润，只要求保本。但建设单位予以否决，要求承包商按原价格全面履行合同责任。承包商无奈，放弃了前期工程及基础工程的投入，撕毁合同，从工程中撤出人马，蒙受了巨大的损失。而建设单位不得不请另外一个承包商进场继续施工，也蒙受很大损失，不仅工期延长，而且最后成本也很大。因为另一个承包商进场完成一个已经完成一定工作量的工程，只能采用议标的形式，导致价格比较高。

【解析】

在这个工程中，使用的是固定总价合同。而几个重大风险因素集中都一起：工程量大、工期长、设计文件不详细、市场价格波动大、做标期短、采用固定总价合同。最终不仅打倒了承包商，而且也伤害了业主的利益，影响了工程整体效益。所以在合同管理过程中，合同方式的选择也是尤为重要。

8.1.3 建设工程施工合同管理的工作内容

1. 业主的合同管理

由于工程项目的各参与方所处位置不同，各自所关注的重点也有所不同。业主进行合同管理的主要任务，就是协调监理、施工各方之间的关系，确保工程项目的顺利进行和质量、进度、成本等方面目标的实现。

在项目前期，业主主要负责建立合同管理制度、完善合同管理组织、培训合同管理人员。在前期招标投标阶段，业主必须从重视合同文本拟订与分析入手，订立一份科学合理、符合双方利益的合同，并在合同签订后做好合同交底和责任分解工作。

1）在项目实施阶段，业主要对项目合同进行动态管理。合同变更在工程项目实践中会经常发生，而合同变更往往会导致纠纷，这就需要对项目合同进行动态管理。

2）在合同履行阶段业主对项目合同履行情况进行实时监控。工程项目合同的内容涉及整个工程建设的全过程，因此，必须在整个项目过程中及时了解和评估项目合同的履行情况。

3）业主还要做好合同风险管理工作。建设工程施工合同风险是指建筑工程活动中一切与合同有关的损失发生的可能性。它不是工程的一切风险，而仅是与合同有关的风险；它不仅是指合同履行过程中当事人损失的可能性，而且还包括合同签订过程中以及履行完成后当事人损失发生的可能性。

4）业主要及时总结合同执行的经验和教训。在合同终止之后，合同管理人员应该做好合同资料的收集、保存、整理、分类、登记、编号、装订、归档备案工作，实现建设工程施工合同档案管理程序化和规范化。同时，对合同履行情况与项目实施计划进行比较分析，并作出客观评价，从中找出差异和干扰因素并分析其原因。

2. 承包商的合同管理

承包商的建设工程施工合同管理是最细致、最复杂，也是最困难的合同管理工作。在合同实施阶段，承包商的主要任务是按照合同约定，全面、实际的履行合同内容。

合同签订以后，承包商首要任务是派出工程的项目经理，由他全面负责工程管理工作。而项目经理首先要组建包括合同管理人员在内的项目经理部，并着手实施准备工作。

现场的施工准备一经开始，合同管理的工作重点就转移到施工现场，直到工程全部结束。在整个工程实施过程中，合同管理的主要任务包括：

1）给项目经理和项目管理职能部门人员、各工程小组、所属分包商在合同关系上以帮助，进行工作上指导（如合同分析）以及经常性地解释合同，对来往信件、会议纪要等进行合同审查。

2）建立合同实施的保证体系，对工程实施进行有力的合同控制，监督承包商和分包商按合同施工，并做好各合同关系的协调管理工作，使工程项目的全部合同事件处于控制中，保证合同目标的实现。

3）对合同实施情况进行跟踪，收集合同实施的信息及各种工程资料，并作出相应的信息处理，及时预见和防止合同问题，以及由此引起的各种责任；将合同实施情况与合同分析资料进行对比分析，找出其中的偏差，对合同履行情况作出诊断；进行合同的变更、索赔管理。

3. 监理工程师的合同管理

业主和承包商是合同的双方，监理单位受业主的委托对承包商进行监督管理。监理工程师负责进行工程的进度控制、质量控制、投资控制以及做好协调工作。对实行监理的工程项目，监理工程师的主要工作由建设单位与监理单位双方约定。

监理工程师的主要工作内容包括：

1）协助业主组建招标机构，为业主起草招标申请书并协助招标人向当地建设行政主管部门申请办理工程招标的审批手续，以及发布招标公告或投标邀请。

2）对投标人的投标资格进行预审。

3）组织现场勘察或答疑。

4）组织招标会议。

5）合同谈判。

6）起草合同文件和各种相关文件。

7）解释合同，监督合同执行，协调业主、承包商、供应商之间合同关系，站在公正的立场上正确处理索赔和纠纷。

8）在业主的授权范围内，对工程项目进行进度控制、质量控制、成本控制。

4. 建设行政主管部门在建设工程施工合同管理中的主要工作

各级行政主管部门主要从市场管理的角度对施工合同进行宏观管理，管理的主要内容包括：

1）贯彻国家有关经济合同方面的法律、法规和方针政策。

2）制定和推荐使用施工合同示范文本。

3）指导合同当事人的合同管理工作，培训合同管理人员，总结交流工作经验。

4）审查和鉴证合同，检查和监督合同履行，依法处理存在的问题，查处违法行为。

5）解决施工合同纠纷等。

8.2 建设工程招标投标阶段的合同管理

建设工程施工合同的形成是建立在招标投标基础之上的。在工程承包中，影响利润最大的因素就是合同，而在市场经济下，招标投标过程是工程各方争取获得利润的机会之一。在合同签订前，参与工程建设的合同当事人，可以在法律规定的范围内，对合同进行协商谈判。当双方签订合同后，合同也就成了工程中合同双方的最高行为准则，合同决定了双方的权利和义务。如果在合同实施过程中双方当事人发生纠纷，合同就是解决问题的关键。所以合同双方当事人都必须重视招投标阶段的合同管理工作。

8.2.1 建设工程招标投标阶段合同总体策划

在建筑工程项目的初始阶段必须进行相关合同的策划，策划的目标是通过合同保证工程项目总目标的实现。合同的策划决定着项目的组织结构及管理体制，决定合同各方面责任、权利和工作的划分，对整个项目管理有着深远的影响。业主通过合同委托项目任务，并通过合同实施对项目的目标进行控制。合同是实施工程项目的手段，通过策划确定各方关系，无论对业主还是承包商，完善的合同策划可以保证合同圆满地履行，协调各方关系，减少矛盾和争议，顺利地实现工程项目总目标。

1. 业主的合同总体策划

业主合同总策划的内容主要包括：①招标方式的选择（邀请招标或公开招标）；②合同种类（单价合同、总价合同或成本加酬金合同）的选择；③重要合同条款的确定，如适用的法律、付款方式、合同价格调整的条件、范围、调整方法，特别是由于物价上涨、汇率变化、法律变化、海关税变化等对合同价格调整的规定，以及合同双方风险的分担、工程的变更、违约责任。

2. 承包商的合同总体策划

承包商的合同策划服从于承包商的基本目标和企业经营战略。承包商的合同总体策划包括以下内容：

1）投标项目的选择。承包商必须根据市场状况及竞争的形势、竞争者的数量、竞争对手状况以、业主的状况以及承包商自身情况就投标方向作出战略决策。承包商投标方向的确定要最大限度地发挥自身的优势，符合其经营战略，不要企图承包超过自己施工技术水平、管理能力和财务能力的工程及没有竞争力的工程。

2）承包方式的选择。任何一个承包商不管是出于自身能力还是经济效益方面考虑都不可能独立完成全部工程。在总承包投标前，承包商必须考虑与其他承包商的合作方式，以便充分发挥各自在技术、管理和财力上的优势，并共担风险。

3）合同风险的评价。建设工程自身的特点，如规模大、工期长、不确定性因素较多等，意味着承包商将面临巨大风险。

4）投标报价策略以及谈判策略。这方面主要包括分包合同的范围、委托方式、定价方式和主要合同条款的确定以及投标报价策略和合同谈判策略的确定。

8.2.2　招标文件分析

在整个招标投标和施工过程中招标文件的重要性是不言而喻的。按照诚实信用原则，业主应提供完备的招标文件，尽可能详细、如实、具体地说明拟建工程情况和合同条件；出具准确的、全面的规范、图纸、工程地质和水文资料；业主要尽可能使承包商清楚、准确地理解招标文件，明确工程范围、技术要求和合同责任。招标文件是承包商编制投标文件的基础。

业主应对招标文件的准确性承担责任。承包商取得招标文件后，通常首先进行总体检查，重点是招标文件的完备性。一般要对照招标文件目录检查文件是否齐全，是否有缺页，对照图纸目录检查图纸是否齐全。然后分四部分进行全面分析：

（1）招标条件分析。分析的对象是投标人须知，通过分析不仅掌握招标过程、评标的规则和各项要求，对投标报价工作作出具体安排，而且要了解投标风险，以确定投标策略。

（2）工程技术文件分析。进行图纸会审、工程量复核、图纸和规范中的问题分析，从中了解承包商具体的工程范围、技术要求、质量标准。在此基础上进行施工组织，确定劳动力的安排，进行材料、设备的分析，作实施方案，进行询价。

（3）合同文本分析。主要分析合同协议书和合同条件，这也是合同管理的主要任务。

（4）招标工作时间安排分析。应按招标文件时间安排进行各项工作，在投标截止时间前递交投标书。

8.2.3　合同文本分析

合同文本通常是指合同协议书和合同条款，是合同的核心内容。合同文本确定了双方当事人在工程中的权利和义务。合同一经签订，合同文本就成为合同双方在工程实施过程中进行合同管理重要的依据。

合同文本分析是一项复杂的、综合性和技术性都很强的工作。它要求合同管理者必须熟悉相关的法律、法规，精通合同条款，对工程环境有全面的了解，有丰富合同管理经验。通常建设工程施工合同文本分析主要包括五方面内容。

1. 建设工程施工合同的合法性分析

建设工程施工合同必须在合同法律基础范围内签订和实施，否则会导致承包合同全部或部分无效。合法性分析通常包括如下内容：

（1）合同双方当事人的资格审查。合同双方当事人应具有发包和承包工程、签订合同的资质和能力。有些招标文件中或当地法规对外地或外国的承包商有一些专门的规定，如在当地注册、获得许可证等。

（2）工程项目已具备招标投标、签订和实施合同的条件。工程具有各种工程建设项目的批准文件；各种工程建设的许可证，建设规划文件，城建部门的批准文件；招标投标过程符合法定的程序。

（3）建设工程施工合同的内容符合法律的要求。例如，税赋和免税的规定、外汇额度条款、劳务进出口、劳动保护、环境保护等条款要符合相应的法律规定，或具有相应的标准文件。

（4）合同是否需要公证或批准才生效。在国际工程中，有些工程项目、政府工程，在

合同签订后，或业主向承包商发出中标通知书后，还得经政府批准，合同才能正式生效。

在不同的国家，不同的工程项目，合同合法性的具体内容可能不同。一般由代理律师完成建设工程施工合同合法性的审查和分析。

2. 建设工程施工合同的完备性分析

建设工程施工合同是要完成一个确定范围的工程的施工，合同所应包含的合同事件（或工程活动），工程本身各种说明，工程过程中所涉及的或可能出现的各种问题的处理，以及双方责任和权益等，应有一定的范围。建设工程施工合同的完备性包括相关的合同文件的完备性和合同条款的完备性。

1）施工合同文件的完备性。施工合同文件完备性是指属于该合同的各种文件（特别是环境、水文地质等方面的说明文件和技术设计文件，如图纸、规范等）齐全。在获取招标文件后应对照招标文件目录和图纸目录进行这方面的检查。如果发现不足，则应要求业主（工程师）补充提供。

2）施工合同条款的完备性。施工合同条款完备性是指合同条款齐全，对各种问题都有规定，不漏项。这是合同完整性分析的重点。

案例 8.2 关于招标文件的完备性

我国某水电站建设工程，采用国际招标，选定国外某承包公司承包引水洞工程施工。在招标文件列出应由承包商承担的税赋和税率。但在其中遗漏了承包工程总额3.03%的营业税，因此承包商报价时没有包括该税。工程开始后，工程所在地税务部门要求承包商交纳已完工程的营业税92万元，承包商按时缴纳，同时向业主提出索赔要求。

【解析】

业主在招标文件中仅列出几个小额税种，而忽视了大额税种，是招标文件的不完备，或者是有意的误导行为。业主应该承担责任。索赔处理过程：索赔发生后，业主向国家申请免除营业税，并被国家批准。但对已交纳的92万元税款，经双方商定各承担50%。

从本案例可以看出如果招标文件中没有给出任何税收目录，而承包商报价中遗漏税赋，索赔要求是不能成立的。这属于承包商环境调查和报价失误，应由承包商负责。

通常施工合同条款完备性与使用什么样的合同文本有关。如果采用标准的合同文本（如《建设工程施工合同（示范文本）》（GF—2013—0201），因为标准文本条款齐全，内容完整，一般认为该合同完整性问题不太大，不作合同的完整性分析。但对特殊的工程，双方有一些特殊的要求，有时需要增加内容，即使是FIDIC合同也须作一些补充。

如果未使用标准文本，但存在该类合同的标准文件，则可以以标准文本为样板，将所签订的合同与标准文本的对应条款一一对照，就可以发现该合同缺少哪些必需条款。对无标准文本的合同类型，合同起草者应尽可能多地收集实际工程中同类合同文本，进行对比分析和补充，以确定该类合同范围和结构形式，再将被分析的合同按结构拆分，可以方便地分析出该合同条款是否完备。

3. 合同双方权利和义务关系分析

合同应公平、合理地分配双方的权利和义务，使它们达到总体平衡。在合同条件分析中，先按合同条款列出双方各自的权利和义务，然后在此基础上进行关系分析。合同双方的权利和义务是互为前提条件的。业主的权利一般来说就是承包商的义务；反之，承包商的一项权利，又必是业主的一项合同义务。

（1）业主的权利与义务的平衡。如果合同规定业主有一项权利，则要分析该项权利的行使对承包商的影响；该项权利是否需要制约，业主有无滥用这个权利的可能；业主使用该权利应承担什么义务。如果没有这个制约，则业主的权利不平衡。例如，业主和工程师对承包商的工程和工作有检查权、认可权、满意权、指令权。FIDIC 规定，工程师有权要求对承包商的材料、设备、工艺进行合同中未指明或规定的检查，承包商必须执行，甚至包括破坏性检查。但如果检查结果表明材料、工程设备和工艺符合合同规定，则业主应承担相应的损失（包括工期和费用赔偿）。这就是对业主和工程师检查权的限制，以及由这个权利导致的合同责任，防止工程师滥用检查权。

（2）承包商的权利与义务的平衡。如果合同规定承包商有一项义务，则应分析完成这项义务有什么前提条件。如果这些前提条件应由业主提供或完成，则应作为业主的一项责任，要在合同中作明确规定。如合同规定承包商必须按规定的日期开工，则同时应规定，业主必须按合同及时提供场地、图纸、道路、接通水电，及时划拨预付款，办理各种许可证，包括劳动力入境、居住、劳动许可证等。这是及时开工的前提条件，在合同中必须明确提出作为业主的责任。

（3）业主和承包商的权利和义务应尽可能具体、详细，并注意其范围的限定。承包商应特别注意合同中对自己有益的保护条款，这类条款尽量做到具体、详细。

案例8.3 合同条款不明确

在某国际工程施工项目中，施工合同中地质资料说明地下为普通地质，砂土。同时合同还规定，“如果出现岩石地质，则应根据商定的价格调整合同价”。在实际施工过程中，地下出现建筑垃圾和淤泥，造成施工的困难，承包商因此向业主提出费用索赔要求。但被业主否决，业主认为合同规定只有“岩石地质”才能索赔，建筑垃圾和淤泥不属于合同条件规定的内容。

【解析】

这个案例说明索赔范围太小，承包商的权益很容易受到限制。如果将合同中“岩石地质”换成“与标书规定的普通地质不符合的情况”，则索赔范围就扩大了。

（4）双方权益的保护条款。一个完备的合同应对双方的权益都能形成保护，对双方的行为都有制约。这样才能保证建设工程项目顺利进行。

4. 合同条款之间的联系分析

通常合同分析首先针对具体的合同条款。根据合同条款表达出的内容，分析条款执行时可能会出现的问题和后果。在此基础上还应注意合同条款之间的内在联系。同样一种表达方式，在不同的合同环境中，不同的上下文，则有可能有不同的风险。由于合同条款所定义的合同事件和合同问题具有一定的逻辑关系（如实施顺序关系，完整性要求等），使得合同条款之间有一定的内在联系，共同构成一份完整的合同。例如，工程变更问题会涉及工程范围，变更的权力和程序，有关价格的确定，索赔条件、程序、有效期等。通过内在联系分析

可以看出合同中条款之间的缺陷、矛盾、不足之处和逻辑上的问题等。

5. 合同实施的后果分析

在合同签订前必须充分考虑合同一经签订，实际实施会有带来哪些后果。例如，在合同实施过程中会出现哪些意想不到的情况，如何处理这些情况以及可能承担的法律责任等。

8.2.4 合同风险分析

在任何经济活动中，要盈利，必然要承担相应的风险。风险是指经济活动中因不确定性造成的经济损失、自然破坏或损伤的可能性。风险一旦发生，就会导致经济损失。一般风险与盈利机会同时存在，并成正比，即经济活动的风险越大，盈利机会就应越大。由于建设工程自身的特点和建筑市场的激烈竞争，承包工程风险高是造成承包商失败的主要原因。因此风险管理已成为衡量承包商合同管理水平的主要标志之一。

1. 建设工程中的风险

建设工程中常见的风险有如下几类：

（1）工程的技术、经济、法律等方面的风险。

1）现代工程规模大，功能要求高，需要新技术，特殊的工艺，特殊的施工设备；有时业主将工期限制得太紧，承包商无法按时完成。

2）现场条件复杂，干扰因素多；施工技术难度大，特殊的自然环境，如场地狭小、地质条件复杂、气候条件恶劣；水电供应、建材供应不能保证等。

3）承包商的技术力量、施工力量、装备水平、工程管理水平不足，在投标报价和工程实施过程中会有这样或那样的失误。例如，技术设计、施工方案、施工计划和组织措施存在缺陷和漏洞，计划不周，报价失误等。

4）承包商资金供应不足，周转困难。

5）在国际工程中还常常出现对当地法律、语言不熟悉，对技术文件、工程说明和规范理解不准确等现象。在国际工程中，以工程所在国的法律作为合同的法律基础，这本身对承包商就是很大的风险。另外我国许多建筑企业初涉国际承包市场，不了解情况，不熟悉国际工程惯例和国际承包业务，增加了风险。

（2）业主资信的风险。业主是工程的所有者，是承包商的最重要的合作者。业主资信情况对承包商的工程施工和工程经济效益有决定性影响。

属于业主资信风险的有如下几方面：

1）业主的经济情况变化，如经济状况恶化，濒于倒闭，无力继续实施工程，无力支付工程款，工程被迫中止等。

2）业主的信誉差，缺乏诚信，有意拖欠工程款，或对承包商的合理索赔要求不作答复，或是拒不支付。

3）业主为了达到不支付或少支付工程款的目的，在工程中苛刻、刁难承包商，滥用权利，施行罚款或扣款。

4）业主经常改变主意，如改变设计方案、实施方案，打乱正常的工程施工秩序，但又不愿意给承包商以补偿等。

这些情况无论在国际和国内工程中，都是经常发生的。在国内的许多地方，长期拖欠工程款已成为妨碍施工企业正常生产经营的主要原因之一。在国际工程中，也常有工程结束数年，而工程款仍未收回的实例。

（3）外界环境的风险。

1）在国际工程中，工程所在国政治环境的变化，如发生战争、禁运、罢工、社会动乱等造成工程中断或终止。

2）经济环境的变化，如通货膨胀、汇率调整、工资和物价上涨。物价和货币风险在承包工程中经常出现，而且影响非常大。

3）合同所依据的法律的变化，如新的法律颁布、国家调整税率或增加新税种、新的外汇管理政策等。

4）自然环境的变化，如百年未遇的洪水、地震、台风等，以及工程水文、地质条件存在的不确定性。

（4）合同条款的风险。合同条款的风险主要包括合同条款不全面、不完整、不严密，承包商不能清楚地理解合同内容，造成失误等。

（5）合同类型风险。不同合同类型决定了合同风险的类别，如固定总价合同，承包商承担了全部的风险；可调价合同，业主承担了通货膨胀风险；成本加固定百分比酬金合同，业主承担了工程项目成本上升的风险。

案例 8.4　慎重分析各种风险因素的必要性

某建筑有限责任公司（乙方）与某房地产公司（甲方）签订了某项建筑的地基强夯处理与基础工程施工合同。由于工程量无法准确确定，根据施工合同专用条款的规定，按施工图预算方式计价，乙方必须严格按照施工图及施工合同规定的内容及技术要求施工。

在开挖土方过程中，有两项重大事件使工期发生较大的拖延：一是土方开挖时遇到了一些工程地质勘探没有探明的孤石，排除孤石拖延了一定的时间；二是施工过程中遇到数天季节性大雨后又转为特大暴雨引起山洪暴发，造成现场临时道路、管网和施工用房等设施以及已施工的部分基础被冲坏，施工设备损坏，运进现场的部分材料被冲走，乙方数名施工人员受伤，雨后乙方用了很多工时清理现场和恢复施工条件。为此乙方按照索赔程序提出了延长工期和费用补偿要求。

【解析】

对于后期特大暴雨引起的山洪暴发为不可抗力因素，甲方应承担责任。对处理孤石引起的索赔，这是预先无法估计的地质条件变化，甲方应承担风险，需给予乙方工期顺延和费用补偿。对于天气条件变化引起的索赔，后期特大暴雨引起的山洪暴发是不可估计的因素，应按不可抗力处理由此引起的索赔问题。但对于前期的季节性大雨这是一个有经验的承包商预先能够合理估计的因素，应在合同工中约定。这样就可避免事后的索赔纠纷问题。所以慎重分析研究各种风险因素，在签订合同中尽量避免承担风险的条款，在履行合同中采取有效措施、防范风险发生是十分重要的。明确权利义务的法律关系，用法律的手段保护自己的权益。

2. 承包商合同风险分析

（1）合同风险的特性。合同风险是指合同中的不确定性。它有两个特性：

1）合同风险事件，可能发生也可能不发生，具有不确定性；但一经发生就会给承包商带来损失。风险的对立面是机会，它会带来收益。在一个具体的环境中，双方签订一个确定内容的合同，实施一个确定规模和技术要求的工程，工程风险就有一定的范围，它的发生和影响有一定的规律性。

2）合同风险是相对的，可以通过合同条款定义风险及其承担者。在工程中，如果风险事件一旦发生，则主要由承担者负责风险控制，并承担相应损失责任。所以对风险的定义属于双方责任划分问题，不同的表达，就有不同的风险，相应就有不同的风险承担者。

（2）承包商合同风险的种类。

1）合同中明确规定的承包商应承担的风险。承包商的合同风险首先与所签订的合同的类型有关。如果签订的是固定总价合同，则承包商承担全部物价和工作量变化的风险；而对成本加酬金合同，承包商不承担任何风险；对常见的单价合同，风险由双方共同承担。

此外，一般在工程承包合同中都有明确规定承包商应承担的风险条款，常见的有：①工程变更的补偿范围和补偿条件。例如，某合同规定，工程量变更在5%的范围内，承包商得不到任何补偿，在这个范围内工程量可能的增加就是承包商的风险。②合同价格的调整条件。如对通货膨胀、汇率变化、税收增加等，合同规定不予调整，则承包商必须承担全部风险；如果在一定范围内可以调整，则承担部分风险。③工程范围不确定，特别对固定总价合同。④业主和工程师对设计、施工和材料供应的认可权和各种检查权。⑤其他形式的风险型条款，如索赔有效期限制等。

2）合同条文不全面、不完整，没有将合同双方的责任权利关系全面表达清楚，没有预计到合同实施过程中可能发生的各种情况。这样导致合同过程中的激烈争执，最终导致承包商的损失。例如，缺少工期延期违约金的最高限额的条款或限额太高；缺少工期提前的奖励条款；缺少业主拖欠工程款的处罚条款；缺少对承包商权益的保护条款，如在工程受到外界干扰情况下的工期和费用的索赔权等。

3）合同条文不清楚，不细致，不严密。承包商不能清楚、准确地理解合同内容，造成失误。主要由于招标文件的语言表达模棱两可，承包商的外语水平、专业理解能力有限或工作不细致，以及做标期太短等原因所致。

4）发包商为了转嫁风险提出单方面约束性的、过于苛刻的、责权利不平衡的合同条款。例如，某承包合同规定，合同变更的补偿仅对重大的变更，且仅按单个建筑物和设施地平以上体积变化量计算补偿。这实质上排除了工程变更索赔的可能。在这种情况下就很大地增加了承包商的风险。

5）其他对承包商苛刻的要求，如要求承包商大量垫资承包、工期要求太紧超过常规、过于苛刻的质量要求等。

（3）合同风险分析的影响因素。合同风险管理完全依赖风险分析的准确程度、详细程度和全面性。合同风险分析主要从以下几方面考虑：

1）承包商对环境状况的了解程度。要精确地分析风险必须作详细的环境调查，掌握大量第一手资料。

2）招标文件的完备程度和承包商对招标文件分析的全面程度、详细程度和正确性。

3）对业主和工程师资信和意图了解的深度和准确性。

4）对引起风险的各种因素的合理预测及预测的准确性。

5）做标期的长短。

3. 合同风险的对策

承包商在任何一份工程承包合同中，要面对的问题和风险总是存在的，没有不承担风险绝对完美的合同（成本加酬金合同除外）。风险对策是为了降低风险带来的损失以及风险发生的概率。

应对合同风险一般有如下几种对策：

(1) 在招标投标阶段。

1）提高报价中的不可预见风险费。对风险大的合同，承包商可以提高报价中的风险费用，为风险作资金准备，以弥补风险发生所带来的部分损失，使合同价格与风险责任相平衡。风险费用的数量一般根据风险发生的概率和风险一经发生承包商将要受到的损失程度确定。风险越大，风险费用相应就越高。但也会受到一定限制，风险费用过高对双方都不利：业主需要支付较高的合同价格；承包商会因报价太高，失去竞争力，降低中标的可能性。

2）采取一些报价策略。许多承包商采用一些报价策略，以降低、避免或转移风险。承包商可将工程中的一些风险大、花钱多的分项工程或工作抛开，仅在报价单中注明"由双方再度商讨决定"。这样很大地降低了总报价，用最低价吸引业主，取得与业主商谈的机会，而在议价谈判和合同谈判中逐渐提高报价。或是采用多方案报价，在报价单中注明"如果业主修改某些苛刻的，对承包商不利的风险大的条款，则可以降低报价"，按不同的情况，提出多个报价供业主选择。

(2) 通过谈判，完善合同条款，双方合理分担风险。合同双方都希望签认一个有利的、风险较少的合同。但在工程过程中许多风险是客观存在的，主要看由谁来承担。减少或避免风险，是承包合同谈判的重点。合同双方都希望推卸和转移风险，所以在合同谈判中常需要多次磋商和讨价还价后才能最终确定条款内容。

通过合同谈判，完善合同条款，使合同能体现双方责权利关系的平衡和公平合理。这是在实际工作中使用最广泛，也是最有效的对策。

合同谈判的目标首先是对合同条款拾遗补缺，使之完整。充分考虑合同实施过程中可能发生的各种情况，在合同中予以详细的、具体的规定，防止意外风险。

通过谈判使风险型条款合理化，力争对责、权、利不平衡条款或单方面约束性条款作修改或限定，防止任何一方独立承担风险。

通过谈判将一些风险较大的合同责任推给业主，以减少风险。当然，常常也相应地减少收益（如管理费和利润的收益）机会。例如，让业主负责提供价格变动大、供应渠道难以保证的材料；由业主支付海关税，并完成材料、机械设备的入关手续。

最后通过合同谈判争取在合同条款中增加对承包商权益的保护性条款。

(3) 购买保险。工程保险是业主和承包商转移风险的一种重要手段。当出现保险范围内的风险，造成经济损失时，承包商可以向保险公司索赔，以获得一定数量的赔偿金。一般在招标文件中，业主都已指定承包商投保的种类，并在工程开工后就承包商的保险作出审查和批准。通常承包工程保险有工程一切险、施工设备保险、第三方责任险、人身伤亡保险等。承包商应充分了解这些保险所保的风险范围、保险金计算、赔偿方法、程序、赔偿额等详细情况，以作出正确的保险决策。

(4) 采取技术、经济和组织措施。在承包合同的签订和实施过程中，采取技术、经济和组织措施，以提高应变能力和对风险的抵抗能力。例如，组织最得力的投标组织机构，进行详细的招标文件分析，作详细的环境调查，通过周密的计划和组织，作精细的报价以降低投标风险；对技术复杂的工程，采用新的、同时又是成熟的工艺、设备和施工方法等。

(5) 在工程过程中加强索赔管理。用索赔和反索赔来弥补或降低损失是被广泛采用的应对风险的策略之一。通过索赔可以提高合同价格，增加工程收益，补偿由风险造成的损失。

许多有经验的承包商在分析招标文件时就考虑其中的漏洞、矛盾和不完善的地方，考虑可能的索赔，甚至在报价和合同谈判中为将来的索赔留下伏笔，人们把它称为“合同签订前索赔”。

(6) 其他。承包商可以将一些风险大的分项工程分包出去，向分包商转移风险，或是与其他承包商建立联合体，联营承包，共同承担风险等。

4. 合同风险对策的选择次序

在合同的形成过程中，上述这些针对风险对策的选择不仅有时间上的先后次序，而且有不同的优先级别。一般考虑风险对策优先次序如下：

1) 技术、经济和组织措施。这是在合同签订前首先考虑的对待风险的措施。特别对合同明确规定的一些风险，如报价的正确性、环境调查的正确性、实施方案的完备性、承包商的工作人员和分包商风险等。

2) 购买保险。这是由业主指定的。它不能排除风险，但可以部分地转移由保险合同限定的风险。

3) 采用联合体或分包措施。

4) 报价中提高不可预见风险费。

5) 通过合同谈判，修改合同条件。

6) 通过索赔弥补风险损失。但索赔本身就有很大风险，而且在合同执行过程中进行，所以在合同签订前不能寄希望于索赔。

8.2.5 投标文件分析

投标文件是承包商的报价文件，是对业主的招标文件的响应。它作为一份要约，一般从投标截止期之后，承包商即对它承担法律责任。投标文件分析是业主委托的咨询工程师在招标阶段的一项十分重要而且复杂的工作。作为业主，应在这项工作上舍得投入时间、精力和金钱，因为它是避免合同实施过程中合同争执的非常有效的措施。

1. 投标书中可能存在的问题

由于做标期较短，投标人对环境不熟悉，加上激烈的竞争环境，投标人不可能花太多时间、费用和精力制作标书；不同投标人有不同的投标策略等，使得每一份投标书中会有这样或那样的问题。投标书中常见的问题主要有：

1) 报价错误，包括运算错误、打印错误等。

2) 实施方案不科学、不安全、不完备、过于简略。

3) 投标人没有按招标文件的要求做标，缺少一些业主要求的实质性内容。

4）投标人对业主的招标文件理解错误。

5）投标人不适当地使用了一些报价策略，如有附加说明、严重的不平衡报价等。

2. 投标文件审查分析

1）投标书的有效性分析，如印章、授权委托书是否符合要求。

2）投标文件的完整性，即投标文件中是否包括招标文件规定应提交的全部内容，特别是授权委托书、投标保函和各种业主要求必须提交的文件。

3）投标文件与招标文件一致性的审查。一般招标文件都要求投标人完全按招标文件的要求投标报价，完全响应招标要求。这里必须分析是否完全报价，有无修改或附带条件。

4）报价分析。对各报价本身的正确性、完整性、合理性进行分析。分别对各报价进行详细复核、审查，找出存在的问题。

5）施工组织与计划的审查分析，施工组织设计既是报价的依据，同时又是为完成合同责任所作的详细的计划和安排。

通过总体评审确定了投标文件是否合格。如果合格，即可进入报价和技术性评审阶段；如果不合格，则作为废标处理，不作进一步审查。进一步的评审一般按工程规模选择3～5家总体审查合格，报价低并且合理的标书进行详细审查分析，一般对报价明显过高，没有竞争力的标书不作进一步的详细评审。

案例8.5 合同条款要完备

甲工厂与乙勘察设计单位签订一份《厂房建设设计合同》，甲委托乙完成厂房建设初步设计，约定设计期限为支付定金后30天，设计费按国家有关标准计算。另约定，如甲要求乙增加工作内容，其费用增加10%，合同中没有对基础资料的提供进行约定。开始履行合同后，乙向甲索要设计任务书以及选厂报告和燃料、水、电协议文件，甲答复除设计任务书之外，其余都没有。乙自行收集了相关资料，于第37天交付设计文件。乙认为收集基础资料增加了工作内容，要求甲按增加后的数额支付设计费。甲认为合同中没有约定自己提供资料，不同意乙的要求，并要求乙承担逾期交付设计书的违约责任。乙遂诉至法院。法院认为，合同中未对基础资料的提供和期限予以约定，乙方逾期交付设计书属乙方过错，构成违约；另按国家规定，勘察、设计单位不能任意提高勘察、设计费，有关增加设计费的条款认定无效，判定：甲按国家规定标准计算给付乙设计费；乙按合同约定向甲支付逾期违约金。

【解析】

本案的设计合同缺乏一个主要条款，即基础资料的提供。合同的主要条款是合同成立的前提，如果合同缺乏主要条款，则当事人无据可依，合同自身也就无效力可言。勘察、设计合同不仅要条款齐备，还要明确双方各自责任，以避免合同履行中的互相推诿，保障合同的顺利执行。根据相关法律、法规的有关规定，设计合同中应明确约定由委托方提供基础资料，并对提供时间、进度和可靠性负责。本案因缺乏该约定，虽工作量增加，设计时间延长，乙方却无向甲方追偿由此造成的损失的依据。其责任应自行承担，增加设计费的要求违背国家有关规定不能成立，故法院判决乙按规定收取费用并承担违约责任。

8.2.6 合同谈判策略

谈判是通过不断讨论、争执、让步，确定各方权利和义务过程，实质上是双方各自说服对方和被对方说服的过程。

1. 合同谈判的准备工作

建设工程施工合同具有标的物特殊、履行周期长、条款内容多、涉及面广的特点，通常一份大型建设工程施工合同的签订关系到一家企业的生死存亡。所以，应给予施工合同谈判以足够的重视，才能从合同条款上全力维护己方的合法权益。

进行合同谈判，是签订合同、明确合同当事人权利和义务不可或缺的阶段。合同谈判是建设工程施工合同双方对是否签订合同以及合同具体内容达成一致的协商过程。通过谈判，能够充分了解对方及项目的情况，为企业决策提供必要的信息和依据。

合同谈判时要有必要的准备工作。谈判活动的成功与否，通常取决于谈判准备工作的充分程度和在谈判过程中策略与技巧的运用。合同谈判可以从以下几个方面入手：

（1）谈判人员的组成。根据所要谈判的项目，确定己方谈判人员的组成。工程合同谈判一般可由三部分人员组成：一是懂建筑法律法规与政策方面知识的人员。主要为了保证所签订的合同符合国家的法律法规和国家的相关政策规定，即具备合法性。平等地确立合同当事人的权利与义务，避免合同无效、合同被撤销等情况，发挥合同的经济效用。二是懂工程技术方面知识的人员。建筑工程专业性比较强，涉及范围广，在谈判人员中要充分发挥这方面人员的作用。否则会给企业带来不可估量的损失。三是懂工程技术经济方面知识的人员。因为建筑企业是要通过承揽项目获得利润，所以有此要求。

（2）注重相关项目的资料收集工作。谈判准备工作中最不可少的任务就是要收集整理有关合同另一方当事人相关资料以及项目的各种基础资料和背景材料。这些资料的内容包括对方的资信状况、履约能力、发展阶段、已有成绩等，还包括工程项目的由来、土地获得情况、项目目前的进展、资金来源等。这些资料的体现形式可以是通过合法调查手段获得的信息，也可以是前期接触过程中已经达成的意向书、会议纪要、备忘录、合同等，还可以是对方对己方的前期评估印象和意见，双方参加前期阶段谈判的人员名单及其情况等。

（3）对谈判主体及其情况的具体分析。在获得了上述基础材料、背景材料的基础上，可作一定分析。《孙子兵法》道："知彼知己，百战不殆"，谈判准备工作的重要一环就是对己方和对方情况进行充分分析。首先是要对己方进行客观的分析。

1）发包方的自我分析。首先，要确定建设工程施工合同的标的物，即拟建工程项目。发包方必须运用科学研究方法，对拟建项目的投资进行综合的分析、论证和决策。发包方必须按照可行性研究的有关规定，作定性和定量的分析研究、工程水文地质勘察、地形测量以及项目的经济、社会、环境效益的测算比较，在此基础上论证项目在技术上、经济上的可行性，经济方案比较、推算出最佳方案。依据获得批准的项目建议书和可行性研究报告，编制项目设计任务书并选择建设地点。

其次，要进行招标投标工作的准备。建设项目的设计任务书和建设地点报告批准后，发包方就可以进行招标或委托取得工程设计资格证书的设计单位进行设计。随后，发包方需要进行一系列建设准备工作，包括技术准备、征地拆迁、现场的"三通一平"等。一旦建设项目得以确定，有关项目的技术资料和文件已经具备，建设单位便可进入工程招标投标程序，和众多的工程承包单位接触，此时便进入建设工程施工合同签订前的实质性准备阶段。

再次，要对承包方进行考察。发包方还应该实地考察承包方以前完成的各类工程的质量和工期，注意考察承包方在被考察工程施工中的主体地位，是总包方还是分包方。不能仅通过观察下结论，最佳的方案是亲自到与承包方合作过的建设单位进行了解。

最后，发包方不能单纯考虑承包方的报价，还要全面考察承包方的资质和能力，否则会导致合同无法顺利履行，这种情况下受损害最大的往往是发包方。

2）承包方的自我分析。在获得发包方发出招标公告或通知的消息后，承包方不应一味盲目地投标。首先，应该对发包方作一系列调查研究工作。如工程项目建设是否确实由发包方立项，该项目的规模如何，是否适合自身的资质条件，发包方的资金实力如何。这些问题可以通过审查有关文件，如发包方的法人营业执照、项目可行性研究报告、立项批复、建设用地规划许可证等解决实现。

其次，要注意一些原则性问题不能让步。承包方为了承接项目，往往主动提出某些让利的优惠条件，但是，这些优惠条件必须是在项目是真实的，发包方主体是合法的，建设资金已经落实的前提条件下进行的让步。否则，即使在竞争中获胜，即使中标承包了项目，一旦发生问题，合同的合法性和有效性很难得到保证，这种情况下受损害最大的往往是承包方。

最后，要注意该项目本身是否有效益以及自己是否有能力投入或承接。权衡利弊，作深入、仔细的分析，得出客观可行的结论，供企业决策层参考、决策。

3）对对方的基本情况的分析。一是对对方谈判人员的分析。了解对方组成人员的身份、地位、权限、性格、喜好等，掌握与对方建立良好关系的办法与途径，进而发展谈判双方的友谊，争取在到达谈判桌以前就有了一定的亲切感和信任感，为谈判创造良好的气氛。

二是对对方实力的分析。主要指的是对对方资信、技术、物力、财力等状况的分析。信息时代，很容易通过各种渠道和信息传递手段取得有关资料。外国公司很重视这方面的工作，他们往往通过各种机构和组织以及信息网络，对我国公司的实力进行调研。在实践中，无论发包方还是承包方都要对对方的实力进行考察，否则就很难保证项目的正常进行。对于无资质证书承揽工程或越级承揽工程，或以欺骗手段获取资质证书从而取得该工程，或使用其他单位或个人的资质证书、营业执照取得该工程，很难保证工程质量，会给国家和人民带来无可挽回的损失。因此，对对方实力进行分析是关系到项目成败的关键所在。

4）对谈判目标进行可行性及双方优势与劣势分析。分析自身设置的谈判目标是否正确合理、是否切合实际、是否能为对方接受以及接受的程度。同时要注意对方设置的谈判目标是否正确、合理，与自己所设立的谈判目标差距以及自己的接受程度等。在实际谈判中，也要注意目前建筑市场的实际情况，发包方是占有一定优势的，承包方通常会接受发包方一些极不合理的要求，如带资垫资、工期短等，很容易发生回收资金、获取工程款、工期反索赔方面的困难。

（4）拟订谈判方案。拟订谈判方案是在对上述情况进行综合分析的基础上，考虑到该项目可能面临的危险、双方的共同利益、双方的利益冲突，进行进一步拟订合同谈判方案。谈判方案中要注意尽可能地将双方能取得一致的内容列出，还要尽可能地列出双方在哪些问题还存在着分歧甚至原则性的分歧问题，从而拟订谈判的初步方案，决定谈判的重点和难点，从而有针对性地运用谈判策略和技巧，获得谈判的成功。

2. 合同谈判的策略和技巧

1）掌握谈判议程，合理分配各议题的时间。工程建设这样的大型谈判一定会涉及诸多

需要讨论的事项，而各谈判事项的重要性并不相同，谈判各方对同一事项的关注程度也不相同。成功的谈判者善于掌握谈判的进程，在充满合作的气氛阶段，展开自己所关注的议题的商讨，从而抓住时机，达成有利于己方的协议。而在气氛紧张时，则引导谈判进入双方具有共识的议题，一方面缓和气氛，另一方面缩小双方距离，推进谈判进程。同时，谈判者应懂得合理分配谈判时间。对于各议题的商讨时间分配应得当，不要过多拘泥于细节性问题。这样可以缩短谈判时间，降低交易成本。

2）高起点战略谈判的过程是各方妥协的过程。通过谈判，各方都或多或少会放弃部分利益以求得项目的进展。而有经验的谈判者在谈判之处会有意识向对方提出苛求的谈判条件，当然这种苛求的条件是对方能够接受的。这样对方会过高估计本方的谈判底线，从而在谈判中作出更多让步。

3）注意谈判氛围。谈判各方既有利益一致的部分，又有利益冲突的部分。各方通过谈判主要是维护各方的利益，求同存异，达到谈判各方利益的一种相对平衡。谈判过程中难免出现各种不同程度的争执，使谈判气氛处于比较紧张的状态。一个有经验的谈判者会在各方分歧严重、谈判气氛激烈的时候采取润滑措施，舒缓压力。在我国最常见的方式是饭桌式谈判。通过餐宴，联络谈判各方的感情，进而在和谐氛围中重新回到议题，使得谈判议题得以继续进行。

4）适当的拖延与休会。当谈判遇到障碍、陷入僵局的时候，拖延与休会可以使明智的谈判方有时间冷静思考，在客观分析形势后，提出替代性方案。在一段时间的冷处理后，各方都可以进一步考虑整个项目的意义，进而弥合分歧，将谈判从低谷引向高潮。

5）避实就虚谈判。各方都有自己的优势和劣势，谈判者应在充分分析形势的情况下，作出正确的判断，利用对方的弱点，猛烈攻击，迫其就范，作出妥协；而对于自己的弱点，则要尽量注意回避。当然，也要考虑到自身存在的弱点，在对方发现或者利用自己的弱势进行攻击时，自己要考虑到是否让步及让步的程度，还要考虑到这种让步能得到多少利益。

6）分配谈判角色，注意发挥专家的作用。任何一方的谈判团都由众多人士组成，谈判中应利用个人不同的性格特征，各自扮演不同的角色，有积极进攻的角色，也有和颜悦色的角色，这样有软有硬，软硬兼施，往往可以事半功倍。同时注意谈判中要充分利用专家的作用，现代科技发展使个人不可能成为各方面的专家。而工程项目谈判又涉及广泛的学科领域，充分发挥各领域专家作用，既可以在专业问题上获得技术支持，又可以利用专家的权威性给对方以心理压力，从而取得谈判的成功。

8.3 合同分析

8.3.1 合同分析的基本要求

1. 准确性和客观性

合同分析的结果应准确、全面地反映合同内容。如果分析中出现误差，它必然反映在执行中，导致合同实施出现更大的失误。许多工程失误和争执都起源于不能准确地理解合同。同时合同分析不能自以为是和“想当然”，即要客观分析合同。对合同的风险分析，合同双方责任和权益的划分，都必须实事求是地按照合同条款，按合同精神进行，而不能依据当事

人的主观意愿，否则，必然导致实施过程中出现合同争执。

2. 简易性

合同分析的结果必须采用使不同层次的管理人员、工作人员能够接受的表达方式，使用简单易懂的工程语言，对不同层次的管理人员提供不同要求、不同内容的分析资料。

3. 合同双方的一致性

合同双方，承包商的所有工程小组、分包商等对合同理解应有一致性。合同分析实质上是承包商单方面对合同的详细解释。合同分析中要落实参与各方的责任和权利。如有合同理解不一致，应在合同实施前，最好在合同签订前解决，以避免合同执行中的争执和损失，这对双方都是有利的。

4. 全面性

合同分析应是全面的，对全部的合同文件作解释。对合同中的每一条款、每句话，甚至每个词都应认真推敲，细心琢磨。合同分析不能只观其大略，不能错过一些细节问题，这是一项非常细致的工作。在实际工作中，经常一个词，甚至一个标点就能关系到争执的性质，关系到一项索赔的成败，关系到工程的盈亏。全面地、整体地理解，不能断章取义，特别当不同文件、不同合同条款之间规定不一致、有矛盾时，更要全面理解合同。

8.3.2 合同总体分析

1. 合同总体分析使用范围

合同总体分析的主要对象是合同协议书和合同条款等。通过合同总体分析，将合同条款和合同规定落实到一些带全局性的具体问题上。合同总体分析通常在如下两种情况下进行：

（1）在合同签订后实施前，承包商首先必须作合同总体分析。这种分析的重点是：承包商的主要合同责任、工程范围，业主（包括工程师）的主要责任和权利，合同价格、计价方法和价格补偿条件，工期要求和顺延条件，工程受干扰的法律后果，合同双方的违约责任，合同变更方式、程序，工程验收方法，争执的解决等。合同总体分析的结果是工程施工总的指导性文件，应将它以最简单的形式和最简洁的语言表达出来，交给项目经理、各职能人员，并进行合同交底。

（2）在重大的争执处理过程中，必须首先作合同总体分析。这里总体分析的重点是合同文本中与索赔有关的条款。对不同的干扰事件，则有不同的分析对象和重点。合同总体分析的内容和详细程度与分析目的、承包商对合同文本熟悉程度等有关。如果在合同履行前作总体分析，一般比较详细、全面；而在处理重大索赔和合同争执时作总体分析，一般仅需分析与索赔和争执相关的内容。如果是一个熟悉的，以前经常采用的文本（如在国际工程中使用 FIDIC 文本），则分析可适当简略，重点分析特殊条款和应重视的条款。

2. 合同总体分析的内容

合同总体分析，在不同的时期、因为不同的目的，有不同的内容，通常有：

（1）合同的法律基础。合同的法律基础即合同签订和实施的法律背景。通过分析，承包商了解适用于合同的法律的基本情况（范围、特点等），用以指导整个合同实施和索赔工作。对合同中明示的法律应重点分析。

（2）合同类型。不同类型的合同，其性质、特点、履行方式不一样，双方的责、权、利关系和风险分配不一样。这直接影响合同双方责任和权利的划分，影响工程施工中的合同

管理和索赔（反索赔）。

（3）合同文件和合同语言。主要分析合同文件的范围和优先次序。如果在合同实施中合同有重大变更，应作出特别说明。合同文本所采用的语言也要具体说明。如果使用多种语言，则定义“主导语言”。

（4）承包商的主要任务。这是合同总体分析的重点之一，主要分析承包商的合同责任和权利。

1）承包商的总任务，即合同标的。承包商在设计、采购、生产、试验、运输、土建、安装、验收、试生产、缺陷责任期维修等方面的主要责任，施工现场的管理、给业主的管理人员提供生活和工作条件等责任。

2）工作范围。它通常由合同中的工程量清单、图纸、工程说明、技术规范定义。

3）关于工程变更的规定。工程变更在合同管理和索赔处理中极为重要，要重点分析：①工程变更程序。在合同实施过程中，变更程序非常重要，通常要作工程变更工作流程图，并交付相关的职能人员。②工程变更的补偿范围，通常以合同金额一定的百分比表示。例如，某承包合同规定，工程变更在合同价的5%范围内为承包商的风险或机会。在这范围内，承包商无权要求任何补偿。通常这个百分比越大，承包商的风险越大。③工程变更的索赔有效期，由合同具体规定，一般为28天。一般这个时间越短，对承包商管理水平的要求越高，对承包商越不利。

（5）发包人责任。这里主要分析发包人的权利和责任。发包人的合作责任是承包商顺利地完成合同所规定任务的前提，同时又是进行索赔的理由和推卸工程拖延责任的托辞；而发包人的权利又是承包商的合同责任。发包人的责任通常包括以下几个方面：

1）业主雇用的工程师并委托他全权履行业主的合同责任，在合同实施中要注意工程师的职权范围。

2）业主和工程师有责任对平行的各承包商和供应商之间的责任界限作出划分，对这方面的争执作出裁决，对他们的工作进行协调，并承担管理和协调失误造成的损失。

3）及时作出承包商履行合同所必需的决策，如下达指令、履行各种批准手续、作出认可、答复请示，完成各种检查和验收手续等。

4）提供施工条件，如及时提供设计资料、图纸、施工场地、道路等。

5）按合同规定及时支付工程款，及时接收已完工程等。

（6）合同价格。针对合同价格应重点分析：

1）合同所采用的计价方法及合同价格所包括的范围，如总价合同、单价合同、成本加酬金合同等。

2）工程量以及工程款结算（包括进度付款、竣工结算、最终结算）的计量方法和程序。

3）合同价格的调整，即费用索赔的条件、价格调整方法、计价依据、索赔有效期规定。

4）拖欠工程款的合同责任。

（7）施工工期。在实际工程中，工期拖延极为常见和频繁，而且对合同实施和索赔的影响较大，所以要特别重视。重点分析合同规定的开竣工日期，主要工程活动的工期，工期的影响因素，获得工期补偿的条件和可能等以及列出可能进行工期索赔的所有条款。

（8）违约责任。如果合同一方没有履行合同约定的内容或履行合同内容不符合约定，给对方造成损失，就应受到相应的合同处罚。这是合同总体分析的重点之一，其中通常会隐藏着较大的风险。违约责任通常分析：

1）承包商不能按合同规定工期完成工程的违约金或承担业主损失的条款。

2）由于管理上的疏忽造成对方人员和财产损失的赔偿条款。

3）由于预谋或故意行为造成对方损失的处罚和赔偿条款等。

4）由于承包商不履行或不能正确地履行合同责任，或出现严重违约时的处理规定。

5）由于业主不履行或不能正确的履行合同责任，或出现严重违约时的处理规定。特别是对业主不及时支付工程款的相关规定。

（9）验收、移交和保修。

1）验收。验收包括许多内容，如材料和机械设备的进场验收、隐蔽工程验收、单项工程验收、全部工程竣工验收等。在合同分析中，应对重要的验收要求、时间、程序以及验收所带来的法律后果作说明。

2）移交。竣工验收合格即办理移交。对工程尚存在的缺陷、不足之处以及应由承包商完成的剩余工作，业主可保留其权利，并指令承包商限期完成，承包商应在移交证书上注明的日期内尽快地完成这些剩余工程或工作；如果不声明保留意见或权利，一般认为业主已无障碍地接收整个工程。

3）保修。建设工程最低保修期限法律、法规都有相关规定。建设工程在保修期限内发生质量问题，承包商应履行保修义务，并对发包人造成的损失承担赔偿责任。

案例8.6 工程保修期

原告某房产开发公司与被告某建筑公司签订一项工程施工合同，修建某一住宅小区。小区建成后，经验收质量合格。验收后1个月，房产开发公司发现楼房屋顶漏水，遂要求建筑公司负责无偿修理，并赔偿损失，建筑公司则以施工合同中并未规定质量保修期限，以工程已经验收合格为由，拒绝无偿修理要求。房产开发公司遂诉至法院。法院判决施工合同有效，认为合同中虽然并没有约定工程质量保修期限，但依建设部《建设工程质量管理办法》的规定，屋面防水工程保修期限为5年，因此本案工程出现的质量问题，应由施工单位承担无偿修理并赔偿损失的责任。故判令建筑公司应当承担无偿修理的责任。

8.3.3 合同详细分析

承包合同的实施由许多具体的工程活动和合同双方的其他经济活动构成。这些活动也都是为了实现合同目的，履行合同责任，也必须受合同的制约和控制。这些工程活动所确定的状态常常又被称为合同事件。对一个确定的承包合同，承包商的工程范围、合同责任是一定的，则相关的合同事件和工程活动也应是一定的。通常在一个工程中，这样的事件可能有几百件，甚至几千件。在工程中，合同事件之间存在一定的技术、时间和空间上的逻辑关系，形成网络，所以又被称为合同事件网络。

为了使工程有计划、有秩序、按合同实施，必须将承包合同目标、要求和合同双方的

责、权、利关系分解落实到具体的工程活动上。这就是合同详细分析。合同详细分析的对象是合同协议书、合同条款、规范、图纸、工作量表。合同详细分析主要通过合同事件表、网络图、横道图等定义各工程活动。合同详细分析的结果最重要的部分是合同事件表，如表 8-2所示。

表 8-2 合同事件表

子项目：	事件编码：	日期： 变更次数：
事件名称和简要说明		
事件内容说明		
前提条件		
本事件的主要活动		
负责人（单位）		
费用： 计划 实际	其他参加者	工期： 计划： 实际：

1. 事件编码

为了计算机数据处理的需要，对事件的各种数据处理都依靠编码识别。所以编码要能反映事件的各种特性，如所属的项目、单项工程、单位工程、专业性质、空间位置等。通常它应与网络事件（或活动）的编码具有一致性。

2. 事件名称和简要说明

对事件的特征进行定义。

3. 变更次数和最近一次的变更日期

它记载着与本事件相关的工程变更。在接到变更指令后，应落实变更，修改相应栏目的内容。最近一次的变更日期表示，这一天以后的变更尚未考虑到。这样可以检查每个变更指令落实情况，既防止重复，又防止遗漏。

4. 事件内容说明

事件内容说明主要为明确该事件的目标，如某一分项工程的数量、质量、技术要求以及其他方面的要求。这由合同的工程量清单、工程说明、图纸、规范等定义，是承包商应完成的任务。

5. 前提条件

它记录着本事件的前导事件或活动，即本事件开始前应具备的准备工作或条件。它不仅确定事件之间的逻辑关系，是构成网络计划的基础，而且确定了各参加者之间的责任界限。

6. 负责人（单位）

负责人（单位）即负责该事件实施的工程小组负责人或分包商。

7. 计划或实际的费用（成本）

这里包括计划费用和实际费用。有以下两种情况：

1）若该事件由分包商承担，则计划费用为分包合同价格。如果在总包和分包之间有索赔，则应修改这个值。而相应的实际费用为最终实际结算账单金额总和。

2）若该事件由承包商的工程小组承担，则计划费用可由成本计划得到，一般为直接费用。而实际费用为会计核算的结果，在该事件完成后填写。

8. 计划和实际的工期

计划工期由网络分析得到。这里有计划开始时间、结束时间和持续时间。实际工期按实际完成情况，在该事件结束后填写。

9. 其他参加者

这是指对该事件的实施提供帮助的其他人员。

从上述内容可见，合同事件表对项目目标的分解、任务的委托（分包）、合同交底、落实责任、安排工作，以及对进行合同监督、跟踪、分析，处理索赔（反索赔）都有着非常重要的作用。

合同详细分析是承包商的合同执行计划，它包容了工程施工前的整个计划工作。所以合同详细分析是整个项目组的工作，应由合同管理人员、工程技术人员、计划师、造价工程师（员）共同完成。

8.4　合同实施控制

工程施工过程是承包合同的实施过程。要使合同顺利实施，合同双方必须共同完成各自的合同责任。一个不利的合同，如条款苛刻、权利和义务不平衡、风险大，就会使承包商在合同实施中的处于不利地位。但通过有力的合同管理可以减轻损失或避免承包商更大的损失。反之即使一个有利的合同，如果在合同实施过程中管理不善，同样也不会产生好的经济效益。

8.4.1　概述

1. 工程实施过程中的合同管理任务

合同签订后，承包商的首要任务是派出工程的项目经理。在整个工程施工过程中，合同管理的主要任务如下：

1）给项目经理和项目管理职能人员、各工程小组、所属的分包商在合同关系上以帮助，进行工作上的指导，如经常性地解释合同，对来往信件、会谈纪要等进行合同法律审查。

2）对工程实施进行有力的合同控制，保证承包商正确履行合同，保证整个工程按合同、按计划、有步骤、有秩序地施工，防止工程中出现失控现象。

3）及时预见和防止合同问题，以及由此引起的各种责任，防止合同争执和避免合同争执造成的损失。对因干扰事件造成的损失进行索赔，同时又应使承包商免于对干扰事件和合同争执的责任，避免被索赔。

4）向各级管理人员和向业主提供工程合同实施的情况报告，提供用于决策的资料、建议和意见。

2. 合同实施管理的主要工作

合同管理人员在这一阶段的主要工作有如下几个方面：

1）建立合同实施的保证体系，以保证合同实施过程中的一切日常事务工作有秩序地进

行，使工程项目的全部合同事件处于控制中，保证合同目标的实现。

2）监督承包商的工程小组和分包商按合同施工，并做好各分合同的协调和管理工作。承包商应以积极、合作的态度完成自己的合同责任，努力做好自我监督。同时也应督促和协助业主和工程师完成他们的合同责任，以保证工程顺利进行。

3）对合同实施情况进行跟踪。收集合同实施的信息，收集各种工程资料，并作出相应的信息处理；将合同实施情况与合同分析资料进行对比分析，找出其中的偏差，对合同履行情况作出诊断；向项目经理及时通报合同实施情况及问题，提出合同实施方面的意见、建议，甚至警告。

4）进行合同变更管理。这里主要包括参与变更谈判，对合同变更进行事务性处理；落实变更措施，修改、变更相关的资料，检查变更措施落实情况。

5）日常的索赔和反索赔。在工程实施中，承包商与业主、总（分）包商、材料供应商、银行等之间都可能有索赔或反索赔。

8.4.2 合同实施控制程序

合同实施控制是动态控制，因为合同实施过程中常常受到外界干扰，而且合同目标本身也不断变化，因此合同实施也要不断进行调整。合同实施控制程序如图 8-1 所示。

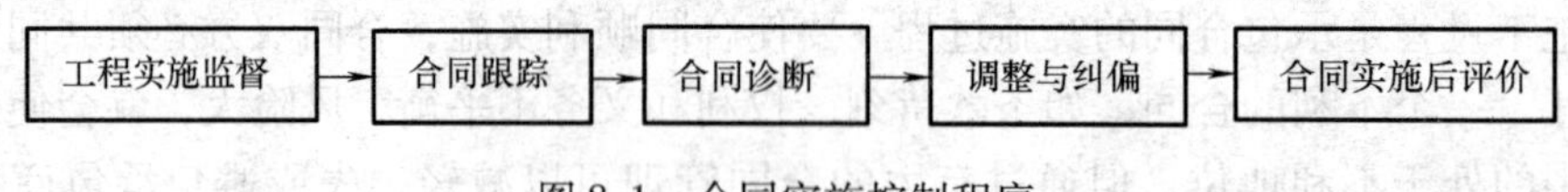

图 8-1 合同实施控制程序

1. 合同实施监督

合同责任是通过具体的合同实施工作完成的。合同监督可以保证合同实施按合同和合同分析的结果进行。合同监督的主要工作有：

1）合同管理人员与项目的其他职能人员一起落实合同实施计划，为各工程小组、分包商的工作提供必要的保证。

2）在合同范围内协调业主、工程师、项目管理各职能人员、所属的各工程小组和分包商之间的工作关系，解决合同实施中出现的问题。

3）对各工程小组和分包商进行工作指导，作经常性的合同解释，使各工程小组都有全局观念。对工程中发现的问题提出意见、建议或警告。

4）会同项目管理的有关职能人员检查、监督各工程小组和分包商的合同实施情况，对照合同要求的数量、质量、技术标准和工程进度，发现问题并及时采取对策措施。对已完工程作最后的检查核对，对未完成的工程，或有缺陷的工程指令限期采取补救措施，防止影响整个工期。

5）按合同要求，会同业主及工程师等对工程所用材料和设备开箱检查或作验收，查看工程材料和设备是否符合质量以及图纸和技术规范、标准的要求。进行隐蔽工程和已完工程的检查验收，负责验收文件的起草以及验收的组织工作。

6）会同估算师对向业主提出的工程款账单和分包商提交来的收款账单进行审查和确认。

7）处理工程变更事宜。对向分包商的任何指令，业主的任何文字答复、请示，都须经合同管理人员审查，并记录在案。承包商与业主、与总（分）包商的任何争议的协商和解决都必须有合同管理人员的参与，并对解决结果进行合同和法律方面的审查、分析和评价。这样不仅保证工程施工一直处于严格的合同控制中，而且使承包商的各项工作更有预见性，能更早地预计行为的法律后果。

案例 8.7　施工总承包合同责任如何分担

某市服务公司因建办公楼与建设工程总公司签订了建筑工程承包合同。其后，经服务公司同意，建设工程总公司分别与市建筑设计院和市甲建筑工程公司签订了建设工程勘察设计合同和建筑安装合同。建筑工程勘察设计合同约定由市建筑设计院对服务公司的办公楼、水房、化粪池、给水排水及采暖外管线工程提供勘察、设计服务，作出工程设计书及相应施工图纸和资料。

建筑安装合同约定由甲建筑工程公司根据市建筑设计院提供的设计图纸进行施工，工程竣工时依据国家有关验收规定及设计图纸进行质量验收。合同签订后，建筑设计院按时作出设计书并将相关图纸资料交付给甲建筑工程公司，甲建筑公司依据设计图纸进行施工。工程竣工后，发包人会同有关质量监督部门对工程进行验收，发现工程存在严重质量问题，是由于设计不符合规范所致。原来市建筑设计院未对现场进行仔细勘察即自行进行设计导致设计不合理，给发包人带来了重大损失。由于设计人拒绝承担责任，建设工程总公司又以自己不是设计人为由推卸责任，发包人遂以市建筑设计院为被告向法院起诉。法院受理后，追加建设工程总公司为共同被告，让其与市建筑设计院一起对工程建设质量问题承担连带责任。

本案中，某市服务公司是发包人，市建设工程总公司是总承包人，市建筑设计院和甲建筑工程公司是分包人。对工程质量问题，建设工程总公司作为总承包人应承担责任，而市建筑设计院和甲建筑工程公司也应该依法分别向发包人承担责任。总承包人以不是自己勘察设计和建筑安装的理由企图不对发包人承担责任，以及分包人以与发包人没有合同关系为由不向发包人承担责任，都是没有法律依据的。

2. 合同跟踪

在工程实施过程中，由于实际情况千变万化，导致合同实施与预定目标（计划和设计）产生偏差。如果不采取措施，这种偏差常常由小到大，逐渐积累。合同跟踪可以不断地找出偏差，不断地调整合同实施情况，使之与总目标一致。这是合同控制的主要手段。

（1）合同跟踪的依据。

1）合同和合同分析的结果，如各种计划、方案、合同变更文件等，这些都是合同实施的目标和依据。

2）各种实际的工程文件，如原始记录，各种工程报表、报告、验收结果等。

3）工程管理人员每天对现场情况的直观了解，如通过施工现场的巡视、与各种人谈话、召集小组会议、检查工程质量等。通常可以比通过报表、报告更快地发现问题，更能透彻地了解问题，有助于迅速采取措施减少损失。

（2）合同跟踪的对象。合同跟踪的对象，通常有如下几个层次：

1）具体的合同事件。对照合同事件表的具体内容，分析该事件的实际完成情况。例

如，业主指令增加附加工程；业主提供了错误的安装图纸，造成工程返工；工程师指令暂停工程施工等。将上述内容在合同事件表上加以注明，这样可以检查每个合同事件的执行情况。对一些有异常情况的特殊事件，即实际和计划存在大的偏差的事件，可以列为特殊事件分析表，作进一步的处理。经过上面的分析可以得到偏差的原因和责任，从而发现索赔机会。

2）对工程小组或分包商的工程和工作进行跟踪。在实际工程中常常因为某一工程小组或分包商的工作质量不高或进度拖延而影响整个工程施工。合同管理人员要协调他们之间的工作；对工程缺陷提出意见、建议或警告；责成他们在一定时间内提高质量、加快工程进度等。

3）对业主和工程师的工作进行跟踪。业主和工程师必须正确地、及时地履行合同责任，及时提供各种工程实施条件，如及时发布图纸、提供场地、下达指令、作出答复、及时支付工程款等。

4）对工程项目进行跟踪。在工程施工过程中，对工程项目本身的跟踪也很重要。包括对工程整体施工环境进行跟踪；对已完工程没通过验收或验收不合格、出现大的工程质量问题、工程试生产不成功或达不到预定的生产能力等进行跟踪；对计划和实际的进度、成本进行跟踪。

3. 合同诊断

在合同跟踪的基础上可以进行合同诊断。合同诊断是对合同执行情况的评价、判断和趋向分析、预测。它包括如下内容：

（1）合同执行差异的原因分析。通过对不同监督和跟踪对象的计划和实际的对比分析，不仅可以得到差异，而且可以探索引起这个差异的原因。原因分析可以采用鱼刺图、因果关系分析图（表）、成本量差等方法进行。

（2）合同差异责任分析。合同差异责任分析即分析差异产生的原因，以及造成合同差异的相关责任人员。只要原因分析详细，有根有据，则责任分析自然、清楚。

（3）合同实施趋势预测。分别考虑不采取调控措施和采取调控措施，以及采取不同的调控措施情况下，合同的最终执行结果。合同实施趋势预测主要包括以下内容：最终的工程状况，包括总工期的延误，总成本的超支，质量标准，所能达到的生产能力（或功能要求）等；承包商将承担什么样的后果，如被罚款，被清算，甚至被起诉，对承包商资信、企业形象、经营战略的影响等；最终工程经济效益（利润）水平。

4. 调整与纠偏

根据合同实际执行情况偏差分析结果，承包商应采取相应的调整措施。纠偏的调整措施主要分为以下几种：

1）技术措施。例如，变更技术方案，采用新的效率更高的施工方案等。

2）组织和管理措施。例如，增加人员投入，重新进行计划或调整计划，派遣得力的管理人员。在施工中经常修订进度计划对承包商来说是有利的。

3）经济措施。例如，增加投入，对工作人员进行经济激励等。

4）合同措施。例如，进行合同变更，签订新的附加协议、备忘录，通过索赔解决费用超支问题等。与合同签订前情况不同，在施工中出现任何工程问题和风险，承包商首先采取的是合同措施。

5. 合同实施后评价

合同实施后评价就是将合同签订和执行过程中的利弊得失、经验教训总结出来，作为以后建设工程合同管理的借鉴。

8.4.3　合同变更管理

合同变更的范围很广，一般在合同签订后的所有工程范围、进度、工程质量要求、合同条款内容、合同双方责权利关系的变化等都可以被看作为合同变更。

最常见的合同变更有两种：

1）涉及合同条款的变更，主要包括合同条款和合同协议书所定义的双方责权利关系，或一些重大问题的变更。

2）工程变更，即工程的质量、数量、性质、功能、施工顺序和实施方案的变化。

1. 工程变更的原因

工程变更一般主要由以下几个方面的原因造成：

1）业主新的变更指令，对建筑的新要求。例如，业主有新的意图，业主修改项目计划，削减项目预算等。

2）由于设计人员、监理方人员、承包商事先没有很好地理解业主的意图，或设计的错误，导致图纸修改。

3）工程环境的变化，预定的工程条件不准确，要求实施方案或实施计划变更。

4）由于科技进步产生的新技术和新知识，有必要改变原设计、原实施方案或实施计划，或由于业主指令及业主责任的原因造成承包商施工方案的改变。

5）政府部门对工程新的要求，如国家计划变化、环境保护要求变化、城市规划变动等。

6）由于合同实施出现问题，必须调整合同目标或修改合同条款。

2. 工程变更的程序

根据统计，工程变更是索赔的主要起因。由于工程变更对工程施工过程影响较大，会造成工期的拖延和费用的增加，容易引起双方的争执，所以要十分重视工程变更管理问题。一般建设工程施工合同中都有关于工程变更的具体规定。

工程变更一般按照如下程序：

（1）提出工程变更。根据工程实施的实际情况，业主、承包商、监理单位、设计单位都可以根据需要提出工程变更。

（2）工程变更的批准。承包商提出的工程变更，应该交与工程师审查并批准；由设计方提出的工程变更应该与业主协商或经业主审查并批准；由业主方提出的工程变更，涉及设计修改的应该与设计单位协商，并一般通过工程师发出；监理方发出工程变更的权利，一般会在施工合同中明确约定，通常在发出变更通知前应征得业主批准。

（3）工程变更指令的发出及执行。为了避免耽误工程，工程师和承包商就变更价格达成一致意见之前有必要先行发布变更指示，先执行工程变更工作，然后再就变更价款进行协商和确定。

工程变更指示的发出有两种形式：书面形式和口头形式。一般情况下要求用书面形式发布变更指示，如果由于情况紧急而来不及发出书面指示，承包商应该根据合同规定要求工程

师在合理期限内书面认可。

根据工程惯例，除非工程师明显超越合同权限，承包人应该无条件地执行工程变更的指示。即使工程变更价款没有确定，或者承包人对工程师答应给予付款的金额不满意，承包人也必须一边进行变更工作，一边根据合同寻求解决办法。

3. 工程变更管理

1）对业主（工程师）的口头变更指令，按施工合同规定，承包商也必须遵照执行，但应在7天内书面向工程师索取书面确认。而如果工程师在7天内未予书面否决，则承包商的书面要求信即可作为工程师对该工程变更的书面指令。工程师的书面变更指令是支付变更工程款的先决条件之一。

2）工程变更不能超过合同规定的工程范围。如果超过这个范围，承包商有权不执行变更或坚持先商定价格后再进行变更。

3）注意工程变更程序上的矛盾性。合同中通常都规定，承包商必须无条件执行业主代表或工程师的变更指令（即使是口头指令），所以应特别注意工程变更的实施、价格谈判和业主批准三者之间在时间上的矛盾性。在工程中常有这种情况，工程变更已成为事实，价格谈判常常迟迟达不成协议，或业主对承包商的补偿要求不批准，价格的最终决定权却在工程师。这样承包商处于十分被动的地位。

4）在工程中，承包商都不能擅自进行工程变更。施工中发现图纸错误或其他问题，需进行变更，首先应通知工程师，经工程师同意或通过变更程序再进行变更。

思考与讨论

1. 简述建设工程合同管理的概念和特征。
2. 简述建设工程合同的分类。
3. 简述建设工程施工合同管理的工作内容。
4. 简述合同策划的主要依据。
5. 简述建设工程施工合同文本分析的主要内容。
6. 简述承包合同中常见的风险。
7. 简述合同总体分析的内容。

阅读材料　发包人擅自使用未经竣工验收的工程引起的纠纷

2010年5月15日，上海市甲工厂与乙建筑公司签订了工程承包合同，约定将甲工厂坐落于上海市浦东新区的一处旧厂房及办公室改造工程承包给乙公司施工。合同约定了价款及工期，合同签订后，甲工厂支付了预付款，乙建筑公司也进场施工了。乙建筑公司按照合同要求对工程进行施工，并于当年10月施工完毕，在未经组织竣工验收的情况下甲工厂就将办公楼投入使用。乙建筑公司以办公楼已经投入使用为由要求甲工厂支付剩余工程款36万元。而甲工厂以工程使用过程中出现了若干质量问题为由拒支付剩下的36万工程款。乙建筑公司随即向人民法院提起诉讼。

一审法院根据我国《合同法》《建筑法》以及《民法》的规定判决被告支付所欠工程款36万元。诉讼费用由被告承担。被告甲工厂不服判决，提出上诉。二审法院驳回上诉维持原判。

我国《建筑法》第六十一条第二款规定：“建筑工程竣工验收合格后，方可交付使用；未经验收或者验收不合格的，不得交付使用。”《最高人民法院关于审理建设工程施工合同纠纷案件适用法律问题的解释》第十三条规定：“建设工程未经竣工验收，发包人擅自使用后，又以使用部分质量不符合约定为由主张权利的，不予支持”。依据上述规定，工程未经验收发包人擅自使用，视为发包方放弃了提出工程质量异议的权利，这种权利的放弃不仅及于工程验收阶段，而且及于工程保修阶段。也就是说，只要是发包人未经验收擅自使用的，就免除了承包人的保修责任，如果以后又以使用部分质量不符合约定为由主张权利的，人民法院不予支持。

第 9 章 建设工程施工索赔

9

9.1 建设工程施工索赔概述

9.1.1 建设工程施工索赔概念

索赔是风险的再分配，索赔贯穿项目实施的全过程，重点在施工阶段，涉及合同履行各项要素条款。索赔是双向的，是合同赋予当事人双方的权利，但一般情况下，由于业主在合同中占有优势及主导地位，承包商的利益相对更容易受到侵害，故索赔更多时候是单向的，是承包商提出的。承包人向发包人索赔的种类一般有以下几种：工程量计算、工程变更、工期、费用等索赔。在以上索赔中，工程量计算、工程变更及费用索赔发生最为频繁，且容易受到承包商重视。

索赔是当事人在合同实施过程中，根据法律、合同规定及惯例，对不应由自己承担责任的情况造成的损失，向合同的另一方当事人提出给予赔偿或补偿要求的行为。对施工合同的双方来说，都有通过索赔维护自己合法利益的权利，依据双方约定的合同责任，构成正确履行合同义务的制约关系。建设工程施工索赔的概念有广义和狭义的区分，广义的建设工程施工索赔既包括承包商向业主进行的索赔，也包括业主向承包商进行的索赔。狭义的索赔仅指承包方因非自身原因造成工期延长、费用增加而向业主进行的索赔。

从索赔的基本含义，可以看出索赔具有以下基本特征：

1）索赔是双向的。不仅承包人可以向发包人索赔，发包人同样也可以向承包人索赔。由于实践中发包人向承包人索赔发生的频率相对较低，而且在索赔处理中，发包人始终处于主动和有利地位，对承包人的违约行为他可以直接从应付工程款中扣抵、扣留保留金或通过履约保函向银行索赔来实现自己的索赔要求。因此在工程实践中，大量发生的、处理比较困难的是承包人向发包人的索赔，也是监理人进行合同管理的重点内容之一。

2）只有实际发生了经济损失或权利损害，一方才能向对方索赔。经济损失是指因对方因素造成合同外的额外支出，如人工费、材料费、机械费、管理费等额外开支；权利损害是指虽然没有经济上的损失，但造成了一方权利上的损害，如由于恶劣气候条件对工程进度的不利影响，承包人有权要求工期延长等。因此发生了实际的经济损失或权利损害，应是一方提出索赔的一个基本前提条件。有时上述两者同时存在，如发包人未及时交付合格的施工现场，既造成承包人的经济损失，又侵犯了承包人的工期权利，因此，承包人既要求经济赔

偿，又要求工期延长；有时两者则可单独存在，如恶劣气候条件影响、不可抗力事件等，承包人根据合同规定或惯例则只能要求工期延长，不应要求经济补偿。

3）索赔是一种未经对方确认的单方行为。它与我们通常所说的工程签证不同。在施工过程中签证是承发包双方就额外费用补偿或工期延长等达成一致的书面证明材料和补充协议，它可以直接作为工程款结算或最终增减工程造价的依据，而索赔则是单方面行为，对对方尚未形成约束力，这种索赔要求能否得到最终实现，必须要通过确认（如双方协商、谈判、调解或仲裁、诉讼）后才能实现。

索赔是一种正当的权利或要求，是合情、合理、合法的行为，它是在正确履行合同的基础上争取合理的偿付，不是无中生有，无理争利。索赔同守约、合作并不矛盾，索赔本身就是市场经济中合作的一部分，只要是符合有关规定的、合法的或者符合有关惯例的，就应该理直气壮地、主动地向对方索赔。大部分索赔都可以通过协商谈判和调解等方式获得解决，只有在双方坚持己见而无法达成一致时才会提交仲裁或诉诸法院求得解决。

9.1.2　建设工程施工索赔分类

由于索赔贯穿于工程项目全过程，可能发生的范围比较广泛，其分类随标准、方法不同而不同，主要有以下几种分类方法：

1. 按索赔有关当事人分类

1）承包人与发包人间的索赔。这类索赔大都是有关工程量计算、工程变更、工期、质量和价格方面的争议，也有中断或终止合同等其他违约行为的索赔。

2）总承包人与分包人间的索赔。其内容与承包人和发包人间的索赔大致相似，但大多数是分包人向总包人索要付款和赔偿及总承包人向分包人罚款或扣留支付款等。

以上两种涉及工程项目建设过程中施工条件或施工技术、施工范围等变化引起的索赔，一般发生频率高，索赔费用大，有时也称为施工索赔。

3）发包人或承包人与供货人、运输人间的索赔。其内容多系商贸方面的争议，如货品质量不符合技术要求、数量短缺、交货拖延、运输损坏等。

4）发包人或承包人与保险人间的索赔。此类索赔多系被保险人受到灾害、事故或其他损害或损失，按保险单向其投保的保险人索赔。

以上两种在工程项目实施过程中的物资采购、运输、保管、工程保险等方面活动引起的索赔事项，又称商务索赔。

2. 按索赔的依据分类

1）合同内索赔。合同内索赔是指索赔所涉及的内容可以在合同文件中找到依据，并可根据合同规定明确划分责任。一般情况下，合同内索赔的处理和解决要顺利一些。

2）合同外索赔。合同外索赔是指索赔所涉及的内容和权利难以在合同文件中找到依据，但可从合同条文引申含义和合同适用法律或政府颁发的有关法规中找到索赔的依据。

3）道义索赔。道义索赔是指承包人在合同内或合同外都找不到可以索赔的依据，因而没有提出索赔的条件和理由，但承包人认为自己有要求补偿的道义基础，而对其遭受的损失提出具有优惠性质的补偿要求，即道义索赔。道义索赔的主动权在发包人手中，发包人一般在下面四种情况下，可能会同意并接受这种索赔：第一，若另找其他承包人，费用会更大；第二，为了树立自己的形象；第三，出于对承包人的同情和信任；第四，谋求与承包人更长

久的合作。

3. 按索赔目的分类

1）工期索赔。工期索赔即由于非承包人自身原因造成拖期的，承包人要求发包人延长工期，推迟原规定的竣工日期，避免违约误期罚款等。

2）费用索赔。费用索赔即要求发包人补偿费用损失，调整合同价格，弥补经济损失。

4. 按索赔事件的性质分类

1）工程延期索赔。因发包人未按合同要求提供施工条件，如未及时交付设计图纸、施工现场、道路等，或因发包人指令工程暂停或不可抗力事件等原因造成工期拖延的，承包人对此提出索赔，即工程延期索赔。

2）工程变更索赔。由于发包人或监理人指令增加或减少工程量或增加附加工程、修改设计、变更施工顺序等，造成工期延长和费用增加，承包人对此提出索赔，即工程变更索赔。

3）工程终止索赔。由于发包人违约或发生了不可抗力事件等造成工程非正常终止，承包人因此蒙受经济损失而提出索赔，即工程终止索赔。

4）工程加速索赔。由于发包人或监理人指令承包人加快施工速度，缩短工期，引起承包人的人、财、物额外开支而提出的索赔，即工程加速索赔。

5）意外风险和不可预见因素索赔。在工程实施过程中，因人力不可抗拒的自然灾害、特殊风险以及一个有经验的承包人通常不能合理预见的不利施工条件或客观障碍，如地下水、地质断层、溶洞、地下障碍物等引起的索赔，即意外风险和不可预见因素索赔。

6）其他索赔。其他索赔如因货币贬值、汇率变化、物价、工资上涨、政策法令变化等原因引起的索赔。

这种分类能明确指出每一项索赔的根源所在，使发包人和监理人便于审核分析。

5. 按索赔处理方式分类

1）单项索赔。单项索赔就是采取一事一索赔的方式，即在每一件索赔事项发生后，报送索赔通知书，编报索赔报告，要求单项解决支付，不与其他的索赔事项混在一起。单项索赔是针对某一干扰事件提出的，在影响原合同正常运行的干扰事件发生时或发生后，由合同管理人员立即处理，并在合同规定的索赔有效期内向发包人或监理人提交索赔要求和报告。单项索赔通常原因单一，责任单一，分析起来相对容易，由于涉及的金额一般较小，双方容易达成协议，处理起来也比较简单。因此合同双方应尽可能地用此种方式来处理索赔。

2）综合索赔。综合索赔又称一揽子索赔，即对整个工程（或某项工程）中所发生的数起索赔事项，综合在一起进行索赔。一般在工程竣工前和工程移交前，承包人将工程实施过程中因各种原因未能及时解决的单项索赔集中起来进行综合考虑，提出一份综合索赔报告，由合同双方在工程交付前后进行最终谈判，以一揽子方案解决索赔问题。在合同实施过程中，有些单项索赔问题比较复杂，不能立即解决，为不影响工程进度，经双方协商同意后留待以后解决。有的是发包人或监理人对索赔采用拖延办法，迟迟不作答复，使索赔谈判旷日持久。还有的是承包人因自身原因，未能及时采用单项索赔方式等，都有可能出现一揽子索赔。由于在一揽子索赔中许多干扰事件交织在一起，影响因素比较复杂而且相互交叉，责任分析和索赔值计算都很困难，索赔涉及的金额通常又很大，双方都不愿或不容易作出让步，使索赔的谈判和处理都很困难。因此综合索赔的成功率比单项索赔要低得多。

9.1.3 建设工程施工索赔目的

索赔是工程承包中经常发生的正常现象。索赔的目的是使施工单位或者建设单位因对方的过失而造成己方的损失得到补偿或者最小化，是对自身权益的一种维护措施。具体来讲，一是免去或推卸自己对已产生的工期延长的合同责任，使自己不支付或尽可能少支付工期延长的罚款；二是进行因工期延长而造成的费用损失的索赔。

9.1.4 建设工程施工索赔的证据

合同一方向另一方提出的索赔要求，都应该提出一份具有说服力的证据资料作为索赔的依据。索赔证据是当事人用来支持其索赔成立或和索赔有关的证明文件和资料，也是索赔能否成功的关键因素。由于索赔的具体事由不同，所需的论证资料也有所不同。索赔证据一般包括以下几点：

1）合同、设计文件，包括工程合同及附件、招标文件、中标通知书、投标书、标准和技术规范、图纸、工程量清单、工程报价单或预算书、有关技术资料和要求等。

2）经发包人和监理人批准的承包人施工进度计划、施工方案、施工组织设计和具体的现场实施情况记录。

3）施工日志及工长工作日志、备忘录等。

4）工程有关施工部位的照片及录像等。保存完整的工程照片和录像能有效地显示工程进度。

5）工程各项往来信件、电话记录、指令、信函、通知、答复等。

6）工程各项会议纪要、协议及其他各种签约、定期与业主雇员的谈话资料等。

7）气象报告和资料，如有关天气的温度、风力、雨雪的资料等。

8）施工现场记录。

9）工程各项经业主或监理人签认的签证，如承包人要求预付通知、工程量核实确认单。

10）工程结算资料和有关财务报告。

11）各种检查验收报告和技术鉴定报告。

12）其他，包括分包合同、官方的物价指数、汇率变化表以及国家、省、市有关影响工程造价、工期的文件、规定等。

9.2 建设工程施工索赔的程序

9.2.1 承包人提出索赔

根据《建设工程施工合同（示范文本）》（GF—2013—0201）规定，承包人认为有权得到追加付款和（或）延长工期的，应按以下程序向发包人提出索赔：

1）承包人应在知道或应当知道索赔事件发生后28天内，向监理人递交索赔意向通知书，并说明发生索赔事件的事由；承包人未在前述28天内发出索赔意向通知书的，丧失要求追加付款和（或）延长工期的权利。

2）承包人应在发出索赔意向通知书后28天内，向监理人正式递交索赔报告；索赔报告应详细说明索赔理由以及要求追加的付款金额和（或）延长的工期，并附必要的记录和证明材料。

3）索赔事件具有持续影响的，承包人应按合理时间间隔继续递交延续索赔通知，说明持续影响的实际情况和记录，列出累计的追加付款金额和（或）工期延长天数。

4）在索赔事件影响结束后28天内，承包人应向监理人递交最终索赔报告，说明最终要求索赔的追加付款金额和（或）延长的工期，并附必要的记录和证明材料。

9.2.2 承包人索赔处理

1. 承包人索赔处理程序

1）监理人应在收到索赔报告后14天内完成审查并报送发包人。监理人对索赔报告存在异议的，有权要求承包人提交全部原始记录副本。

2）发包人应在监理人收到索赔报告或有关索赔的进一步证明材料后的28天内，由监理人向承包人出具经发包人签认的索赔处理结果。发包人逾期答复的，则视为认可承包人的索赔要求。

3）承包人接受索赔处理结果的，索赔款项在当期进度款中进行支付；承包人不接受索赔处理结果的，按照争议解决约定处理。

2. 监理人审核索赔报告

（1）监理人审核承包人的索赔申请。接到承包人的索赔意向通知后，监理人应建立自己的索赔档案，密切关注事件的影响，检查承包人的同期记录时，随时就记录内容提出自己的不同意见或希望应予以增加的记录项目。

在接到正式索赔报告以后，认真研究承包人报送的索赔资料。首先，在不确认责任归属的情况下，客观分析事件发生的原因，重温合同的有关条款，研究承包人的索赔证据，并检查其统计记录。其次，通过对事件的分析，监理人再依据合同条款划清责任界限，必要时还可以要求承包人进一步提供补充资料。尤其是对承包人与发包人或监理人都负有一定责任的事件影响，更应划出各方应该承担合同责任的比例。最后，再审查承包人提出的索赔补偿要求，剔除其中不合理的部分，拟订自己计算的合理索赔款额和工期顺延天数。

（2）判定索赔成立的原则。监理人判定承包人索赔成立的条件为：

1）与合同相对照，事件已造成了承包人施工成本的额外支出或总工期延误。

2）造成费用增加或工期延误的原因，按合同约定不属于承包人应承担的责任，包括行为责任或风险责任。

3）承包人按合同规定的程序提交了索赔意向通知和索赔报告。

上述三个条件没有先后主次之分，应当同时具备。只有监理人认定索赔成立后，才处理应给予承包人的补偿额。

（3）对索赔报告的审查。

1）事态调查。通过对合同实施的跟踪、分析了解事件经过、前因后果，掌握事件详细情况。

2）损害事件原因分析。分析索赔事件是由何种原因引起、责任应由谁来承担。在实际工作中，损害事件的责任有时是多方面原因造成，故必须进行责任分解，划分责任范围。各方按责任大小承担损失。

3）分析索赔理由。主要依据合同文件判明索赔事件是否属于未履行合同规定义务或未正确履行合同义务导致，是否在合同规定的赔偿范围之内。只有符合合同规定的索赔要求，才有合法性，才能成立。例如，某合同规定，在工程总价5%范围内的工程变更属于承包人承担的风险。则发包人指令增加工程量在这个范围内，承包人不能提出索赔。

4）实际损失分析。分析索赔事件的影响，主要表现为工期的延长和费用的增加。如果索赔事件不造成损失，则无索赔可言。损失调查的重点是分析、对比实际和计划的施工进度，工程成本和费用方面的资料，在此基础上核算索赔值。

5）证据资料分析。主要分析证据资料的有效性、合理性、正确性，这也是索赔要求有效的前提条件。如果在索赔报告中无法提出证明其索赔理由、索赔事件的影响、索赔值的计算等方面的详细资料，索赔要求是不能成立的。如果监理人认为承包人提出的证据不能足以说明其要求的合理性时，可以要求承包人进一步提交索赔的证据资料。

3. 确定合理的补偿

（1）监理人与承包人协商补偿。监理人核查后初步确定应予以补偿的额度通常与承包人的索赔报告中要求的额度不一致，甚至差额较大。主要原因大多为对承担事件损害责任的界限划分不一致、索赔证据不充分、索赔计算的依据和方法分歧较大等，因此双方应就索赔的处理进行协商。

对于持续影响时间超过28天以上的工期延误事件，当工期索赔条件成立时，对承包人每隔28天报送的阶段索赔临时报告审查后，每次均应作出批准临时延长工期的决定，并于事件影响结束后28天内承包人提出最终的索赔报告后，批准顺延工期总天数。应当注意的是，最终批准的顺延总天数，不应少于以前各阶段已同意顺延天数之和。规定承包人在事件影响期间必须每隔28天提出一次阶段索赔报告，可以使监理人能及时根据同期记录批准该阶段应予顺延工期的天数，避免事件影响时间太长而不能准确确定索赔值。

（2）监理人索赔处理决定。在经过认真分析研究，并与承包人、发包人讨论后，监理人应该向发包人和承包人提出自己的“索赔处理决定”。《建设工程施工合同（示范文本）》（GF—2013—0201）规定，监理人收到承包人递交的索赔报告和有关资料后，14天内完成审查并报送发包人。监理人对索赔报告存在异议的，有权要求承包人提交全部原始记录副本。

监理人在“工程延期审批表”和“费用索赔审批表”中应该简明地叙述索赔事项、理由和建议给予补偿的金额及延长的工期，论述承包人索赔的合理方面及不合理方面。通过协商达不成共识时，承包人仅有权得到所提供的证据，满足监理人认为索赔成立那部分的付款和工期顺延。不论监理人与承包人协商达到一致，还是其单方面作出的处理决定，批准给予补偿的款额和顺延工期的天数如果在授权范围之内，则可将此结果通知承包人，并抄送发包人。补偿款将计入下月支付工程进度款的支付证书内，顺延的工期加到原合同工期中去。如果批准的额度超过监理人权限，则应报请发包人批准。

通常，监理人的处理决定不是终局性的，对发包人和承包人都不具有强制性的约束力。承包人对监理人的决定不满意，可以按合同中的争议条款提交约定的仲裁机构仲裁或诉讼。

4. 发包人审查索赔处理

当监理人确定的索赔额度超过其权限范围时，必须报请发包人批准。

发包人首先根据事件发生的原因、责任范围、合同条款审核承包人的索赔申请和监理人

的处理报告，再依据工程建设的目的、投资控制、竣工投产日期要求以及针对承包人在施工中的缺陷或违反合同规定等的有关情况，决定是否同意监理人的处理意见。例如，承包人某项索赔理由成立，监理人根据相应条款规定，既同意给予一定的费用补偿，也批准顺延相应的工期。但发包人权衡了施工的实际情况和外部条件的要求后，可能不同意顺延工期，而宁可给承包人增加费用补偿额，要求其采取赶工措施，按期或提前完工。这样的决定只有发包人才有权作出。

索赔报告经发包人同意后，监理人即可签发有关证书。

5. 承包人是否接受最终索赔处理

承包人接受最终的索赔处理决定，索赔事件的处理即告结束。如果承包人不同意，就会导致合同争议。通过协商双方达到互谅互让的解决方案，是处理争议的最理想方式。如达不成谅解，承包人有权提交仲裁机构仲裁或通过诉讼解决。

9.2.3 发包人的索赔

《建设工程施工合同（示范文本)》（GF—2013—0201）约定，发包人认为有权得到赔付金额和（或）延长缺陷责任期的，监理人应向承包人发出通知并附有详细的证明。

发包人应在知道或应当知道索赔事件发生后 28 天内通过监理人向承包人提出索赔意向通知书，发包人未在前述 28 天内发出索赔意向通知书的，丧失要求赔付金额和（或）延长缺陷责任期的权利。发包人应在发出索赔意向通知书后 28 天内，通过监理人向承包人正式递交索赔报告。

9.3 建设工程施工索赔的计算

9.3.1 工期索赔及计算

（1）网络分析法。网络分析法是通过分析索赔事件发生前后网络计划工期的差异（必须是关键线路的时间差值）计算索赔工期的。这是一种科学、合理的计算方法，适用于各类工期索赔。

（2）对比分析法。对比分析法比较简单，适用于索赔事件仅影响单位工程，或分部分项工程的工期，需由此而计算对总工期的影响。

（3）简单累加法。在施工过程中，由于恶劣气候、停电、停水及意外风险造成全面停工而导致工期拖延时，可以一一列举各种原因引起的停工天数，累加结果，即可作为索赔天数。应该注意的是，由多项索赔事件引起的总工期索赔，最好用网络分析法计算索赔工期。

9.3.2 费用损失索赔及计算

1. 费用损失索赔内容

费用内容一般可以包括以下几个方面：

1）人工费。人工费包括增加工作内容的人工费、停工损失费和工作效率降低的损失费等累计，但不能简单地用计日工费计算。

2）设备费。采用机械台班费、机械折旧费、设备租赁费等几种形式。

3）材料费。材料消耗量增加费用、材料价格上涨、材料运杂费和储存费增加等累计。

4）保函手续费。工程延期时，保函手续费相应增加；反之，取消部分工程且发包人与承包人达成提前竣工协议时，承包人的保函手续费相应折减，则计入合同内的保函手续费也相应扣减。

5）贷款利息。

6）保险费。

7）利润。

8）管理费。

2. 费用损失索赔额的计算

1）人工费索赔额计算。根据增加或损失工时计算索赔额，其计算公式为：

额外劳务人员雇用、加班人工费索赔额 = 增加工时 × 投标时人工单价

闲置人员人工费索赔额 = 闲置工时 × 投标时人工单价 × 折扣系数

由于劳动生产率降低而额外支出的人工费的索赔，可按实际成本和预算成本比较法及正常施工期与受影响施工期比较法计算。

2）材料费索赔额计算。材料单价提高的因素主要是材料采购费，通常是指手续费或关税等。运输费增加可能是运距加长、二次倒运等原因。仓储费增加可能是因为工作延误，使材料储存的时间延长导致费用增加。

3）施工机械索赔额计算。对承包商自有的设备，通常按有关的标准手册中关于设备工作效率、折旧、大修、保养及保险等定额标准进行计算，有时也可按台班费计价。闲置损失可按折旧费计算。只要租赁价格合理，就可以按租赁价格计算。对于新购设备，要计算其采购费、运输费。运转费等，增加的数额甚大，要慎重考虑，必须得到监理人或业主的正式批准。

4）管理费索赔额计算。管理费是无法直接计入某具体合同或某项具体工作中，只能按一定比例进行分摊的费用。管理费用包括现场管理费和公司管理费两种，现场管理费索赔值的计算公式为：

现场管理费索赔值 = 索赔的直接成本费用 × 现场管理费率

现场管理费率的确定方法有：①合同百分比法，即管理费比率在合同中规定；②行业平均水平法，即采用公开认可的行业标准费率；③原始估价法，即采用承包报价时确定的费率；④历史数据法，即采用以往相似工程的管理费率。

公司管理费索赔值计算。目前在国外用来计算公司管理费索赔的方法是埃尺利（Eiche-aly）公式。该公式可分为两种形式：一种是用于延期索赔计算的日费率分摊法（以日或周管理费率为基数乘以延期时间），另一种是用于工作范围索赔的工程总直接费用分摊法（以直接费包含的管理费率乘以工作范围变更索赔的直接费）。

埃尺利公式最适用的情况是：承包商应首先证明由于索赔事件出现确实引起管理费用的增加，在工程停工期间，确实无其他工程可做；对于工作范围索赔的额外工作的费用不包括管理费，只计算直接成本费。如果停工期间短，时间不长，工程变更的索赔费用中已包括了管理费，公式将不再适用。

5）融资成本。融资成本又称为资金成本，即取得和使用资金所付出的代价，其中最主要的是支付资金供应者利息。当业主推迟支付工程款和保留金时，利息通常以合同中约定的

利率计算；当承包商借款或动用自己的资金来弥补合法索赔事项所引起的现金流量缺口时，可以参照有关金融机构的利率标准，或者假定把这些资金用于其他工程承包可得到的收益来计算机会利润损失。

6）利润损失。利润损失是指承包商由于事件影响所失去的而按原合同应得到的那部分利润。通常包括下述三种情况：①业主违约导致终止合同，则未完成部分合同的利润损失。②由于业主方原因而大量削减原合同的工程量的利润损失。③业主方原因而引起的合同延期，导致承包商这部分的施工力量因工期延长而丧失了投入其他工程的机会而引起的利润损失。

3. 一些不可索赔的费用

部分与索赔事件有关的费用，按国际惯例是不可索赔的，它们包括：

1）承包商为进行索赔所支出的费用。

2）因事件影响而使承包商调整施工计划，或修改分包合同等而支出的费用。

3）因承包商的不当行为或未能尽最大努力而扩大的部分损失。

4）除确有证据证明业主或监理人有意拖延处理时间外，索赔金额在索赔处理期间的利息。

案例 9.1 施工索赔条件（一）

某汽车制造厂建设施工土方工程中，承包商在合同标明有松软石的地方没有遇到松软石，因此工期提前 1 个月。但在合同中另一未标明有坚硬岩石的地方遇到更多的坚硬岩石，开挖工作变得更加困难，由此造成了实际生产率比原计划低得多，经测算影响工期 3 个月。由于施工速度减慢，使得部分施工任务拖延至雨季进行，按一般公认标准推算，又影响工期 2 个月。为此承包商准备提出索赔。

【问题】

(1) 该项施工索赔能否成立？为什么？

(2) 在该索赔事件中，应提出的索赔有哪些？

(3) 在工程施工中，通常可以提供的索赔证据有哪些？

(4) 承包商应提供的索赔文件有哪些？请协助承包商拟订一份索赔通知。

【分析要点】

该案例主要涉及建工工程施工索赔成立的条件与索赔责任的划分，索赔的内容与证据，索赔文件的种类、内容与形式。

【答案】

(1) 该项施工索赔能成立。施工中在合同未标明有坚硬岩石的地方遇到更多的坚硬岩石，属于施工现场的施工条件与原来的勘察有很大差异，属于甲方的责任范围。

(2) 本事件使承包商由于意外地质条件造成施工困难，导致工期延长，相应产生额外工程费用，因此，应包括费用索赔和工期索赔。

(3) 可以提供的索赔证据有：

1) 招标文件、工程合同及附件、业主认可的施工组织设计、工程图、技术规范等。

2) 工程各项有关设计交底记录，变更设计图，变更施工指令等。

3）工程各项经业主或监理工程师签认的签证。

4）工程各项往来信件、指令、通知、答复等。

5）工程各项会议纪要。

6）施工计划及现场实施情况记录。

7）施工日报及工长工作日志、备忘录。

8）工程送电、送水、道路开通、封闭的日期及数量记录。

9）工程停水、停电和干扰事件影响的日期及恢复施工的日期。

10）工程预付款、进度款拨付的数额及日期记录。

11）工程图纸、图纸变更、交底记录的送达份数及日期记录。

12）工程有关施工部位的照片及录像等。

13）工程现场气候记录，有关天气的温度、风力、降雨雪量等。

14）工程验收报告及各项技术鉴定报告等。

15）工程材料采购、订货、运输、进场、验收、使用等方面的凭据。

16）工程会计核算材料。

17）国家、省、市有关影响工程造价、工期的文件、规定等。

（4）承包商应提供的索赔文件有：

1）索赔通知。

2）索赔报告。

3）索赔证据与详细计算书等附件。

索赔通知的参考形式如下：

索 赔 通 知

致甲方代表（或监理工程师）：

我方希望你方对工程地质条件变化问题引起重视：在合同文件未标明有坚硬岩石的地方遇到了坚硬岩石，致使我方实际生产效率降低，而引起进度拖延，并不得不在雨季施工。

上述施工条件变化，造成我方施工现场设计有很大不同，为此向你方提出工期索赔及费用要求，具体工期索赔及费用索赔依据与计算书在随后的索赔报告中。

承包商：×××

××××年××月××日

（资料来源：全国造价工程师执业资格考试培训教材编审委员会．建设工程造价案例分析．中国城市出版社，2013，有修改）

案例9.2 施工索赔条件（二）

某建筑公司（乙方）于某年4月20日与某厂（甲方）签订了修建建筑面积为3000m² 工业厂房（带地下室）的施工合同。乙方编制的施工方案和进度计划已获监理工程师批准。该工程的基坑开挖土方为4500m³，假设直接费单价为4.2元/m³，综合费率为直接费的20%。该基坑施工方案规定：土方工程采用租赁一台斗容量为1m³ 的反铲

挖掘机施工（租赁费450元/台班）。甲、乙双方合同约定5月11日开工，5月20日完工。在实际施工中发生了如下几项事件：

(1) 施工过程中，因遇软土层，接到监理工程师5月15日停工的指令，进行地质复查，配合用工15个工日。

(2) 5月20日~5月22日，因下大雨迫使基坑开挖暂停，造成人员窝工10个工日。

(3) 5月23日用30个工日修复冲坏的永久道路，5月24日恢复挖掘工作，最终基坑于5月30日挖坑完毕。

【问题】

(1) 建筑公司对上述哪些事件可以向厂方要求索赔？哪些事件不可以要求索赔？并说明原因。

(2) 每项事件工期索赔各是多少天？总计工期索赔是多少天？

(3) 假设人工费单价为23元/工日，因增加用工所需的管理费为增加人工费的30%，则合理的费用索赔总额是多少？

【答案】

问题(1)：

事件1：索赔成立。因该施工地质条件的变化是一个有经验的承包商所无法合理预见的。

事件2：索赔成立。这是因特殊反常的恶劣天气造成的工程延误。

事件3：索赔成立。因恶劣的自然条件或不可抗力引起的工程损坏及修复应由业主承担责任。

问题(2)：

事件1：索赔工期5天(5月15日~5月19日)。

事件2：索赔工期3天(5月20日~5月22日)。

事件3：索赔工期1天(5月23日~5月24日)。

共计索赔工期为(5+3+1)天=9天。

问题(3)：

事件1：

(1) 人工费：(15×23)元=345元（增加的人工费应按人工费单价计算）。

(2) 机械费：(450×5)元=2250元（机械窝工，其费用应按租赁费计算）。

(3) 管理费：345元×30%=103.5元（题目中管理费为增加人工费的30%，与机械费等无关）。

事件2：

费用索赔不成立。(因自然灾害造成的承包商窝工损失由承包商自行承担)

事件3：

(1) 人工费：(30×23)元=690元。

(2) 机械费：(450×1)元=450元（机械窝工1天）。

(3) 管理费：690元×30% = 207元。

（资料来源：http：//www.jianshe99.com/html/2007/2/zh81410255519270024100.html，有修改）

9.4　建设工程施工索赔的解决

索赔的解决涉及承包商的基本方针和索赔处理策略，它是承包商经营策略的一部分。在索赔中，特别是在重大的索赔处理过程中，索赔策略研究是十分重要的。

9.4.1　承包商的基本方针

1. 防止两种倾向

索赔管理不仅是工程项目管理的一部分，而且是承包商经营管理的一部分。如何看待和对待索赔，实际上是个经营战略问题，是承包商对利益和关系、利益和信誉的权衡。不能积极有效地进行索赔，承包商会蒙受经济损失；进行索赔，或多或少地会影响合同双方的合作关系；而索赔过多过滥，会损害承包商的信誉，影响承包商的长远利益。这里要防止两种倾向：

1）只讲关系、义气和情谊，忽视索赔，致使损失得不到应有补偿，正当的权益受到侵害。对一些重大的索赔，这会影响企业正常的生产经营，甚至危及企业的生存。

在国际工程中若不能进行有效的索赔，业主会觉得承包商经营管理水平不高。承包商不仅会丧失索赔机会，而且还可能反被对方索赔，蒙受更大的损失。所以在这里不能过于强调"重义"。

合同所规定的双方的平等地位、承包商的权益，在合同实施中，同样必须经过抗争才能够实现。需要承包商自觉地、主动地保护它，争取它。如果承包商主动放弃这个权益就会受到损失。

对此，可以用极端的两个例子来说明这个问题：一个承包商承包一工程，签好合同后，将合同文本锁入抽屉，不作分析和研究，在合同实施中也不争取自己的利益，致使失去索赔机会，损失100万美元。另一个承包商签好合同后，加强合同管理，积极争取自己的正当权益，成功地进行了100万美元的索赔，业主应当向其支付100万美元补偿，但其申明，出于友好合作，只向业主索要90万美元，另10万美元作为让步。

对前者，业主是不会感激的。业主会认为，这是承包商经营管理水平不高，是承包商无能。而对后者，业主是非常感激的，因为承包商作了让步，是"重义"。业主明显地感到自己少受10万美元的损失，这种心理状态是很自然的。

2）在索赔中，管理人员好大喜功，只注重索赔，承包商以索赔额的高低作为评价工程管理水平或索赔小组的唯一指标，而不顾合同双方的关系、承包商的信誉和长远利益。特别当承包商还希望将来与业主进一步合作，或在当地进一步扩展业务时，更要注意这个问题，应有长远的眼光。

索赔作为承包商追索已产生的损失，或防止将产生的损失的手段和措施，承包商切不可将索赔作为一个基本方针，这会将经营管理引入误区。

2. 具体方针

（1）全面完成合同责任。承包商应以积极合作的态度完成合同责任，主动配合业主完成各项工程，建立良好的合作关系。具体体现在：

1）按合同规定的质量、数量、工期要求完成工程，守信誉，不偷工减料，不以次充

好，认真做好工程质量控制工作。承包商在合同实施中无违约行为，业主和监理人对承包商的工作及合作感到满意。

2）积极地配合业主和监理人做好工程管理工作，协调各方面的工作。在工程中，业主和监理人会有这样或那样的失误或问题，作为承包商有责任执行他们的指令；但又应及时提醒，指出他们的失误，遇到问题及时配合，弥补他们工作上的不足之处，以免造成损失。

当业主和监理人不在场时，应做好工程管理和协调工作，保证和他们在场一样，按时、按质、按量完成任务。

3）对事先不能预见的干扰事件，应及时采取措施，降低其影响，减少损失。切不可听之任之，袖手旁观，甚至幸灾乐祸。

在友好、和谐、互相信任和依赖的合作气氛中，不仅合同能顺利实施，双方心情舒畅，而且承包商会有良好的信誉。在这种气氛中，承包商实事求是地就干扰事件提出索赔要求，也容易为业主认可。

（2）着眼于重大索赔。对已经出现的干扰事件或对方违约行为的索赔，一般着眼于重大的、有影响的、索赔额大的事件，不要斤斤计较。索赔次数太多，太频繁，容易引起对方的反感。但承包商对这些"小事"又不能不闻不问，应作相应的处理，并告诉业主，出于友好合作的态度放弃这些索赔要求。有时可作为索赔谈判中让步的余地。

在国际工程中，有些承包商常常斤斤计较，寸利必得。特别在工程刚开始时，让对方感到，他很精干，而且不容易作让步，利益不能受到侵犯，这样先从心理上战胜对方。这实质上是索赔的处理策略，而不是基本方针。

（3）注意灵活性。在具体的索赔处理过程中要有灵活性，讲究策略，要准备并能够作出让步，力求使索赔的解决双方都满意，皆大欢喜。

承包商的索赔要求能够获得业主的认可，而业主又对承包商的工作或工程很满意，这是索赔的最佳结果。这看起来是一对矛盾，但有时也能够统一。这里有两个问题：

1）双方具体的利益所在和事先的期望。对双方利益和期望的分析是制定索赔基本方针和策略的基础。通常双方利益差距越大，事先期望越高，索赔的解决越困难，双方越不容易满足。

承包商的利益和目标：使工程顺利通过验收，交付业主使用，尽快完成自己的合同责任，结束合同；进行工期索赔，推卸或免去自己对工期拖延的合同处罚责任；对业主、总（分）包商的索赔进行反索赔，减少费用损失；对业主、总（分）包商进行索赔，取得费用损失的补偿，争取更多利益。

业主的利益和目标：顺利完成工程项目，及早交付使用，实现投资目的；其他方面的要求，如延长保修期、增加服务项目、提高工程质量、使工程更加完美、责令承包商全面完成合同责任；对承包商的索赔进行反索赔，尽量减少或不对承包商进行费用补偿，减少工程支出；对承包商的违约行为，如工程延期、工程不符合质量标准、工程量不足等，施行合同处罚，提出索赔。

从上述分析可见，双方的利益有一致的一面，也有不一致和矛盾的一面。通过对双方利益的分析，可以做到"知己知彼"，针对对方的具体利益和期望采取相应的对策。在实际解决索赔中，对方对索赔解决的实际期望是很难暴露出来的。通常双方都将违约责任推给对方，表现出对索赔有很高的期望，而将真实情况隐蔽，这是常用的一种策略。它的好处有：

a. 能使对方让步留下余地。如果对方知道我方索赔的实际期望，则可以直逼这条底线，要求我方再作让步，而我方已无让步余地。例如，承包商预计索赔收益为10万美元，而提出30万美元的索赔要求，即使经对方审核，减少一部分，再逐步讨价还价，最后实际赔偿10万美元，还能达到目标和期望。而如果期望10万美元，就提出10万美元的索赔，从10万美元开始谈判，最后可能连5万美元也无法达到。这是常识。

b. 能够得到有力的解决，而且能使对方对最终解决有满足感。由于提出的索赔值较高，经过双方谈判，承包商作了很大让步，好像受到很大损失，这使得对方索赔谈判人员对自己的反索赔工作感到满意，使问题易于解决。

在实际索赔谈判中，要摸清对方的实际利益所在以及对索赔解决的实际期望是困难的。“步步为营”是双方都常用的攻守策略，尽可能多地取得利益，又是双方的共同愿望，所以索赔谈判通常是双方智慧、能力和韧性的较量。

2）让步。在索赔解决中，让步是必不可少的。由于双方利益和期望的不一致，在索赔解决中经常出现大的争执。而让步是解决这种不一致的手段。通常，索赔的最终解决双方都必须作出让步，才能达成共识。

让步作为索赔谈判的主要策略之一，也是索赔处理的重要方法，它有许多技巧。让步的目的是为了取得经济利益，达到索赔目标。但它又必然带来自己经济利益的损失。让步是为了取得更大的经济利益而作出的局部牺牲。

在实际工程中，让步应注意以下几个问题：①让步的时机。让步应在双方争执激烈，谈判濒于破裂时或出现僵局时作出。②让步的条件。让步是为了取得更大的利益，所以，让步应是对等的，我方作出让步，应同时争取对方也作出相应的让步，这又应体现双方利益的平衡，让步不能轻易地作出，应使对方感到这个让步是很艰难的。③让步应在对方感兴趣或利益所在之处，如向业主提出延长保修期，增加服务项目或附加工程，提高工程质量，提前投产，放弃小的索赔要求，直至在索赔值上作出让步，以使业主认可承包商的索赔要求，达到双方都满意或比较满意的结果。④让步应有步骤。必须在谈判前进行详细计划，设计让步的方案。在谈判中切不可一让到底，一下子达到自己实际期望的底线，这样通常很被动。

索赔谈判常常要持续很长时间。在国际工程中，有些工程完工数年，而索赔争执仍未能解决。对承包商来说，让步的余地越大，越有主动权。

（4）争取以和平方式解决争执。无论在国际工程还是在国内工程中，承包商一般都应争取以和平的方式解决索赔争执，这对双方都有利。当然，具体采用什么方法还应审时度势，从承包商的利益出发。

在索赔中，“以战取胜”，即用尖锐对抗的形式，在谈判中以凌厉的攻势压倒对方，或在一开始就企图用仲裁或诉讼的方式去解决索赔问题是不可取的。这常常会导致：

1）失去对方的友谊，双方关系紧张，使合同难以继续履行，承包商的地位更为不利。

2）失去将来的合作机会，由于双方关系恶化，业主如果再有工程，绝不会委托给曾与他打过官司的承包商；承包商在当地会有一个不好的信誉，影响到将来的经营。

3）“以战取胜”也是不给自己留下余地。如果遭到对方反击，自己的回旋余地较小，这是很危险的。有时会造成承包商的保函或保留金回收困难。在实际工程中，常常干扰事件的责任都是双方面的，承包商也可能有疏忽和违约行为。对一个具体的索赔事件，承包商常常很难有绝对取胜的把握。

4）两败俱伤。双方争执激烈，最终以诉讼或仲裁解决问题，通常需花费许多时间、精力、金钱。特别当争执很复杂时，解决过程持续时间很长，最终导致两败俱伤。这样的实例有很多。在非洲某工程中，工程施工期不到 3 年，原合同价 2500 万美元。由于种种原因，在合同实施中承包商提出许多索赔，总值达 2000 万美元。监理工程师作出处理决定，认为总计补偿 1200 万美元比较合理。业主愿意接受监理工程师的决定。但承包商不肯接受，要求补偿 1800 万美元。由于双方达不成协议，承包商向国际商会提出仲裁要求。双方各聘请一名仲裁员，由他们指定首席仲裁员。本案仲裁前后经历近 3 年时间，相当于整个建设期，光仲裁费花去近 500 万美元。最终裁决为：业主给予承包商 1200 万美元的补偿，即维持监理人的决定。经过国际仲裁，双方都受到很大损失。如果双方都作出让步，通过协商解决争执，不仅花费少，而且节省时间。

5）有时难以取胜。在国际承包工程中，合同常常以业主，即工程所在国法律为基础，合同争执也按该国法律解决，并在该国仲裁或诉讼。这对承包商极为不利。在另一国承包工程，许多国际工程专家告诫，如果争执在当地仲裁或诉讼，对外国的承包商不会有好的结果。所以在这种情况下应尽力争取在非正式场合，以和平的方式解决争执。

除非万不得已，如争执款额巨大，或自己被严重侵权，同时自己有一定成功的把握，一般情况下不要提出仲裁或诉讼。当然，这仅是一个基本方针，对具体的索赔，采取什么形式解决，必须审时度势。

(5) 变不利为有利，变被动为主动。在工程承包活动中，承包商常常处于不利的和被动的地位。从根本上说，这是由于建筑市场激烈竞争造成的。它具体表现在招标文件的某些规定和合同的一些不平等的对承包商单方面约束性条款上，而这些条款几乎都与索赔有关。例如：

1）加强业主和工程师对工程施工、建筑材料等的认可权和检查权。

2）对工程变更赔偿条件的限制。

3）对合同价格调整条件的限制。

4）对工程变更程序的不合理的规定。

5）FIDIC 条件规定索赔有效期为 28 天，但有的国际工程合同规定为 14 天，甚至 7 天。

6）争执只能在当地，按当地法律解决，拒绝国际仲裁机构裁决。

7）甚至有的合同还规定，不能以仲裁结果对业主施加压力，迫使他履行合同责任等。

这些规定使承包商索赔很艰难，有时甚至不可能。承包商的不利地位还表现在：一方面索赔要求只有经业主认可，并实际支付赔偿才算成功；另一方面，出现索赔争执（即业主拒绝承包商的索赔要求），承包商通常必须争取以谈判的方式解决。要改变这种状况，在索赔中争取有利地位，争取索赔的成功，承包商主要应从下几方面努力：

1）争取签订较为有利的合同。如果合同不利，在合同实施过程中和索赔中的不利地位很难改变。这要求承包商重视合同签订前的合同文本研究，重视与业主的合同谈判，争取对不利的合同条款作修改，在招标文件分析中重视索赔机会分析。

2）提高合同管理以及整个项目管理水平，不违约，按合同办事。同时积极配合业主和工程师做好工程项目管理，尽量减少工程中干扰事件的发生，避免双方的损失和失误，减少合同的争执，减少索赔事件的发生。实践证明，索赔有很大风险；任何承包商在报价、合同谈判、工程施工和管理中不能预先寄希望于索赔。

3）提高索赔管理水平。一经有干扰事件发生，造成工期延长和费用损失，应积极地进行有策略的索赔，使整个索赔报告，包括索赔事件、索赔根据、理由、索赔值的计算和索赔证据无懈可击。对承包商来说，索赔解决得越早越有利，越拖延越不利。所以一旦发现索赔机会，就应进行索赔处理，及时地、迅速地提出索赔要求；在变更会议和变更协议中就应对赔偿的价格、方法、支付时间等细节问题达成一致；提出索赔报告后，就应不断地与业主和监理工程师联系，催促尽早地解决索赔问题，工程中的每一单项索赔应及早独立解决，尽量不要以一揽子方式解决所有索赔问题。索赔值积累得越大，其解决对承包商越不利。

4）在索赔谈判中争取主动。承包商对具体的索赔事件，特别对重大索赔和一揽子索赔应进行详细的策略研究。同时，派最有能力、最有谈判经验的专家参加谈判。在谈判中，尽力影响和左右谈判方向，使索赔能得到较为有利的解决。项目管理的各职能人员和公司的各职能部门应全力配合和支持谈判。在索赔解决中，承包商的公关能力、谈判艺术、策略、锲而不舍的精神和灵活性是至关重要的。

5）处理好与业主代表、监理工程师的关系，使他们能理解、同情承包商的索赔要求。

9.4.2 索赔策略研究

如何才能够既不损失利益，取得索赔的成功，又不伤害双方的合作关系和承包商的信誉，从而使合同双方皆大欢喜，对合作满意？这个问题不仅与索赔数量有关，而且与承包商的索赔策略、索赔处理的技巧有关。

索赔策略是承包商经营策略的一部分。对重大的索赔（反索赔），必须进行策略研究，作为制订索赔方案、索赔谈判和解决的依据，以指导索赔小组工作。

索赔策略必须体现承包商的整个经营战略，体现承包商长远利益与当前利益、全局利益与局部利益的统一。索赔策略通常由承包商亲自把握并制定，而项目的合同管理人员则提供获赔策略制定所需要的信息和资料，并提出意见和建议。

索赔（反索赔）的策略研究，对不同的情况，包含着不同的内容和重点。

1. 确定目标

（1）提出任务，确定索赔所要达到的目。承包商的索赔目标即为承包商的索赔基本要求，是承包商对索赔的最终期望。它由承包商根据合同实施状况、承包商所受的损失和其总经营战略确定。对各个目标，应分析其实现的可能性。

（2）分析实现目标的基本条件。除了进行认真的、有策略的索赔外，承包商特别应重视在索赔谈判期间的工程施工管理。在这时期，若承包商能更顺利地履行自己的合同责任，使业主对工程满意，这对谈判是个促进。相反，如果这时出现承包商违约或工程管理失误，工程不能按业主要求完成，这会给谈判以至于给整个索赔带来隐患。

当然，反过来说，对于不讲信誉的业主（如严重拖欠工程款，拒不承认承包商合理的索赔要求），则承包商要注意控制（放慢）工程进度。一般施工合同规定，承包商在索赔解决期间，仍应继续努力履行合同，不得中止施工。但工程越接近完成，承包商的索赔地位越不利，主动权越少。对此，承包商可以提出理由，放慢速度。

（3）分析实现目标的风险。在索赔过程中的风险是很多的，主要有：

1）承包商在履行合同责任时的失误。这可能成为业主反驳的攻击点，如承包商没有在合同规定的索赔有效期内提出索赔、没有完成合同规定的工程量、没有按合同规定工期交付

工程、工程没有达到合同所规定的质量标准、在合同实施过程中有失误等。

2）工地上的风险，如项目试生产出现问题，工程不能顺利通过验收、已经出现或可能还会出现工程质量问题等。

3）其他方面风险，如业主可能提出合同处罚或索赔要求，或者其他方面可能有不利于承包商索赔的证词或证据等。

2. 对对方的分析

（1）分析对方的兴趣和利益所在。其目的为：

1）在一个较和谐、友好的气氛中将对方引入谈判。在问题比较复杂、双方都有违约责任的情况下，或用一揽子方案解决工程中的索赔问题时，通常要注意这点。如果直接提交一份索赔文件，提出索赔要求，业主通常难以接受，或不作答复，或拖延解决。在国际工程中，有的工程索赔能拖几年。而逐渐进入谈判，循序渐进会较为有利。

2）分析对方的利益所在，可以研究双方利益的一致性、不一致性和矛盾性。这样在谈判中，可以在对方感兴趣的地方，而又不过多地损害承包商自己利益的情况下作让步，使双方都能满意。

（2）分析合同的法律基础特点和对方商业习惯、文化特点、民族特性。

这对索赔处理方法影响很大。如果对方来自法制健全的工业发达国家，则应多花时间在合同分析和合同法律分析上，这样提出的索赔法律理由充足。

对业主（对方）的社会心理、价值观念、传统文化、生活习惯，甚至包括谈判者本人的兴趣、爱好的理解和尊重，对索赔的处理和解决有极大的影响，有时直接关系到索赔甚至整个项目的成败。

3. 承包商的战略分析

承包商的经营战略直接制约着索赔策略和计划。在分析业主的目标、业主的情况和工程所在地（国）的情况后，承包商应考虑如下问题：

1）有无可能与业主继续进行新的合作，业主有无新的工程项目？

2）是否打算在当地继续扩展业务？扩展业务的前景如何？

3）与业主之间的关系对在当地扩展业务有何影响？

这些问题是承包商决定整个索赔要求、解决方法和解决期望的基本出发点，由此决定承包商整个索赔的基本方针。

4. 承包商的主要对外关系分析

在合同实施过程中，承包商有多方面的合作关系，如与业主、监理工程师、设计单位、业主的其他承包商和供应商、承包商的代理人或担保人、业主的上级主管部门或政府机关等。承包商对各方面要进行详细分析，利用这些关系，争取各方面的同情、合作和支持，造成有利于承包商的氛围，从各方面向业主施加影响。这往往比直接与业主谈判更为有效。

在索赔过程中，以至在整个工程过程中，承包商与监理工程师的关系一直起关键作用。因为监理工程师代表业主做工程管理工作，许多作为证据的工程资料需他认可、签证才有效。他可以直接下达变更指令，提出有指令作用的工程问题处理意见，验收隐蔽工程等。索赔文件首先由他审阅、签字后再交业主处理。出现争执，他又首先作为调解人，提出调解方案。所以，与监理工程师建立友好和谐的合作关系，取得他的理解和帮助，不仅对整个合同的顺利履行影响极大，而且会决定索赔的成败。

在实际工程中，与业主上级的交往或双方高层的接触，有利于问题的解决。许多工程索赔问题，双方具体工作人员谈不成，争执很长时间，但在双方高层人员的眼中，从战略的角度看都是小问题，故很容易得到解决。

所以承包商在索赔处理中要广泛地接触、宣传、提供各种说明信息，以争取广泛的同情和支持。

5. 对对方索赔的估计

在工程问题比较复杂，双方都有责任，或工程索赔以一揽子方案解决的情况下，应对对方已提出的或可能还要提出的索赔进行分析和估算。在国际承包工程中，经常有这种情况：在承包商提出索赔后，业主作出反索赔对策和措施。这是必须充分估计到的。对业主已经提出的和可能还将提出的索赔项目进行分析，列出分析表，并分析业主这些索赔要求的合理性，即自己反驳的可能性。

6. 承包商的索赔估计

承包商对自己已经提出的及准备提出的索赔进行分析，其分析方法和费用分项与上面对对方索赔估计一致。这里还要分析可能的最大值和最小值、这些索赔要求的合理性和业主反驳的可能性。

7. 合同双方索赔要求对比分析

将上面的分析结果放在一起进行对比，可以看出双方要求的差异。这里有两种情况：

1）我方提出索赔，目的是通过索赔得到费用补偿，则两估计值对比后，我方应有余额。

2）如我方为反索赔，目的是为了反击对方的索赔要求，不给对方以费用补偿，则两估计值对比后至少应平衡。

8. 可能的谈判过程

一般索赔最终都在谈判桌上解决。索赔谈判是合同双方面的较量，是索赔能否取得成功的关键。一切索赔计划和策略都要在此付诸实施，接受检验；索赔（反索赔）文件在此交换、推敲、反驳。双方都派最精明强干的专家参加谈判。索赔谈判属于合同谈判，更大范围地说，属于商务谈判，有许多技巧。例如，掌握大量信息，充分了解问题所在；了解对手情况以及谈判心理；使用简单的语言，简明扼要富有逻辑性，行动迅速；掌握谈判的时机；派得力的谈判小组，充分授权。

但索赔谈判又有它的特点，特别是在工程过程中的索赔，业主处于主导地位，承包商还必须继续实施工程，承包商还希望与业主保持良好的关系，以后继续合作，不能影响承包商的声誉。

（1）索赔谈判的四个阶段：

1）进入谈判阶段。要将对方引入谈判，最简单的是，递交一份索赔报告，要求对方在一定期限内予以答复；以此作为谈判的开始。在这种情况下往往谈判气氛比较紧张。但在索赔谈判中，双方地位往往不平等，承包商处于不利地位。这是由合同条款和合同的法律基础造成的，使谈判对承包商来说很艰难。业主拒绝谈判，中断谈判，使谈判旷日持久，最终承包商必须作出很大让步，这在国际承包工程中经常见到。所以在谈判中，策略和技巧是至关重要的。要在一个友好、和谐的气氛中将业主引入谈判，通常要从其关心的议题或对其有利的议题入手，按照前面分析的业主利益所在和业主感兴趣的问题订立相应的开谈方案。这个

阶段的最终结果为达成的谈判备忘录。其中包括双方感兴趣的议题，双方商讨的大致谈判过程和总的时间安排。承包商应将自己与索赔有关的问题纳入备忘录中。

2）事态调查阶段。对合同实施情况进行回顾、分析、提出证据，这个阶段重点是弄清事件真实情况，如工期由于什么原因延长、延长多少、工程量增加多少、附加工程有多少、工程质量变化多大等。这里承包商应不急于提出索赔金额，应多提出证据。事态调查应以会谈纪要的形式记录下来，作为这阶段的结果。这个阶段要全面分析合同实施过程，不可遗漏重要的线索。

3）分析阶段。对干扰事件的责任进行分析。这里可能有不少争执，如对合同条文的解释不一致。双方各自提出事态对自己的影响及其结果，承包商在此提出工期和费用索赔。这时事态已比较清楚，责任也基本上落实。

4）解决问题阶段。对于双方提出的索赔，讨论解决办法。经过双方的讨价还价，或通过其他方式得到最终解决。对谈判过程，承包商事先要做计划，用流程图表示出可能的谈判过程，用横道图做时间计划。对重大索赔没有计划就不能取得预期的成果。

（2）索赔谈判注意事项：

1）注意谈判心理，处理好私人关系，发挥公关能力。在谈判中尽量避免对工程师和业主代表当事人的指责，多谈干扰的不可预见性，少谈业主方个人的失误。通常只要对方认可我方索赔要求，我方就可以达到索赔目的。

2）多谈困难，强调不合理的解决对承包商的财务、施工能力的影响，强调对工程的干扰。无论索赔能否解决或解决程度如何，在谈判中以及解决以后，都要以受损失者的形象出现在对方面前。这样不仅能争取同情和支持，而且争取一个好的声誉和保持友好关系。

9. 可能的谈判结果

这与前面分析的承包商索赔目标相对应。用前面分析的结果说明这些目标实现的可能性，实现的困难和障碍。如果目标不符合实际，则可以进行调整，重新确定新的目标。

9.4.3 争执的解决

1. 解决程序

承包商提出索赔，将索赔报告提交业主委托的监理人。经监理人检查、审核，再交业主审查。如果业主和监理人不提出疑问或反驳意见，也不要求补充或核实证明材料和数据，表示认可，则索赔成功。而如果业主不认可，全部地或部分地否定索赔报告，不承认承包商的索赔要求，则产生了索赔争执。

在实际工程中，直接地、全部地认可索赔要求的情况是极少的。所以绝大多数索赔都会导致争执，特别当干扰事件原因比较复杂、索赔额比较大的时候。合同争执的解决是一个复杂、细致的过程，会占用承包商大量的时间。对于大型复杂的项目或出现大的索赔争执，有时不得不请索赔专家或委托咨询公司进行索赔管理。这在国际承包工程中很常见。

争执的解决有很多途径，可双方商讨，也可请他人调解。这完全由合同双方决定。一般它受争执的额度、事态的发展情况、双方的索赔要求、实际的期望值、期望的满足程度、双方在处理索赔问题上的策略等因素影响。

2. 争执的解决方法

（1）协商解决。协商解决是指合同双方按照合同规定，通过摆事实讲道理，弄清责任，

共同商讨，互作让步，使争执得到解决。这是解决争执的最基本、最常见、最有效的方法，其特点是：简单，时间短，双方都不需额外花费，气氛平和。在承包商递交索赔报告后，对业主（或监理人）提出的反驳、不认可或双方存在分歧，通过谈判弄清干扰事件的实情，按合同条文辨明是非，确定各自责任，经过友好磋商、互作让步，最终解决索赔问题。

通常索赔争执首先表现在对索赔报告的分歧上，如双方对事实根据、索赔理由、干扰事件影响范围、索赔值计算方法的看法不一致。因此承包商必须提交有说服力、无懈可击的索赔报告，这样谈判地位比较有利。同时准备作进一步的解释，提供进一步的证据。在谈判中，有时对一些争执的焦点问题需请专家咨询或鉴定，其目的是弄清是非，分清责任，统一对合同的理解，消除争执。例如，对合同理解的分歧可请法律专家咨询；对承包商工程技术和质量问题的分歧可请技术专家或者部门作检查、鉴定。

这种解决办法通常对双方都有利，为将来进一步友好合作创造条件。在国际工程中，绝大多数争执都通过协商解决。即使在执行 FIDIC 合同规定的仲裁程序前，首先也必须经过友好协商阶段。这种方法一般适用于索赔值不大、责任明显、争执较小、双方期望比较一致、能够通过协商解决的争执。

在我国，如果正常的索赔要求得不到解决，或双方要求差距较大，难以达成一致时，还可以向业主的上级主管部门进行申述，作再度协商。

（2）调解。如果合同双方经过协商谈判不能就索赔解决达成一致，则可以邀请中间人进行调解。调解人经过分析索赔和反索赔报告，了解合同实施过程和干扰事件实情，按合同作出自己的判断，并劝说双方再作商讨，仍以和平的方式解决争执。调解在自愿的基础上进行，其结果无法律约束力。如合同一方对调解结果不满，可按合同关于争执解决的规定，在限定期限内提请仲裁或诉讼要求。这种争执解决办法时间较短，结果比较公正。

调解方法的优点有：①提出调解能较好地表达承包商对谈判结果的不满意和争取公平合理解决索赔问题的决心。②由于调解人的介入，增加了索赔解决的公正性。业主要顾忌到自己的影响和声誉等，通常容易接受调解人的劝说和意见。③灵活性较大，有时程序上也很简单。一方面双方可以继续协商谈判，另一方面，调解决定没有法律约束力，承包商仍有机会追求更高层次的解决方法。④节约时间和费用。⑤双方关系比较友好，气氛平和，不伤感情。

调解人必须站在公正的立场上，不偏袒或歧视任何一方，按照国家法令、政策和合同规定，在查清事实、分清责任、辨明是非的基础上，对争执双方进行说服，提出解决方案。调解结果必须公正、合理、合法。在合同实施过程中，日常索赔争执的调解人为监理工程师。其作为中间人和了解实际情况的专家，对索赔争执的解决起着重要作用。如果对争执不能通过协商达成一致，双方都可以请监理工程师出面调解。监理工程师在接受任何一方委托后，在一定期限内（国际合同 FIDIC 条件规定为 84 天）作出调解意见，书面通知合同双方。如果双方认为这个调解是合理的、公正的，双方都能接受，在此基础可再进行协商，得到满意解决。监理工程师了解工程合同，参与工程施工全过程，了解合同实施情况，其调解有利于争执的解决。但公正性往往难以保证，因为一方面监理工程师受雇于业主，另一方面承包商又千方百计对其施加影响。对于较大的索赔，可以聘请知名的工程专家、法律专家，或请对双方都有影响的人作调解人。

在我国，承包工程争执的调解通常还有两种形式：①行政调解。由合同管理机关，工商

管理部门，业务主管部门等作为调解人。②司法调解。在仲裁和诉讼过程中，首先提出调解，结果为双方接受。

(3) 争议评审。合同当事人在专用合同条款中约定采取争议评审方式解决争议以及评审规则，并按下列约定执行：

1) 争议评审小组的确定。合同当事人可以共同选择一名或三名争议评审员，组成争议评审小组。除专用合同条款另有约定外，合同当事人应当自合同签订后28天内，或者争议发生后14天内，选定争议评审员。

选择一名争议评审员的，由合同当事人共同确定；选择三名争议评审员的，各自选定一名，第三名成员为首席争议评审员，由合同当事人共同确定或由合同当事人委托已选定的争议评审员共同确定，或由专用合同条款约定的评审机构指定第三名首席争议评审员。除专用合同条款另有约定外，评审员报酬由发包人和承包人各承担一半。

2) 争议评审小组的决定。合同当事人可在任何时间将与合同有关的任何争议共同提请争议评审小组进行评审。争议评审小组应秉持客观、公正原则，充分听取合同当事人的意见，依据相关法律、规范、标准、案例经验及商业惯例等，自收到争议评审申请报告后14天内作出书面决定，并说明理由。合同当事人可以在专用合同条款中对本项事项另行约定。

3) 争议评审小组决定的效力。争议评审小组作出的书面决定经合同当事人签字确认后，对双方具有约束力，双方应遵照执行。

任何一方当事人不接受争议评审小组决定或不履行争议评审小组决定的，双方可选择采用其他争议解决方式。

(4) 仲裁。当争执双方不能通过协商和调解达成一致时，可按合同仲裁条款的规定采用仲裁方式解决。仲裁作为正规的法律程序，其结果对双方都有约束力。在仲裁中可以对监理人所作的所有指令、决定、签发的证书等进行重新审议。

按照《中华人民共和国仲裁法》，仲裁是仲裁委员会对合同争执所进行的裁决。仲裁委员会在直辖市和省、自治区人民政府所在地的市设立，也可在其他市设立，由相应的人民政府组织有关部门和商会统一组建。仲裁委员会是中国仲裁协会会员。在我国仲裁实行一裁终局制度。裁决作出后，当事人若就同一争执再申请仲裁，或向人民法院起诉，则不再予以受理。

1) 仲裁程序。申请和受理仲裁的前提是，当事人之间要有仲裁协议。它可以是在合同中订立的仲裁条款，或以其他形式在争执发生前后达成的请求仲裁的书面协议。仲裁程序通常为：

① 申请和受理。当事人申请仲裁应向仲裁委员会递交仲裁协议、仲裁申请书及副本。

② 仲裁委员会在收到仲裁申请书之日起5日内，如认为符合受理条件，应当受理，并通知当事人；如认为不符合受理条件，也应通知当事人，并说明不受理的理由。仲裁委员会受理仲裁申请后，应在仲裁规则规定的期限内将仲裁规则和仲裁员名册送达申请人，并将仲裁申请书副本、仲裁规则、仲裁员名册送达被申请人。当申请人收到仲裁申请书副本后，应在仲裁规则规定的期限内向仲裁委员会提交答辩书。仲裁委员会收到答辩书后，应当在仲裁规则规定期限内将答辩书副本送达被申请人。当事人申请仲裁后，仍可以自行和解，达成和解协议，申请人可以放弃或变更仲裁请求，被申请人可以承认或者反驳仲裁请求。

③ 组成仲裁庭。仲裁庭可以由三名仲裁员或一名仲裁员组成。如果设三名仲裁员，则

必须设首席仲裁员。三名仲裁员中由合同双方各选一人，或各自委托仲裁委员会主任指定一名仲裁员，由当事人共同选定或共同委托仲裁委员会主任指定第三名仲裁员作为首席仲裁员。如果仅用一名仲裁员成立仲裁庭，应当由当事人共同选择或委托仲裁委员会主任指定。

④ 开庭和裁决。仲裁可按仲裁规则开庭进行，也可按当事人协议不开庭，而按仲裁申请书、答辩书以及其他材料作出裁决。

当事人可以提供证据，仲裁庭可以进行调查，搜集证据，也可以进行专门鉴定。在仲裁裁决前，可以先行调解，如果达成调解协议，则调解协议与仲裁书具有同等法律效力。仲裁决定按多数仲裁员的意见作出，它自作出之日起产生法律效力。

⑤ 执行。仲裁裁决作出后，当事人应当履行裁决。如果当事人不履行，另一方可以依照民事诉讼法规定向人民法院申请执行。

2）国际工程仲裁。除合同中另有规定外，一般按照国际商会仲裁和调解章程裁决。合同也可以指明用其他国际组织的仲裁规则。

国际仲裁机构通常有两种形式：一是临时性仲裁机构。它的产生过程由合同规定。一般合同双方各指定一名人士作仲裁员，再由这两位仲裁员选定另一人作为首席仲裁员。三人成立一个仲裁小组，共同审理争执，以少数服从多数原则，作出裁决，因此仲裁人的公正性对争执的最终解决影响很大。二是国际性常设仲裁机构。如伦敦仲裁院、瑞士苏黎世商会仲裁院、瑞典斯德哥尔摩商会仲裁院、中国国际经济贸易仲裁委员会、罗马仲裁协会等。

仲裁地点通常有如下几种情况：①在工程所在国仲裁，这是较为常见的。许多第三世界国家，特别是中东一些国家规定，承包合同在本国实施，则只准使用本国法律，在本国进行仲裁，或由本国法庭裁决。裁决结果要符合本国法律，拒绝其他第三国或国际仲裁机构裁决。在这种情况下，如果发生争执，应尽一切努力在非正式场合，通过双方协商或请人调解解决。否则，争执一旦上交当地法庭，结果难以预料。②在被诉方所在国仲裁。仲裁地点的选择是比较灵活的。例如，在我国实施的某国际工程中，业主为英国投资者，承包商为我国某建筑企业。总承包合同的仲裁条款规定：如果业主提出仲裁，则仲裁地点在中国上海；如果中方提出仲裁，则仲裁地点在英国。③在一指定的第三国仲裁，特别在所选定的常设的仲裁机构所在国（地）进行。

在国际工程中，仲裁（特别是选择常设仲裁机构的）过程往往很长。从提交仲裁到裁决常常需要1年，甚至几年时间。仲裁花费也很大，不仅要支付仲裁员费用，其他人工、服务、管理费用，双方还得聘请律师。因此，若非重大的索赔或侵权行为，一般不要提请仲裁。

（5）诉讼。诉讼是运用司法程序解决争执，由人民法院受理并行使审判权，对合同争执作出强制性判决。人民法院受理合同争执可能有如下几种情况：

1）合同双方没有仲裁协议，或仲裁协议无效，当事人一方可向人民法院提出起诉状。

2）虽有仲裁协议，当事人向人民法院提出起诉，未声明有仲裁协议；人民法院受理后另一方在首次开庭前对人民法院受理本案件未提出异议，则该仲裁协议被视为无效，人民法院继续受理。

3）如果仲裁裁决被人民法院依法裁定撤销或不予执行，当事人可以向人民法院提出起诉，人民法院依法审理该争执。人民法院在判决前再作一次调解，如仍然达不成一致，则依法判决。

9.5 建设工程施工索赔案例

案例9.3 工期索赔

某项工作A根据计划应在2007年7月1日开始实施，由于承包商的原因导致开工时间延迟了31天，即2007年8月1日才开工。但是由2007年7月4日开始，因为业主方临时供电不及时导致现场停工20天，也就是说即使承包方解决了问题，由于业主不能及时供电，承包方也无法施工。

【问题】

业主方向承包商索赔工期应该是多少天？

【答案】

索赔31天。前一事件的延误时间与后一事件的延误时间有重叠的话，以前一事件结束时间为准。

（资料来源：http：//www. docin. com/p-266895182. html，有修改）

案例9.4 索赔判断

原投标施工图采用现场搅拌混凝土，现由于规划调整场地限制无法采用现场搅拌混凝土，改用商品混凝土。监理意见为：情况属实。

【问题】

可否进行索赔？

【答案】

可以索赔。

索赔依据：因规划调整场地限制而引起施工条件的变化，属于有经验的承包商也无法预料的风险，此风险应由业主承担。

（资料来源：http：//www. docin. com/p-266895182. html，有修改）

案例9.5 工程量清单费用索赔

在政府采购询价招标中，采用工程量清单完全费用报价，建设方提供工程分部分项清单及内容，外墙施工内容中不含外脚手架费用，并未提供措施费用清单。

【问题】

施工方在结算中是否应该对脚手架费用进行索赔？

【答案】

施工方在结算中不能对脚手架费用进行索赔，因为本工程采用工程量清单完全费用价报价。措施费用应在投标中由投标方自行报价，未列出视为放弃。

（资料来源：http：//www. docin. com/p-266895182. html，有修改）

案例9.6 造价工程师在索赔中的作用

某施工单位（乙方）与某建设单位（甲方）签订了某项工业建筑的地基处理与基础工程施工合同。由于工程量无法准确确定，根据施工合同专用条款中的规定，按施工图预算方式计价，乙方必须严格按照施工图及施工合同规定的内容及技术要求施工。乙方的分项工程首先向监理工程师申请质量认证，取得质量认证后，向造价师提出计量申请和支付工程款。

工程开工前，乙方提交了施工组织设计并得到了批准。

【问题】

(1) 在工程施工过程中，当进行到施工图所规定的处理范围边缘时，乙方在取得在场监理工程师认可的情况下，将夯击范围适当扩大。施工完成后，乙方将扩大的外围内的施工工程量向造价工程师提出计量付款的要求，但遭到拒绝。试问造价工程师的要求是否合理？为什么？

(2) 在工程施工过程中，乙方根据监理工程师指示就部分工程进行了变更施工。试问工程变更部分合同价款应根据什么原则确定？

(3) 在开挖土方过程中，有两项重大的事件使工程发生了较大的拖延：一是土方开挖时遇到了一些工程地质勘探没有探明的孤石，排除孤石拖延了一段时间；二是施工过程遇到数天季节性大雨后又转为特大暴雨引起的山洪暴发，造成现场临时道路、管网和施工用房等设施以及已施工的部分基础被冲坏，施工设备损坏，运进现场的部分材料被冲走，乙方数名工人受伤，雨后乙方用了很多工时清理现场和恢复施工条件。为此乙方按照索赔程序提出了延长工期和费用补偿要求。试问造价师应如何审理？

【分析要点】

该案例主要涉及造价工程师在合同管理中的地位和作用，造价工程师的工作职责，工程变更价款的准确原则，以及如何处理因地下障碍和气候原因引起的工程索赔问题等。

【答案】

(1) 造价工程师的拒绝合理。其原因：

该部分的工程量超出了施工图的要求，一般地讲，也就超出了合同工程约定的工程范围。对该部分的工程量监理工程师可以认为是承包商为保证施工质量的技术措施，一般在业主没有批准追加相应费用的情况下，技术措施费用应由乙方自己承担。

(2) 工程变更价款的确定原则：

1）合同中已有适应于变更工程的价格时，按合同已有的价格计算、变更合同价款。

2）合同中只有类似于变更工程的价格时，可以按照类似价格变更合同价款。

3）合同中没有适用或类似于变更工程价格时，由承包商提出适当的变更价格，工程师批准执行，这一批准的价格变更，应与承包商达成一致，否则按合同争议的处理办法解决。

(3) 造价工程师应对这两项赔款事件作出处理如下：

1）对处理孤石引起的索赔，这是预先无法估计的地质条件变化，应属于甲方应承担的风险，应给予乙方工期顺延和费用补偿。

2）对于天气条件变化引起的索赔应分两种情况处理：

其一，对于前期的季节性大雨这是一个有经验的承包商预先能够合理估计的因素，应在工期内考虑，由此造成的时间和费用损失不能给予赔偿。

其二，对于后期大暴雨引起的山洪暴发不能视为一个有经验的承包商预先能够合理估计的因素，应按不可抗力处理由此引起的索赔问题。被冲坏的现场临时道路、管网和施工用房等设施以及已施工的部分基础，被冲走的部分材料，清理现场和恢复施工条件等经济损失应由甲方承担；损坏的施工设备、受伤的施工人员以及由此造成的人员窝工和设备闲置等经济损失。

其三，应由乙方承担；工期顺延。

（资料来源：全国造价工程师执业资格考试培训教材编审委员会．建设工程造价案例分析．中国城市出版社，2013，有修改）

案例 9.7 建设工程勘察索赔

某年四月A单位拟建办公楼一座，工程地址位于已建成的X小区附近。A单位就勘察任务与B单位签订了工程合同。合同规定勘察费15万元。该工程经过勘察、设计等阶段于10月20日开始施工。施工承包商为D建筑公司。

【问题】

（1）委托方应预付勘察定金数额是多少？

（2）该工程签订勘察合同几天后，委托方A单位通过其他渠道获得X小区业主C单位提供的X小区的勘察报告。A单位认为可以借用该勘察报告，A单位即通知B单位不再履行合同。请问在上述事件中，哪些单位的做法是错误的？为什么？A单位是否有权要求返还定金？

（3）若A单位和B单位双方都按期履行勘察合同，并按B单位提供的勘察报告进行设计和施工。但在进行基础施工阶段，发现其中有部分地段地质情况与勘察报告不符，出现软弱地基，而在原报告中未指出。此时B单位应承担什么责任？

（4）问题（3）中，施工单位D由于进行地基处理，施工费用增加20万元，工期延误20天，对于这种情况，D单位应如何处理？而A单位应承担什么责任？

【分析要点】

本案例主要涉及在建设工程勘察合同的履行中合同双方的违约责任。

问题（1）的解答要求按《建设工程勘察合同（示范文本）》（GF—2000—0204）规定的比例（20%）计算出委托方A单位应付给B单位定金数额。

问题（2）、（3）的解答要求掌握勘察合同的履行原则，分清委托方与承包商的责任。

问题（4）的解答要求弄清工程索赔的计算方法，并注意其时效性。

【答案】

（1）委托方A单位应向B单位支付定金为：15万元×20%＝3万元。

（2）A单位和C单位的做法都是错误的。A单位不履行勘察合同，属于违约行为。

C单位应维护他人的勘察成果和设计文件，不得擅自转让给第三方，也不得用于合同以外的项目，而C单位将他人的勘察报告擅自提供给A单位，并用于合同以外的项目，这种做法是错误的。委托方A单位不履行勘察合同，无权要求返还定金。

(3) 若勘察合同继续履行，B单位完成勘察任务。对于因勘察质量低劣造成的损失，应视造成损失的大小，减收或免收勘察费。

(4) D单位应在出现软弱地基后，及时以书面形式通知A单位，同时提出处置方案或请求A单位进行勘察、设计单位共同制定处理方案，并于28天内就延误的工期和因此发生的经济损失，向A单位代表提出索赔意向通知，在随后的28天内提出索赔报告及有关资料。A单位应于28天内答复，或要求D单位进一步补充索赔理由和证据，逾期不作答复，视为默认。由于变更计划，提供的资料不准确而造成施工方的窝工、停工、委托方A单位应按施工方D单位实际消耗的工作量增付费用。因此，A单位应承担地基处理所需的20万元，顺延工期20天。

（资料来源：全国造价工程师执业资格考试培训教材编审委员会. 建设工程造价案例分析. 中国城市出版社，2013，有修改）

案例9.8 工期索赔与费用索赔计算

某建设工程系外资贷款项目，业主与承包商按照FIDIC《土木工程施工合同条件》签订了施工合同。施工合同《专用条件》规定：钢材、木材、水泥由业主供货到现场仓库，其他材料由承包商自行采购。

当工程施工至第五层框架柱钢筋绑扎时，因业主提供的钢筋未到，使该项作业从10月3日到10月16日停工（该项作业的总时差为零）。

10月7日到10月9日因停电、停水使第三层的砌砖停工（该项作业的总时差为4天）。

为此，承包商于10月20日向工程师提交了一份索赔意向书。并于10月25日送交了一份工期、费用索赔计算书和索赔依据的详细材料。其计算书的主要内容如下：

1. 工期索赔

a. 框架柱扎筋：10月3日至10月16日停工，记14天。

b. 砌砖：10月7日至10月9日停工，计3天。

c. 抹灰：10月14日至10月17日迟开工，计4天。

总计请求顺延工期：21天。

2. 费用索赔

a. 窝工机械设备费：

一台起重机：(14×468)元=6552元。

一台混凝土搅拌机：(14×110)元=1540元。

一台砂浆搅拌机：(7×48)元=336元。

小计：8428元。

b. 窝工人工费：

扎筋：35 人×(40.30×14)元=19747 元。

砌砖：30 人×(40.30×3)元=3627 元。

抹灰：35 人×40.30×4)元=5642 元。

小计：29016 元。

c. 保函费延期补偿：[(1500×10% ×6‰/365)×21]元=517.81 元。

d. 管理费增加：[(8428+29016+517.81)×15%]元=5694.27 元。

e. 利润损失：[(8428+29016+517.81+5694.27)×5%]元=2182.8 元。

经济索赔合计：a+b+c+d+e=45838.88 元。

【问题】

(1) 承包商提出的工期索赔是否正确？应予批准的工期索赔为多少天？

(2) 假定经双方协商一致，窝工机械设备费索赔按台班单价的65%计；考虑对窝工人工应合理安排工人从事其他作业后的降效损失，窝工人工费索赔按每工日 20 元计；保函费计算方式合理；管理费、利润损失不予补偿。试确定经济索赔额。

【分析要点】

该案例主要涉及工程索赔成立的条件与索赔责任的划分，工期索赔、费用索赔计算与审核。分析该案例时，要注意网络计划关键线路，工作的总时差的概念及对其对工期的影响，因非承包商造成窝工工人的人工与机械增加费的确定方法。

【答案】

(1) 承包商提出的工期索赔不正确。

1) 框架柱绑扎钢筋停工 14 天，应予工期赔偿。这是由于业主原因造成的，且该项作业位于关键线路上。

2) 砌砖停工，不予工期赔偿。因为该项停工虽属于业主原因造成的，但该项作业不在关键线路上，且未超过工期总时差。

3) 抹灰停工，不予工期赔偿，因为该项停工属于承包商自身原因造成的。同意工期补偿：14+0+0=14 天。

(2) 经济索赔审定：

1) 窝工机械费：

塔吊 1 台：(14×468×65%)元=4258.8 元（按惯例闲置机械只应记取折旧费）。

混凝土搅拌机 1 台：(14×110×65%)元=1001 元（按惯例闲置机械只应记取折旧费）。砂浆搅拌机 1 台：(3×48×65%)元=93.6 元（因停电闲置只应记取折旧费）。因故障砂浆搅拌机停机 4 天应由承包商自行负责损失，故不给补偿。

小计：(4258.8+1001+93.6)元=5353.4 元。

2) 窝工人工费：

扎筋窝工：(35×20×14)元=9800 元（业主原因造成，但窝工工人已做其他工作，所以只补偿功效差）。

砌砖窝工：(30×20×3)元=1800 元（业主原因造成，只考虑降效费用）。

抹灰窝工：不应给补偿，因是承包商的责任。

小计：(9800+1800)元=11600 元。

3）保函费补偿：（1500×10% ×6‰÷365×14）元＝350元。

经济补偿合计：（5353.4＋11600＋350）元＝17303.4元。

（资料来源：全国造价工程师执业资格考试培训教材编审委员会．建设工程造价案例分析．中国城市出版社，2013，有修改）

案例9.9 索赔责任划分

某工程项目采用了固定单价施工合同。工程招标文件参考资料中提供的用砂地点距工地4公里。但是开工后，检查该砂质量不符合要求，承包商只得从另一距工地20公里的供砂地点采购。而在一个关键工作面上又发生了几种原因造成的临时停工；5月20日至5月26日承包商的施工设备出现了从未出现过的故障；应于5月27日交给承包商的后续图纸直到6月10日才交给承包商；6月7日到6月12日施工现场下了罕见的特大暴雨，造成了6月11日到6月14日该地区的供电全面中断。

【问题】

（1）承包商的索赔要求成立条件是什么？

（2）由于供砂距离的增大，必然引起费用的增加。承包商经过自己认真计算后，在业主指令下达的第3天，向业主的造价工程师提交了将原用砂单价每吨提高5元人民币的索赔要求。该索赔要求是否可以被批准？为什么？

（3）若承包商对因业主原因造成窝工损失进行索赔时，要求设备窝工损失按台班价格计算，人工的窝工损失按日工资标准计算是否合理？如不合理应怎样计算？

（4）由于几种情况的暂时停工，承包商在6月25日向业主的造价工程师提出延长工期26天，成本损失费人民币2万元/天（此费率造价工程师已核准）和利润损失费人民币2千元/天的索赔要求，共计索赔款57.2万元。应批准延长工期多少天？索赔款额多少万元？

（5）在业主支付给承包商的工程进度款中是否应扣除因设备故障引起的竣工拖期违约损失赔偿金？为什么？

【分析要点】

对该案例的求解首先要弄清工程索赔的概念，工程索赔成立的条件，施工进度拖延和费用增加的责任划分与处理原则，特别是在出现共同延误情况下工期延长和费用索赔的处理原则与方法，以及竣工拖期违约损失赔偿金的处理原则与方法。

【答案】

（1）承包商的索赔要求成立必须同时具备如下四个条件：

1）与合同相比较，已造成了实际的额外费用或工期损失。

2）造成费用增加或工期损失的原因不是由于承包商的过失。

3）造成的费用增加或工期损失不是应由承包商承担的。

4）承包商在事件发生后的规定时间内提出了索赔的书面意向通知和索赔报告。

（2）因供砂距离的增大提出的索赔不能被批准，原因是：

1）承包商应对自己就招标文件的解释负责。

2）承包商应对自己报价的正确性与完备性负责。

3）作为一个有经验的承包商可以通过现场踏勘确认招标文件参考资料中提供的用砂质量是否合格，若承包商没有通过现场踏勘发现用砂质量问题，其相关风险应由承包商承担。

(3) 不合理。因窝工闲置的设备按折旧费或停滞台班费或租赁费计算，不包括运转费部分；人工费损失应先考虑这部分工作的工人调做其他工作时效率降低的损失费用；一般用工日单价乘以一个测算的降效系数计算这一部分损失，而且只按成本费用计算，不包括利润。

(4) 可以批准的延长工期为19天，费用索赔为32万元人民币。原因是：

1）5月20日至5月26日出现的设备故障，属于承包商应承担的风险，不应考虑承包商的延期工期和费用索赔要求。

2）5月27日至6月9日是由于业主迟交图纸引起的，为业主应承担的风险，应延长工期为14天。成本损失索赔额为14天×2万元/天=28万元，但不应考虑承包商的利润要求。

3）6月10日至6月12日的特大暴雨属于双方共同的风险，应延期为3天。但不应考虑承包商的费用索赔要求。

4）6月13日至6月14日的停电为业主应承担的风险，应延长工期为2天，索赔额为2天×2万元/天=4万元。但不应考虑承包商的利润要求。

(5) 业主不应在支付给承包商的工程进度款中扣除竣工拖期违约损失赔偿金。因为设备故障引起的工程进度拖延不等于竣工工期的延误。如果承包商能够通过施工方案的调整将延误的工期补回，不会造成竣工工期延误。所以，工期提前奖励或拖期罚款应在竣工时处理。

（资料来源：全国造价工程师执业资格考试培训教材编审委员会．建设工程造价案例分析．中国城市出版社，2013，有修改）

案例9.10 索赔问题网络分析法分析

某施工单位（乙方）与某建设单位（甲方）签订了建造无线电发射实验基地施工合同。合同工期为38天。由于该项目急于投入使用，在合同中规定，工期每提前（或拖后）1天奖励（或罚款）5000元。乙方按时提交了施工方案和施工网络进度计划（图9-1），并得到甲方代表的批准。

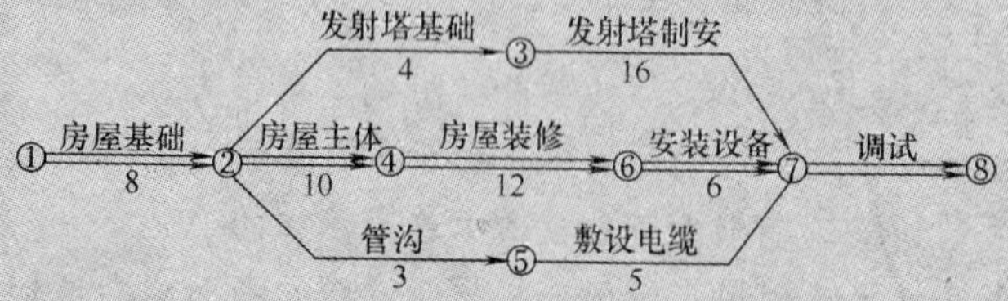

图9-1 发射塔试验基地工程施工网络进度计划（单位：天）

实际施工过程中发生了如下几项事件：

事件1：在房屋基坑开挖后，发现局部有软弱下卧层，按甲方代表指示乙方配合地质复查，配合用工为10个工日。地质复查后，根据经甲方代表批准的地基处理方案，增加直接费用4万元，因地基复查和处理使房屋基础作业时间延长3天，人工窝工15个工日。

事件2：在发射塔基础施工时，因发射塔原设计尺寸不当，甲方代表要求拆除已施工的基础，重新定位施工。由此造成增加用工30工日，材料费1.2万元，机械台班费3000元，发射塔基础作业时间拖延2天。

事件3：在房屋主体施工中，因施工机械故障，造成工人窝工8个工日，该项工作作业时间延长2天。

事件4：在房屋装修施工基本结束时，甲方代表对某项电气暗管的敷设位置是否准确有疑义，要求乙方进行剥离检查。检查结果为某部位的偏差超出了规范允许范围，乙方根据甲方代表的要求进行返工处理，合格后甲方代表予以签字验收。该项返工及覆盖用工20个工日，材料费为1000元。因该项电气暗管的重新检验和返工处理使安装设备的开始作业时间推迟了1天。

事件5：在敷设电缆时，因乙方购买的电缆线材质量差，甲方代表令乙方重新购买合格线材。由此造成该项工作多用人工8个工日，作业时间延长4天，材料损失费8000元。

事件6：鉴于该工程工期较紧，经甲方代表同意乙方在安装设备作业过程中采取了加快施工的技术组织措施，使该项工作时间缩短2天，该项技术组织措施费用6000元。

其余各项工作实际作业时间和费用均与原计划相符。

【问题】

(1) 在上述事件中，乙方可以就哪些事件向甲方提出工期补偿和费用要求？为什么？

(2) 该工程的实际施工天数为多少天？可得到的工期补偿为多少天？工期奖罚为多少？

(3) 假设工程所在地人工费标准为30元/工日，应由甲方给予补偿的窝工人工费补偿标准18元/工日，该工程综合取费率为30%。则在该工程结算时，乙方应该得到的索赔款为多少？

【分析要点】

该案例以实际工程网络进度计划及其实施过程中发生的若干事件为背景，考核对工程索赔成立的条件，施工进度拖延和费用增加的责任划分与处理原则，利用网络分析法处理工期索赔、工期奖罚的方法。除此之外，增加了建筑安装工程费用计算的简化方法。建筑安装工程费用的计算方法一般是首先计算直接费，然后与以直接费为基数，根据有关规定计算间接费、利润和税金等。本案例为简化起见，将直接费以外的费用处理成以直接费为基数的一个综合费率。

【答案】

(1) 问题1：

事件1可以提出工期补偿和费用补偿要求，因为地质条件变化属于甲方应承担的责

任，且该项工作位于关键线路上。

事件2可以提出费用补偿要求，不能提出工期补偿要求，因为发射塔设计位置变化是甲方的责任，由此增加的费用应由甲方承担，但该项工作的拖延时间（2天）没有超出其总时差（8天）。

事件3不能提出工期和费用补偿要求，因为施工机械故障属于乙方应承担的责任。

事件4不能提出工期和费用补偿要求，因为乙方应该对自己完成的产品质量负责。甲方代表有权要求乙方对已覆盖的分项工程剥离检查，检查后发现质量不合格，其费用由乙方承担，工期也不补偿。

事件5不能提出工期和费用补偿要求，因为乙方应该对自己购买的材料质量和完成的产品质量负责。

事件6不能提出补偿要求，因为通过采取施工技术组织措施使工期提前，可按合同规定的工期奖罚办法处理，因赶工而发生的施工技术组织措施费应由乙方承担。

（2）问题2：

1）通过对图9-1的分析，该工程施工网络进度计划的关键线路为①-②-④-⑥-⑦-⑧，计划工期为38天，与合同工期相同。将图9-1中所有各项工作持续的时间均以实际持续时间代替，计算结果表明：关键线路不变（仍为①-②-④-⑥-⑦-⑧），实际工期为42天。

2）将图9-1所有由甲方负责的各项工作持续时间延长天数加到原计划相应工作的持续时间上，计算结果表明：关键线路亦不变（仍为①-②-④-⑥-⑦-⑧），工期为41天。41天-38天=3天，所以，该工程可补偿工期天数为3天。

3）工期罚款为：[42-(38+3)]元×5000元=5000元。

（3）问题3：

乙方应该得到的索赔款有：

1）由事件1引起的索赔款：[(10×30+40000)×(1+30%)+15×18]元=52660元。

2）由事件2引起的索赔款：[(30×30+12000+3000)×(1+30%)]元=20670元。

所以，乙方应该得到的索赔款为：(52660+20670)元=73330元。

（资料来源：全国造价工程师执业资格考试培训教材编审委员会．建设工程造价案例分析．中国城市出版社，2013，有修改）

思考与讨论

1. 什么是建设工程施工索赔？建设工程施工索赔有哪些类型？
2. 建设工程施工索赔合同依据有哪些？
3. 简述建设工程施工索赔程序。
4. 进行建设工程施工索赔计算，考虑哪些内容？

5. 发生索赔争议时，解决办法有哪些?

6. 案例分析。

某工程60万m^2场地平整项目，邀请招标，无设计图纸及具体工程量，采用清单计价单价包干承包，并订立了施工合同。

问题：承包方施工合同仅提出单价包干，单价固定，工程量不定，但无包干范围说明，未提措施费税金等项目。且当时投标文件所列的清单单价为人机材管理费税金包干，因为没有具体工程量，所以没做措施费税金，现建设单位要求按单价包干结算无税费，承包方要求税费，涉及金额×××万元。

承包方考虑解决办法：

A：参照相关清单计价规范及承包方投标文件提出增加税费是否可行?

B：参照相关索赔规范的做法，对甲方提出的结算书提出异议，双方协商，如无效则争取当地造价咨询公司出具书面鉴定报告，是否可行?

答：施工方投标文件提出增加税费不可行，因为既然“当时投标文件所列的清单单价为人机材管理费税金包干”就说明单价是完全单价，是取完税的单价，没有调整的可能，应遵从合同约定。如双方协商不成功，可按合同条款约定的方法进行调解，也可向有关仲裁机构申请仲裁或向人民法院起诉。

阅读材料　单项索赔与综合索赔

1. 单项索赔

单项索赔就是采取一事一索赔的方式，即在每一件索赔事项发生后，报送索赔通知书，编报索赔报告，要求单项解决支付，不与其他的索赔事项混在一起。单项索赔是针对某一干扰事件提出的，在影响原合同正常运行的干扰事件发生时或发生后，由合同管理人员立即处理，并在合同规定的索赔有效期内向发包人或工程师提交索赔要求和报告。单项索赔通常原因单一，责任单一，分析起来相对容易，由于涉及的金额一般较小，双方容易达成协议，处理起来比较简单。因此合同双方应尽可能地用此种方式来处理索赔。

单项索赔案例分析

(1) 工程概况。

某城市地下工程，业主与施工单位参照相关FIDIC合同条件签订了施工合同，除税金外的合同总价为8600万元，其中：现场管理费率15%，企业管理费率8%，利润率5%，合同工期730天。为保证施工安全，合同中规定施工单位应安装满足最小排水能力1.5t/min的排水设施，并安装1.5t/min的备用排水设施，两套设施合计15900元。合同中还规定：施工中遇业主原因造成工程停工或窝工，业主对施工单位自有机械按台班单价的60%给予补偿，对施工单位租赁机械按租赁费给予补偿（不包括转运费）。

(2) 提出索赔。

该工程施工过程中发生以下事件：

施工过程中业主通知施工单位某分项工程（非关键工作）需进行设计变更，由此造成施工单位的机械设备窝工12天。

就此事件，施工单位按合同规定的索赔程序向业主提出索赔：

由于业主修改工程设计，造成施工单位机械设备窝工12天，费用索赔见表9-1。

现场管理费：(40290×15%)元=6138元。

企业管理费：[(40920+6138)×8%]元=3764.64元。

利润：[(40920+6138+3764.64)×5%]元=2541.13元。

合计：53363.77元。

(3) 解决方案。

表 9-1 费用索赔表

项目	机械台班单价/（元/台班）	时间/天	金额/元
$9m^3$ 空压机	310	12	3720
25t 履带吊车（租赁）	1500	12	18000
塔吊	1000	12	12000
混凝土泵车（租赁）	600	12	7200
合计			40290

在接到承包商的上述索赔要求后，工程师逐项地分析核算，并根据承包合同条款的有关规定，对承包商的索赔要求提出以下审核意见：

1）自有机械索赔要求不合理，因合同规定业主应按自有机械使用费的60%补偿。

2）租赁机械索赔要求不合理，因合同中规定租赁机械业主按租赁费补偿。

3）现场管理费、企业管理费索赔要求不合理，因分项工程窝工没有造成全工地的停工。

4）利润索赔要求不合理，因机械化窝工并未造成利润的减少。

工程师核定的索赔费用为：

$(3720\times60\%)$元 $=2232$ 元。

$(18000-300\times12)$元 $=14400$ 元。

$(12000\times60\%)$元 $=7200$ 元。

$(7200-140\times12)$元 $=5520$ 元。

$(2232+14400+7200+5520)$元 $=29352$ 元。

（资料来源：http：//www. docin. com/p-219808467. html，有修改）

2. 综合索赔

综合索赔又称一揽子索赔，即对整个工程（或某项工程）中所发生的数起索赔事项，综合在一起进行索赔。一般在工程竣工前和工程移交前，承包人将工程实施过程中因各种原因未能及时解决的单项索赔集中起来进行综合考虑，提出一份综合索赔报告，由合同双方在工程交付前后进行最终谈判，以一揽子方案解决索赔问题。在合同实施过程中，有些单项索赔问题比较复杂，不能立即解决，为不影响工程进度，经双方协商同意后留待以后解决。有的是发包人或工程师对索赔采用拖延方法，迟迟不作答复。还有的是承包人因自身原因，未能及时采用单项索赔方式等，都有可能出现一揽子索赔。由于在一揽子索赔中多项干扰事件交叉在一起，影响因素比较多且很复杂，责任分析和索赔值计算都很困难，索赔涉及的金额往往又很大，双方都不愿或不容易作出让步，使索赔谈判和处理都很困难。因此综合索赔的成功率比单项索赔低得多。

综合索赔案例分析

（1）工程概况。

鱼背山工程位于长江上游主干流右岸的一级支流磨刀溪中游，重庆市万州区双流乡，距万州市 59km。坝址控制流域面积 $1389km^2$，水库正常蓄水位 644m，总库容为 8605 万 m^3。电站装机容量 17000kW，年平均发电量 7257 万 kW · h。工程主要建筑物有：钢筋混凝土面板堆石坝，最大坝高 72m；泄洪隧洞宽 7.8m，高 10.45m；溢洪道布置 3 孔，单孔宽 12m，高 13.8m；供水洞长 253m，洞径 5.6m；电站引水洞长 293m，洞径 4.5m 以及发电站厂房。工程土建和金属结构安装设计标底 1.51 亿元。重庆市万州电力开发有限公司为项目法人单位，长江委工程建设监理中心负责对该工程进行全面监理，并派出监理站驻地实施监理。施工由中国水利水电五局总承包，长江委

陆水工程管理局分包泄洪洞衬砌和大坝垫层料的加工运输，葛洲坝三益公司分包大坝部分备料和填筑。工程1995年3月开工，1998年7、8月2台机组先后发电，1999年4月工程基本结束。

(2) 鱼背山工程索赔特点。

鱼背山工程是磨刀溪中游电站的龙头水库，除自身电站发电外，还调节下游已建双河、引水式电站发电用水，以发挥磨刀溪电站（总装机容量为7.8万kW）的整体效益，缓解重庆市万州区电力紧张局面。因此，本工程的施工期必须按预定的目标实现。施工过程中，不可避免地会发生各种索赔问题。为不因索赔问题未及时处理而影响工程施工进展，经项目法人（甲方万州公司，下同）与施工单位（乙方水电五局，下同）协商约定，对索赔事项，记录在案，留待工程竣工前由监理协调，一次性谈判解决。鱼背山工程解决索赔的这种方法，我们称之为综合索赔。它不同于水利水电土建工程施工合同条件（水利部、电力工业部、国家工商行政管理局1997年颁发）中关于索赔的提出、处理等有关期限的规定。综合索赔的特点是：跨越年限长（鱼背山工程跨越年限长达4年)，涉及问题多，处理难度大。它要求监理工程师必须公正、求实，充分理解和利用施工承包合同，耐心做好协调工作，在协调中既维护甲方的利益，又使得乙方应获的收益得到保障。

(3) 索赔的形成与内容。

工程竣工决算前，乙方向监理工程师一揽子提交了34个索赔文件（共29个问题)，要求索赔金额累计达4887万元。监理工程师将乙方提交的诸多单项索赔综合整理，将相互搭接和关联的事项综合考虑其责任的归属及双方利益受损程度，经多次协调，最终处理索赔文件24个，乙方获得索赔金额655.11万元，占施工方所提索赔总额的13.4%。

乙方提出的索赔，主要由下述方面形成：

1）开工仓促，影响合同工期按约定期实现。1995年2月招标投标确定水电五局为总承包单位，同年3月工程开工，至同年12月，鱼背山大桥、对外通信、施工场区征地、平地及相应规模的生产能力才先后完成和形成，这使合同工期已不能按约定时间实现。

2）外部环境对工程施工造成影响。如工地至市区318国道改建长27个月，影响工程物资采购、供应；施工供电常有间断性停电；水泥改用合同约定的品牌，质量不稳；施工机械设备零配件在当地采购困难；施工用炸药需定点生产等。

3）变更料场后地质工作未跟上，对上坝料级配造成影响。

因征地、运距远等原因，在招标投标时将设计选定的庙坪料场改为乌龟包料场，但乌龟包料场地质工作深度不够。在料场剥离时发现无用层厚度比判断的要深；岩石爆破后形成大块，不能满足上坝料的级配要求。

4）施工中因设计修改使工程量和施工方法改变。1995年在不具备截流条件时仍决定截流，截流后围堰中段和导流洞长时间过水，造成泥岩软化和严重冲刷。第二次截流后又进行清淤、填筑围堰和基坑抽水，造成截流的二次费用。甲方虽有补偿，但乙方仍要求索赔。

(4) 索赔处理程序。

处理甲、乙双方之间的索赔事件是监理工程师职责之一。

监理工程师公平、公正、科学、求实处地理索赔事件。要以事实为根据，以合同文件为准则，坚持甲、乙双方友好协商，并维护双方的合法利益。

1）研究施工合同文件。

施工合同文件是处理索赔事件的主要依据。除合同文件外，尚有施工过程中由甲方提供给监理核转的技术文件、图纸、水文地质资料及经监理审签的商务文件、业务公文等。这些文件内容紧密相连，互相说明。监理工程师对这些文件必须全面熟悉，融会贯通。具体需明确以下几个问题：

a. 关于合同约定的甲、乙双方各自履行的职责、期限和实际完成的时间。

b. 关于施工阶段设计图纸变更情况。

c. 关于乙方为了中标，而采用低报价所产生的问题。

监理工程师将每个索赔文件逐个分析，分类排队，按索赔事件的实质归纳到相应合同条款中去。经分析比较，明确了合同工期较实际工期滞后6~8个月。1995年因开工仓促，工期滞后，甲方应负主要责任。1996年甲方履行的义务已基本完成，而工期仍相对滞后，乙方应承担主要责任。乙方承诺的优惠条件属中标条件，即单价四年一贯制，理应自担风险。

2）认真做好各种查证工作。针对乙方所报索赔资料，监理认真查证几年中索赔事情发生的经过，向甲乙双方当事人调查。在事先不确认责任属谁的前提下，依据监理同期记录资料，客观分析事件发生的原因。这些资料有：

a. 开工以来由监理发出的全部工程指令和主持召开的业主、施工、设计、监理四方例会形成的书面纪要。

b. 工程监理日志、监理值班记录、会议记录及各方往来文件。

c. 四年中业主、施工、设计、监理四方领导成员4次会议中作出的重大决策。

通过对以上资料的分析查证，核实乙方索赔资料的真实性和要求补偿计算的合理性，依据合同条款分清责任归属，剔除不合理的索赔文件，初步拟定合理的索赔款额。

3）索赔分类和补偿项目确认。经查证后，将29个索赔问题划分为合同内23个，合同外6个。合同内23个依据合同条款直接否定了13个，剩余10个分别为单价和甲方履行义务问题。合同外的6个问题不属合同约定，但乙方在满足质量要求下作了付出，致使投入成本加大。

4）补偿的基本原则和计算方法。监理提出的补偿基本原则和计算方法如下：

a. 关于单价问题，遵循合同单价不变。对因设计修改引起的追加工程量项目，其单价仍然根据报价原则编制。

b. 对单位工程的工程量减少达15% 以上，并因此造成乙方经济损失时给以补偿。

c. 料场溢洪道地质缺陷问题。根据监理掌握的现场资料，炸药单耗从0.35 kg/m^3，增加到0.8kg/m^3 所发生的费用，含相应增加的雷管、钻头、150 钻机台班费等。

炸药量差补偿费：$(0.8-0.35)kg/m^3 \times 0.4$ 元/kg × 石方总量计算。

修改成台阶开挖，单价按50%槽挖加50%一般石方开挖计算。

d. 溢洪道陡槽由坡面开挖。

e. 鱼背山大桥未通车期间，318 国道改建只补偿误工问题，按人工和机械台班费计算。其取费标准参照鱼背山工程施工合同条款中约定的概算定额执行。

5）坚持做好甲乙双方的协调工作。通过监理的工作，甲乙双方友好协商，决定索赔处理不提交仲裁机关仲裁，也不提交法院裁决，而采取依靠监理单位协调、现场解决的方式。监理在协调方面做了以下工作：

a. 第1轮协调：1999年3月25日~4月1日，乙方陈述各项索赔事件的理由，监理根据掌握的资料和证据对每个事件给予初步评判，共同讨论、理解有关合同条款。同时与甲方协调，提出处理索赔事件的原则。

b. 监理宣布"索赔处理初步意见"。

c. 第2轮协调：1999年4月11日~5月16日，"索赔处理初步意见"宣布后，双方均不愿接受，监理工程师再次进行协调。乙方再次提交了补充索赔材料。由于合同条款不够严谨，致使双方对某些问题都能找到有利于自己的相应条款。为此，监理请编写合同条款的有关人员来现场向

甲乙双方解释合同条款的含义，四方共同讨论有关问题。经协调后，甲乙双方对合同条款有了较为一致的认识，有些问题得以化解，但大多数问题仍各有保留，暂不作结论。

d. 友好协商，达成协议：1999 年7 月15～20 日召开四方领导人会议，甲乙双方接受了监理工程师提出的“友好协商、互谅、互让”的协调原则，达成双方都能接受的索赔款额协议，并形成了书面纪要。

e. 签署执行：根据会议纪要，监理工程师将索赔处理意见正式报甲方批准。至此，历时4个多月的索赔工作圆满结束。

(5) 索赔处理结果。

1) 合同内补偿项目及费用。

a. 供水洞闸室段为导流洞改建，属新增项目。混凝土单价每立方米增加22.69 元，补偿0.9 万元。

b. 开工初期修建2.1km 场区公路，补偿76.7256 万元。

c. 鱼背山大桥通车前发生的人工费、材料搬运费、过河输油管道费、增加运距等，补偿18.03 万元。

d. 开工初期因征地、伐树、场外公路狭窄等引起误工、设备二次转运等，补偿25.48 万元。

e. 对外通信和318 国道改建问题，补偿22.43 万元。

f. 因停电及电压波动造成经济损失，补偿50.95 万元。

2) 合同外补偿项目及费用。

a. 料场地质缺陷补偿278.15 万元。

b. 溢洪道因地质问题和设计修改减少工程量，共补偿122.2 万元。

c. 大坝面板混凝土单价过低，但施工质量较好、进度快。补偿面板基础厚5cm 混凝土，共补偿20.24 万元。

d. 补偿截流费40 万元。

综上两项，乙方要求索赔的结果是：合同内赔偿194.52 万元，合同外补偿460.59 万元，两项合计655.11 万元，为乙方所提索赔总额的13.4%。

（资料来源：茅苏梅．鱼背山工程施工综合索赔．人民长江，2000 (8)，有修改）

参考文献

[1] 成虎，虞华．工程合同管理［M］．2 版．北京：中国建筑工业出版社，2011.

[2] 刘伊生．建设工程招标投标与合同管理［M］．2 版．机械工业出版社，2007.

[3] 王秀燕，李锦华．工程招投标与合同管理［M］．2 版．北京：机械工业出版社，2014.

[4] 刘黎虹．工程招投标与合同管理［M］．2 版．北京：机械工业出版社，2012.

[5] 梅阳春，邹辉霞．建设工程招投标及合同管理［M］．2 版．武汉：武汉大学出版社，2012.

[6] 王光炎，等．建筑工程招投标［M］．天津：天津大学出版社，2012.

[7] 吴冬平．工程招投标与合同管理［M］．北京：机械工业出版社，2012.

[8] 刘昌明，等．工程招标投标管理［M］．2 版．北京：北京大学出版社，2012.

[9] 祁慧增．工程一量清单计从招投标案例［M］．郑州：黄河水利出版社，2007.

[10] 吴芳，冯宁．工程招标与合同管理［M］．北京：中国大学出版社，2010.

[11] 顾永才，等．建设工程合同管理［M］．北京：科学出版社，2010.

[12] 崔东红，肖萌．建设工程招投标与合同管理实务［M］．北京：北京大学出版社，2009.

[13] 孙占红．工程项目招标投标与合同管理［M］．武汉：华中科技大学出版社，2012.

[14] 陈捷．建筑工程招投标与合同管理［M］．郑州：郑州大学出版社，2011.

[15] 钟思银．建筑工程招投标程序探析［J］．科技创新与应用，2012（10）.

[16] 宋吉荣．工程量清单计价模式下招投标理论与方法研究［D］．成都：西南交通大学．2007.

[17] 全国造价工程师执业资格考试培训教材编审委员会．建设工程造价案例分析［M］．北京：中国城市出版社，2013.

[18] 全国招标师职业水平考试辅导教材指导委员会．招标采购专业实务［M］．北京：中国计划出版社，2012.

[19] 兰定筠．工程招标与投标百问［M］．北京：中国建筑工业出版社，2006.

[20] 刘钟莹，等．建设工程招标投标［M］．南京：东南大学出版社，2007.

[21] 刘冬学，宋晓东．工程招标投标与合同管理［M］．上海：复旦大学出版社，2011.

[22] 刘晓勤，董平，等．建设工程招投标与合同管理［M］．杭州：浙江大学出版社，2010.

[23] 中国建设监理协会．建设工程合同管理［M］．北京：知识产权出版社，2009.

[24] 全国招标师职业水平考试辅导教材指导委员会．项目管理与招标采购［M］．北京：中国计划出版社，2012.

[25]《房屋建筑和市政工程标准施工招标文件》编制组．房屋建筑和市政工程标准施工招标文件［M］．北京：中国建筑工业出版社，2010.

[26]《房屋建筑和市政工程标准施工招标资格预审文件》编制组．房屋建筑和市政工程标准施工招标资格预备文件［M］．北京：中国建筑工业出版社，2010.

[27] 规范编制组．2013 建设工程计价计量规范辅导．北京：中国计划出版社，2013.

[28] 杨庆丰．工程项目招投标与合同管理［M］．北京：北京大学出版社，2010.